苏东气田致密气藏高效开发技术与实践

常　鹏　李先兵　等　著

中国石化出版社
·北京·

内 容 提 要

本书对苏东气田含水致密气藏地质与开发特征、气井产能递减规律及排水采气工艺优化等进行了重点阐述。本书可供从事油气田开发、生产、科研、管理的科技人员、管理人员阅读参考，也可作为高等院校相关专业师生的教学参考书。

图书在版编目(CIP)数据

苏东气田致密气藏高效开发技术与实践 / 常鹏等著
. — 北京 ：中国石化出版社，2024. 4
ISBN 978-7-5114-7499-5

Ⅰ. ①苏… Ⅱ. ①常… Ⅲ. ①致密砂岩-砂岩油气藏-油气田开发-研究-内蒙古 Ⅳ. ①TE343

中国国家版本馆 CIP 数据核字(2024)第 083210 号

中国石化出版社出版发行
地址：北京市东城区安定门外大街 58 号
邮编：100011 电话：(010)57512446
发行部电话：(010)57512575
http://www.sinopec-press.com
E-mail:press@sinopec.com
北京捷迅佳彩印刷有限公司印刷
全国各地新华书店经销
*
787 毫米×1092 毫米 16 开本 18.25 印张 396 千字
2024 年 4 月第 1 版 2024 年 4 月第 1 次印刷
定价：118.00 元

编　委　会

前言

苏里格东部气田(以下简称“苏东气田”)位于内蒙古自治区和陕西省境内，处于鄂尔多斯盆地伊陕斜坡中北部，气田内盒$_8$段、山$_1$段为其主力开发层系，砂体展布具有典型的河流沉积特点，非均质性强、条带分割明显，砂岩以岩屑砂岩为主。苏东气田历经15年的开发探索，取得了一系列重要科技成果，实现天然气产量“十年三换字头”的奋斗目标，2022年天然气产量首次突破“50亿立方米”大关，助力苏里格气田实现300亿立方米/年稳产目标。但是，随着开发的不断推进，开发对象日趋复杂，产量快速下降，建产难度逐年增大，稳产及提高采收率面临诸多挑战。气田中部、南部区域开发时间长，按照“先肥后瘦”的开发部署原则，已开发区域井网基本完善，剩余区域开发难度大、井位部署困难。北部区域虽然剩余未动用储量大，但储层致密、产量低、高产水、低产井占比高，目前储层改造技术适配性较差，仍需要进一步优化和探索，以实现更高效益的开发。

中高含水气藏实现效益开发是苏东气田提高采收率的关键，因此开展含水致密气藏地质与开发、井筒流动特征、储层改造优化、排水采气优化、地面系统优化等方面的技术提炼与总结，加快形成适应苏东气田的有效开发配套技术体系迫在眉睫。为了早日实现上述目标，本书即对苏东气田致密气藏开发技术理论与实践经验进行了全面分析和总结，旨在为苏里格气田实现高效开发提供一些经验借鉴。

全书共分为7章：第1章介绍了含水致密气藏地质与开发特征；第2章介绍了致密气藏气井井筒流动特征；第3章分析了致密气藏气井产能递减规律；第4章介绍了致密气藏地质建模及数值模拟；第5章和第6章重点介绍了为提高致密气藏采收率而实施的井下工艺，包括储层改造优化、排水采气工艺优化等；第7章介绍了地面系统集输管线积液计算方法和天然气管线清管。

本书之所以能顺利成稿，得益于中国石油天然气股份有限公司长庆油田分公司第五采气厂各级领导和广大科技人员的大力支持。此外，西安石油大学刘晓娟教授、爨莹教授为本书的编写提供了热情帮助，西安石油大学黎盼编写了部分章节内容(约5万字)，在此一并表示衷心的感谢。

需要指出的是，书中涉及的一些理论技术和应用实践仅仅是笔者的初步思考和不成熟的认识，难免存在不妥之处，敬请广大读者批评指正。

目录

第1章 含水致密气藏地质与开发特征

1.1 地质特征

鄂尔多斯盆地位于中国中部地区，是一个大型克拉通含油气叠合盆地，横跨陕西、甘肃、宁夏、内蒙古、山西5个省和自治区，盆地面积约$37\times10^4km^2$，是我国第二大沉积盆地，处于中国东部稳定区和西部活动带之间的结合部位，是一个不对称的矩形向斜盆地。东翼宽度为350km，所辖地区构成盆地的主体，为一个西倾的大单斜，倾角不足1°，被称为伊陕斜坡。西翼宽度仅为20km，被逆冲断层复杂化，构成现今西缘逆冲构造带的主体。隆起(北缘)、挠褶(东缘、南缘)、断褶(西缘)环绕盆地四周，从盆缘到盆内，构造形态表现出由强到弱的变化规律。现今构造面貌主要形成于燕山期和喜马拉雅期，赋存于盆地中的气藏，其展布形态和分布规律严格受上述两期构造运动控制，气藏被改造的程度与所在构造单元和构造部位密切相关。在晚古生代沉积前，本书中所要研究的区域一直处于长期隆起状态，属于基岩隆起区。

1.1.1 地层特征

苏东气田上古生界地层自下而上发育石炭系本溪组，二叠系太原组、山西组、下石盒子组、上石盒子组和石千峰组，下古生界地层主要发育奥陶系马家沟组，属海相碳酸盐岩沉积(表1-1)。其岩性特征分别如下：

1. 马家沟组

马家沟组属华北海相沉积，依据古生物、沉积旋回及区域性标志层特征，可将其地层自上而下划分为马$_1$段至马$_6$段共6个岩性段。其中，马$_1$段、马$_3$段、马$_5$段以白云岩、膏岩为主，马$_2$段、马$_4$段、马$_6$段以灰岩为主，且马$_6$段在盆地内分布十分有限。

含气层主要为马家沟组马$_5$段。马$_5$段是马家沟组地层沉积厚度最大的一套地层，以白云岩为主，夹有灰岩、泥质岩及蒸发岩，厚度为300~360m，马$_5$段广泛分布的潮间白云岩是下古生界的主要储集层。根据鄂尔多斯盆地中部地区的3个标志层和1个稳定灰岩段(马$_5^5$灰岩)，按沉积旋回和相序特征，把马$_5$段划分为10个亚段。其中，马$_5^4$亚段又被分为3个小层，即马$_5{}^4{}_1$小层、马$_5{}^4{}_2$小层和马$_5{}^4{}_3$小层，上部马$_5{}^4{}_1$小层白云岩是本区的主要目的层段。

2. 本溪组

本溪组与马家沟组地层呈平行不整合接触，其下部由于长期遭受风化、淋滤剥蚀，普遍缺失奥陶系中、上统，志留系，泥盆系及石炭系下统。

表 1-1　苏东气田上古生界地层划分表

地层					区域标志层
三叠系		刘家沟组			
二叠系	上统	石千峰组 P3*q*			
	中统	上石盒子组	盒$_1$段	P2*sh*1	K_1：上石盒子组顶部，紫红色泥岩，高自然伽马
			盒$_2$段	P2*sh*2	
			盒$_3$段	P2*sh*3	
			盒$_4$段	P2*sh*4	
		下石盒子组	盒$_5$段	P2*x*5	K_2：下石盒子组顶部桃花页岩，高自然伽马；K_3：下石盒子组底部砂岩之上紫色泥岩，高自然伽马
			盒$_6$段	P2*x*6	
			盒$_7$段	P2*x*7	
			盒$_8$段	P2*x*8	
	下统	山西组	山$_1$段	P1*s*1	
			山$_2$段	P1*s*2	
		太原组	太$_1$段	P1*t*1	K_4：太原组顶部 6 号煤，尖刀状大井径，高自然伽马，高声速
			太$_2$段	P1*t*2	
石炭系	上统	本溪组		C2*b*	顶部 8 号煤
奥陶系	下统	马家沟组			

本溪组为三角洲前缘沉积，底部以铁铝岩之底为界，顶部以上古生界下煤组(8 号、9 号煤层)之顶为界，厚度为 35~45m。苏东气田本溪组由东向西地层厚度变薄，在古隆起区发生缺失。本溪组上部多为煤层，夹有薄层灰岩透镜体及滨岸砂坝相石英砂岩，下部多为三角洲前缘石英砂岩或海相-潟湖边缘沉积的铝土质泥岩，为风化壳之上的坡积物、残积物再沉积而成，厚度一般为 4~12m。

3. 太原组

太原组连续沉积于本溪组之上，以北岔沟砂岩之底为顶界，以庙沟灰岩底为底界，在苏东气田内分布广泛，厚度为 25~40m，且由东向西厚度变薄。根据沉积旋回及岩性组合特征，可将太原组分为上、下两段，即太$_1$段、太$_2$段。太$_2$段以砂岩为主，夹有煤层。太$_1$段以砂岩、泥岩为主，夹有灰岩及煤层。

4. 山西组

以北岔沟砂岩之底为底界，整合沉积于太原组之上，厚度为 90~110m，由东向西地层厚度略有变薄的趋势。根据沉积旋回和岩性组合特征，自上而下可分为山$_1$段、山$_2$段。山$_2$段主要为三角洲平原沉积，厚度为 45~60m，为一套含煤碎屑岩地层，发育石英砂岩或岩屑砂岩，夹有薄层粉砂岩、泥岩和煤层，是该区勘探开发的兼顾层位之一。山$_1$段主要为三角洲平原沉积，南部出现三角洲前缘沉积，岩性以细-中粒岩屑砂岩、岩屑质石英砂岩和泥质岩为主，厚度为 40~50m，为该区的主要目的层段。

5. 上、下石盒子组

上、下石盒子组属河流-三角洲沉积，以骆驼脖砂岩之底为底界，该砂岩顶部有一层杂色泥岩，其自然伽马数值高，便于确定石盒子组与山西组的相对位置。根据沉积序列及岩性组合，上、下石盒子组自下而上分为 8 段，即盒$_8$段至盒$_1$段。

盒$_8$段至盒$_5$段为下石盒子组，厚度为 120~160m，主要为一套浅灰色含砾粗砂岩、灰白色中粗粒砂岩及灰绿色岩屑质石英砂岩与灰绿色泥岩互层。本区主要目的层盒$_8$段为三角洲平原沉积，与苏中气田属于同一沉积环境。

盒$_4$段至盒$_1$段为上石盒子组，属于滨浅湖、干旱湖泊沉积，砂岩不发育，主要为一套红色泥岩及砂质泥岩互层，夹有薄层砂岩及粉砂岩，上部夹有 1~3 层硅质层，厚度为 140~160m。在测井曲线上表现出高电阻、高自然伽马特征。

6. 石千峰组

石千峰组主要为一套紫红色含砾砂岩与紫红色砂质泥岩互层，局部地区夹有泥灰岩钙质结核。石千峰组与上石盒子组相比，其特点是泥岩为紫红色、棕红色，色彩鲜艳、质不纯，普遍含钙质。除了石英，砂岩成分以岩屑、钾长石为主，一般为长石岩屑石英砂岩。重矿物中，绿帘石含量普遍较高。根据沉积旋回特征，由下而上分为五段，即千$_5$段、千$_4$段、千$_3$段、千$_2$段、千$_1$段。其厚度一般在 200m 以上，是一套以干旱湖泊为主的沉积体系，在测井曲线上表现出高电阻、高自然伽马特征。

1.1.2 构造特征

根据盒$_8$段底部地震反射层及钻井资料分析结果，苏东气田的区域构造为一个宽缓的西倾斜坡，坡降一般为 3~10m/km。在单斜背景上，发育了多排近北东向的低缓鼻隆构造，鼻隆构造幅度一般在 10~20m，宽度为 3~6km。勘探实践证实，这些低缓的鼻隆构造对天然气聚集的宏观控制作用不明显。

1.1.3 沉积相特征

山$_1$段至盒$_8$段整体上属于辫状河三角洲沉积体系，不同层位在时空上的演化特征各不相同。从时间上看，从山$_1$段至盒$_8$段，气候由潮湿转变为干旱-半干旱。从空间上看，由北向南依次发育辫状河、辫状河三角洲沉积体系。分开来看：盒$_8$段气候由潮湿转变为干旱，由北向南发育完整的冲积平原、三角洲平原沉积体系，河道迁移频繁，砂地比高，具有砂包泥的特点，砂体厚度较大，横向连续性好。山$_1$段气候由潮湿转变为半干旱，为辫状河三角洲平原沉积体系，分流河道规模较小，砂体间泛滥平原泥岩沉积分布广泛。

1. 盒$_8$段

苏东气田下石盒子组盒$_8$段由北向南依次发育冲积平原和三角洲平原沉积体系，与苏中气田盒$_8$段处于同一沉积环境。沉积微相主要为分流河道和分流间湾。分流河道呈南北向大面积分布，分流间湾在河道间小规模发育(图 1-1)。

2. 山$_1$段

苏东气田山西组山$_1$段为辫状河三角洲平原沉积体系。与下石盒子组盒$_8$段沉积体系相比，山$_1$段分流河道规模较小，泥岩沉积相对较发育(图 1-2)。

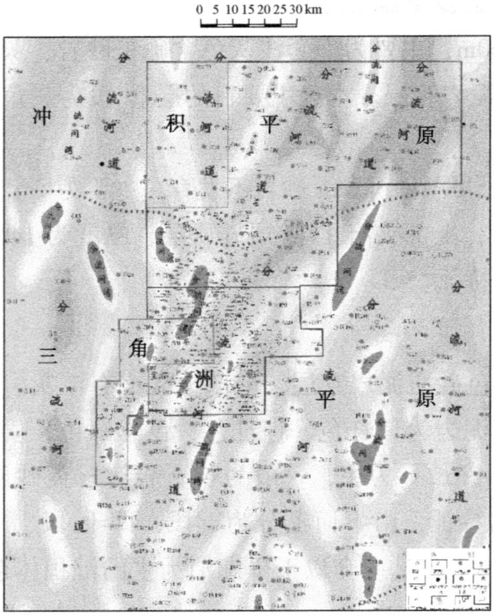

图 1-1　苏东气田盒$_8$段沉积体系

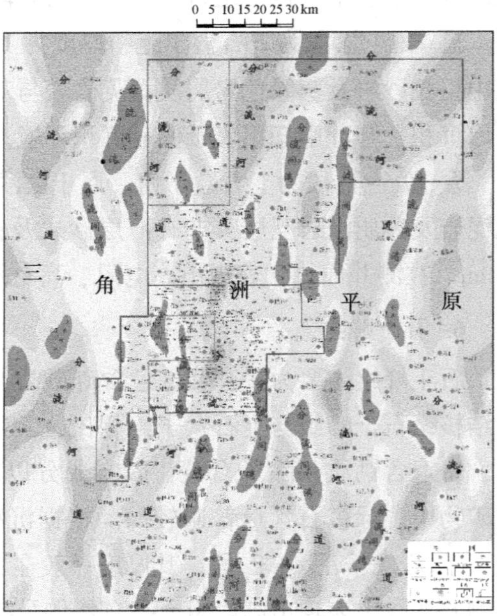

图 1-2　苏东气田山$_1$段沉积体系

1.1.4　储层特征

1. 储集体展布特征

苏东气田经历了从晚石炭世—早二叠世早期的浅水三角洲，到由早二叠世晚期开始的河流三角洲发育的内陆湖盆的演变过程，沉积相控制储集体的展布。砂岩在平面上广泛分布，储集体由北向南延伸，厚度逐渐变薄，在东、西向上呈透镜状叠加。

苏东气田上古生界 1335 口井砂岩钻遇程度统计：盒$_8{}^{下}$亚段砂岩钻遇率最大，达 98.85%，其次为盒$_8{}^{上}$亚段，砂岩钻遇率为 95.21%，山$_1{}^1$亚段、山$_1{}^2$亚段、山$_1{}^3$亚段砂岩钻遇率相对较低(表 1-2、图 1-3)。

表 1-2　苏东气田垂向各层位砂岩钻遇程度统计

层　位	平均砂岩厚度/m	砂岩钻遇率/%
盒$_8{}^{上}$	10.60	95.21
盒$_8{}^{下}$	17.53	98.85
山$_1{}^1$	4.46	66.64
山$_1{}^2$	4.22	66.31
山$_1{}^3$	4.41	—

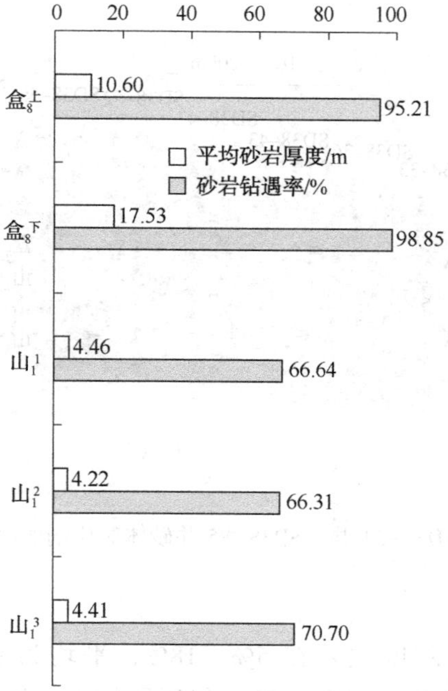

图 1-3　苏东气田垂向各层位砂岩厚度及钻遇率对比

盒$_8^上$亚段：砂岩厚度主要在 4~20m，占比为 92.0%，表现为北厚南薄。在砂体连续性方面，南北向好于东西向。盒$_8^下$亚段：砂岩厚度主要在 8~28m，占比为 79.7%，表现为北厚南薄，呈连片分布。山$_1^1$亚段：砂岩厚度主要在 2~12m，占比为 92.6%，南北向呈条带状展布，连续性较差。山$_1^2$亚段：砂岩厚度主要在 2~12m，占比为 93.1%，南北向呈条带状展布，连续性较差。山$_1^3$亚段：砂岩厚度主要在 2~12m，占比为 94.8%，南北向砂体基本呈条带状展布，连续性较差(图 1-4、图 1-5)。

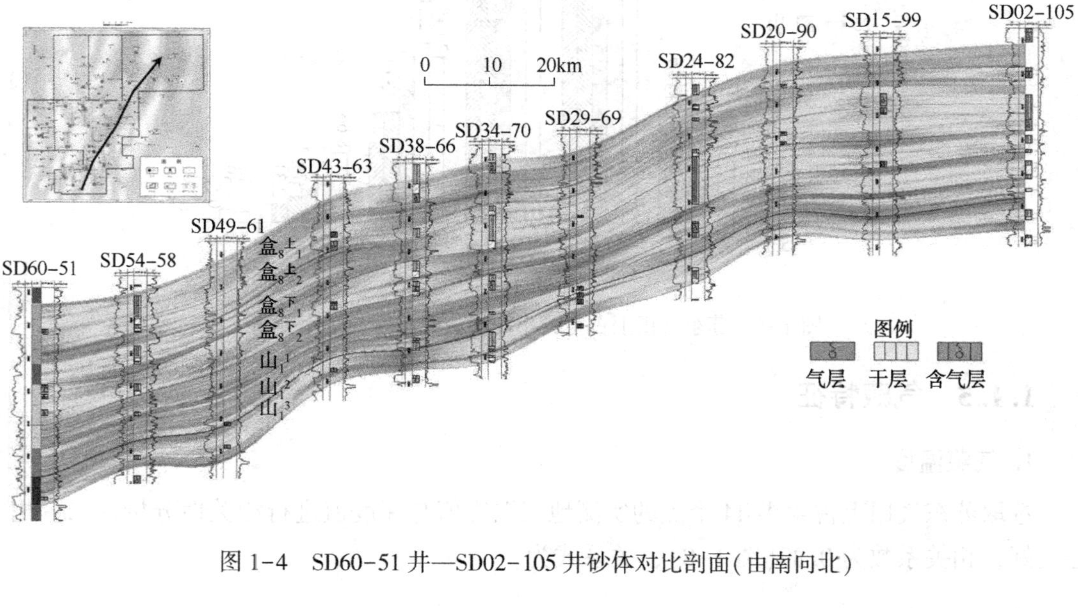

图 1-4　SD60-51 井—SD02-105 井砂体对比剖面(由南向北)

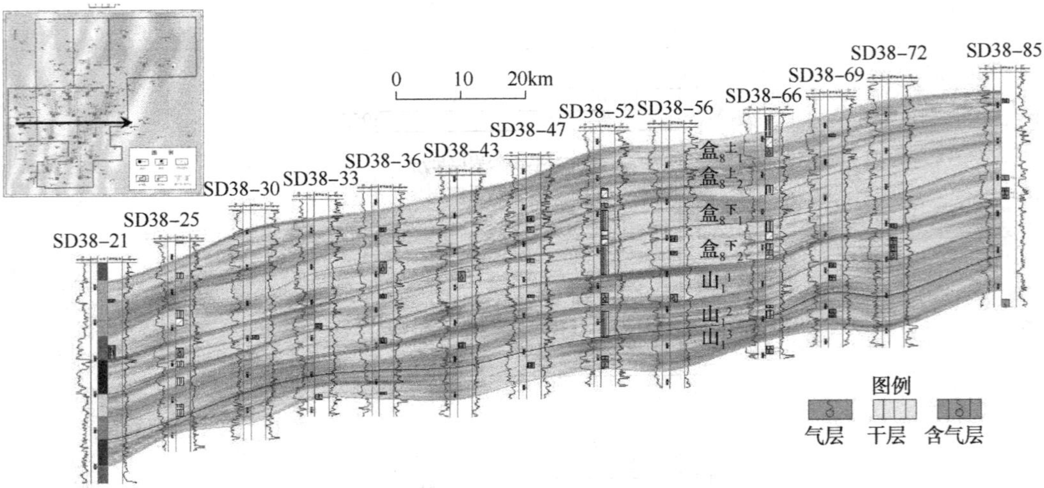

图 1-5　SD38-21 井—SD38-85 井砂体对比剖面(由西向东)

2. 储集体物性特征

苏东气田内有效储层孔隙度主要在 5%～18%，平均为 9.4%；渗透率主要在 0.1～5.0mD，平均为 0.702mD(图 1-6、图 1-7)。气层段均为孔渗(孔隙度、渗透率)条件较好的砂岩体，渗透率与孔隙度分布具有较好的相关性，在垂向上，盒$_8$段好于山$_1$段。在平面上，孔渗发育与砂体展布相关性强，盒$_8$^{下}亚段基本呈连片分布，山$_1$段各小层孔渗呈条带状展布，局部渗透率较高。

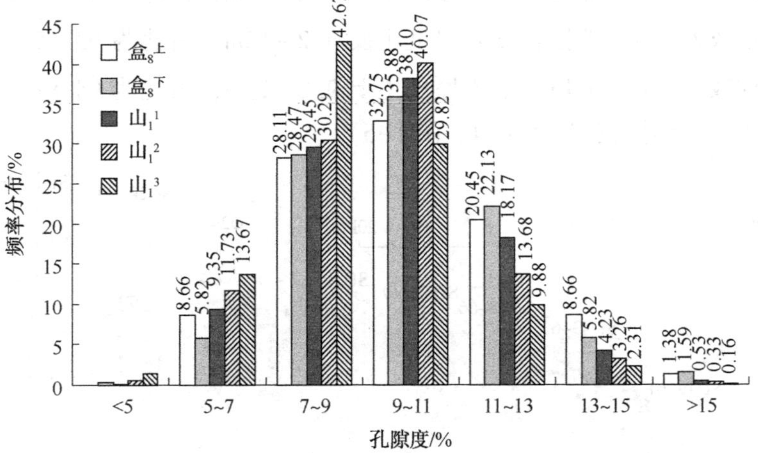

图 1-6　苏东气田上古生界不同层位孔隙度与频率分布

1.1.5　气藏特征

1. 气藏温度

选取苏东气田上古生界 44 个点的实测地层温度值与深度值进行相关性分析，二者相关性良好，相关系数为 0.89(图 1-8)，关系式为：

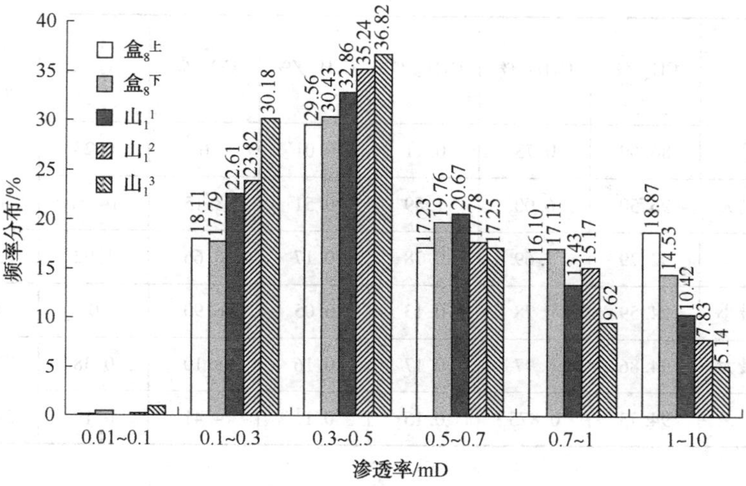

图 1-7　苏东气田上古生界渗透率与频率分布

$$T=3.5741+0.0303D_g \tag{1-1}$$

式中　T——气层中部温度，℃；

D_g——气层中部深度，m。

求得上古生界地层地温梯度为 3.03℃/100m。

2. 气藏压力

苏东气田 ZT1—S235 井区盒$_8$段气藏实测地层压力在 24.188 ~ 27.804MPa，平均压力系数为 0.861。

选取苏东气田上古生界 56 个点的实测压力值和气层中部海拔进行相关性分析，得出相关系数为 0.70，关系式为：

$$p_i=-0.0088Z+10.802 \tag{1-2}$$

式中　p_i——气层中部压力，MPa；

Z——气层中部海拔，m。

受低渗透砂岩气藏实测静压资料影响，上述关系式仅供求取气藏平均压力，关系式中截距及系数与地面压力和地层压力梯度无关。

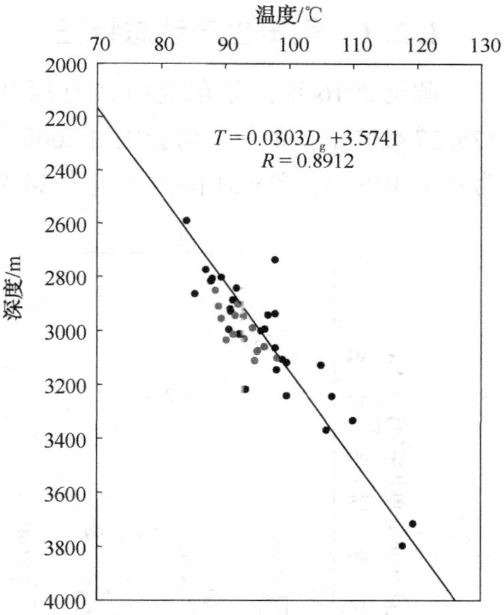

图 1-8　苏东气田上古生界实测地层温度与深度关系(引自长庆油田采油五厂)

3. 流体性质

气体组分分析表明，苏东气田上古生界气藏中甲烷(CH_4)平均含量为 92.79%，H_2S 平均含量为 3.30mg/m^3，CO_2平均含量为 0.66%；下古生界气藏中甲烷平均含量为 94.73%，H_2S 最大含量为 4796.05mg/m^3、最小含量为 1.43mg/m^3、平均含量为 241.88mg/m^3，CO_2 平均含量为 4.41%(表 1-3)。

表 1-3 苏东气田天然气组分对比(引自长庆油田采气五厂)

层位	取值		CH_4/%	C_2H_6/%	C_3H_8/%	C_4H_{10}/%	CO_2/%	N_2/%	H_2S/(mg/m^3)	相对密度
上古生界	范围	最小	86.69	0.73	0.11	0.01	0	0.23	0.47	0.57
		最大	96.50	6.00	1.59	0.51	8.15	14.67	31.09	0.75
	平均		92.79	3.69	0.78	0.17	0.66	1.92	3.30	0.62
下古生界	范围	最小	94.59	0.78	0.13	0.05	6.90	0	1.43	0.57
		最大	94.86	0.97	0.17	0.16	3.10	0.38	4796.05	0.75
	平均		94.73	0.875	0.15	0.11	4.41	0.19	241.88	0.62

1.2 气井动态特征

1.2.1 气田生产动态特征

截至 2016 年，苏东气田共有探井及开发井 1335 口，自 2008 年开始，已累计产气 $175.57\times10^8m^3$，单井平均套压由 2008 年的 15.74MPa 降至 8.69MPa，年平均套压下降速率为 0.78MPa/a，单位压降产气量为 $24.90\times10^8m^3$/MPa(图 1-9)。

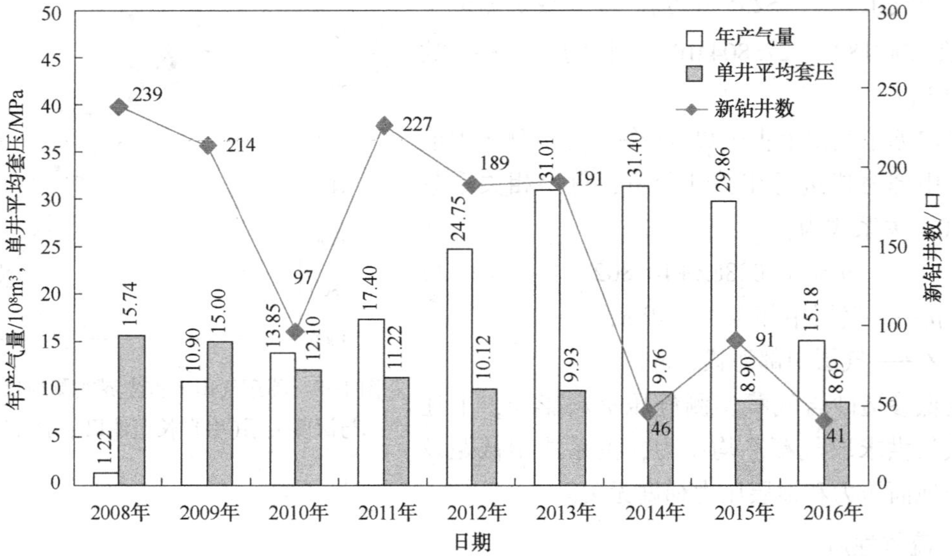

图 1-9 苏东气田历年生产情况柱状图

2009—2012 年为产量上升阶段，自 2012 年 1 月开始，苏东气田基本进入稳产阶段，日产气量在 $750\times10^4m^3$ 左右，日产水量在 $500m^3$ 左右，水气比呈逐年递增趋势，由初期的 $0.4m^3/10^4m^3$ 上升至 $0.8m^3/10^4m^3$ 左右，产水量呈逐年递增趋势(图 1-10、图 1-11)。

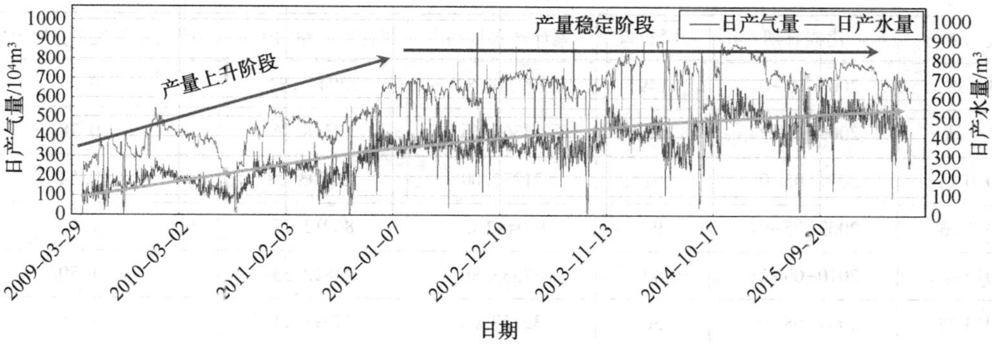

图 1-10　苏东气田气井生产动态曲线

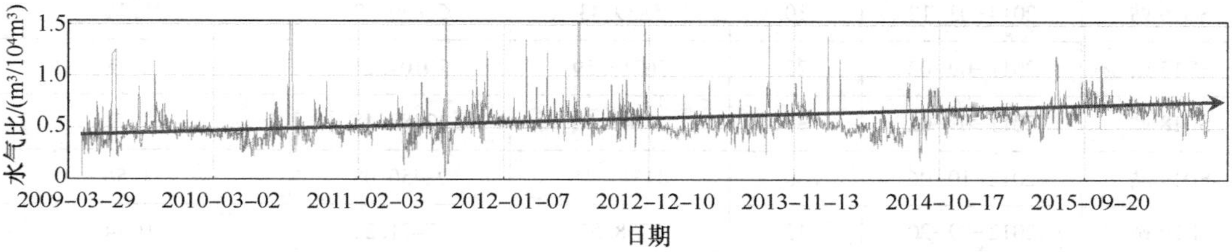

图 1-11　苏东气田水气比动态曲线

1.2.2　集气站生产动态特征

产水区开采效果评价的基础和前提是弄清单井产水量。为节约成本和简化地面流程，苏东地区大部分气井并未作单井日产水量的计量，只有集气站的日总水量计量，每个集气站包含一定数目的产水井，因此需要结合区块各集气站的单井生产动态将产水量劈分到各单井上，首先通过分析获得整个集气站产气动态和产水动态的整体认识。

苏东气田上古生界生产井数量为 1188 口，其中直井 1116 口，水平井 72 口，截至 2016 年 7 月 4 日得到如下数据：21 座集气站，累计产气量 152.9707×10^8m^3；累计产水量 86.8372×10^4m^3；水气比分布在 0.11~3.58$m^3/10^4m^3$，平均水气比为 0.57$m^3/10^4m^3$（表 1-4）。

表 1-4　苏东气田上古生界集气站产量统计表

集气站名称	建成日期	井数/口	累计产水量/m^3	累计产气量/10^4m^3	平均水气比/($m^3/10^4m^3$)
SD1 站	2009-05-04	74	33651.18	124424.49	0.27
SD2 站	2009-12-05	38	29715.79	54328.00	0.55
SD3 站	2009-05-01	90	52713.54	157668.44	0.33
SD4 站	2011-07-23	36	35178.76	37349.83	0.94
SD5 站	2009-05-05	68	43897.46	101088.91	0.43
SD6 站	2009-05-04	119	53379.94	201534.23	0.26
SD7 站	2009-05-02	77	70767.26	63000.18	1.12

续表

集气站名称	建成日期	井数/口	累计产水量/m^3	累计产气量/10^4m^3	平均水气比/($m^3/10^4m^3$)
SD8 站	2009-05-01	149	109314.82	329475.21	0.33
SD9 站	2009-06-24	23	14365.65	18398.26	0.78
SD10 站	2009-05-01	91	71772.00	131703.28	0.54
SD11 站	2009-05-01	94	100482.01	86012.77	1.17
SD12 站	2010-09-28	42	37333.36	24822.35	1.50
SD13 站	2009-08-01	36	32127.66	27998.11	1.15
SD14 站	2009-07-19	46	34684.93	22578.34	1.54
SD15 站	2010-09-30	31	28878.70	19602.74	1.47
SD16 站	2014-03-12	10	5839.43	53839.52	0.11
SD17 站	2011-09-02	22	36215.59	10107.21	3.58
SD18 站	2011-09-02	34	22849.10	13383.45	1.71
SD19 站	2012-10-06	50	44317.41	28450.08	1.56
SD20 站	2012-09-20	15	7738.52	17421.21	0.44
SD21 站	2015-11-27	43	3149.29	6520.08	0.48
合计		1188	868372.40	1529706.67	0.57

苏东气田上古生界各集气站产量不均，累计产气量最高的集气站为 SD8 站，累计产气量 $32.9475\times10^8m^3$，累计产水量 $10.9315\times10^4m^3$，水气比 $0.33m^3/10^4m^3$；水气比最低的集气站为 SD16 站，为 $0.11m^3/10^4m^3$；水气比最大的集气站为 SD17 站，为 $3.58m^3/10^4m^3$（图 1-12~图 1-14）。

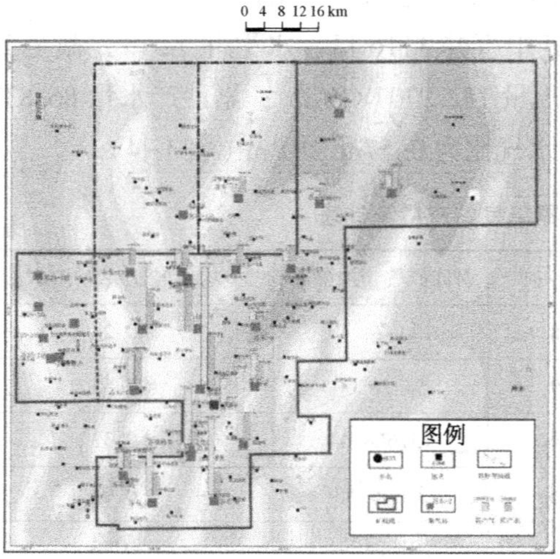

图 1-12　苏东气田集气站产量与砂岩厚度叠合图

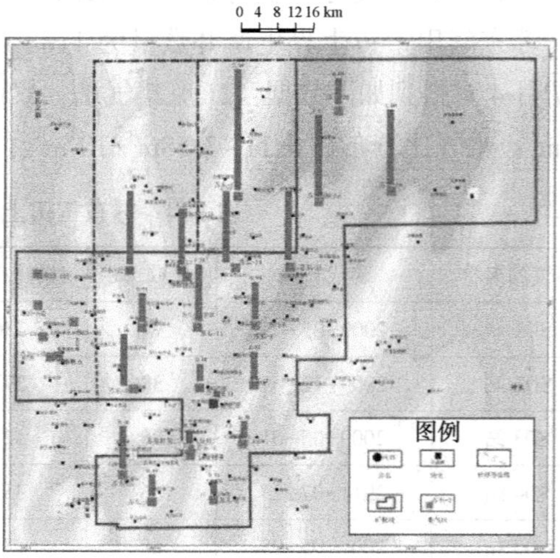

图 1-13　苏东气田集气站水气比与砂岩厚度叠合图

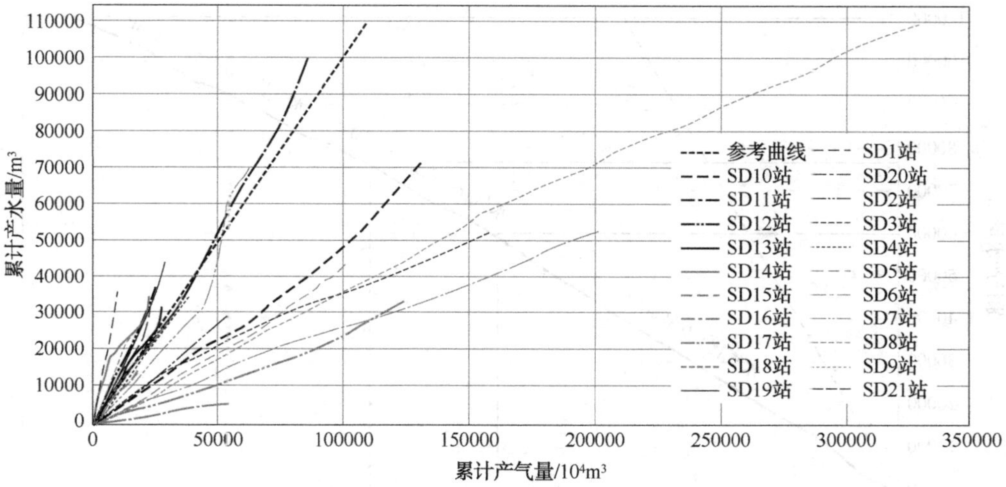

图 1-14　苏东气田各集气站累计产气量-累计产水量动态变化曲线图

1. SD8 站

SD8 站共 149 口投产井，从 2009 年 5 月 1 日到 2016 年 7 月 2 日，累计产气量 32.9475×10^8m^3，累计产水量 10.9315×10^4m^3，平均水气比 0.33$m^3/10^4m^3$，该集气站在所有集气站中累计产量最高(图 1-15)。

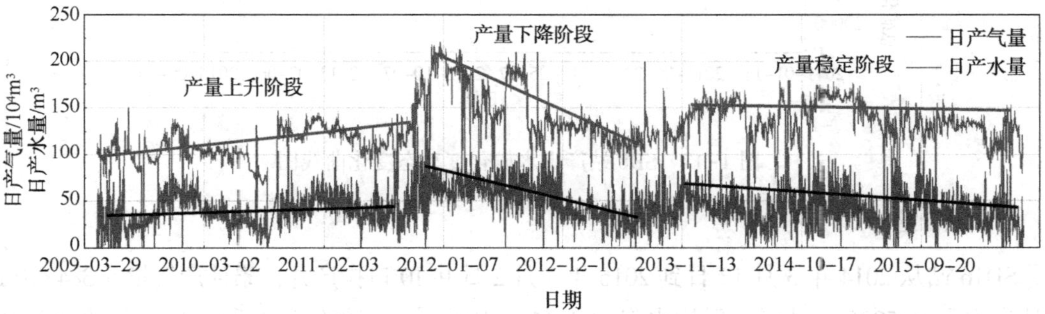

图 1-15　SD8 站生产曲线图

可以将 SD8 站划分为 3 个产水阶段：

第一阶段：2009 年 5 月—2011 年 12 月，这一阶段日产气量及日产水量稳中有升，水气比基本保持不变(图 1-16)。

第二阶段：2011 年 12 月—2013 年 9 月，这一阶段由于有新井投产，日产气量快速上升至 200×10^4m^3 后缓慢下降至 120×10^4m^3，水气比有逐渐升高的趋势。

第三阶段：2013 年 9 月至今，这一阶段日产气量及日产水量保持平稳，日产气量保持在 150×10^4m^3 左右，水气比基本不变，在 0.285$m^3/10^4m^3$ 左右。

SD8 站产出水矿化度呈逐渐上升趋势，由初期的 30369.54mg/L 升至 75877.82mg/L，平均矿化度为 50161.12mg/L(图 1-17)。

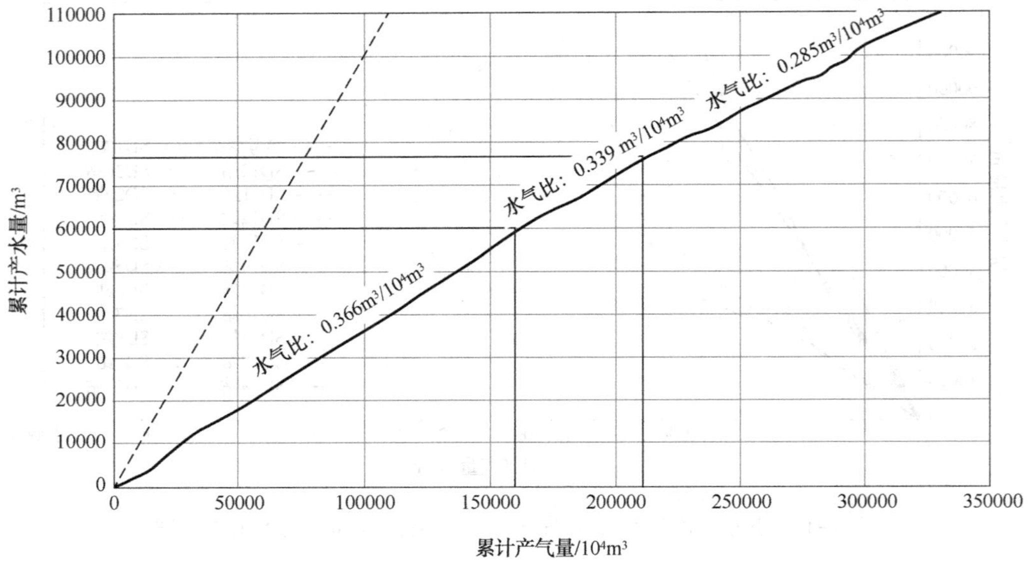

图 1-16　SD8 站累计产气量-累计产水量动态变化曲线图

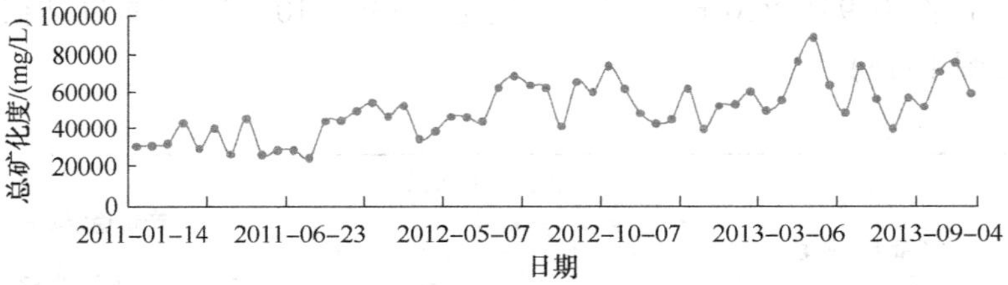

图 1-17　SD8 站产出水矿化度动态变化曲线图

2. SD16 站

SD16 站从 2014 年 3 月 12 日到 2016 年 7 月 2 日共 10 口投产井，累计产气量 $5.384\times10^8m^3$，累计产水量 $0.5839\times10^4m^3$，平均水气比 $0.11m^3/10^4m^3$，该集气站在所有集气站中水气比最低(图 1-18)。

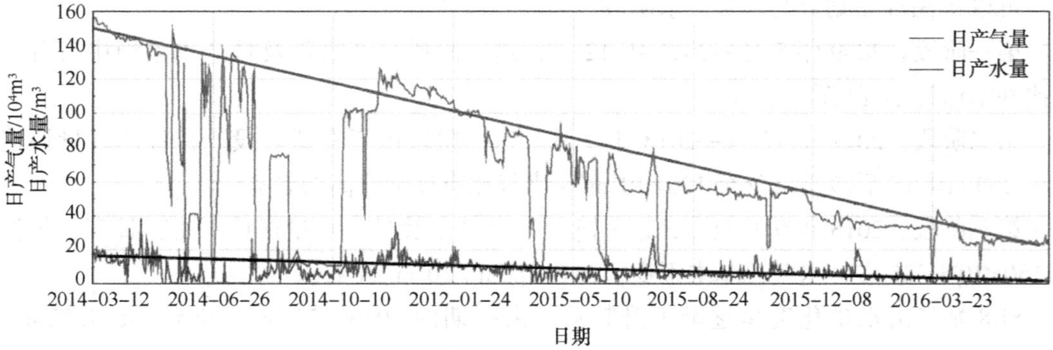

图 1-18　SD16 站生产曲线图

SD16站日产气量呈直线下降趋势，由初期的$160\times10^4m^3$下降至$24\times10^4m^3$，水气比呈逐渐升高的趋势，由初期的$0.07m^3/10^4m^3$升至$0.11m^3/10^4m^3$。该集气站产出水矿化度变化幅度较大，在4384.51~176783.24mg/L，平均矿化度为53031.93mg/L(图1-19)。

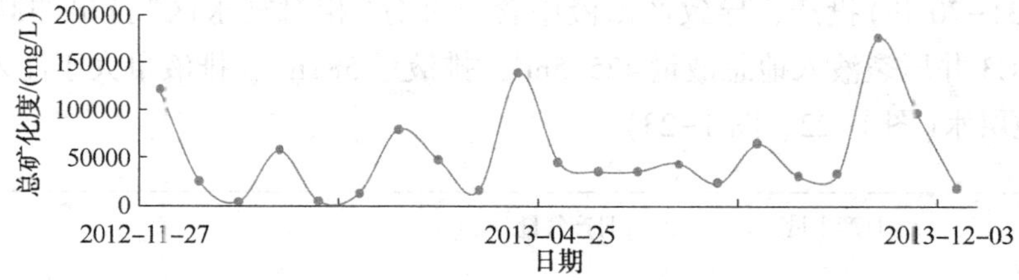

图1-19　SD16站产出水矿化度动态变化曲线图

3. SD17站

SD17站从2011年9月12日到2016年7月2日共22口投产井，累计产气量$1.0107\times10^8m^3$，累计产水量$3.6216\times10^4m^3$，平均水气比高达$3.58m^3/10^4m^3$。该集气站日产气量基本稳定在$5\times10^4m^3$左右，日产水量变化较大。SD17站在所有集气站中水气比最高(图1-20)。

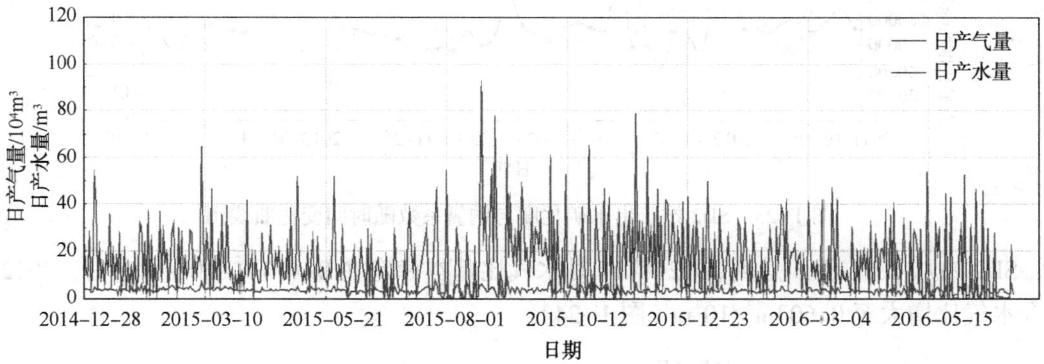

图1-20　SD17站生产曲线图

SD17站产出水矿化度基本在20000~100000mg/L，平均矿化度为60000mg/L左右(图1-21)。

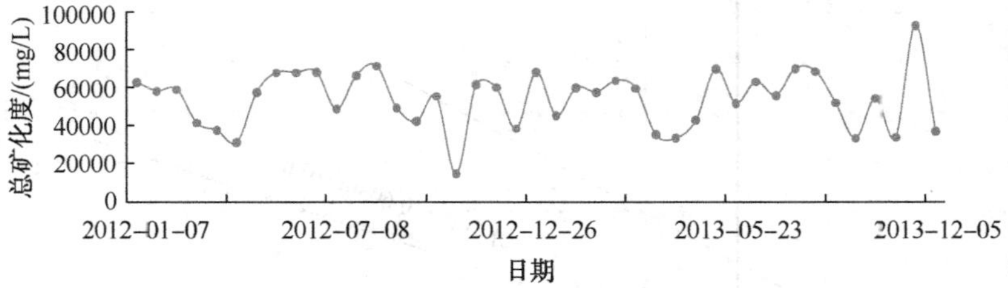

图1-21　SD17站产出水矿化度动态变化曲线图

4. SD2站

SD2站从2009年12月5日到2016年7月2日共38口投产井，产出水初期矿化度稳定在 20000mg/L 左右，矿化度均较低，产出液主要为储层改造时的残留液，以及开采过程中由于天然气压力和温度降低导致气体饱和的水蒸气因凝析作用形成的凝析水；2012 年 11 月，产出水矿化度升至 60000mg/L，分析认为新井(SD31-69C1 井、SD31-69C3 井、SD31-69H2 井、SD31-70 井)投产，导致产出液中含有部分“相对富水区”排出的高矿化度地层水，SD31-69C3 井压裂液入地总液量 425.5m^3，排液量 581m^3，排液量大于注入总液量，返排液中混有地层水(图 1-22、图 1-23)。

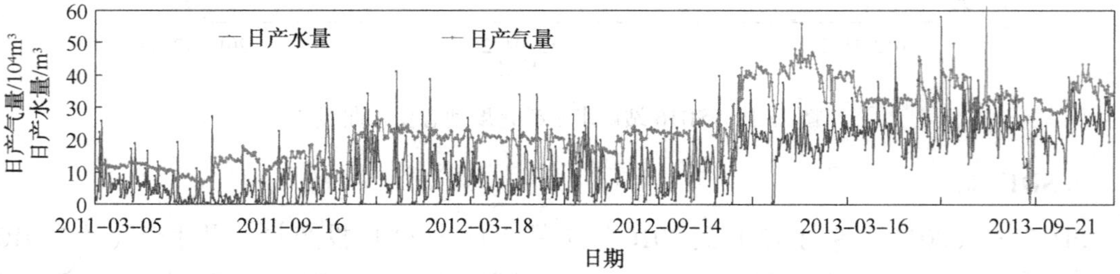

图 1-22　SD2 站生产曲线图

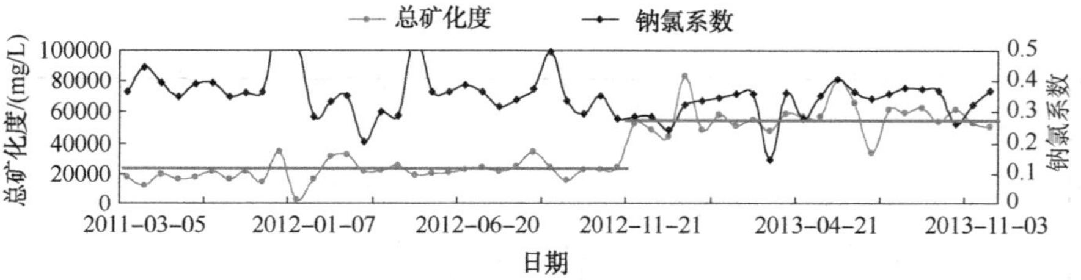

图 1-23　SD2 站产出水矿化度与钠氯系数随时间变化曲线图

SD2 站从 2011 年 3 月到 2012 年 11 月水气比基本稳定在 0.406$m^3/10^4m^3$ 左右，2012 年至今水气比增大至 0.603$m^3/10^4m^3$(图 1-24)。

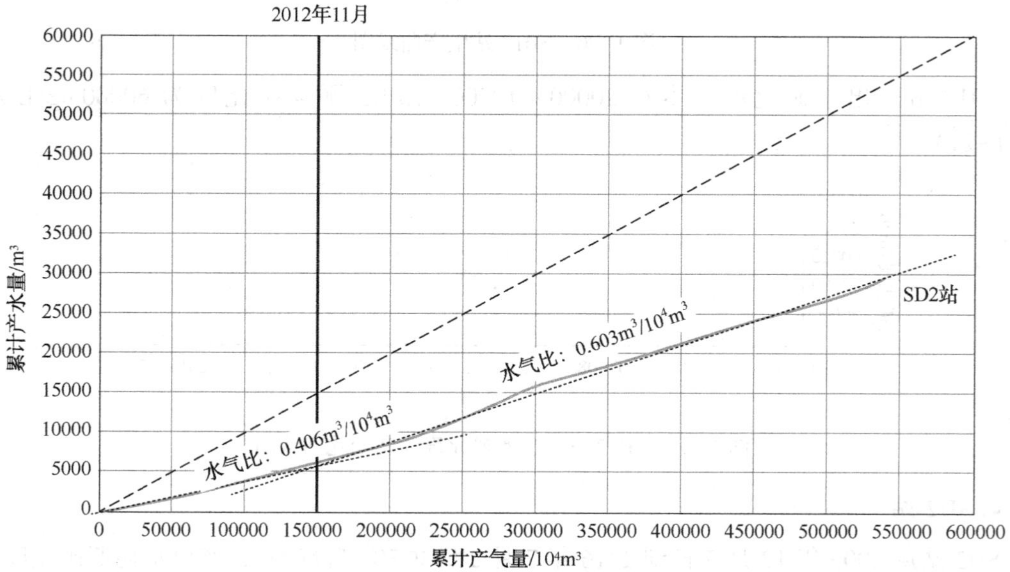

图 1-24　SD2 站累计产气量-累计产水量动态变化曲线图

1.2.3 单井产水动态特征

1. 气井出水水源

由文献调研结果可知，气井产水来源很多，总结起来一共分为三类，即凝析水、人工侵入水和地层水。而地层水又包括边水、底水、层内原生可动水、层内次生可动水和层间水。明确气井产水水源，对于产水机理的研究具有重要意义。

1）凝析水

由于气藏所处的地层温度高、压力大，在地层条件下，天然气以水蒸气的形式存在，被采出后由于温度、压力下降而析出的水被称为凝析水。在气藏的某个开采周期，凝析水气比基本恒定，可以根据产气量计算凝析水量。一般情况下，凝析水的矿化度都较低，低于15000mg/L，凝析水量也较少，对气井生产的影响不大。对于低水气比的气井，凝析水量在总产水量中占的比重很大。利用凝析水量计算公式可计算每口井的凝析水量：

$$W=1.10419\times10^{-7}A(T)/p+1.60188\times10^{-5}B(T) \tag{1-3}$$

式中 W——水蒸气含量，kg/m^3；

p——绝对压力，MPa。

其中：

$$\lg A(T)=10.9351-1638.36T^{-1}-98.162T^{-2}$$

$$\lg B(T)=6.69449-1713.26/T$$

我们可以利用式(1-3)计算出每口井的凝析水量，进而初步判断每口井的出水水源类型，若该井的日产水量小于或等于凝析水量，则初步判断该井产凝析水，如果有水样化验资料，则可进一步确定产水水源类型。

如SD39-59A井生产层位为下古生界马$_5$段，试气日产气量$39.529\times10^4m^3$，无阻流量$231.6478\times10^4m^3/d$；累计产气量$51464.1631\times10^4m^3$，累计产水量$1573.34m^3$。水气比随生产时间的延长基本稳定在$0.04m^3/10^4m^3$左右，通过计算，该井凝析水量在$0.18m^3/10^4m^3$左右，实际水气比小于该计算值，因此初步判断产水类型为凝析水(图1-25、图1-26)。

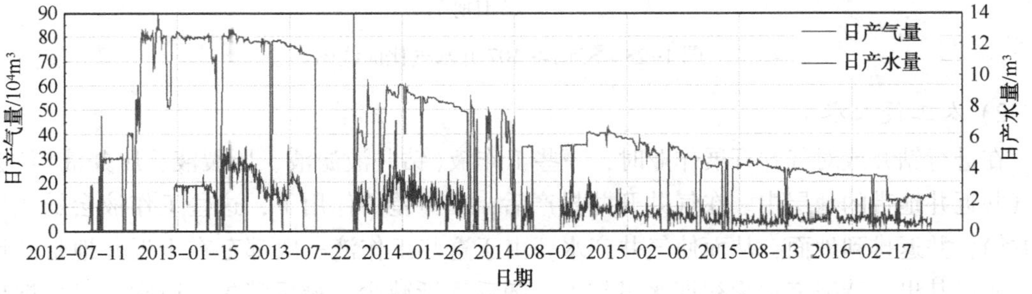

图1-25 SD39-59A井生产曲线图

如SD014-107井生产层位为盒$_8$段+山$_1$段，试气日产气量$13.1335\times10^4m^3$，无阻流量$42.0737\times10^4m^3/d$；累计产气量$6775.4249\times10^4m^3$，累计产水量$191.01m^3$。水气比随生产时间的延长基本稳定在$0.10m^3/10^4m^3$左右，计算后初步判断产水类型为凝析水(图1-27、图1-28)。

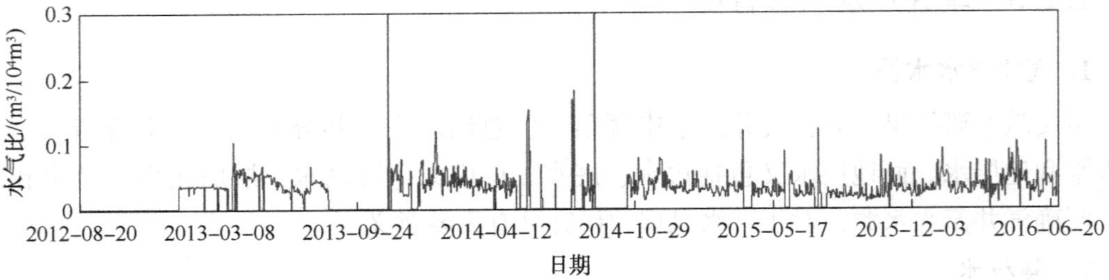

图 1-26　SD39-59A 井水气比曲线图

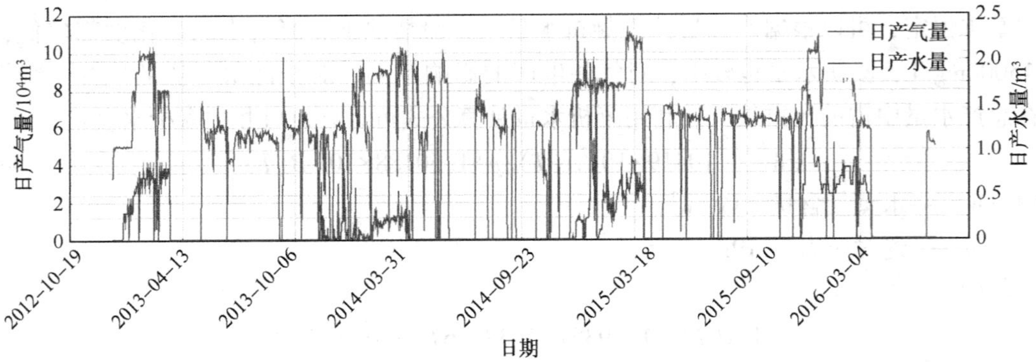

图 1-27　SD014-107 井生产曲线图

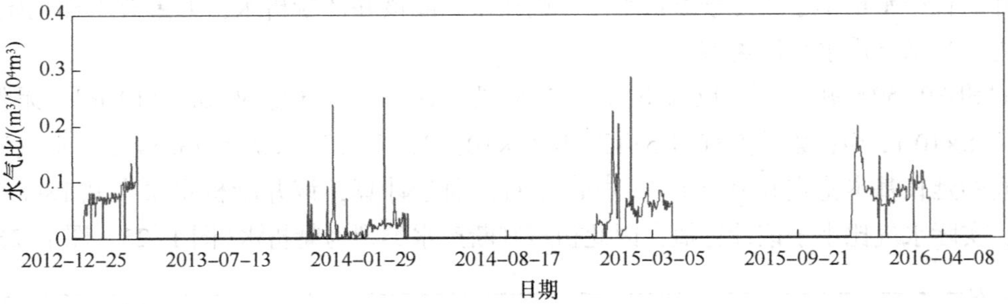

图 1-28　SD014-107 井水气比曲线图

2）人工侵入水

在进行钻井或对气井开展作业时，一些工作液（钻井液滤液、压裂液、压井液等）会侵入气井近井地带的地层中。在气井开井投产后，在压差的作用下，这些工作液会随气体流入井筒，并返排到地面，从而使气井产水。由于这些工作液一般都存在于近井地带的地层中，所以其出水特征表现为初期水量较大，随后逐渐减少，最后消失。通常可以根据出水的成分判断其是否为人工侵入水。

如 SD24-55H2 井，该井水平段目的层为盒$_8$^{下}亚段，水平段长度 1469m，气层钻遇率 53.1%。2015 年 12 月 3 日，对该井盒$_8$^{下}亚段通过水力喷射分压压裂，压裂液入地总量 5286.7m^3，排液量 3630m^3。日产气量 14.3642×10^{4}m^3，无阻流量 35.4531×10^{4}m^3/d。SD24-55H2 井初

期日产气量 4.2137×10^4m^3，日产水量 52m^3，初期产水量大，随后逐渐减少，累计生产 45d 的产水量 668.3m^3，初步判断为人工侵入水(图 1-29)。

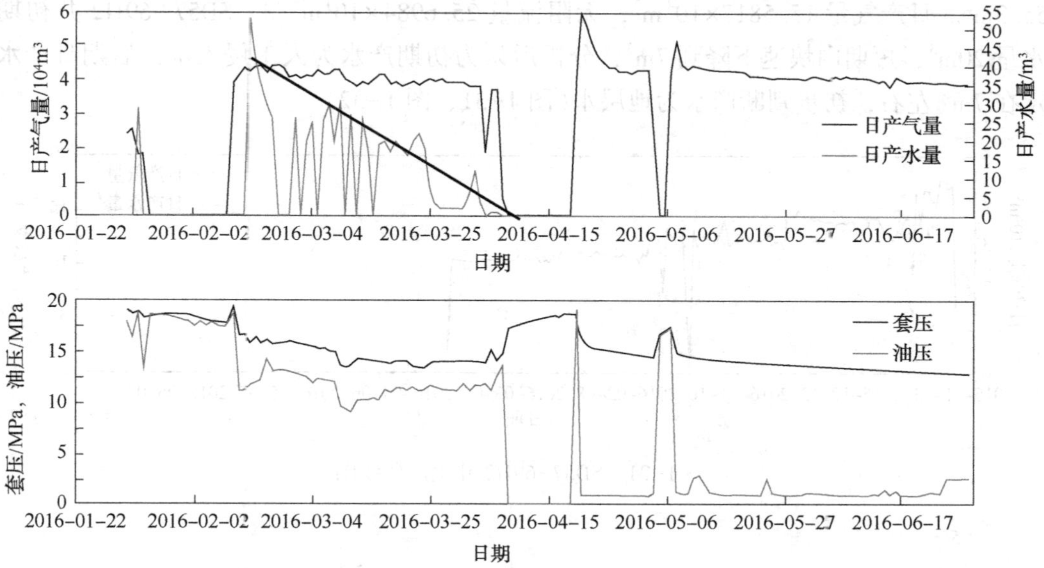

图 1-29　SD24-55H2 井生产曲线图

如 SD59-35H1 井，压裂液入地总量 3875.6m^3，排液量 2817m^3。SD59-35H1 井初期日产气量 2.937910$^4m^3$，日产水量 17m^3，产水量逐渐减少，生产 120d 的产水量 521m^3，符合人工侵入水的产出特征(图 1-30)。

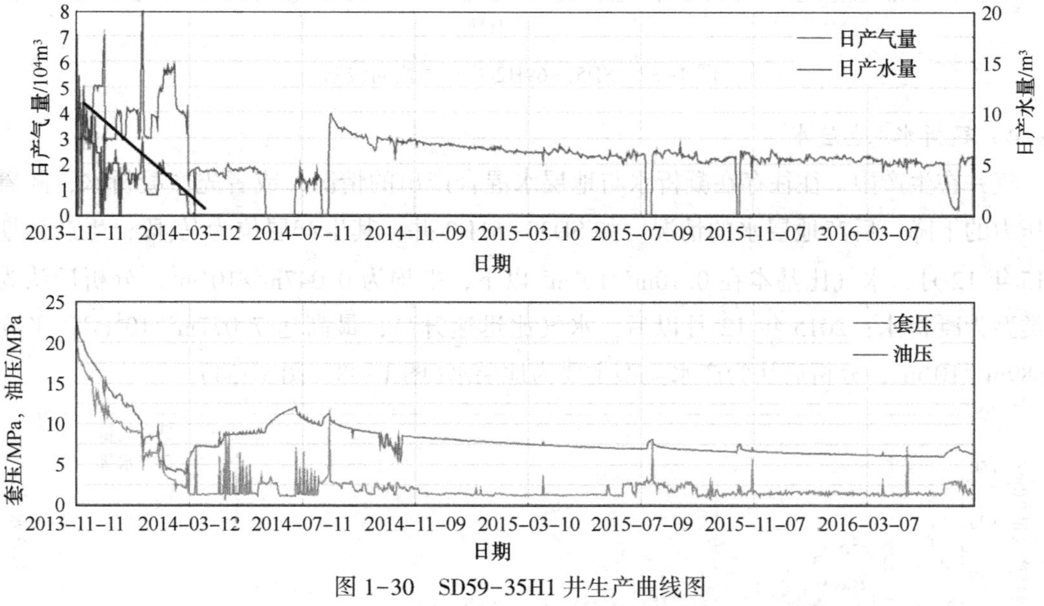

图 1-30　SD59-35H1 井生产曲线图

3）地层水

由于气藏内充气不足或被泥岩层隔断，在气藏原始条件下，构造低部位的储集层中聚集了一些可动水，表现为出水量大、水气比相对较高。

如SD57-69H2井，该井水平段目的层为盒$_8$^{上}亚段，水平段长度1148m。2014年11月4日，对该井盒$_8$^{上}亚段通过水力喷射分压压裂，压裂液入地总量4623.3m^3，排液量3355.3m^3。日产气量15.5817×10^{4}m^3，无阻流量25.6984×10^{4}m^3/d。SD57-69H2井初期日产水量20m^3，短期内快速下降到7m^3，分析后认为初期产水为人工侵入水；后期日产水量稳定在7m^{3}左右，初步判断产水为地层水(图1-31、图1-32)。

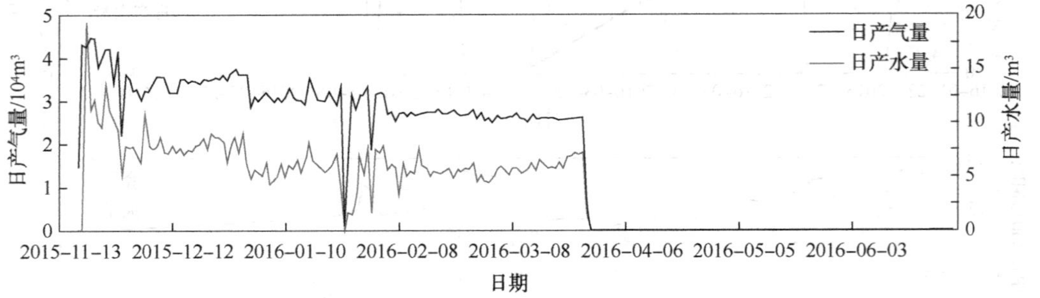

图1-31　SD57-69H2井生产曲线图

图1-32　SD57-69H2井水气比曲线图

4）凝析水+地层水

气井在生产中，往往存在凝析水与地层水混合产出的情况，或者先产凝析水，随着地层压力的下降，后产地层水的情况。如SD38-61H2井，其生产层位为马$_5$段，生产初期至2015年12月，水气比基本在0.10m^3/10^{4}m^{3}以下，平均为0.047m^3/10^{4}m^3，分析后认为产水类型为凝析水；2015年12月以后，水气比迅速升高，最高达7.077m^3/10^{4}m^3，平均为0.889m^3/10^{4}m^3，分析后认为产水类型主要为地层水(图1-33、图1-34)。

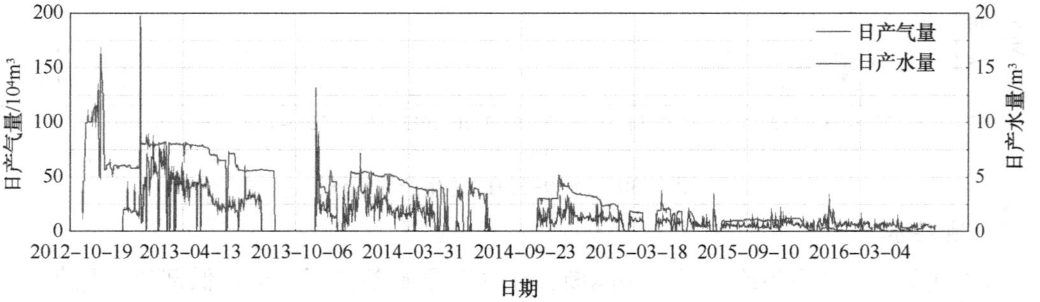

图1-33　SD38-61H2井生产曲线图

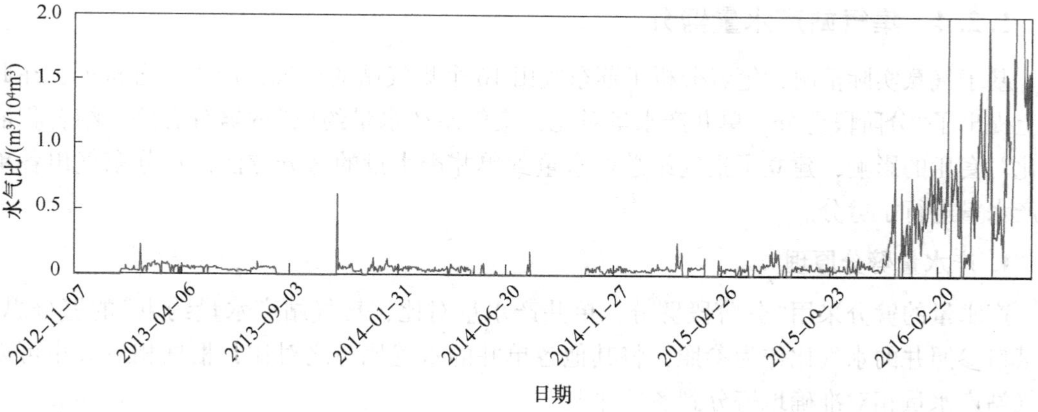

图 1-34　SD38-61H2 井水气比曲线图

2. 气井产水规律

气井的产水规律主要是指气井水气比随着生产时间的变化规律，一般使用水气比与时间的关系曲线表示。气井产水规律一般包括以下几种。

1）少量产水型

这类气井在开采过程中产水量、水气比始终保持在一个很低的水平，气井产水对气井产量影响不明显，产水水源类型一般为凝析水。

2）波动产水型

这类气井在生产的某一阶段，产水量波动较大，对气井生产也有较为明显的影响，气井产量及水气比波动都较大，但是此类气井产水并不会维持很长时间。这种气井的水源类型一般为人工侵入水、地层水等。

从苏东气田 202 口产水气井的生产情况来看，气井产水具有如下特点(图 1-35)：

(1) 产水水源类型以地层水为主，人工侵入水及凝析水次之。

(2) 下古生界产水气井多于上古生界气井，盒$_8$段产水气井多于山$_1$段气井。

(3) 气井产水规律以少量产水型和波动产水型为主。

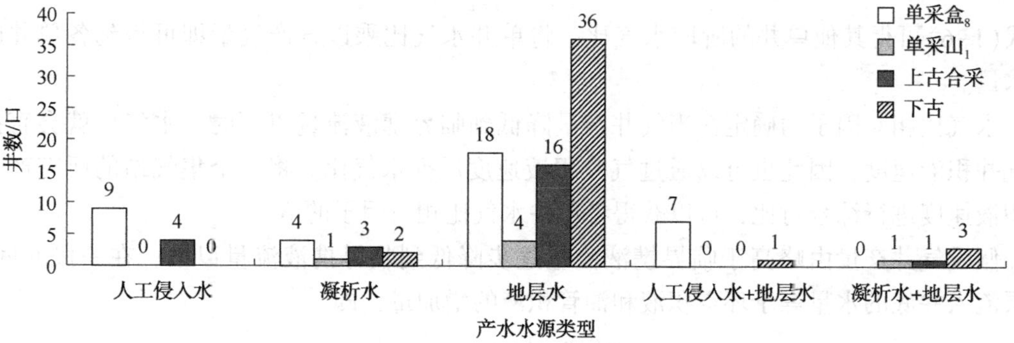

图 1-35　苏东气田气井产水水源类型对比图

1.2.4 集气站产水量劈分

基于气藏实际情况，笔者分析了苏东气田16个集气站的产气、产水动态特征，在此基础上提出了“分阶段劈分，单井产水量对比，集气站产水量约束”的劈分思路，结合积液量变化对套压的影响，建立了集气站总产水量到单井产水量的劈分方法，对苏东气田各单井的产水量进行了劈分。

1. 产水量劈分原理

产水量的劈分采用“分阶段劈分，单井产水量对比，集气站产水量约束”的劈分思路：以某口参照井的水气比作为参照，将其他各单井的水气比与之对比，根据相对大小可以将集气站产水量相对准确地劈分到各单井上。

以参照井的选取不影响产水量劈分结果为前提，一般选择水气比中等的气井(水气比劈分前，套压总下降斜率与套压自然下降斜率的差值为中等的气井)比较合适。

引入水气比相对因子，表示各单井水气比与参照井水气比的比值。

$$S_i = \frac{WGR_i}{WGR_{参照井}} \tag{1-4}$$

式中 S_i——水气比相对因子；

WGR_i——各单井水气比，$m^3/10^4m^3$；

$WGR_{参照井}$——参照井水气比，$m^3/10^4m^3$。

集气站总产水量为：

$$W_{站} = \sum_{i=1}^{n}(G_{pi}WGR_i) = \sum_{i=1}^{n}[G_{pi}(WGR_{参照井}S)_i] = WGR_{参照井}\sum_{i=1}^{n}(G_{pi}S_i) \tag{1-5}$$

式中 $W_{站}$——某一劈分阶段集气站总产水量，m^3；

G_{pi}——单井 i 的阶段累计产气量，10^4m^3。

所以，参照井的水气比为：

$$WGR_{参照井} = \frac{W_{站}}{\sum_{i=1}^{n}(G_{pi}S_i)} \tag{1-6}$$

由式(1-6)可得其他单井的阶段水气比，将单井水气比乘以日产气量即可得到各单井的日产水量。

水气比相对因子的确定：当气井产量降低到临界携液流量以下时，水气比就会直接影响气井积液速度，因此也可以通过气井积液速度反推水气比。将一个集气站的所有产水井的积液速度进行综合对比，可以获得各单井水气比相对因子的值。

假设气井产量由略高于临界携液流量逐步降低到临界携液流量以下，在一段时间内，地层流入井底的水量等于环空积液和油管积液的增加量，即

$$\Delta W_p = \frac{\pi(D^2-d_2^{\ 2})}{4}\Delta H_1 + \frac{\pi d_1^{\ 2}}{4}\Delta H_2 \tag{1-7}$$

式中 ΔW_p——某段时间内的累计产水量，m^3；

D——套管内径，m；

d_2——油管外径，m；

d_1——油管内径，m；

ΔH_1——某段时间内环空积液高度差，m；

ΔH_2——某段时间内油管积液高度差，m。

当环空与油管连通时，环空积液高度与油管积液高度相差不大，即 $\Delta H_1 \approx \Delta H_2$，所以，

$$\Delta G_{\mathrm{p}} WGR=\left[\frac{\pi(D^2-d_2{}^2)}{4}+\frac{\pi d_1{}^2}{4}\right]\Delta H_2 \tag{1-8}$$

式中 ΔG_{p}——单井某段时间内的累计产气量，$10^4\mathrm{m}^3$；

WGR——单井水气比，$\mathrm{m}^3/10^4\mathrm{m}^3$。

当气井无积液生产，渗流进入拟稳定状态后，地层各点压降速率相同，井口套压与地层压力变化近似同步。在气井逐渐积液过程中的某个较为稳定的生产时间段内，套压下降的幅度主要受地层压力下降和积液增加的影响，即

$$\Delta p_{\mathrm{c总}}=\Delta p_{\mathrm{r}}+\Delta p_{\mathrm{c积液}} \tag{1-9}$$

$$\Delta p_{\mathrm{c总}}=\Delta G_{\mathrm{p}} k_1+(\rho_1-\rho_{\mathrm{g}})g\Delta H_2 \tag{1-10}$$

$$\Delta H_2=\frac{\Delta p_{\mathrm{c总}}-\Delta G_{\mathrm{p}} k_1}{(\rho_1-\rho_{\mathrm{g}})g} \tag{1-11}$$

式中 $\Delta p_{\mathrm{c总}}$——拟稳定流动状态下套压下降幅度，MPa；

Δp_{r}——拟稳定流动状态下地层压力下降导致的套压自然下降幅度，MPa；

$\Delta p_{\mathrm{c积液}}$——拟稳定流动状态下积液增加导致的套压额外下降幅度，MPa；

ρ_1——井底积液密度，$\mathrm{kg/m^3}$；

ρ_{g}——被积液替代的油套环空的气体的平均井下密度，$\mathrm{kg/m^3}$；

g——重力加速度，取 9.8N/kg；

k_1——地层压力下降斜率。

单井水气比公式为：

$$WGR=\frac{\dfrac{\pi(D^2-d_2{}^2)}{4}+\dfrac{\pi d_1{}^2}{4}}{(\rho_1-\rho_{\mathrm{g}})g}+\frac{\Delta p_{\mathrm{c总}}-\Delta G_{\mathrm{p}} k_1}{\Delta G_{\mathrm{p}}} \tag{1-12}$$

即

$$WGR=\frac{\dfrac{\pi(D^2-d_2{}^2)}{4}+\dfrac{\pi d_1{}^2}{4}}{(\rho_1-\rho_{\mathrm{g}})g}(k-k_1) \tag{1-13}$$

式中 k——套压总下降斜率。

积液对套管压力的影响如图 1-36 所示。由式(1-13)可知，水气比与套压总下降斜率和地层压力下降斜率的差值有关。套压总下降斜率是气井开始积液阶段的套压实际下降斜率，地层压力下降斜率可以采用压降法等计算得到。需要注意的是，这一阶段产量应相对稳定，否则会因产量不同而引起井底流动压力发生变化，进而导致井口套压也发生变化。

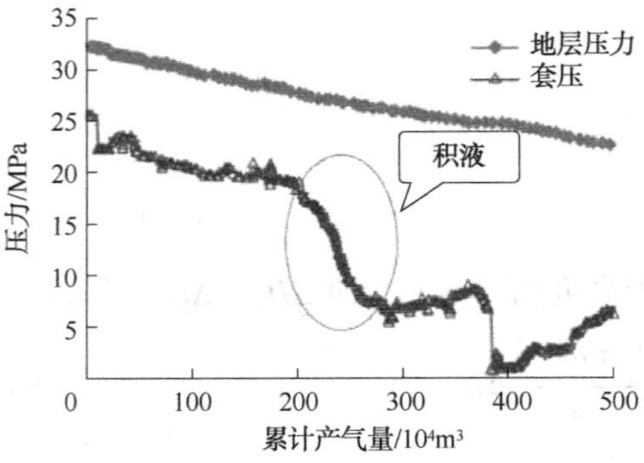

图 1-36　积液对套管压力的影响

2. 计算步骤

(1) 以集气站为单元，统计出集气站平均单井的日产气量和套压，通过软件拟合计算出集气站的平均地层压力，提取地层压力递减变化数据，从而给出地层压力随累计产气量递减变化的斜率和截距(图 1-37)。

(2) 分别作出单井井口套压与累计产气量变化的关系曲线，以当前数据和前一天数据为原始数据，计算当前瞬时的套压递减变化斜率。

(3) 将由步骤(1)和步骤(2)计算的地层压力递减斜率和瞬时的套压递减变化斜率代入单井的水气比计算公式中，计算出单井的水气比。

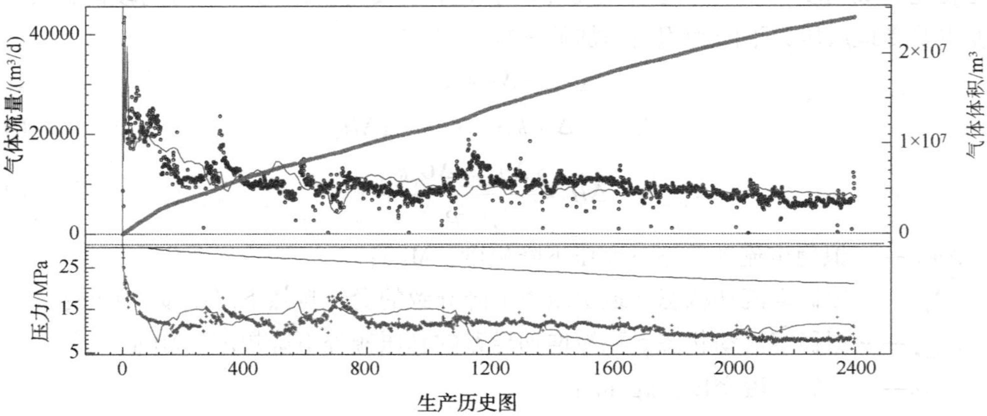

图 1-37　SD2 站平均单井生产分析图

(4) 将由步骤(3)计算出的单井的水气比代入式(1-4)中，计算出单井的水气比相对因子。

(5) 将集气站所有井的水气比相对因子归一化，求出单井的产水量劈分系数，并分别乘以集气站总产水量，即可计算出单井的产水量(表 1-5)。

表 1-5　SD2 站单井产水量劈分(部分)

井　号	日　期	生产时间/h	油压/MPa	套压/MPa	日产气量/10^4m^3	劈分系数	劈分日产水量/t	集气站井口日产水量/t
S199	2009-12-11	21	21.1	0	1.17415	0	0	8.68
SD34-66	2009-12-11	21	22	22.3	1.194781	0.136353	1.183545126	
SD36-67	2009-12-11	22	21	21.8	1.251587	0.114979	0.998021205	
SD38-72	2009-12-11	24	1.2	21.7	2.731524	0.178542	1.549743347	
SD38-85	2009-12-11	24	1.3	14.6	5.463047	0.283643	2.462017428	
SD41-64	2009-12-11	24	1.3	18.6	2.047905	0.151697	1.316733661	
SD41-72	2009-12-11	24	1.3	11.8	2.048719	0.134786	1.169939232	

3. 劈分结果

进一步，按照“分阶段劈分，单井产水量对比，集气站产水量约束”的劈分思路，对东二区的 16 个集气站 780 口气井进行了水量劈分。劈分结果如图 1-38～图 1-52 所示。

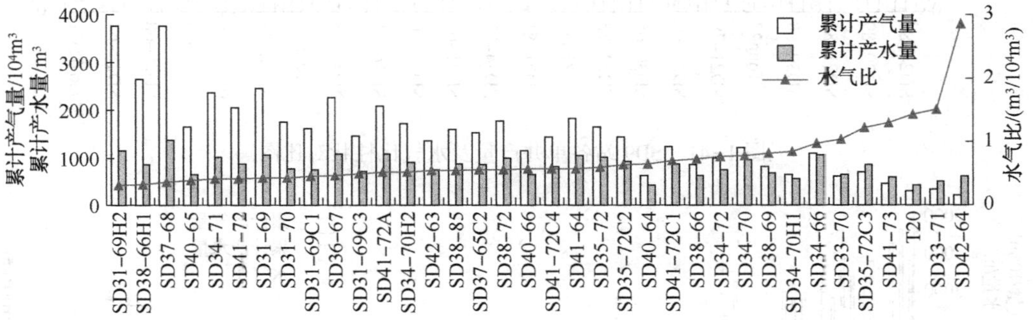

图 1-38　SD2 站各单井产量及水气比柱状对比图

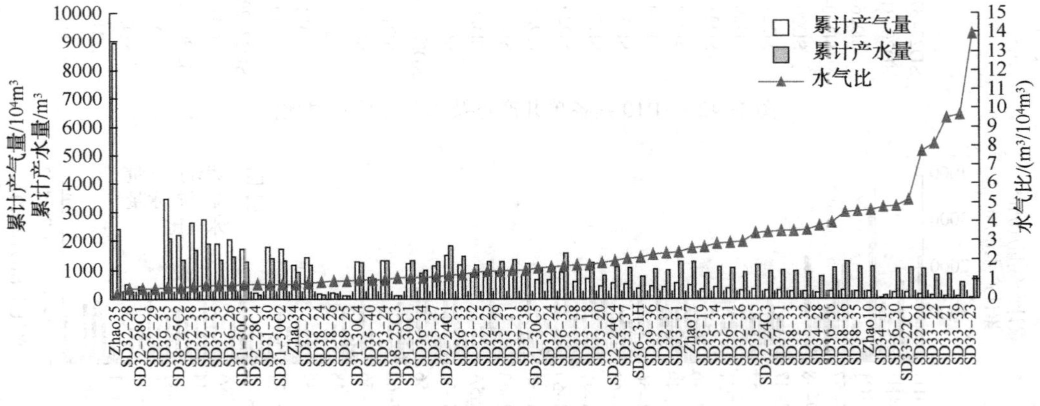

图 1-39　SD7 站各单井产量及水气比柱状对比图

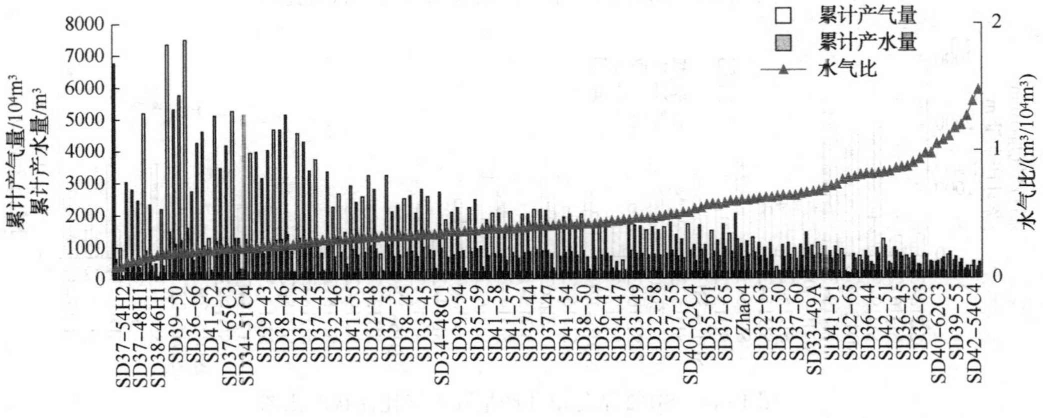

图 1-40　SD8 站各单井产量及水气比柱状对比图

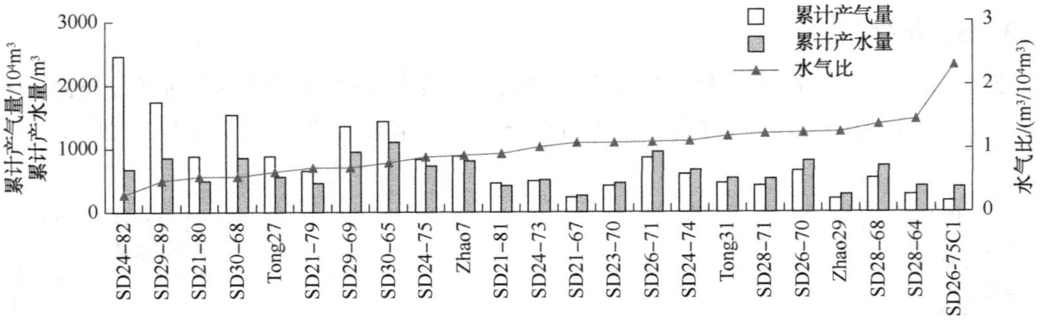

图 1-41　SD9 站各单井产量及水气比柱状对比图

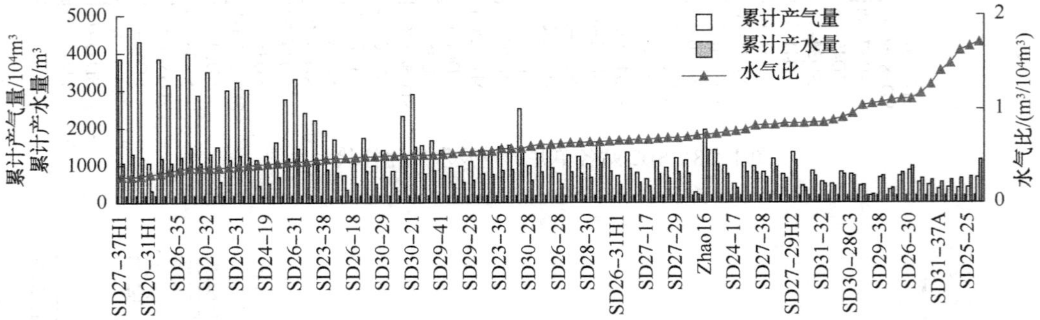

图 1-42　SD10 站各单井产量及水气比柱状对比图

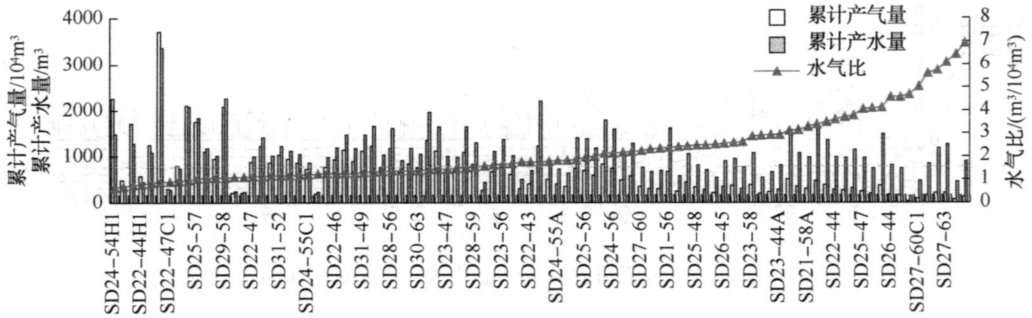

图 1-43　SD11 站各单井产量及水气比柱状对比图

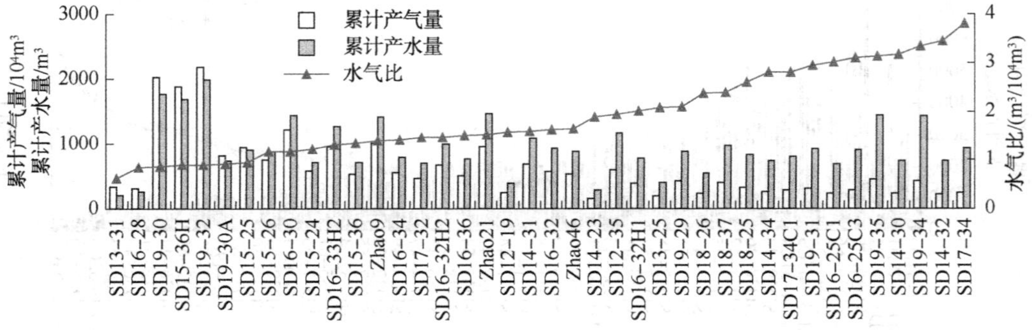

图 1-44　SD12 站各单井产量及水气比柱状对比图

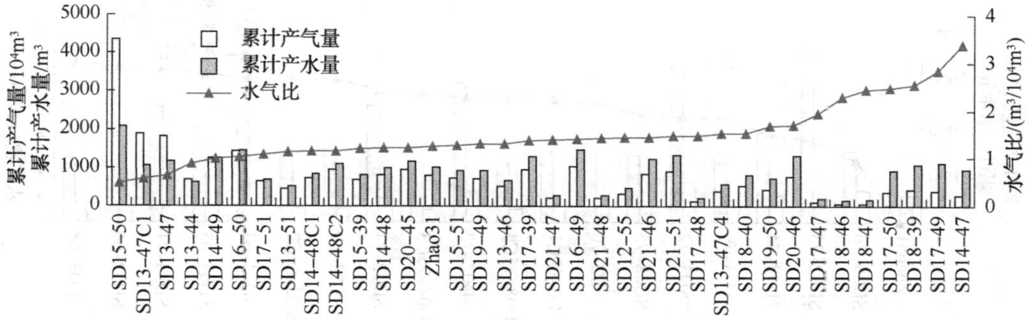

图 1-45　SD13 站各单井产量及水气比柱状对比图

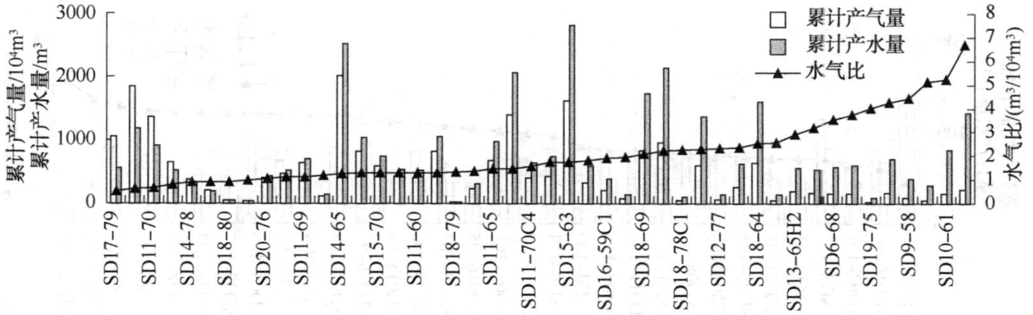

图 1-46　SD14 站各单井产量及水气比柱状对比图

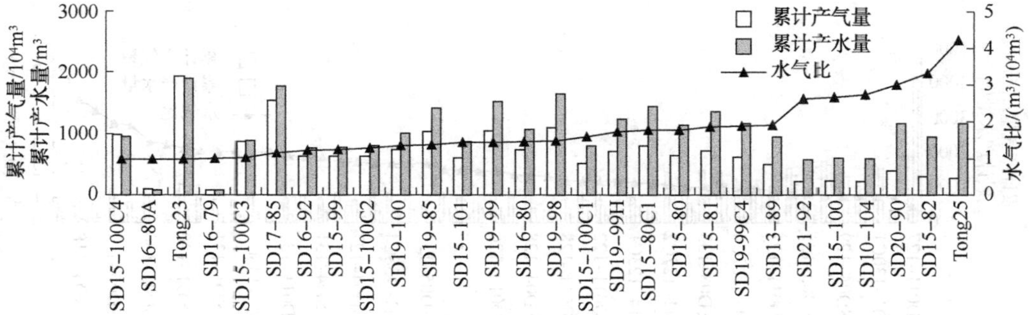

图 1-47　SD15 站各单井产量及水气比柱状对比图

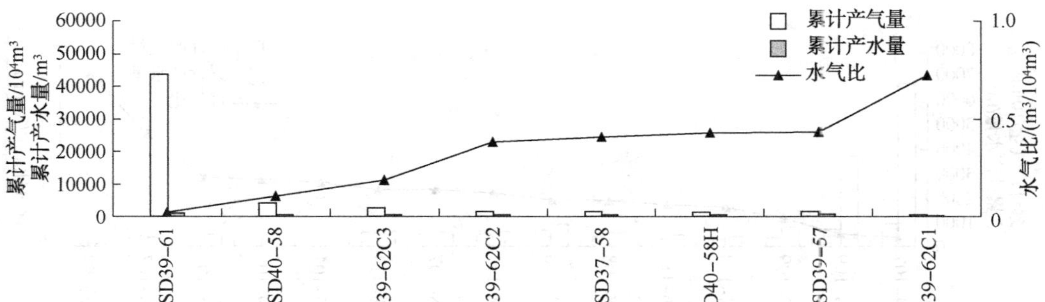

图 1-48　SD16 站各单井产量及水气比柱状对比图

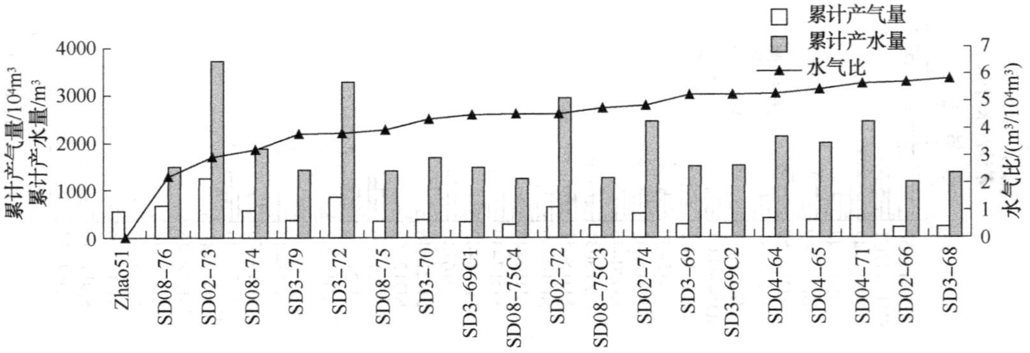

图 1-49　SD17 站各单井产量及水气比柱状对比图

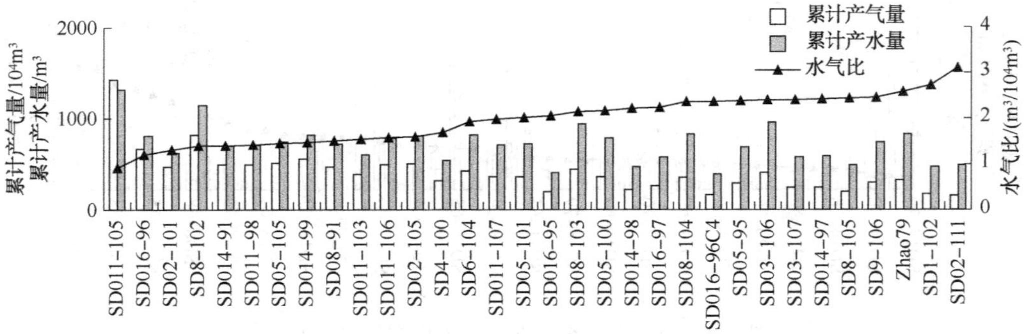

图 1-50　SD18 站各单井产量及水气比柱状对比图

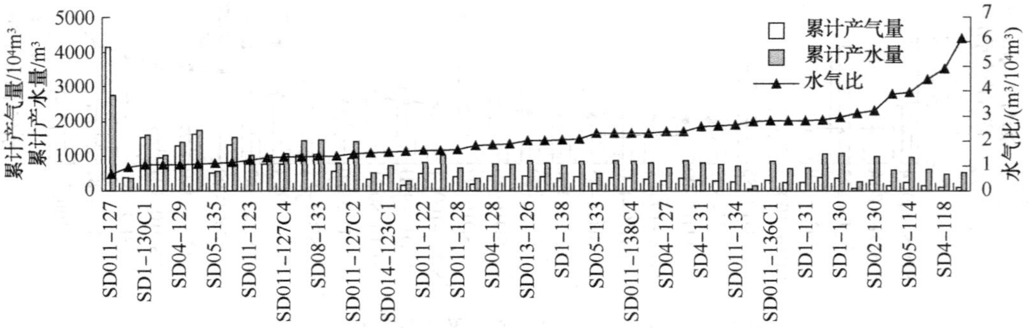

图 1-51　SD19 站各单井产量及水气比柱状对比图

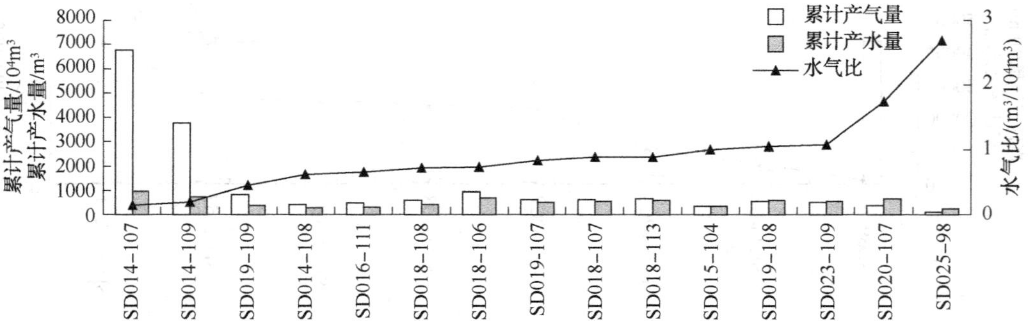

图 1-52　SD20 站各单井产量及水气比柱状对比图

4. 误差分析

1）单井误差分析

SD011-105 井投产时间为 2012 年 9 月 6 日，初期套压 17.96MPa，初期日产气量 $2\times10^4m^3$，截至 2016 年 6 月 29 日，累计产气量 $1419.1042\times10^4m^3$，理论累计产水量 $1313.77m^3$，平均水气比 $0.93m^3/10^4m^3$。产水计量时间为 2013 年 1 月 11 日—2013 年 3 月 20 日，累计产水量 $41.39m^3$，阶段水气比 $0.32m^3/10^4m^3$，理论水气比 $0.41m^3/10^4m^3$，相对误差 21.95%(图 1-53)。

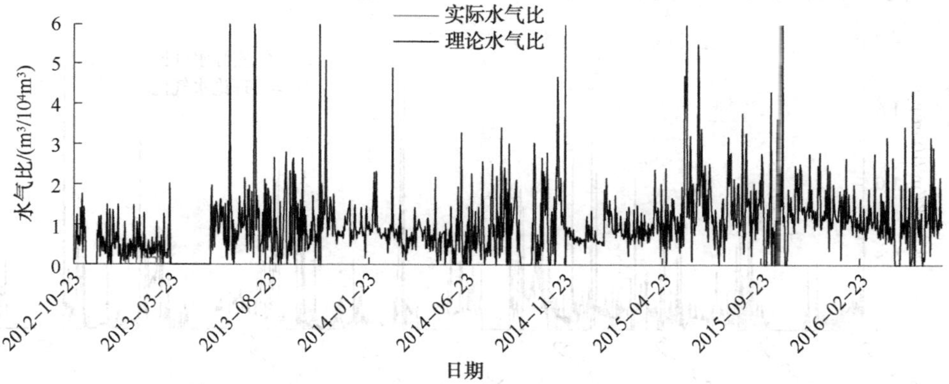

图 1-53　SD011-105 井水气比动态曲线(SD18 站)

SD011-127 井投产时间为 2011 年 11 月 22 日，初期套压 17.98MPa，初期日产气量 $5\times10^4m^3$，截至 2016 年 6 月 29 日，累计产气量 $4165.568\times10^4m^3$，理论累计产水量 $2743.48m^3$，平均水气比 $0.66m^3/10^4m^3$。产水计量时间为 2013 年 1 月 10 日至 2013 年 3 月 24 日，累计产水量 $81.12m^3$，阶段水气比 $0.18m^3/10^4m^3$，理论水气比 $0.25m^3/10^4m^3$，相对误差 28.00%(图 1-54)。

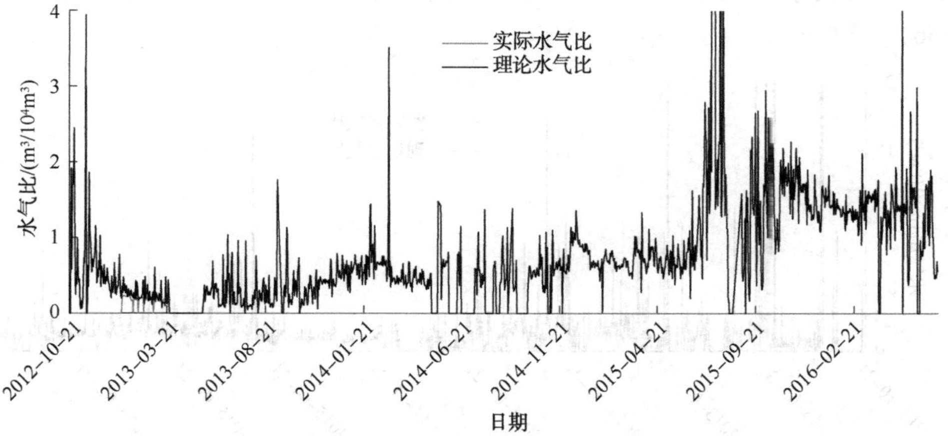

图 1-54　SD011-127 井水气比动态曲线(SD19 站)

SD014-107 井投产时间为 2012 年 9 月 28 日，初期套压 19.03MPa，初期日产气量 $5\times10^4m^3$，截至 2016 年 6 月 29 日，累计产气量 $6770.4607\times10^4m^3$，理论累计产水量 $946.8m^3$，平均水气比 $0.14m^3/10^4m^3$。将该井产水计量时间分为四个阶段：第一阶段为 2013 年 1 月 10 日—2013 年 3 月 24 日，累计产水量 $41.36m^3$，阶段水气比 $0.07m^3/10^4m^3$，理论水气比

$0.09m^3/10^4m^3$，相对误差 22.22%；第二阶段为 2013 年 11 月 14 日—2014 年 4 月 1 日，累计产水量 $19.84m^3$，阶段水气比 $0.02m^3/10^4m^3$，理论水气比 $0.17m^3/10^4m^3$，相对误差 88.24%；第三阶段为 2014 年 12 月 17 日—2015 年 3 月 31 日，累计产水量 $51.79m^3$，阶段水气比 $0.056m^3/10^4m^3$，理论水气比 $0.063m^3/10^4m^3$，相对误差 11.11%；第四阶段为 2015 年 12 月 3 日—2016 年 3 月 20 日，累计产水量 $77.98m^3$，阶段水气比 $0.085m^3/10^4m^3$，理论水气比 $0.108m^3/10^4m^3$，相对误差 21.30%。由以上结果可以看出，除了第二阶段相对误差较大，其他三个阶段相对误差基本控制在 20%左右，能够满足生产管理的要求(图 1-55)。

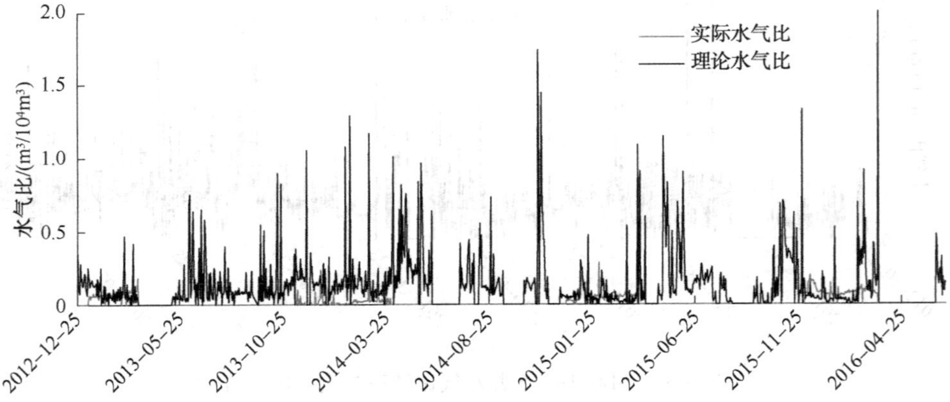

图 1-55　SD014-107 井水气比动态曲线(SD20 站)

SD016-96 井投产时间为 2011 年 10 月 18 日，初期套压 18.75MPa，初期日产气量 $0.8\times10^4m^3$，截至 2016 年 6 月 29 日，累计产气量 $667.4167\times10^4m^3$，理论累计产水量 $807.38m^3$，平均水气比 $1.21m^3/10^4m^3$。产水计量时间为 2013 年 8 月 27 日—2014 年 3 月 27 日，累计产水量 $63m^3$，阶段水气比 $1.26m^3/10^4m^3$，理论水气比 $1.80m^3/10^4m^3$，相对误差 30.00%(图 1-56)。

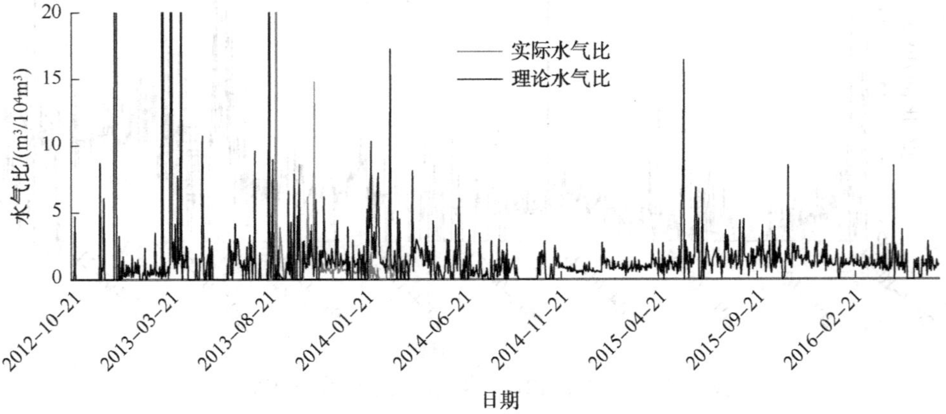

图 1-56　SD016-96 井水气比动态曲线(SD18 站)

SD28-39A 井投产时间为 2014 年 8 月 12 日，初期套压 17.23MPa，初期日产气量 $4\times10^4m^3$，截至 2016 年 6 月 29 日，累计产气量 $1006.1643\times10^4m^3$，理论累计产水量 $496.45m^3$，平均水气比 $0.49m^3/10^4m^3$。产水计量时间为 2014 年 12 月 10 日—2015 年 3 月 30 日，累计产水量

224.83m^3，阶段水气比 0.63m^3/10^4 m^3，理论水气比 0.42m^3/10^4 m^3，相对误差较大(图 1-57)。

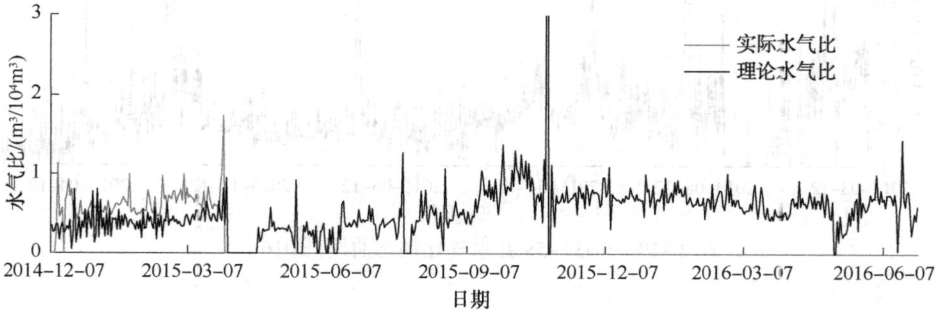

图 1-57　SD28-39A 井水气比动态曲线(SD10 站)

SD37-48H2 井投产时间为 2013 年 9 月 26 日，初期套压 19.54MPa，初期日产气量 4×10^{4}m^3，截至 2016 年 6 月 29 日，累计产气量 3027.3773×10^4 m^3，理论累计产水量 418.86m^3，平均水气比 0.14m^3/10^{4}m^3。将该井产水计量时间分为两个阶段：第一阶段为投产初期至 2014 年 3 月 29 日，累计产水量 161.93m^3，阶段水气比 0.50m^3/10^{4}m^3，理论水气比 0.17m^3/10^{4}m^3，相对误差较大，该阶段产水特征表现为初期产水量大，随着生产时间的延长，产水量呈逐渐降低的趋势，符合人工侵入水产出特征，说明实际计量的水量以人工侵入水为主；第二阶段为 2014 年 12 月 9 日—2015 年 3 月 23 日，累计产水量 85.69m^3，阶段水气比 0.15m^3/10^{4}m^3，理论水气比 0.13m^3/10^{4}m^3，相对误差 15.38%(图 1-58)。

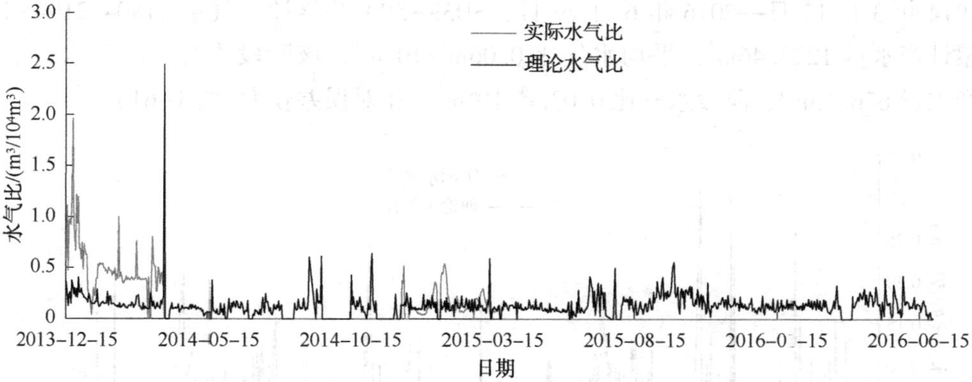

图 1-58　SD37-48H2 井水气比动态曲线(SD8 站)

2014 年 3 月 12 日—2016 年 6 月 29 日，SD37-58 井累计产气量 1037.2859×10^{4}m^3，理论累计产水量 587.6m^3，平均水气比 0.57m^3/10^{4}m^3。该阶段均有实际产水计量数据，累计产水量 722.09m^3，阶段水气比 0.70m^3/10^{4}m^3，相对误差 18.57%，从该井水气比动态曲线图上可以看出，理论水气比与实际水气比的变化规律基本一致(图 1-59)。

2014 年 3 月 12 日—2016 年 6 月 29 日，SD39-57 井累计产气量 1096.667×10^{4}m^3，理论累计产水量 658.88m^3，平均水气比 0.60m^3/10^{4}m^3。该阶段均有实际产水计量数据，累计产水量 740.98m^3，阶段水气比 0.68m^3/10^{4}m^3，相对误差 11.76%，从该井水气比动态曲线图上可以看出，理论水气比与实际水气比的变化规律基本一致(图 1-60)。

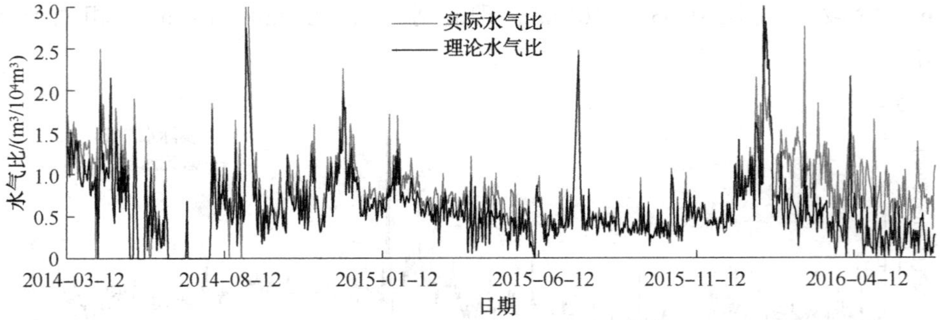

图 1-59　SD37-58 井水气比动态曲线(SD16 站)

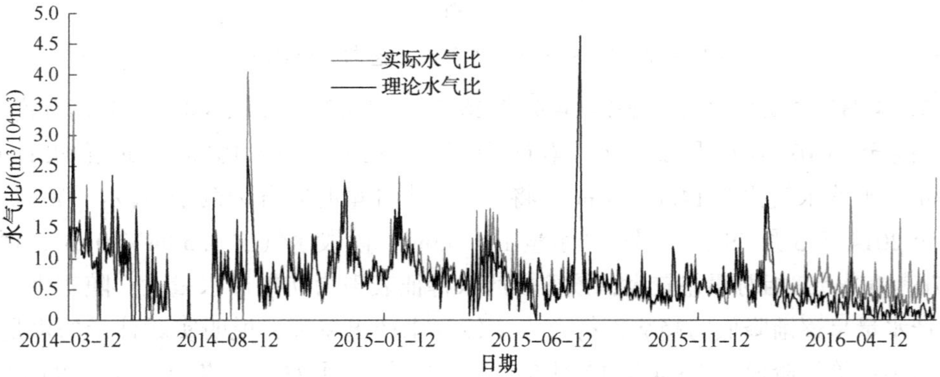

图 1-60　SD39-57 井水气比动态曲线(SD16 站)

2014 年 3 月 12 日—2016 年 6 月 29 日，SD39-59A 井累计产气量 21804. 2194×10^4m^3，理论累计产水量 1223. 46m^3，平均水气比 0. 06$m^3/10^4m^3$。该阶段均有实际产水计量数据，累计产水量 676. 73m^3，阶段水气比 0. 03$m^3/10^4m^3$，相对误差较大(图 1-61)。

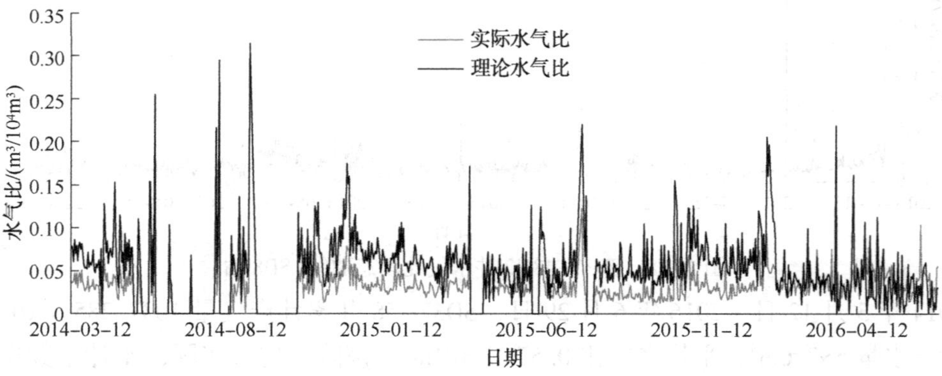

图 1-61　SD39-59A 井水气比动态曲线(SD16 站)

2014 年 3 月 12 日—2016 年 6 月 29 日，SD39-61 井累计产气量 13079. 729×10^4m^3，理论累计产水量 1028. 53m^3，平均水气比 0. 08$m^3/10^4m^3$。该阶段均有实际产水计量数据，累计产水量 677. 89m^3，阶段水气比 0. 05$m^3/10^4m^3$，从该井水气比动态曲线图上可以看出，初期水气比较低，后期水气比呈逐渐增大的趋势，理论水气比与实际水气比的变化规律基本一致(图 1-62)。

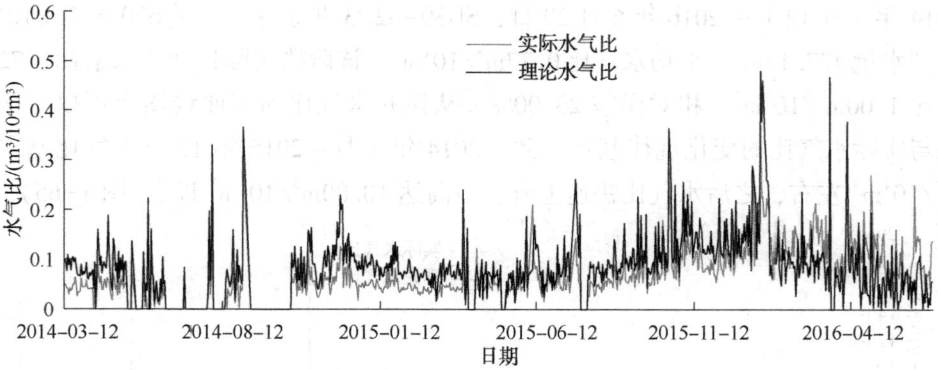

图 1-62　SD39-61 井水气比动态曲线(SD16 站)

2014 年 3 月 12 日—2016 年 6 月 29 日，SD39-62C1 井累计产气量 $276.5532\times10^4m^3$，理论累计产水量 $293.89m^3$，平均水气比 $1.06m^3/10^4m^3$。该阶段均有实际产水计量数据，累计产水量 $446.13m^3$，阶段水气比 $1.61m^3/10^4m^3$。从该井水气比动态曲线图上可以看出，理论水气比与实际水气比的变化规律基本一致，该井初期水气比基本稳定在 $1.55m^3/10^4m^3$ 左右，2015 年 12 月水气比迅速升高至 $8.50m^3/10^4m^3$ 左右，之后有所下降(图 1-63)。

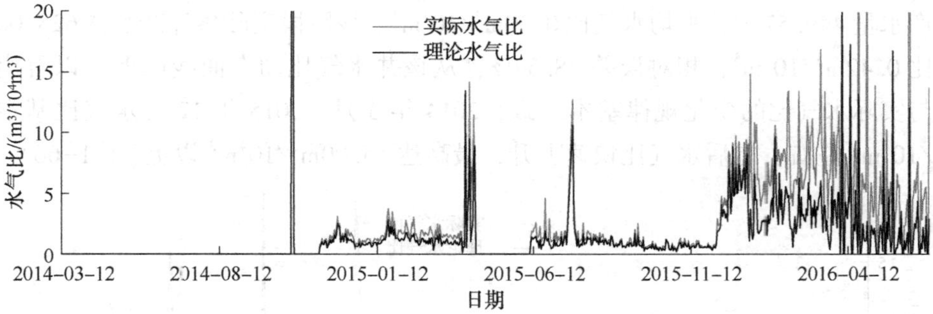

图 1-63　SD39-62C1 井水气比动态曲线(SD16 站)

2014 年 3 月 12 日—2016 年 6 月 29 日，SD39-62C2 井累计产气量 $1459.7528\times10^4m^3$，理论累计产水量 $596.28m^3$，平均水气比 $0.41m^3/10^4m^3$。该阶段均有实际产水计量数据，累计产水量 $803.97m^3$，阶段水气比 $0.55m^3/10^4m^3$，相对误差 25.45%，从该井水气比动态曲线图上可以看出，理论水气比与实际水气比的变化规律基本一致(图 1-64)。

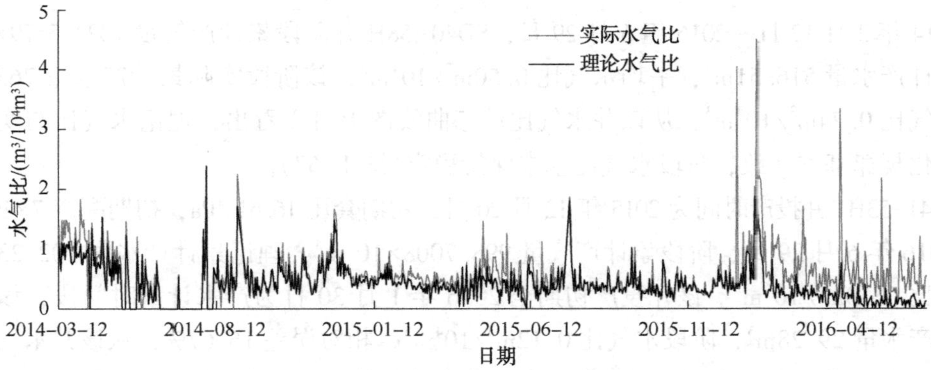

图 1-64　SD39-62C2 井水气比动态曲线(SD16 站)

2014年3月12日—2016年6月29日，SD39-62C3井累计产气量620.8823×10^4m^3，理论累计产水量477.14m^3，平均水气比0.77$m^3/10^4m^3$。该阶段实际累计产水量619.72m^3，阶段水气比1.00$m^3/10^4m^3$，相对误差23.00%，从该井水气比动态曲线图上可以看出，理论水气比与实际水气比的变化规律基本一致。2014年3月—2015年12月水气比基本稳定在1.00$m^3/10^4m^3$左右，之后水气比快速上升，最高达10.00$m^3/10^4m^3$以上(图1-65)。

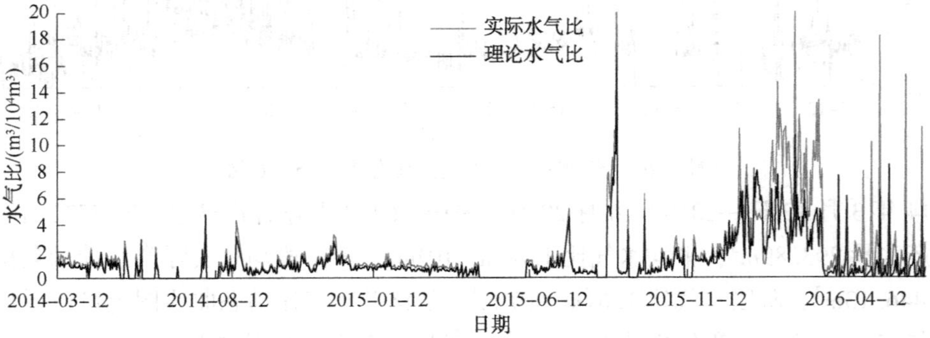

图1-65　SD39-62C3井水气比动态曲线(SD16站)

2014年3月12日—2016年6月29日，SD40-58井累计产气量1480.2683×10^4m^3，理论累计产水量449.57m^3，平均水气比0.30$m^3/10^4m^3$。该阶段实际累计产水量628.06m^3，阶段水气比0.42$m^3/10^4m^3$，相对误差28.57%，从该井水气比动态曲线图上可以看出，理论水气比与实际水气比的变化规律基本一致，2014年3月—2015年12月水气比基本稳定在0.30$m^3/10^4m^3$左右，之后水气比快速上升，最高达15.00$m^3/10^4m^3$以上(图1-66)。

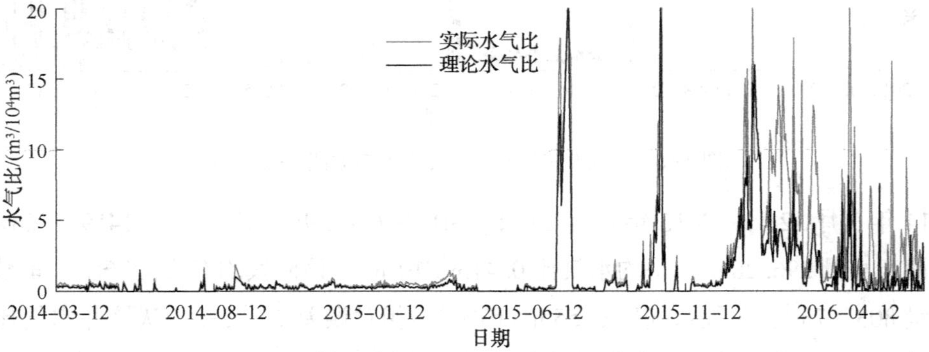

图1-66　SD40-58井水气比动态曲线(SD16站)

2014年3月12日—2016年6月29日，SD40-58H井阶段累计产气量1024.5679×10^4m^3，理论累计产水量516.51m^3，平均水气比0.50$m^3/10^4m^3$，该阶段实际累计产水量763.07m^3，阶段水气比0.74$m^3/10^4m^3$，从该井水气比动态曲线图上可以看出，理论水气比与实际水气比的变化规律基本一致，阶段水气比基本保持稳定(图1-67)。

SD41-53H1井投产时间为2015年12月20日，初期套压16.61MPa，初期配产7×$10^4m^3/d$，截至2016年6月29日，阶段累计产气量998.7008×10^4m^3，理论累计产水量102.23m^3，平均水气比0.10$m^3/10^4m^3$。该井投产初期至2016年1月30日为产水计量时间段，该阶段实际累计产水量29.28m^3，阶段水气比0.12$m^3/10^4m^3$，相对误差16.67%，从该井水气比动态曲线图上可以看出，理论水气比与实际水气比变化趋势基本吻合(图1-68)。

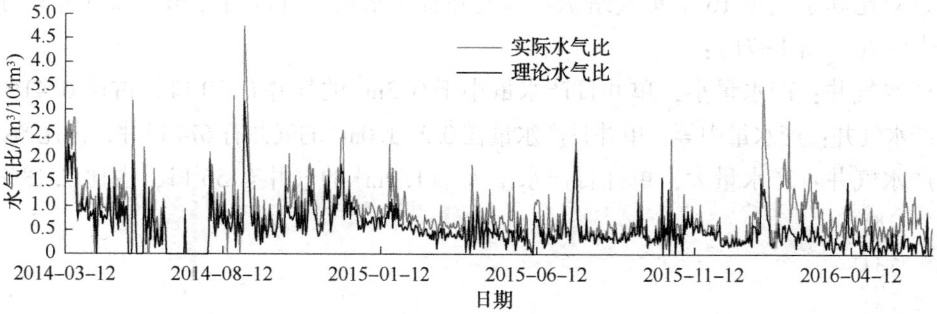

图 1-67　SD40-58H 井水气比动态曲线(SD16 站)

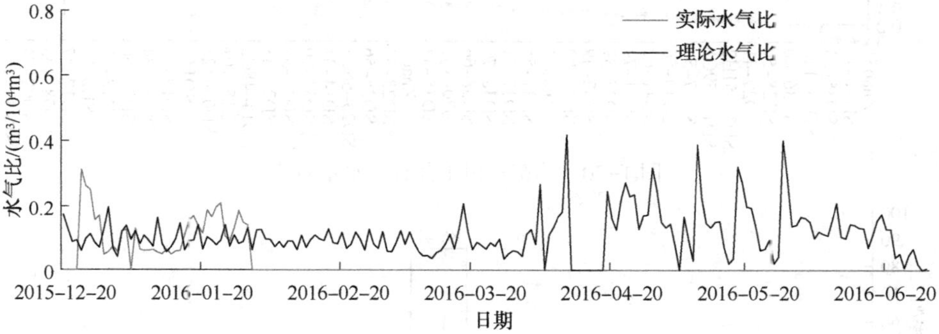

图 1-68　SD41-53H1 井水气比动态曲线(SD8 站)

2）综合误差分析

苏东气田理论水气比与实际水气比相比，其绝对误差在 0.007~0.550$m^3/10^4m^3$，相对误差在 11.10%~44.60%，平均为 25.44%，基本能够满足生产管理的需求。

5. 产水量分析

苏东气田气井水气比主要在 0~3$m^3/10^4m^3$，占比 88.85%；其次在 3~7$m^3/10^4m^3$，占比 10%；大于 7$m^3/10^4m^3$ 的气井占比 1.15%(图 1-69)。

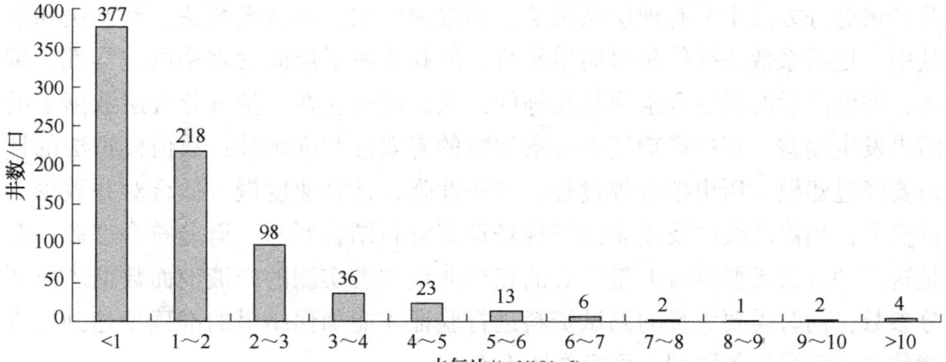

图 1-69　苏东气田气井水气比分布频率直方图

通过对比苏东气田16个集气站780口气井日产水量，可以将苏东气田气井划分为3个级别(图1-70、图1-71)：

低产水气井：产水量小，单井日产水量小于0.2m³的气井有50口，占比6.41%。

中产水气井：产水量中等，单井日产水量在0.2~1.0m³的气井有674口井，占比86.41%。

高产水气井：产水量大，单井日产水量大于1.0m³的气井有56口，占比7.18%。

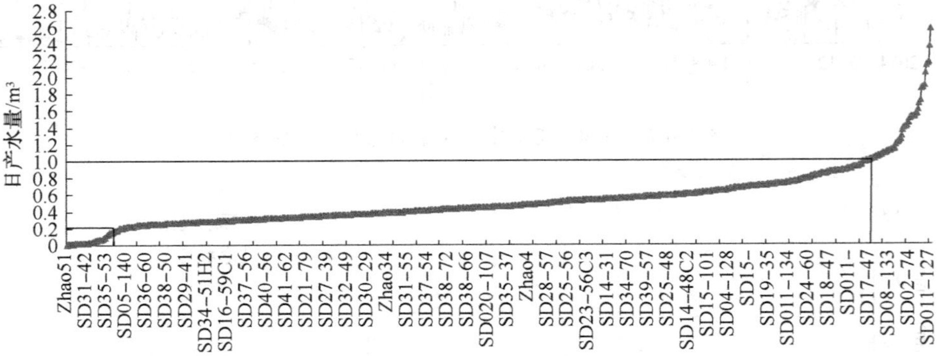

图1-70　苏东气田单井日产水量对比

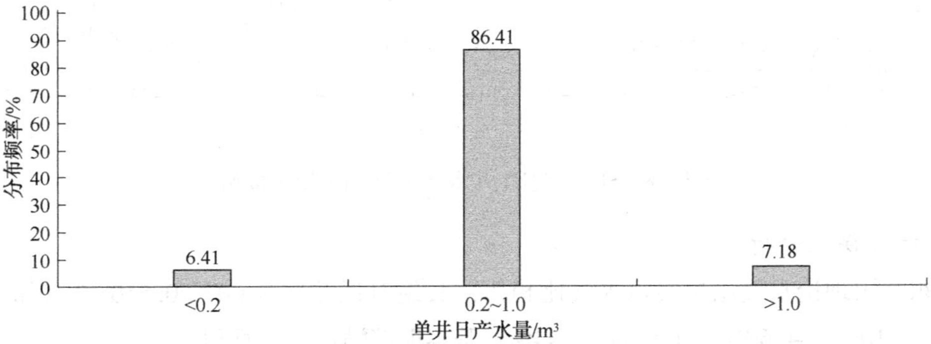

图1-71　苏东气田单井日产水量分类统计

1.2.5　单井单层产量劈分

1. 劈分原理

气井产量劈分方法主要有地层系数法、相渗曲线法、综合系数法、动态法和数值模拟法等。其中：地层系数法操作相对简单易行，但其忽略了层间含水率的差异性，带来了较大的误差，即劈产后的各层含水率是相等的，从而使建立在产量劈分分层数据上的各种劈分计算结果发生偏差，直接影响气田方案调整的有效性和准确性；数值模拟法的计算模型复杂，需要经过建模、历史拟合等过程，多解性强，计算速度慢，适合对井数少的小区块进行产量劈分；相渗曲线法及动态法与现场动态资料结合紧密，劈分符合度高，存在的不足之处是这两种方法需要测得大量岩心的相渗曲线或者实测的产液剖面数据才能测出各气井的劈分参数，同时需要大量的测试资料进行验证才能确保结果的准确度达到要求，虽然其可信度较高，但受资料限制，可操作性不强。

在比较了各种方法的优缺点之后，本书采用综合系数法进行多层合采气井产量的劈分计算，该方法可以综合运用各种已知条件，除了地层系数(Kh)，还充分考虑了层间含水率和孔隙度在垂向上的差异性，对气井按照各生产层的综合地层系数(φSKh)权重采取综合评判的方法进行单层贡献权重计算，然后按井口总量控制计算各射孔层段的产气量和产水量，从而使产量劈分的结果更准确。

采用综合系数法计算的单层产量取决于单层的孔隙度、渗透率、饱和度和有效厚度，单层产水量劈分系数计算公式：

$$S_i=\frac{Q_i}{Q_t}=\frac{\varphi_i K_i S_{wi} h_i}{\sum \varphi_i K_i S_{wi} h_{ii}} \tag{1-14}$$

单层产气量劈分系数计算公式：

$$S_i'=\frac{Q_i}{Q_t}=\frac{\varphi_i K_i S_{gi} h_i}{\sum \varphi_i K_i S_{gi} h_{ii}} \tag{1-15}$$

式中 S_i、S_i'——单层产水量、产气量劈分系数；

φ_i——某小层孔隙度,%；

K_i——某小层渗透率，mD；

S_{wi}、S_{gi}——某小层含水、含气饱和度,%；

h_i——某小层厚度，m。

2. 单井单层产水量劈分结果

笔者对东二区 711 口气井 2251 个射孔层段的产气量及产水量进行劈分计算，如 SD2 站单井单层产水量劈分结果见表 1-6。

表 1-6 SD2 站单井单层产水量劈分结果(2009-12-11)

井 号	日 期	生产时间/h	油压/MPa	套压/MPa	日产气量/10^4m^3	累计产气量/10^4m^3	计算日产水量/t	计算单层日产水量/t/	射孔顶深/m	射孔底深/m
SD34-66	2009-12-11	21	22	22.3	1.194781	1.194781	1.1835451	0.72371658	2938	2940
SD34-66	2009-12-11	21	22	22.3	1.194781	1.194781	1.1835451	0.19029132	2955	2957
SD34-66	2009-12-11	21	22	22.3	1.194781	1.194781	1.1835451	0.26953721	2972	2974
SD36-67	2009-12-11	22	21	21.8	1.251587	1.251587	0.9980212	0.37724669	2895	2898
SD36-67	2009-12-11	22	21	21.8	1.251587	1.251587	0.9980212	0.29075777	2930	2933
SD36-67	2009-12-11	22	21	21.8	1.251587	1.251587	0.9980212	0.33001673	2953	2956
SD38-72	2009-12-11	24	1.2	21.7	2.731524	17.979538	1.5497433	0.48689161	3009	3011
SD38-72	2009-12-11	24	1.2	21.7	2.731524	17.979538	1.5497433	1.06285173	3016	3019
SD38-85	2009-12-11	24	1.3	14.6	5.463047	38.68011	2.4620174	1.81299071	2865	2869
SD38-85	2009-12-11	24	1.3	14.6	5.463047	38.68011	2.4620174	0.64902670	2929	2933
SD41-64	2009-12-11	24	1.3	18.6	2.047905	13.418786	1.3167336	1.00074700	2901	2904
SD41-64	2009-12-11	24	1.3	18.6	2.047905	13.418786	1.3167336	0.31598665	2933	2936
SD41-72	2009-12-11	24	1.3	11.8	2.048719	13.409622	1.1699392	0.28217470	2961	2963
SD41-72	2009-12-11	24	1.3	11.8	2.048719	13.409622	1.1699392	0.88776453	2974	2978

苏东气田上古生界主要产气层位及产量如下：盒$_8$上亚段共有气井 202 口，累计产气量 $10.9119\times10^8m^3$，累计产水量 $6.95\times10^4m^3$，单井平均累计产气量 $540.19\times10^4m^3$，单井平均累计产水量 $344.06m^3$；盒$_8$下亚段共有气井 475 口，累计产气量 $22.5529\times10^8m^3$，累计产水量 $19.65\times10^4m^3$，单井平均累计产气量 $474.80\times10^4m^3$，单井平均累计产水量 $413.68m^3$；山$_1{}^1$亚段共有气井 179 口，累计产气量 $7.8236\times10^8m^3$，累计产水量 $6.42\times10^4m^3$，单井平均累计产气量 $437.07\times10^4m^3$，单井平均累计产水量 $358.66m^3$；山$_1{}^2$亚段共有气井 190 口，累计产气量 $7.8243\times10^8m^3$，累计产水量 $5.68\times10^4m^3$，单井平均累计产气量 $411.81\times10^4m^3$，单井平均累计产水量 $298.95m^3$；山$_1{}^3$亚段共有气井 164 口，累计产气量 $7.3242\times10^8m^3$，累计产水量 $4.43\times10^4m^3$，单井平均累计产气量 $446.60\times10^4m^3$，单井平均累计产水量 $270.12m^3$。劈分至下古生界产层的气井有 49 口，累计产气量 $11.9986\times10^8m^3$，累计产水量 $1.31\times10^4m^3$，单井平均累计产气量 $2448.69\times10^4m^3$，单井平均累计产水量 $267.35m^3$(表 1-7)。

表 1-7　苏东气田不同层位产量统计(直井)

层　位	累计产气量/10^8m^3	累计产水量/10^4m^3	井数/口	单井平均累计产水量/m^3	单井平均累计产气量/10^4m^3
盒$_8$上	10.9119	6.95	202	344.06	540.19
盒$_8$下	22.5529	19.65	475	413.68	474.80
山$_1{}^1$	7.8236	6.42	179	358.66	437.07
山$_1{}^2$	7.8243	5.68	190	298.95	411.81
山$_1{}^3$	7.3242	4.43	164	270.12	446.60
下古生界	11.9986	1.31	49	267.35	2448.69

通过对比可以看出：上古生界盒$_8$下亚段为主力产气层段，其次为盒$_8$上亚段；产水以盒$_8$下亚段为主(图 1-72)。目的层为上古生界盒$_8$段或山$_1$段，共有水平井 41 口，产气主要集中在盒$_8$段，单井平均累计产气量明显高于直井(表 1-8)。

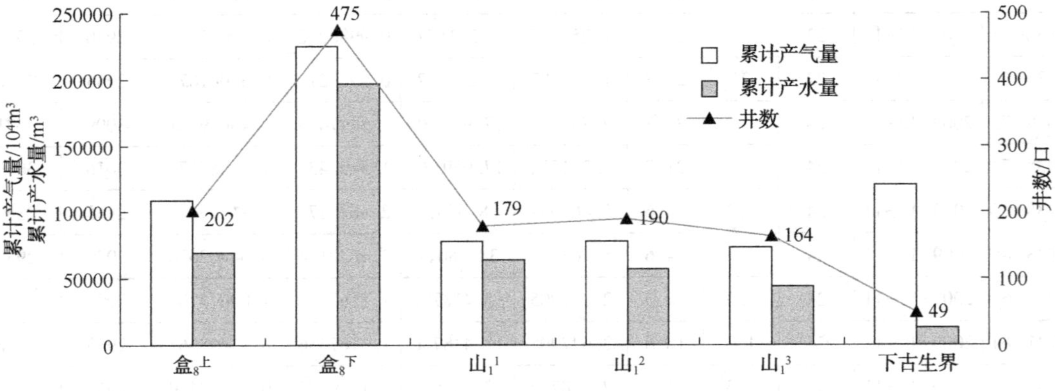

图 1-72　苏东气田直井累计产气量与累计产水量柱状对比

表 1-8 苏东气田不同层位产量统计(水平井)

层 位	累计产气量/10^8m^3	累计产水量/10^4m^3	井数/口	单井平均累计产气量/10^4m^3	单井平均累计产水量/m^3
盒$_8$^{上}	2.7045	0.7838	9	3005.00	870.89
盒$_8$^{下}	4.6413	1.9410	30	1547.10	647.00
山$_1$	0.3863	0.1154	2	1931.50	577.00
下古生界	3.9846	0.0516	2	19923.00	258.00

平面上的统计分析如下：

盒$_8$^{上}亚段高产气井主要分布在南部 39-50 井区、34-64 井区、24-35 井区等，39-50 井区最高累计产气量达 5056.28×10^4m^3；北部区块以高产水为主，04-64 井区最高累计产水量达 1551.95m^3。

盒$_8$^{下}亚段高产气井主要分布在南部 35-65 井区、39-43 井区、30-21 井区等，35-65 井区最高累计产气量达 4551×10^4m^3；高产水区主要分布在召 51 区块及 14-65 井区，14-65 井区最高累计产水量 2044.99m^3。

山$_1$^{1}亚段高产气井主要分布在南部 41-72 井区、32-31 井区及东部 19-32 井区等，32-31 井区最高累计产气量达 2293×10^4m^3；高产水区主要分布在北部 04-71 井区等。

山$_1$^{2}亚段高产气井主要分布在南部 36-66 井区，该井区最高累计产气量达 5810.5×10^4m^3；高产水区主要分布在中西部 31-30 井区等，31-30 井区累计产水量 1374.3m^3。

山$_1$^{3}亚段高产气井主要分布在南部 39-59 井区，该井区最高累计产气量达 5268.6×10^4m^3；高产水区主要分布在南部及中部。

1.2.6 气井产能评价

苏东气田储层非均质性强，不同井在储层特征和生产规律方面有较大差别。为准确评价苏东气田的生产特征，根据静态和动态资料将气井分为 3 类，并根据各类井的比例来综合评价气井的生产特征。分类标准如下：

1. 气井静态分类评价

苏东气田和苏中气田沉积体系与有效储层的发育具有较高的相似性，采用相同的气井静态分类标准(表 1-9)，根据有效储层单层连续或累计厚度，将气井划分为 3 类：Ⅰ类井有效储层单层连续厚度大于 5m，或有效储层累计厚度大于 8m，且分布相对集中，气井无阻流量大于 10×10^4m^3/d；Ⅱ类井有效储层单层连续厚度在 3~5m，或有效储层累计厚度在 5~8m，气井无阻流量在(4~10)×10^4m^3/d；Ⅲ类井有效储层单层连续厚度小于 3m，或有效储层累计厚度小于 5m，气井无阻流量小于 4×10^4m^3/d。

统计结果表明：苏东气田南部统计井数 477 口，其中Ⅰ类井 147 口，占比 30.82%，Ⅱ类井 222 口，占比 46.54%，Ⅲ类井 108 口，占比 22.64%，Ⅰ类井+Ⅱ类井占比 77.36%；苏东气田中部统计井数 642 口，其中Ⅰ类井 170 口，占比 26.48%，Ⅱ类井 277 口，占比 43.15%，Ⅲ类井 195 口，占 30.37%，Ⅰ类井+Ⅱ类井占比 69.63%；苏东气田北部统计井数 172 口，其中Ⅰ类井 58 口，占比 33.72%，Ⅱ类井 56 口，占比 32.56%，Ⅲ类井 58 口，

占 33.72%，Ⅰ类井+Ⅱ类井占比 66.28%。苏东气田南部Ⅰ类井+Ⅱ类井占比最高，北部占比最低(图 1-73、表 1-10)。

表 1-9　气井静态分类标准(引自采气五厂)

气井类别	最大单层有效厚度/m	累计有效厚度/m	无阻流量/($10^4m^3/d$)
Ⅰ类井	>5	>8	>10
Ⅱ类井	3~5	5~8	4~10
Ⅲ类井	<3	<5	<4

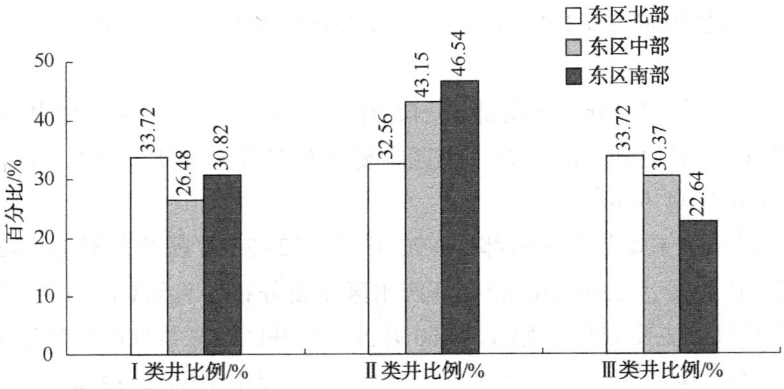

图 1-73　苏东气田气井静态分类评价柱状对比图

表 1-10　苏东气田气井静态分类评价对比

位　置	统计井数/口	Ⅰ类井井数/口	Ⅱ类井井数/口	Ⅲ类井井数/口	Ⅰ类井占比/%	Ⅱ类井占比/%	Ⅲ类井占比/%	Ⅰ类井+Ⅱ类井占比/%
北部	172	58	56	58	33.72	32.56	33.72	66.28
中部	642	170	277	195	26.48	43.15	30.37	69.63
南部	477	147	222	108	30.82	46.54	22.64	77.36
全部	1291	375	555	361	30.34	40.75	28.91	71.09

2. 气井动态分类评价

笔者采用气井无阻流量、初期产量、单井套压降产气量三个指标，结合累计产气量，对苏东气田上古生界 1222 口气井进行了动态分类评价(表 1-11、图 1-74)。

表 1-11　苏东气田气井动态分类评价

气井类别	无阻流量/($10^4m^3/d$)	初期产量/($10^4m^3/d$)	单井套压降产气量/($10^4m^3/MPa$)	井数/口	占比/%
Ⅰ类井	>10	>1.6	>170	212	17.35
Ⅱ类井	4~10	0.8~1.6	60~170	523	42.80
Ⅲ类井	<4	<0.8	<60	487	39.85

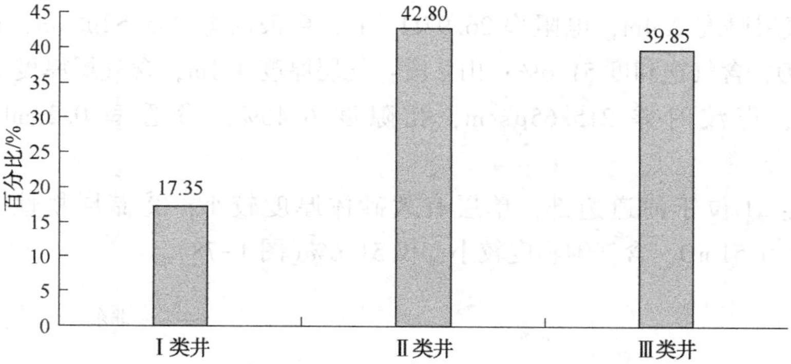

图 1-74　苏东气田气井动态分类评价柱状对比图

根据上述气井动态分类评价标准，将 1222 口气井进行了分类，其中Ⅰ类井有 212 口，Ⅱ类井有 523 口，Ⅰ类井+Ⅱ类井占比 60.15%，Ⅲ类井有 487 口，占比 39.85%，Ⅰ类井+Ⅱ类井占比小于气井静态分类评价中的占比。

1）Ⅰ类井典型井——SD39-50 井

SD39-50 井投产日期为 2008 年 11 月 24 日，生产层位为盒$_8$段、山$_1$段，工作制度为 2.3mm 油嘴生产，初期套压 22.40MPa，初期配产 $0.4\times10^4m^3/d$；2012 年 5 月配产增大至 $6\times10^4m^3/d$；截至 2016 年 6 月 29 日，套压 6.47MPa，日产气量 $0.86\times10^4m^3$，单井累计产气量 $7364.1898\times10^4m^3$，单位套压降产气量 $462.28\times10^4m^3/MPa$。

盒$_8$段：气层厚度 2m，含气层厚度 5m，电阻率 24.29Ω·m，声波时差 253.95μs/m，孔隙度 13.54%，渗透率 1.291mD，含气饱和度 68.2%；山$_1$段：气层厚度 2.5m，含气层厚度 3.6m，电阻率 59.36Ω·m，声波时差 256.29μs/m，孔隙度 12.89%，渗透率 0.701mD，含气饱和度 82.37%。

高产原因：①位于主河道附近，砂体发育好，有效砂岩厚度达 13.1m；②储层物性较好，孔隙度大于 12%，渗透率大于 1mD，含气饱和度较高，达 82.37%（图 1-75）。

2）Ⅱ类井典型井——SD35-61 井

SD35-61 井压裂日期为 2009 年 2 月，射孔层位为盒$_8^{上}$亚段（2914～2917m、2921～2924m）、山$_1$段（2979～2982m），试气日产气量 $3.3101\times10^4m^3$，无阻流量 $8.3924\times10^4m^3/d$；2009 年 2 月 3 日投产，套压 21.50MPa，初期日产气量 $1.5\times10^4m^3$，截至 2016 年 6 月 29 日，累计产气量 $1652.2197\times10^4m^3$，目前套压 5.90MPa，目前日产气量 $0.8628\times10^4m^3$，单位套压降产气量 $105.91\times10^4m^3/MPa$（图 1-76）。

3）Ⅲ类井典型井——SD24-48 井

SD24-48 井压裂日期为 2012 年 6 月 3 日，射孔层位为盒$_8$段（3104～3107m）、山$_2$段（3168～3170m、3196～3199m），试气日产气量 $1.2508\times10^4m^3$；2012 年 9 月 9 日投产，套压 21.58MPa，初期日产气量 $0.6363\times10^4m^3$，截至 2016 年 6 月 29 日，单井累计产气量 $163.0673\times10^4m^3$，目前套压 2.60MPa，目前日产气量 $0.0169\times10^4m^3$，单位套压降产气量

8.59×10⁴m³/MPa(图1-77)。

盒$_8$段：气层厚度2.4m，电阻率26.97Ω·m，声波时差235.52μs/m，孔隙度9.0%，渗透率0.51mD，含气饱和度51.6%；山2段：气层厚度4.1m，含气层厚度2.3m，电阻率104.37Ω·m，声波时差215.65μs/m，孔隙度6.46%，渗透率0.23mD，含气饱和度66.6%。

低产原因：①位于河道边部，单层有效砂体厚度较小；②储层物性一般，孔隙度9.0%，渗透率0.51mD，含气饱和度较小，仅51.6%(图1-78)。

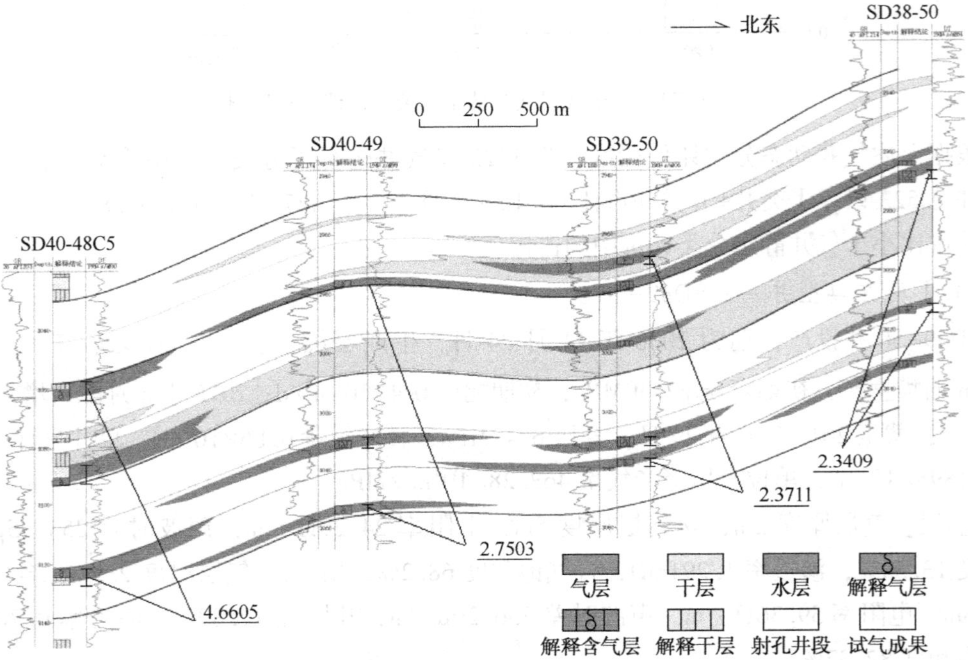

图1-75　过SD39-50井气藏剖面图

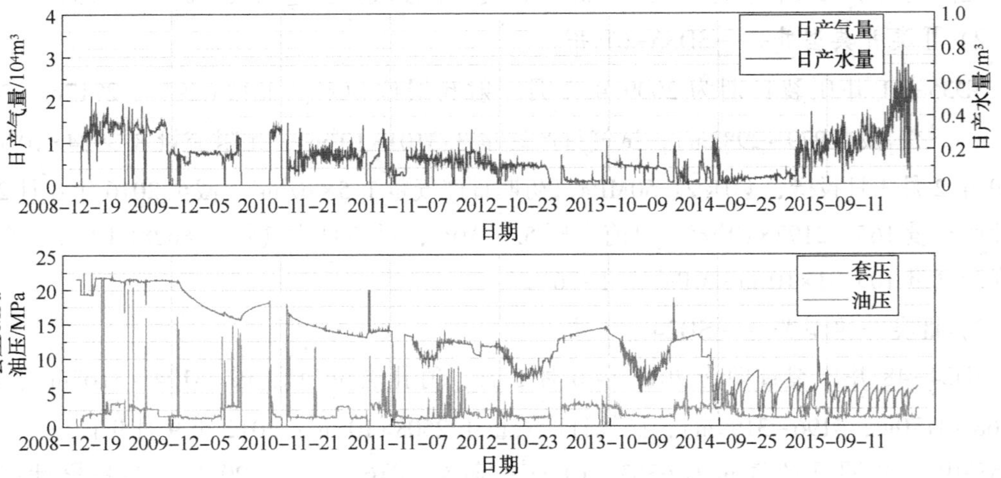

图1-76　SD35-61井生产动态曲线

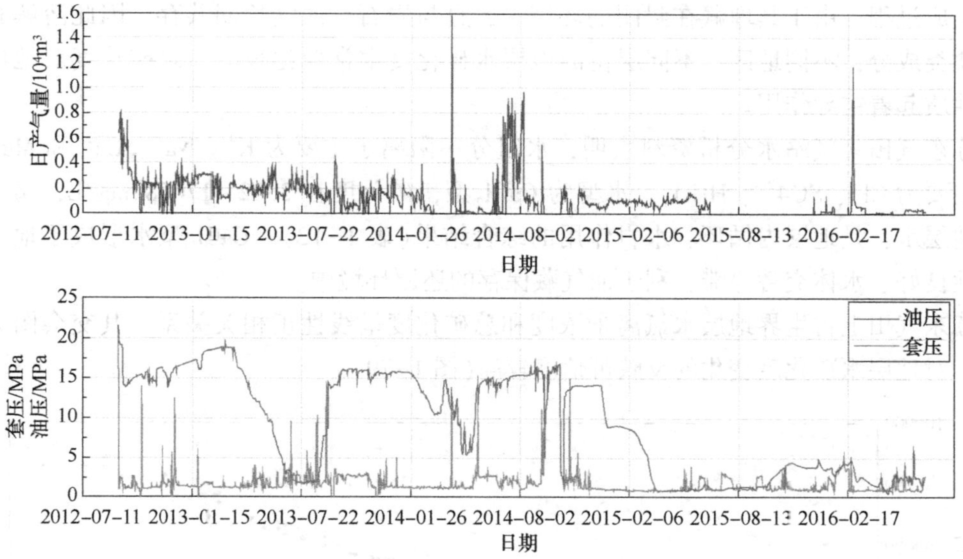

图 1-77　SD24-48 井生产曲线

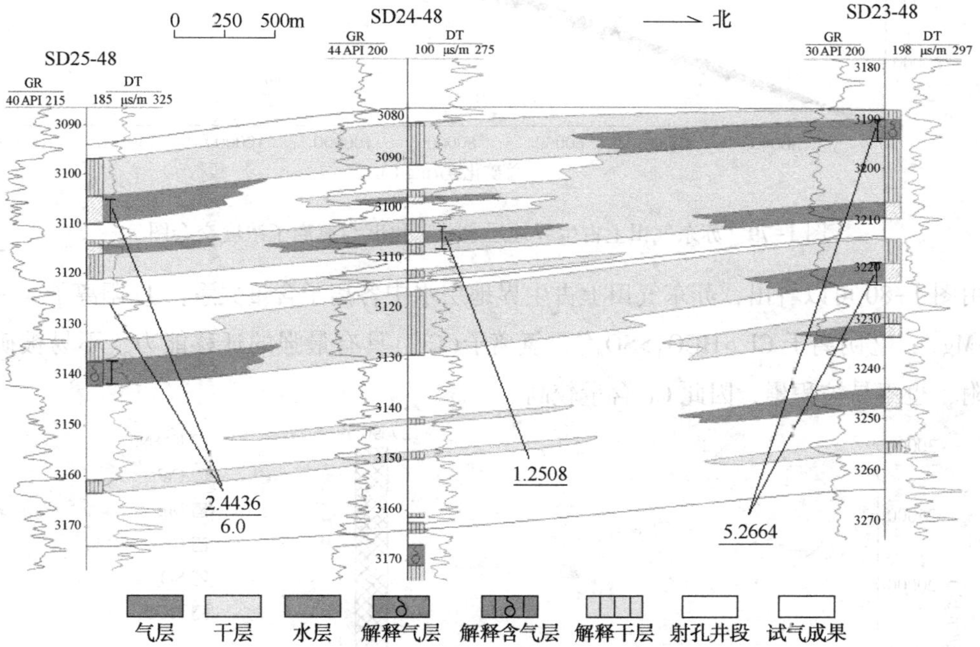

图 1-78　过 SD24-48 井气藏剖面

1.3　气水分布规律

1.3.1　地层水特征

1. 集气站地层水化学特征

1）矿化度

气田水的形成经历了复杂而漫长的水文地质过程，经地表水转变为地下水，并伴随油气的生成过程。由于其埋藏在封闭的环境中，且与岩石、油气长期共存，因此溶解有相当多的盐类成分，不同地区、不同层位的地层水矿化度常常变化很大。总矿化度对地层水的化学性质起着主导作用。

苏东气田集气站水分析资料表明，水组分中阳离子主要为 K^+、Na^+、Ca^{2+} 和 Mg^{2+}，阴离子主要为 Cl^-、SO4^{2-}、HCO_3^-，水型为 $CaCl_2$ 型，矿化度在 2302～176783mg/L，属于中高浓度地层水，是地层内循环、水岩作用的综合结果(表 1-12)。$CaCl_2$ 型水形成于地壳深部封闭性良好、水体交替停滞、利于油气藏保存的还原环境中。

苏东气田上古生界地层水氯离子浓度和总矿化度呈线性正相关关系，其交会图为一条直线，对地层水矿化度变化的反映可信度较高(图 1-79)。

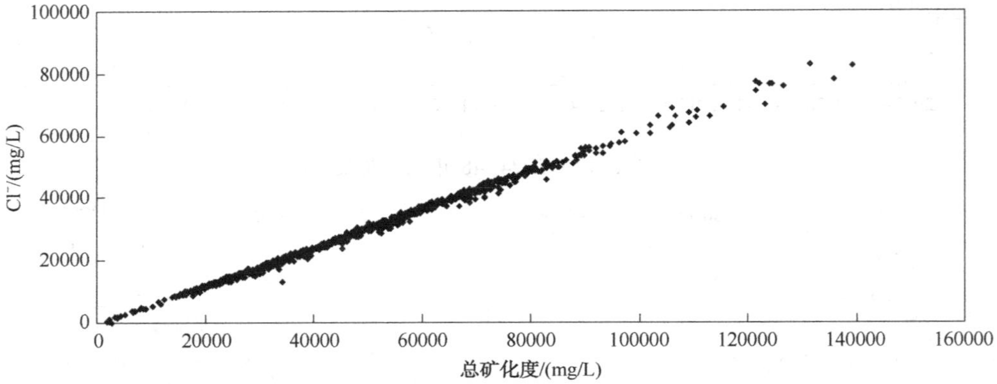

图 1-79　苏东气田上古生界地层水总矿化度与氯离子浓度交会图

由图 1-80 可以看出，苏东气田上古生界地层水中各离子含量关系：① 阳离子 K^++Na^+>Ca^{2+}>Mg^{2+}；②阴离子 Cl^->HCO_3^->SO_4^{2-}。氯离子(Cl^-)具有最强的迁移能力，不易被矿物表面吸附，也不易被积累，因此 Cl^- 含量较高。

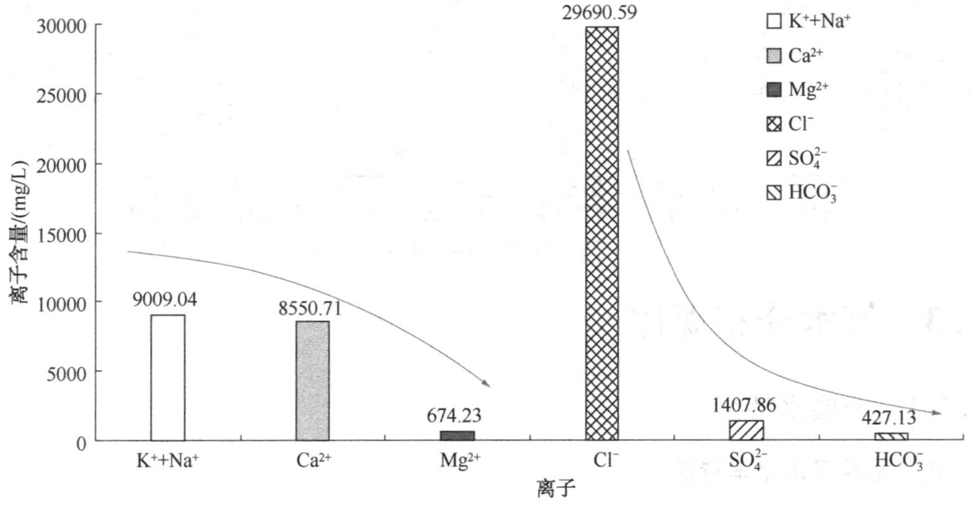

图 1-80　苏东气田上古生界地层水离子含量对比

表 1-12 苏东气田上古生界集气站水组分地球化学特征

集气站名称	K^++Na^+/(mg/L)	Ca^{2+}/(mg/L)	Mg^{2+}/(mg/L)	Cl^-/(mg/L)	SO_4^{2-}/(mg/L)	HCO_3^-/(mg/L)	总矿化度/(mg/L)	水　型	钠氯系数	钠钙系数	变质系数	水气比
SD1 站	8006. 12	9657. 41	816. 47	30417. 88	1487. 27	497. 48	50882. 64	$CaCl_2$ 型	0. 27	0. 44	21. 68	0. 29
SD2 站	7370. 93	5393. 70	574. 28	21552. 05	915. 16	601. 37	36407. 47	$CaCl_2$ 型	0. 35	0. 75	19. 34	0. 61
SD3 站	8303. 17	9526. 57	886. 04	30925. 52	1450. 96	408. 74	51500. 99	$CaCl_2$ 型	0. 29	0. 49	21. 06	0. 38
SD4 站	10704. 30	12804. 44	1504. 32	41815. 30	1919. 90	523. 43	69271. 69	$CaCl_2$ 型	0. 26	0. 45	13. 99	0. 96
SD5 站	8747. 91	9929. 98	1033. 79	32448. 49	1805. 85	486. 31	54452. 33	$CaCl_2$ 型	0. 29	0. 50	17. 59	0. 48
SD6 站	6858. 59	8651. 25	1039. 10	27593. 50	1414. 56	460. 92	46017. 92	$CaCl_2$ 型	0. 26	0. 44	14. 05	0. 31
SD7 站	8915. 56	7779. 58	525. 47	27764. 38	1444. 60	353. 22	46782. 80	$CaCl_2$ 型	0. 32	0. 58	34. 08	1. 16
SD8 站	9503. 30	8425. 91	542. 30	29785. 52	1542. 99	361. 10	50161. 12	$CaCl_2$ 型	0. 32	0. 57	25. 45	0. 38
SD9 站	9895. 17	8121. 22	484. 29	29895. 37	1242. 83	373. 96	50012. 84	$CaCl_2$ 型	0. 33	0. 62	28. 75	0. 84
SD10 站	4870. 86	3759. 68	272. 07	14018. 54	932. 48	421. 47	24275. 09	$CaCl_2$ 型	0. 35	0. 68	26. 70	0. 64
SD11 站	11174. 87	9331. 88	477. 44	33920. 67	1374. 62	324. 91	56604. 38	$CaCl_2$ 型	0. 33	0. 60	30. 99	1. 28
SD12 站	10912. 40	9236. 43	641. 94	33650. 21	1543. 41	414. 82	56399. 21	$CaCl_2$ 型	0. 33	0. 61	20. 95	1. 63
SD13 站	9695. 55	8660. 94	489. 83	30415. 48	1406. 00	413. 05	51080. 85	$CaCl_2$ 型	0. 32	0. 56	28. 59	1. 21
SD14 站	11962. 58	9674. 68	629. 68	35960. 88	1591. 38	435. 59	60254. 79	$CaCl_2$ 型	0. 33	0. 64	29. 42	1. 59
SD15 站	8761. 30	7665. 65	453. 45	27176. 00	1334. 93	387. 63	45778. 96	$CaCl_2$ 型	0. 33	0. 59	28. 32	1. 53
SD16 站	6894. 15	9453. 75	2216. 06	32390. 41	1367. 62	709. 93	53031. 93	$CaCl_2$ 型	0. 18	0. 48	11. 17	0. 13
SD17 站	10760. 36	8811. 49	430. 97	32256. 46	1269. 30	405. 76	53934. 34	$CaCl_2$ 型	0. 33	0. 62	41. 24	3. 94
SD18 站	10353. 43	12834. 10	743. 82	39205. 58	1920. 22	356. 77	65413. 92	$CaCl_2$ 型	0. 27	0. 47	37. 60	1. 81
SD19 站	6809. 47	6295. 65	400. 89	21789. 16	1081. 07	368. 86	36745. 09	$CaCl_2$ 型	0. 33	0. 62	24. 69	1. 68
SD20 站	7296. 92	5608. 85	297. 03	21050. 80	1031. 52	383. 30	35668. 41	$CaCl_2$ 型	0. 36	0. 76	32. 68	0. 59

苏东气田上古生界水气比由南向北呈增大的趋势，矿化度高值区位于 SD4 站、SD17 站及 SD18 站，矿化度达 60000mg/L 以上。平面上，矿化度由南西至北东呈减小趋势，反映出盆地边缘向盆地内部逐渐浓缩的特点(图 1-81)。

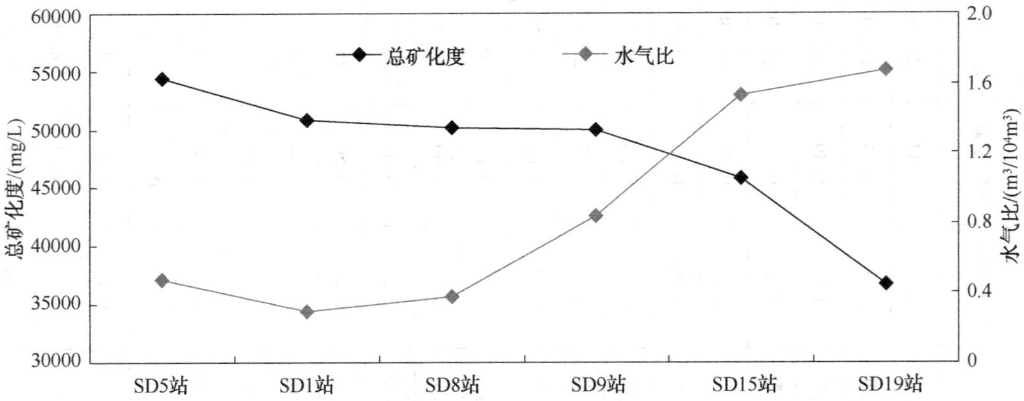

图 1-81 苏东气田集气站水气比与总矿化度对比曲线

2）变质系数

变质系数可以用于说明地层水在运移过程中水岩作用的强度和离子交替置换的程度。钠离子、镁离子随水岩作用与地下径流时间的变化而变化，时间越短，钠离子、镁离子含量越多，反之，钠离子、镁离子含量越少。钠离子、镁离子含量减少，钙离子含量会相应增多，说明水的变质作用越强，对油气的保存越有益。由大量资料统计结果可知，与油气伴生的地下水变质系数一般都大于 1，地层封闭性的好坏，可以根据该标准进行初步判断。结果表明，苏东气田集气站水样的变质系数主要分布在 11.17~41.24，说明该气田地层封闭性良好。

3）钠氯系数

通常，钠氯系数与石油和天然气的成藏没有直接联系，它可以用来表示地层水的变质程度和地层封闭性。对于地层水，钠氯系数反映了其变质程度和储层的水化学环境。如果是陆相沉积的地层，变质的渗透水一般具有高的矿化度，且钠氯系数大于 0.85。若钠氯系数小于 0.85，则可能是变质的沉积水或高度变质的渗透水。一般认为，封闭的高浓缩、深度变质的地层水的钠氯系数小，对保存油气十分有利。

苏东气田集气站水样的钠氯系数分布在 0.18~0.36，说明该气田上古生界盒$_8$段及山$_1$段地层水动力不足不活跃，变质程度高，为较强的还原环境，气藏封闭性好，具有较好的油气保存环境，未有浅层水的混入，有利于烃类聚集(表 1-13)。

表 1-13 按钠氯系数对地层水进行分类(据博雅尔斯基，1979，有修改)

类 别	钠氯系数	水文地质含义
1	>0.85	地层水活跃，受地表浅层水渗滤影响
2	0.75~0.85	地下静水带与交潜带之间，受地表水影响

续表

类　别	钠氯系数	水文地质含义
3	0.65~0.75	封闭条件较好，是水岩作用充分的水动力场
4	0.50~0.65	封闭条件良好，是与地表隔绝的环境
5	<0.50	封存的古代残余海水，是水流慢或静止的环境

2. 单井地层水化学特征

苏东气田地层水的化学特征对分析气藏的形成、分布及保存有重要的意义。本书依据矿化度、水化学特征系数及水型，结合苏里格地区已有地层水研究现状及压裂施工情况，将苏东气田盒$_8$段、山$_1$段产水类型划分为正常地层水、淡化地层水及凝析水三类。正常地层水以自由水的状态存在于储层中，其成分没有受到外界的影响，能准确反映地层的情况，矿化度大于35000mg/L。淡化地层水因储层物性条件的改变，导致地层中的水在天然气运移期受致密砂岩的影响没有被天然气驱替，而存在于地层的孔隙中，其矿化度在15000~35000mg/L。凝析水是在开采过程中随着天然气压力和温度的降低，气体中饱和的水蒸气由于凝析作用而形成的。确定凝析水的最显著特点是注入量大于返排量，试气时无水或少量产水，且矿化度小于15000mg/L，水型为$NaHCO_3$型或$CaCl_2$型（表1-14）。

表1-14　苏东气田气井产水类型划分

产水类型		正常地层水	淡化地层水	凝析水
矿化度/(mg/L)		>35000	15000~35000	<15000
水化学特征系数	钠氯系数	<0.45	0.45~0.75	>0.75
	钠钙系数	<1	>1	>1
水型		$CaCl_2$型	$CaCl_2$型	$CaCl_2$型、$NaHCO_3$型
压裂液排出情况		注入量<返排量	注入量<返排量	注入量>返排量

1）正常地层水

如SD03-104井，其射孔层段为盒$_8$段和山$_1$段，压裂液注入量468.7m^3，返排量469.9m^3，返排量大于注入量，日产水量24.1m^3，水样分析结果显示矿化度46452.5mg/L。综合分析认为，该层产正常地层水。

2）淡化地层水

如SD27-40井，其射孔层段为山$_1$段，压裂液注入量252.4m^3，返排量269.2m^3，返排量大于注入量，日产气量1.1044×10^{4}m^3，日产水量3.3m^3，水样分析结果显示矿化度19944.31mg/L。综合分析认为，该层产淡化地层水。

3）凝析水

如SD54-40井，其射孔层段为山$_1$段，压裂液注入量264.2m^3，返排量248.5m^3，返排量小于注入量，日产气量 $3.17\times10^4m^3$，水样分析结果显示矿化度 15680.74mg/L。综合分析认为，该层产凝析水。

1.3.2 水体类型划分

水体类型划分对预测气田水体的规模和弄清水体的分布规律有重要的意义，本书在分析产水成因的基础之上，依据测井解释成果、试气生产数据，通过储层砂体、水体的横向、纵向对比分析和水体类型划分，在苏东气田共划分和识别了以下 4 类水体：①河道底部低凹处滞留的“透镜体”水；②致密砂岩封隔的“透镜体”水；③“孤立”砂体形成的“透镜体”水；④气层“残留水”。

1. 河道底部低凹处滞留“透镜体”水

它是指因河道下蚀，在底部低凹处残留的水体，这种类型的水体常见于构造性气藏中，解释为常规的含水层。

如 SD03－104 井，深度 2810.8～2814.0m，平均电阻率 20.45Ω·m，含气饱和度 52.24%，孔隙度 11.75%，渗透率 1.11mD，测井解释为气层，试气后日产水量 $24.1m^3$，综合解释为水层。曲线形态为正三角形，储层中的气欠饱和，顶部无天然气富集，一般为含气水层、水层。

SD03-104 井压裂日期为 2011 年 6 月 21 日，射孔层段为盒$_8$段和山$_1$段，压裂液注入量 $468.7m^3$，返排量 $469.9m^3$，返排量大于注入量，日产气量 $0.3449\times10^4m^3$，日产水量 $24.1m^3$，水样分析结果显示矿化度 46452.5mg/L(图 1-82)。

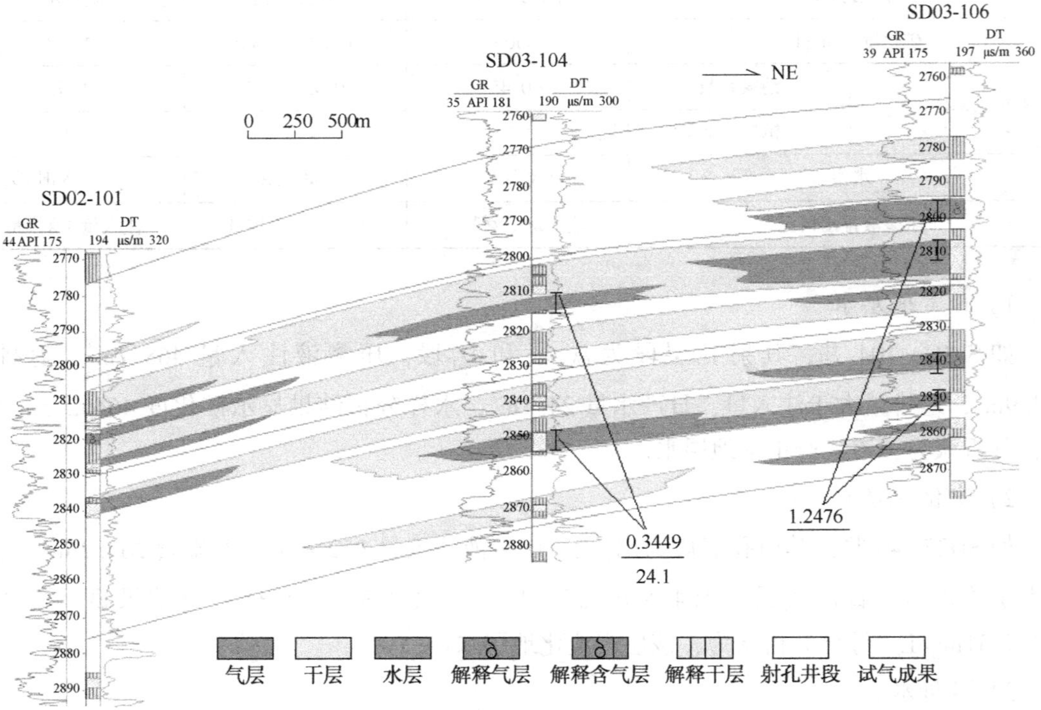

图 1-82 SD02-101 井—SD03-104 井—SD03-106 井气藏剖面图

2. 致密砂岩封隔的"透镜体"水

它是指由于储层的非均质性，在单井剖面上呈现"干层-水层-干层"的叠置组合，水层被致密砂岩形成的干层封隔，形成受致密砂岩封隔的"透镜体"水。

如 SD26-47 井，深度 3127.0~3136.0m，平均电阻率 25.09Ω·m，含气饱和度 54.2%，孔隙度 8.75%，渗透率 0.418mD，测井解释为差气层，试气后日产水量 9.0m^3，综合解释为水层。其上、下均被致密的干层封隔。

SD26-47 井投产日期为 2012 年 7 月 22 日，生产层位为盒$_8$段、山$_1$段和山$_2$段，为四封压裂，油压 9.8MPa，套压 13.8MPa，流压 17.14MPa，日产气量 1.0823×10^{4}m^3，日产水量 9.0m^3(图 1-83)。

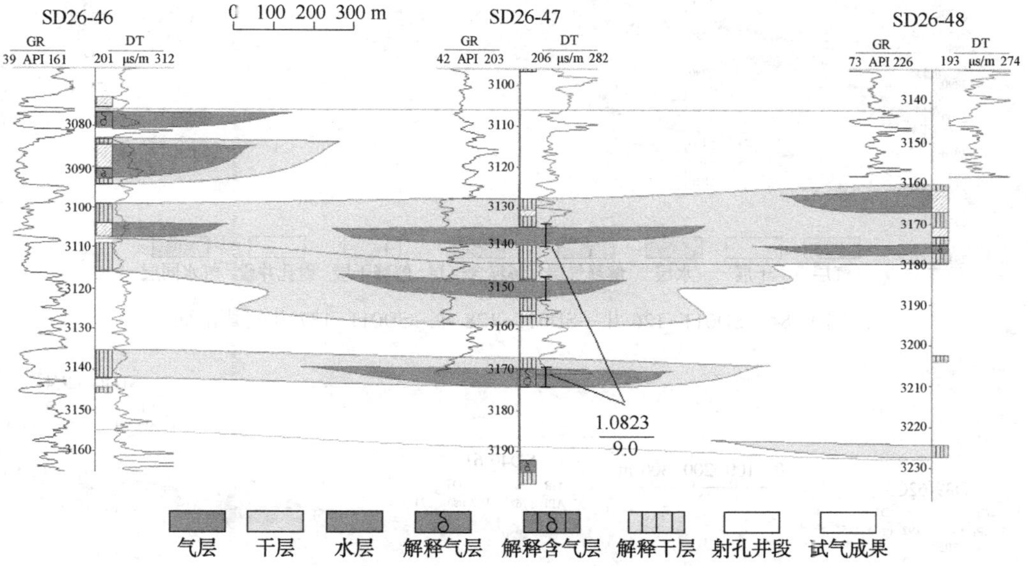

图 1-83　SD26-46 井—SD26-47 井—SD26-48 井气藏剖面

3. "孤立"砂体形成的"透镜体"水

它是指河道边部"孤立"透镜砂体或"孤立"河道无连通通道，天然气不能运移进入砂体而形成的水体。苏东气田储层非均质性强，发育众多相对"孤立"的"透镜状"砂体，由于缺乏油气进入有效砂体的通道，因而成为"透镜体"水。

如 SD011-128 井，深度 2746.5~2754.0m，平均电阻率 31.52Ω·m，含水饱和度 82.16%，孔隙度 5.96%，渗透率 0.204mD，测井解释为含气水层，属于"孤立"砂体形成的"透镜体"水(图 1-84)。

4. 气层"残留水"

它是指由于储层物性差，在成藏过程中，当天然气运移进入储层时，因排水强度不够而残留在气层中的地层水；生产时，当生产压差达到一定数值，可能有微量地层水产出。

如 SD40-61 井，深度 2746.5~2754.0m，平均电阻率 15.89Ω·m，含水饱和度

57.37%，孔隙度 10.05%，渗透率 0.966mD，测井解释为气水同层，属于气层“残留水”（图 1-85）。

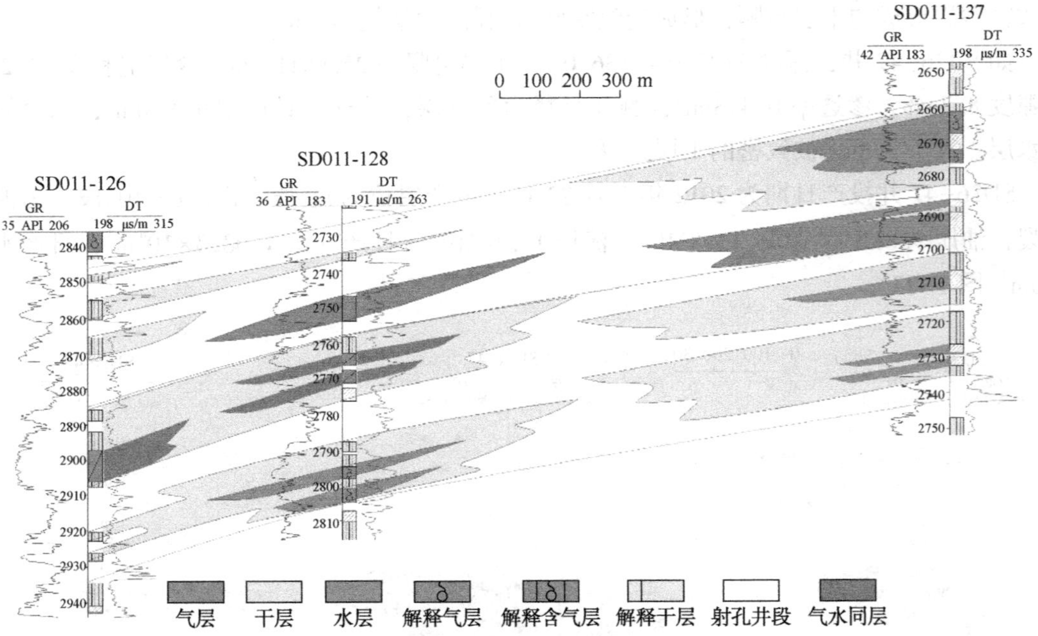

图 1-84　SD011-126 井—SD011-128 井—SD011-137 井气藏剖面

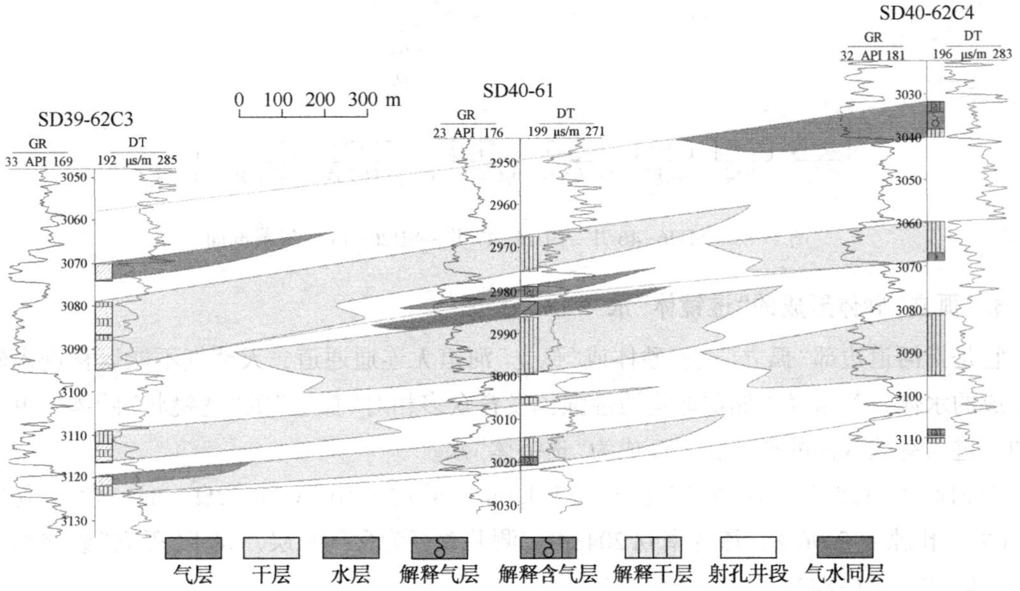

图 1-85　SD39-62C3 井—SD40-61 井—SD40-62C4 井气藏剖面

1.3.3　气水剖面特征

苏东气田气层厚度最大的层位是盒$_8$^{下}亚段，气层钻遇率最大达 81.82%，气层最大厚度

28.3m，平均厚度6.87m，其次为盒$_8^{上}$亚段，气层钻遇率54.72%，气层最大厚度24.2m，平均厚度5.04m；山$_1$段各小层平均气层厚度在4.5m左右，其中山$_1^3$亚段平均钻遇气层厚度只有3.93m(图1-86)。

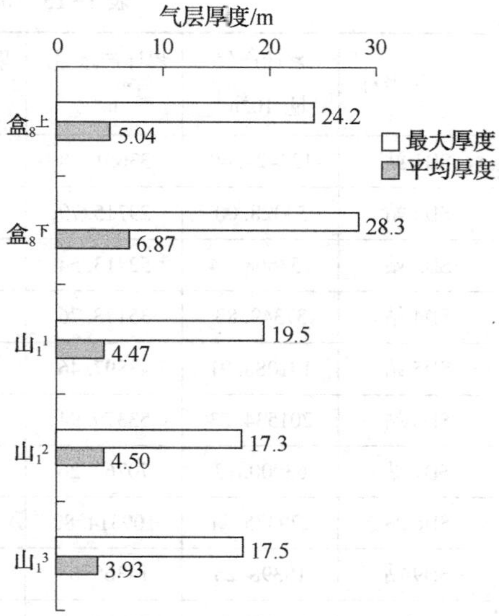

图1-86 苏东气田气层钻遇统计

苏东气田平均含气饱和度在50%~70%，局部地区达80%以上。从山$_1^3$亚段至盒$_8^{上}$亚段，含气饱和度呈逐渐减小的趋势。说明距离烃源岩最近的山$_1$段气体充注程度最高，向上逐渐降低，具有近距离成藏、垂向充注的特征(图1-87)。

由气藏剖面对比结果可以看出：苏东气田以气层为主，纯水层相对较少，受宏观构造影响较小，高部位与低部位均有水层，产水层主要分布在盒$_8$段，无统一的气水界面。

从气水分布模式可以看出：纵向上，苏东气田气水层多层叠置，砂体呈“孤立”“透镜体”状，全区没有统一的气水界面；天然气多赋存在分流河道内，水体零星分布；局部水体分布主要受储层及其非均质性控制，气水同产现象普遍存在；从山$_1$段到盒$_8^{下}$亚段，再到盒$_8^{上}$亚段，含水有逐渐增大的趋势；致密层对气水分布起到隔挡作用，形成多个独立的气水系统。

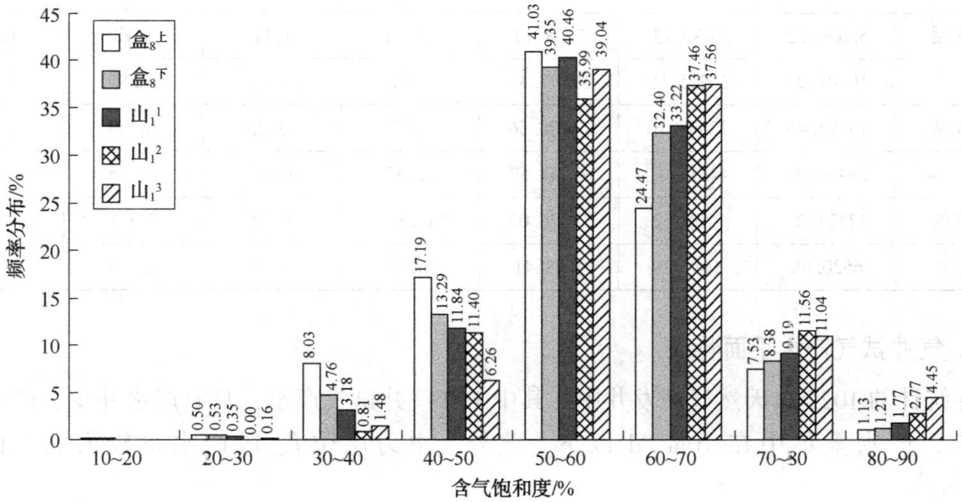

图1-87 苏东气田上古生界含气饱和度分布频率对比

1.3.4 气水平面特征

1. 集气站产能平面特征

苏东气田高产气井基本分布在南部，由南向北产气量逐渐减小，水气比逐渐增大(表1-15)。

表 1-15 苏东气田上古生界集气站产量数据

集气站名称	累计产气量/10^4m^3	累计产水量/m^3	累计产液量/m^3	平均日产气量/10^4m^3	平均日产水量/m^3	平均日产液量/m^3	水气比/($m^3/10^4m^3$)
SD1 站	124424.49	33651.18	36264.81	49.24	13.33	14.36	0.29
SD2 站	54328.00	29715.79	33378.18	23.16	12.67	14.23	0.61
SD3 站	157668.44	52713.54	60685.18	61.90	20.74	23.87	0.38
SD4 站	37349.83	35178.76	35972.71	21.19	19.95	20.40	0.96
SD5 站	101088.91	43897.46	48194.06	41.36	18.00	19.76	0.48
SD6 站	201534.23	53379.94	62606.93	78.76	20.88	24.49	0.31
SD7 站	63000.18	70767.26	73331.19	24.57	27.65	28.66	1.16
SD8 站	329475.21	109314.82	124689.05	129.16	42.90	48.94	0.38
SD9 站	18398.26	14365.65	15379.34	7.37	5.78	6.19	0.84
SD10 站	131703.28	71772.00	84673.58	51.09	27.88	32.90	0.64
SD11 站	86012.77	100482.01	109856.25	33.43	39.11	42.76	1.28
SD12 站	24822.35	37333.36	40490.94	11.99	18.04	19.56	1.63
SD13 站	27998.11	32127.66	33903.34	11.36	13.04	13.77	1.21
SD14 站	22578.34	34684.93	35841.13	9.06	13.95	14.42	1.59
SD15 站	19602.74	28878.70	30058.14	9.47	13.98	14.55	1.53
SD16 站	53839.52	5839.43	7208.17	65.58	7.11	8.78	0.13
SD17 站	10107.21	36215.59	39797.38	5.81	20.83	22.89	3.94
SD18 站	13383.45	22849.10	24208.56	7.75	13.25	14.03	1.81
SD19 站	28450.08	44317.41	47741.52	21.37	33.37	35.95	1.68
SD20 站	17421.21	7738.52	10276.02	12.87	5.72	7.60	0.59
SD21 站	6520.08	3149.29	4598.41	29.64	14.31	20.90	0.71

2. 气井试气产水平面特征

在统计的 1022 口天然气开发井中，其中 130 口井试气产水，具有产水井少、产水量少的特点，产水量集中在 $10m^3/d$ 以下。此外，主力层位盒$_8$段产水量较大(图 1-88、表 1-16)。

单试盒$_8$段：30 口井产水，除 SD024-137 井、SD10-61 井和 SD49-71 井产纯水，其余井均为气水同产，平均产水量 $5.27m^3/d$。

单试山$_1$段：5 口井产水，均为气水同产，产水量均小于 $5m^3/d$，平均产水量 $3.52m^3/d$。

上古合试：90 口井产水，除 SD4-119 井、SD29-20 井产纯水，其余井均为气水同产，平均产水量 $5.76m^3/d$。平面上，北部产水量大于南部产水量。

上古+下古合试：5 口井产水，均为气水同产，平均产水量 $2.68m^3/d$(图 1-89)。

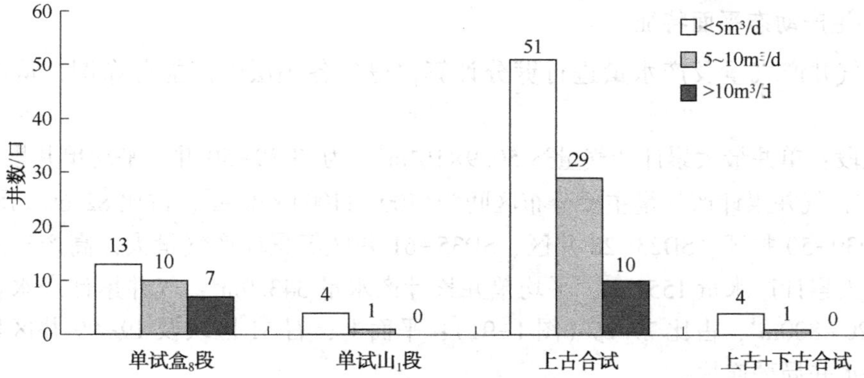

图 1-88　苏东气田上古生界气井产水量对比

表 1-16　苏东气田试气产水现状统计

层　位	产水井井数/口	不同产水量井数/口			平均水产量/(m^3/d)
		<$5m^3$/d	5~$10m^3$/d	>$10m^3$/d	
单试盒$_8$段	30	13	10	7	5.27
单试山$_1$段	5	4	1	0	3.52
上古合试	90	51	29	10	5.76
上古+下古合试	5	4	1	0	2.68
合计	130	72	41	17	5.44

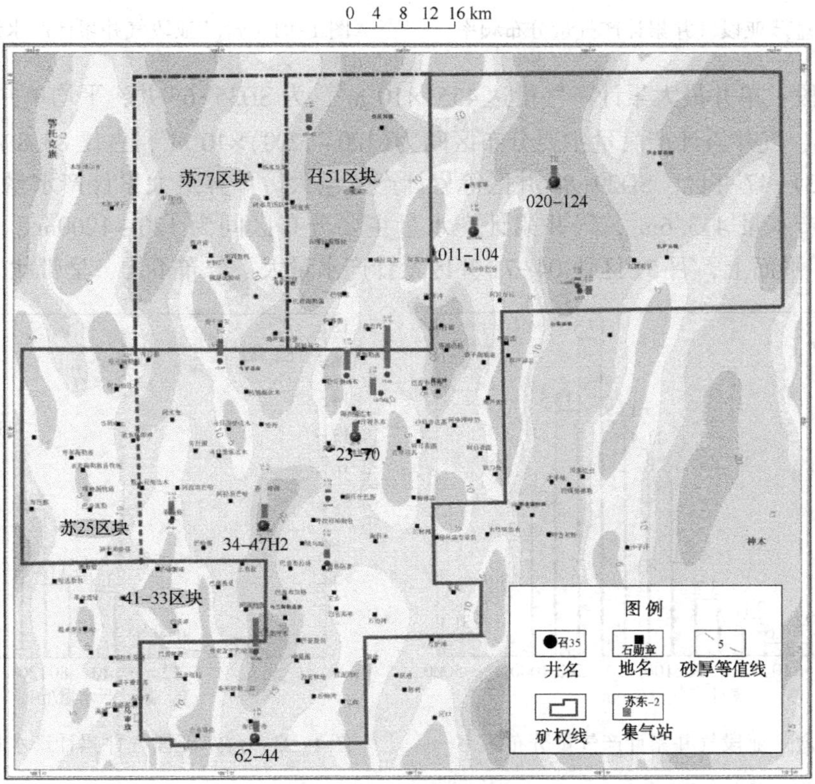

图 1-89　苏东气田山$_1$段砂岩厚度与试气(山$_1$段)叠合图

3. 气井生产动态平面特征

通过对气井产气量及产水量进行劈分计算，得到各小层的产能分布图，从图上可以看出：

盒$_8^{上}$亚段：单井最大累计产气量达 $5059\times10^4m^3$，为 SD39-50 井，平均单井累计产气量 $540.2\times10^4m^3$，气井累计产气量主要分布区间为$(100\sim1100)\times10^4m^3$，占比 82.6%(图 1-90)；平面上，SD39-50 井区、SD23-28 井区、SD35-61 井区等累计产气量大，高产气井零散分布。单井最大累计产水量 $1552m^3$，平均单井累计产水量 $343.9m^3$，气井累计产水量主要分布区间为 $120\sim800m^3$，占比 77.2%(图 1-91)；平面上，召 51 区块及 19-99 井区累计产水量大，高产水井局部连片。

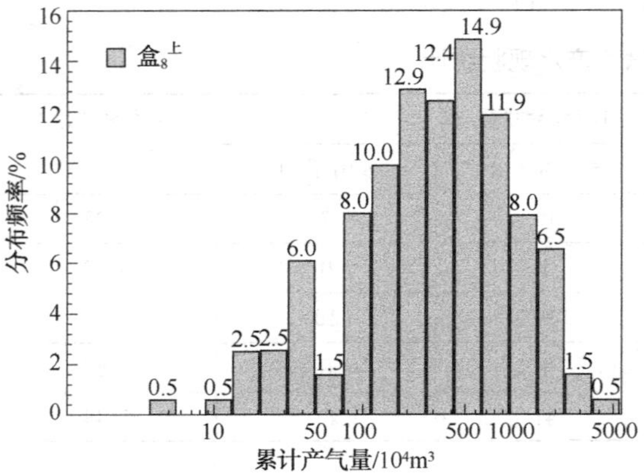

图 1-90　盒$_8^{上}$亚段气井累计产气量分布频率

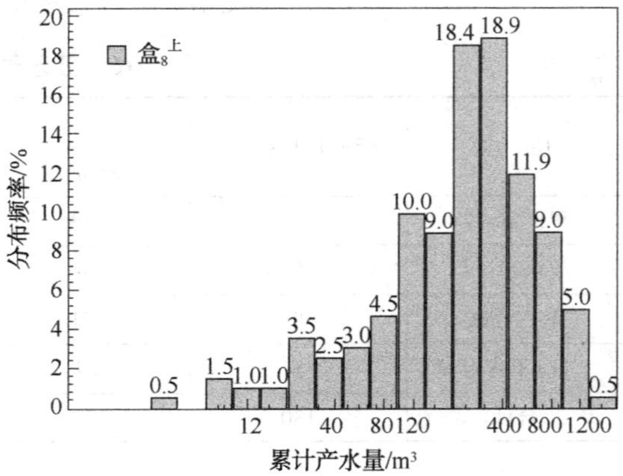

图 1-91　盒$_8^{上}$亚段气井累计产水量分布频率

盒$_8^{下}$亚段：单井最大累计产气量达 $4551\times10^4m^3$，为 SD35-65 井，平均单井累计产气量 $474.8\times10^4m^3$，气井累计产气量主要分布区间为$(100\sim1200)\times10^4m^3$，占比 83.8%(图 1-92)；平面上，SD31-47 井区、SD29-89 井区等累计产气量大。单井最大累计产水量 $2045m^3$，平均单井累计产水量 $413.6m^3$，气井累计产水量主要分布区间为 $120\sim1200m^3$，占比 82.2%(图 1-93)；平面上，召 51 区块 04-71 井区累计产水量大，分布不均，呈带状。

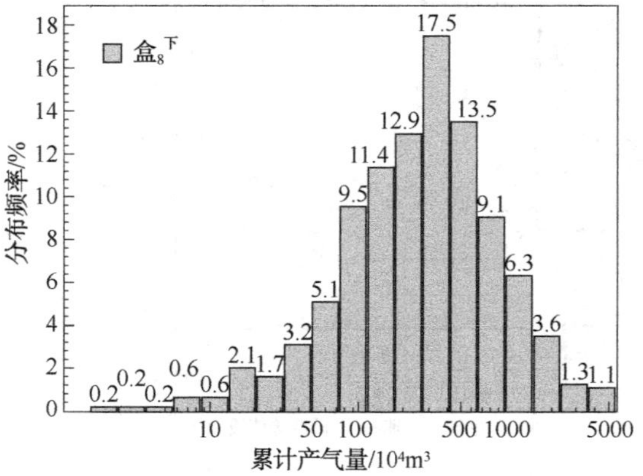

图 1-92　盒$_8^{下}$亚段气井累计产气量分布频率

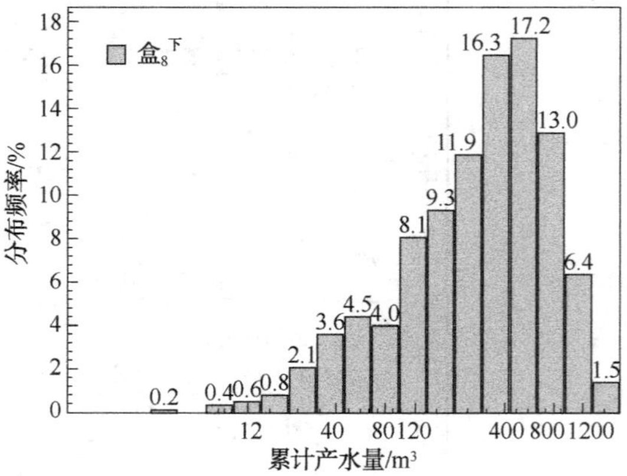

图 1-93　盒$_8^{下}$亚段气井累计产水量分布频率

$山_1{}^1$亚段：单井最大累计产气量达$2293\times10^4m^3$，为SD32-31井，平均单井累计产气量$437.1\times10^4m^3$，气井累计产气量主要分布区间为$(80\sim1100)\times10^4m^3$，占比78.6%(图1-94)；平面上，SD41-72井区、SD35-60井区及SD11-70井区等累计产气量大。单井最大累计产水量$2080m^3$，平均单井累计产水量$358.6m^3$，$山_1{}^1$亚段气井累计产水量主要分布区间为$100\sim800m^3$，占比74.7%(图1-95)；平面上，SD04-71井区、SD41-72井区等累计产水量大。

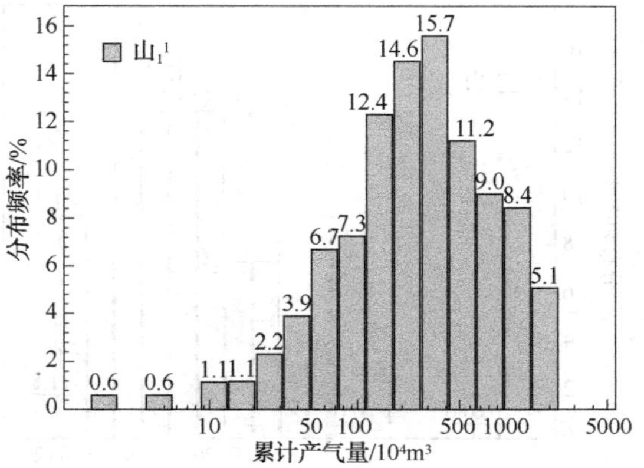

图1-94　$山_1{}^1$亚段气井累计产气量分布频率

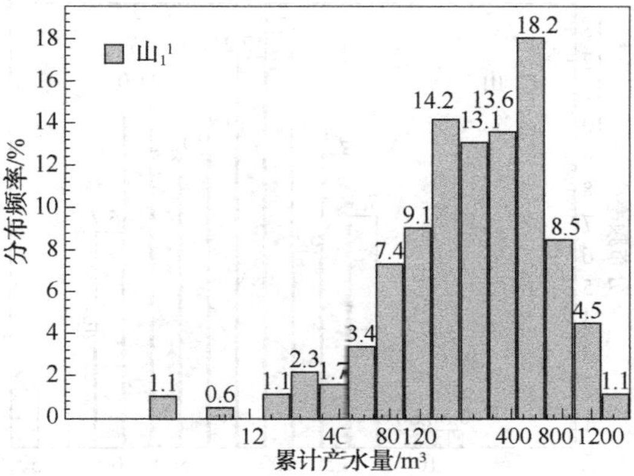

图1-95　$山_1{}^1$亚段气井累计产水量分布频率

$山_1{}^2$亚段：单井最大累计产气量达$5810\times10^4m^3$，为SD36-66井，平均单井累计产气量$411.8\times10^4m^3$，气井累计产气量主要分布区间为$(80\sim1000)\times10^4m^3$，占比80.8%(图1-96)；平面上，SD20-31井区、SD36-66井区等累计产气量大。$山_1{}^2$亚段单井最大累计产水量$1374m^3$，平均单井累计产水量$298.8m^3$，气井累计产水量主要分布区间为$80\sim800m^3$，占比80.0%(图1-97)；平面上，SD08-74井区累计产水量大，SD1-130井区、SD17-85井区等累计产水量相对较大。

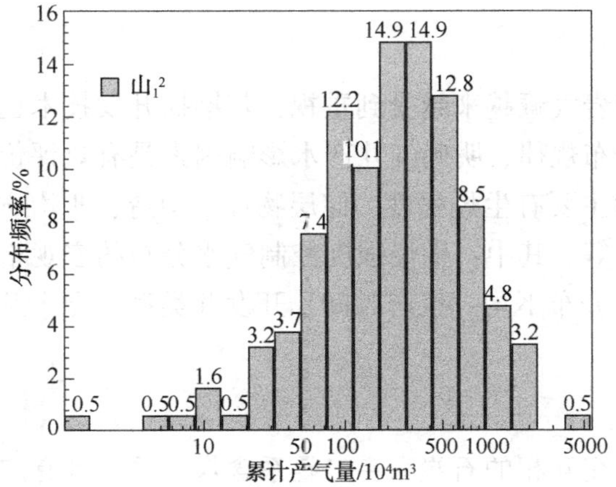

图1-96　$山_1{}^2$亚段气井累计产气量分布频率

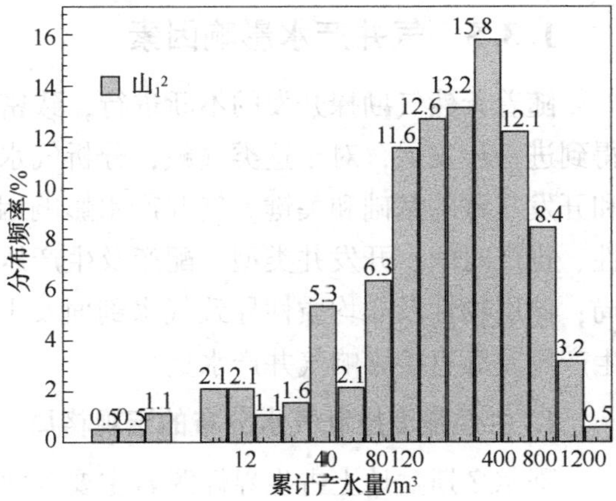

图1-97　$山_1{}^2$亚段气井累计产水量分布频率

山$_1{}^3$亚段：单井最大累计产气量达 5268×10^{4}m^3，为 SD39-59 井，平均单井产气量 446.6×10^{4}m^3，气井累计产气量主要分布区间为(30~1000)×10^{4}m^3，占比 86.6%(图 1-98)；平面上，山$_1{}^3$亚段累计产气量基本呈条带状，SD39-60 井区、SD33-68 井区等累计产气量大。山$_1{}^3$亚段单井最大累计产水量 1283m^3，平均单井累计产水量 270.5m^3，气井累计产水量主要分布区间为 60~800m^3，占比 74.1%(图 1-99)；平面上，SD19-85 井区、SD08-135 井区等累计产水量大。

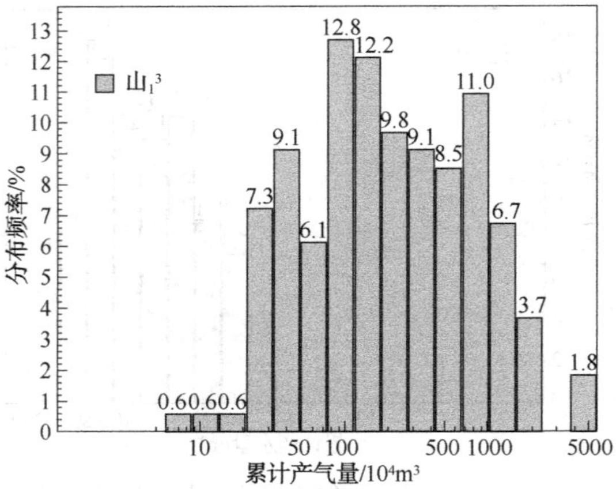

图 1-98　山$_1{}^3$亚段气井累计产气量分布频率

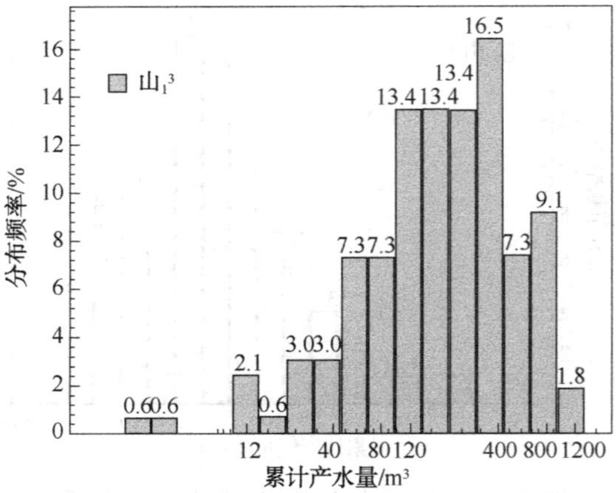

图 1-99　山$_1{}^3$亚段气井累计产水量分布频率

苏东气田上古生界盒$_8$段+山$_1$段：单井最大累计产气量达 7504.9×10^{4}m^3，为 SD36-66 井，平均单井累计产气量 1235.85×10^{4}m^3；平面上，累计产气量大于 1000×10^{4}m^3 的区域基本连片，由南西向北东方向呈逐渐减小的趋势，累计产气量大于 3000×10^{4}m^3 的气井分布在 SD36-66 井区、SD33-46 井区及 SD23-28 井区等，为局部小范围连片分布。平面上，累计产水量大的区域主要分布在吉嘎日图塔拉—巴音布拉格—阿日查图一带，呈条带状，以及 SD24-60 井区、SD32-63 井区等，其累计产水量均超过 2000m^3。

1.3.5　气井产水影响因素

随着天然气勘探开发的不断进行，致密砂岩气藏越来越受到重视，其勘探开发技术也得到进一步发展，对于这类气藏，分析气水分布规律、明确气井产水影响因素是有效评价和开发气藏的基础和关键。气井产水影响因素主要有生烃强度、储层物性、构造、非均质性、投产时间、开发井类型、配产及生产压差等。其中：生烃强度控制气水分布的宏观格局；储层物性及非均质性导致气水剖面及平面分布不均；投产时间、开发井类型、配产及生产压差等直接影响气井产水量。

1. 生烃强度控制气水分布的宏观格局

鄂尔多斯盆地上古生界烃源岩主要为海陆交互相的石炭系—二叠系含煤层系，具有广覆式沉积特点，烃源岩以山西组、太原组和本溪组煤层、暗色泥岩为主，太原组和本溪组石灰岩次之。苏东气田生烃强度在(8~28)×10^{8}m^3/km^2(图 1-100)，生烃强度高值区位于气田南部，并向北东方向逐渐减小，通过与集气站产量进行对比可以发现：生烃强度与集气站产量相关性明显，产量高的集气站均位于气田南部生烃强度高值区；宏观上，水气比与生烃强度基本呈反比关系，生烃强度高值区水气比相对较小，说明生烃强度控制了苏东气田气水的宏观分布。

苏东气田山$_1{}^3$亚段平均含气饱和度 61.37%，山$_1{}^2$亚段平均含气饱和度 60.57%，山$_1{}^1$亚段平均含气饱和度 58.87%，盒$_8{}^下$亚段平均含气饱和度 57.67%，盒$_8{}^上$亚段平均含气饱和度 55.73%，由山$_1{}^3$亚段至盒$_8{}^上$亚段，平均含气饱和度呈逐渐减小的趋势(图 1-101)。说明距离烃源岩最近的山$_1$段天然气充注程度最高，向上逐渐降低，具有近距离成藏、垂向充注的特征。

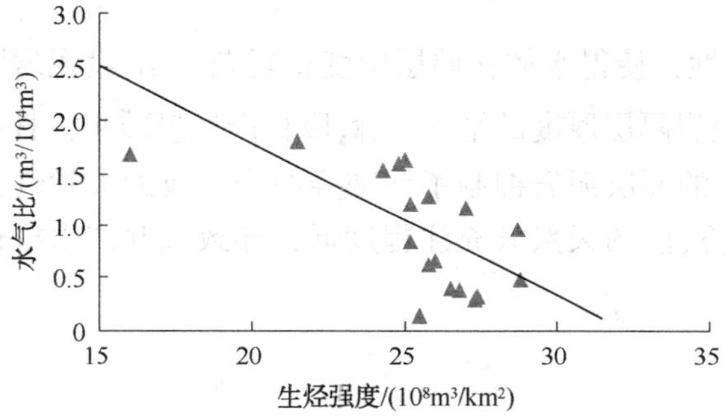

图 1-100　苏东气田生烃强度与水气比对应关系

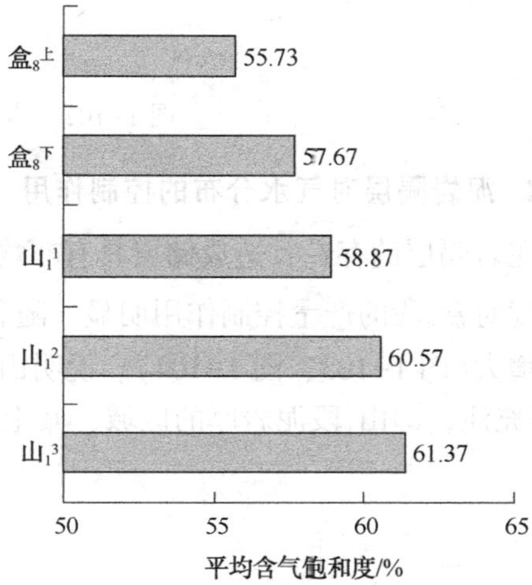

图 1-101　苏东气田各层段平均含气饱和度对比

2. 构造对气水分布的控制作用

由盒$_8$段底部反射层及钻井资料可知，苏东气田区域构造为一宽缓的西倾斜坡，坡降 3～10m/km。在单斜背景上发育着多排近北东向的低缓鼻隆构造，鼻隆幅度一般在 10～20m，宽度 3～6km。

气田构造高部位及低部位、鼻隆部位及鼻洼部位均分布有高产气井及高产水井，说明这些低缓的鼻隆构造对天然气的聚集控制作用不明显，在单一砂体中微幅构造对气水分布具有一定的控制作用。

3. 储层物性对气水分布的控制作用

储层物性对气井产水影响很大，研究表明，天然气充注与储层物性明显相关。物性好的砂体毛管阻力小，天然气易于进入砂体，驱替地层水，占据孔隙，形成气层；物性稍差的砂体毛管阻力略大，天然气可驱替部分地层水，形成含气水层；物性差的砂体毛管阻力很大，天然气通常难以进入砂体，形成水层。由苏东气田上古生界孔渗(孔隙度、渗透率)交会图(图 1-102)可以看出：气田内有效储层孔隙度主要分布在 5.0%～18.0%，平均为 9.4%；渗透率主要分布在 0.100～5.000mD，平均为 0.702mD。气层段均为孔渗条件较好的砂岩体，气水层及含气水层孔渗相对中等，孔隙度分布在 7%～14%，渗透率分布在 0.5～2.0mD，储层物性对气水分布有一定的影响。

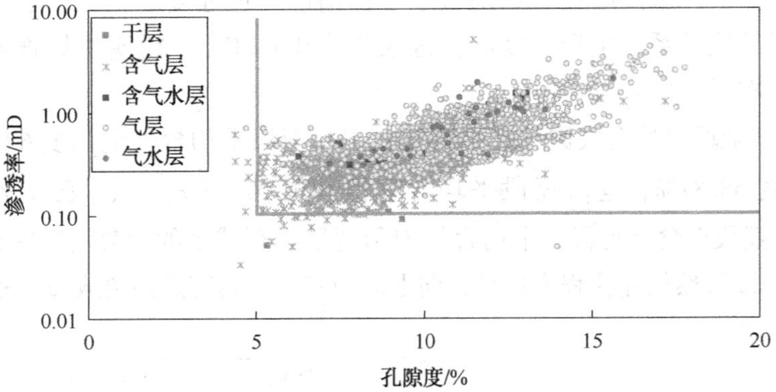

图 1-102　苏东气田上古生界孔渗交会

4. 泥岩隔层对气水分布的控制作用

泥岩隔层的存在，造成储层具有非均质性，使得水体在储层中变得复杂。山$_1$段泥岩隔层厚度对盒$_8$段的产量控制作用明显，随着泥岩隔层厚度的增大，盒$_8$段日产气量减小，日产水量增大(图 1-103、图 1-104)。说明山$_1$段的厚层泥岩抑制了深部烃源岩生成的天然气向盒$_8$段充注，即山$_1$段泥岩厚的区域，其上部盒$_8$段的天然气充注程度低，导致气井产水或低产气。

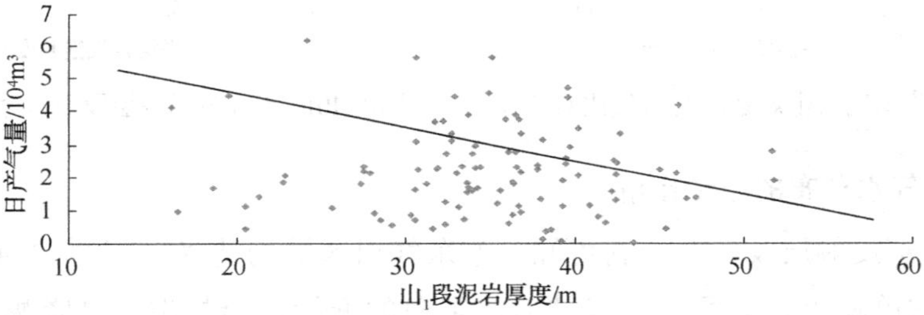

图 1-103　山$_1$段泥岩隔层厚度与盒$_8$段日产气量交会

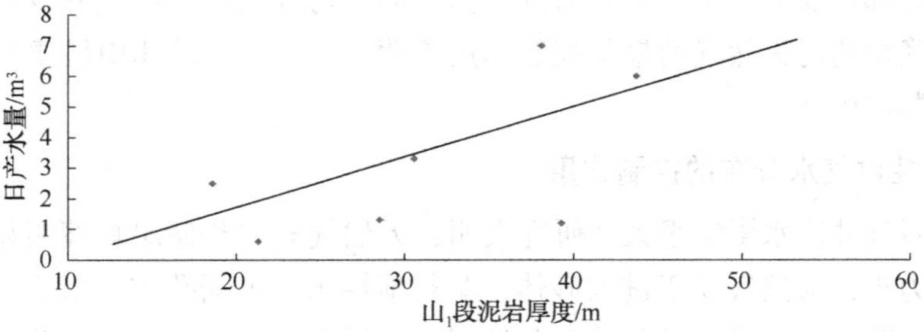

图 1-104　山$_1$段泥岩隔层厚度与盒$_8$段日产水量交会

5. 投产时间对气井产水的控制作用

苏东气田水平井水气比与投产时间对比结果显示：气井水气比随投产时间的延长逐渐增大(图 1-105)。

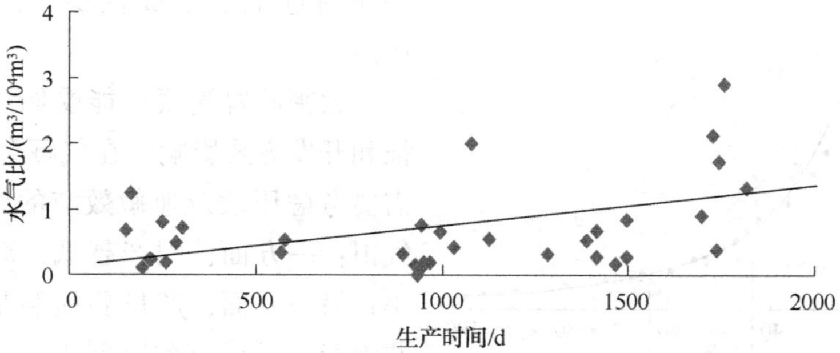

图 1-105　苏东气田水平井生产时间与水气比交会

如 SD38-61H2 井：生产层位为马$_5$段，生产初期至 2015 年 12 月，水气比基本在 0.1m^3/10^{4}m^3 以下，平均为 0.047m^3/10^{4}m^3，产水类型为凝析水；2015 年 12 月之后，水气比迅速升高，最高达 7.077m^3/10^{4}m^3，平均为 0.889m^3/10^{4}m^3，产水类型主要为地层水(图 1-106、图 1-107)。

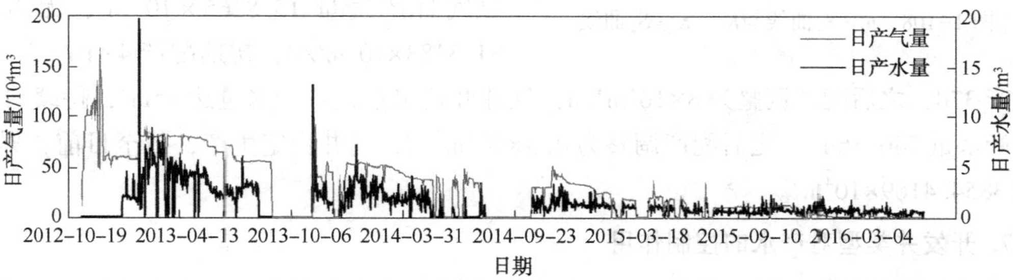

图 1-106　SD38-61H2 井生产曲线

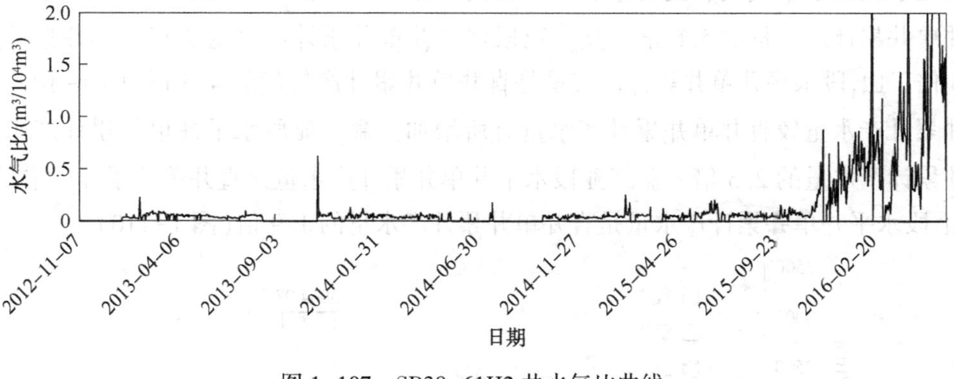

图 1-107　SD38-61H2 井水气比曲线

6. 配产及生产压差对气井产水的控制作用

生产压差对气井产水具有很大影响。生产压差过大，会增大层内水的出水量和出水速率。王蕾蕾等(2010)指出：当生产压差能够克服含水饱和度S_{w1}对应的毛管力时，气井将产凝析水、自由水和可动水，反之，只产凝析水和自由水(图 1-108)。

同时，苏东气田上古生界储集层具有中—强压敏特征，如果配产过大，会导致生产压差增大，产层压力释放后引起泥岩颗粒塑性变形，使储集层渗透率损失 20%~40%，并导致

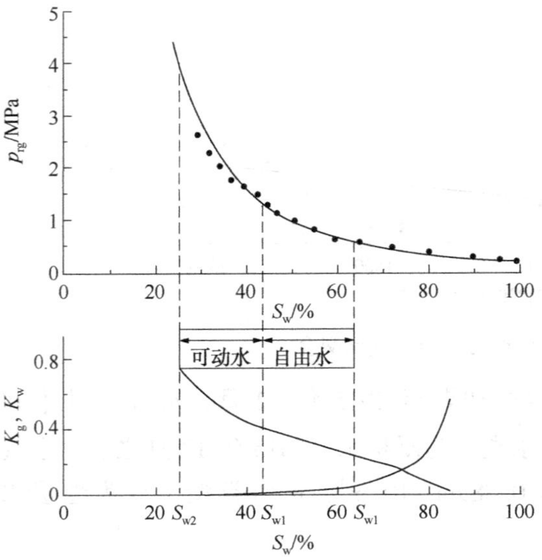

图 1-108 $p_{rg}-S_w$ 曲线与K_g、K_w-S_w曲线

井底附近地层形成低渗带，严重影响气井产能。

致密砂岩气藏产能受储层物性、产水特征和开发方式影响。在气藏合理配产过程中，需要考虑压敏及速敏效应的影响。对于苏东气田：一方面，配产越低，对储层的伤害越小；另一方面，产量要能满足携液要求。气井配产低可以有效降低由于压敏效应在井筒附近形成的附加压力损失，扩大压降作用范围，使低渗区得到更充分的动用，提高单井采出程度。实践表明，控制产量的生产井，其生产动态优于放压生产井。

如 SD27-30H2 井，目的层为盒$_8$^{下}亚段，试气日产气量 15.8265×10^4 m^3，无阻流量 31.3183×$10^4$$m^3$/d；初期配产 4×$10^4$$m^3$/d，稳定生产 37d，之后配产调整为 8×$10^4$$m^3$/d，气井开始出水，日产水量达 15$m^3$，持续约 59d，累计产水量 740.36$m^3$，之后配产调整为 4.5×$10^4$$m^3$/d，气井稳定生产，截至目前，累计产气量 3854.4169×$10^4$$m^3$。

7. 开发井类型对产水的控制作用

采用水平井开发气藏，可增大气井的泄流面积、减小生产压差、减小水气比，最终实现延长无水或低水采气期、提高采收率的目的。苏东气田盒$_8$^{上}亚段水平井单井累计产气量是直井单井累计产气量的 5.6 倍，盒$_8$^{下}亚段水平井单井累计产气量是直井单井累计产气量的 3.3 倍，山$_1$段水平井单井累计产气量是直井单井累计产气量的 4.5 倍(图 1-109)。水平井单井累计产水量较直井单井累计产水量有所增加：盒$_8$^{上}亚段水平井单井累计产水量是直井单井累计产水量的 2.5 倍，盒$_8$^{下}亚段水平井单井累计产水量是直井单井累计产水量的 1.6 倍，山$_1$段水平井单井累计产水量是直井单井累计产水量的 1.9 倍(图 1-110)。

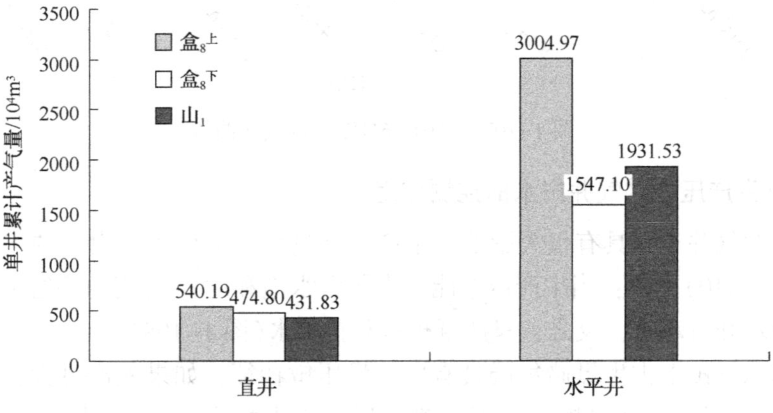

图 1-109 苏东气田直井与水平井单井累计产气量对比

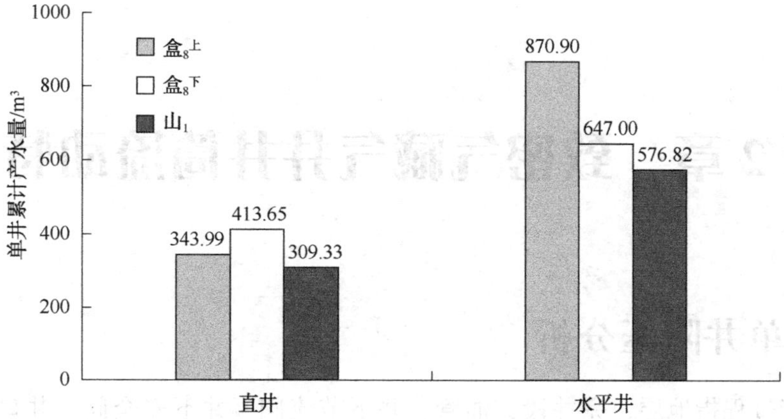

图 1-110　苏东气田直井与水平井单井累计产水量对比

苏东气田采用水平井开发，其水气比与直井相比明显减小：盒$_8$^{上}亚段水平井水气比是直井水气比的 0.45 倍，盒$_8$^{下}亚段水平井水气比是直井水气比的 0.48 倍，山$_1$段水平井水气比是直井水气比的 0.42 倍。说明苏东气田采用水平井开发气藏，单井累计产气量较直井有较大幅度的提高，平均单井水气比减小一半以上，增产及避水效果明显(图 1-111)。

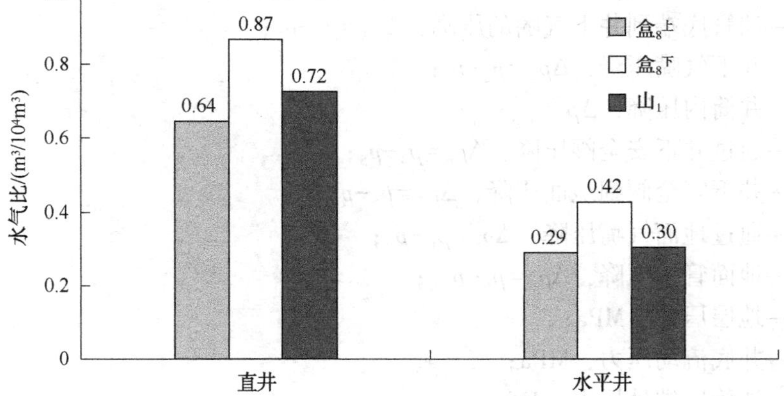

图 1-111　苏东气田直井与水平井水气比对比

第 2 章　致密气藏气井井筒流动特征

2.1　单井降压分析

气井生产过程指地层、完井段、油管、井下节流阀、井下安全阀、井口、地面气嘴、集气管线、分离器、压缩机站到输气干线这一完整、不间断的流动过程(图 2-1)，在这一过程中，需要克服管流沿程阻力、局部(含节流)阻力，单井气流从气层到分离器的压降分解如下：

$$\Delta p=\Delta p_1+\Delta p_2+\Delta p_3+\Delta p_4+\Delta p_5+\Delta p_6+\Delta p_7+\Delta p_8+\Delta p_9 \quad (2-1)$$

式中　Δp_1——地层到井底的压降，$\Delta p_1=p_r-p_{wf}$；

Δp_2——储层中部到油管底端的压降，$\Delta p_2=p_{wf}-p_1$；

Δp_3——油管底端到井下气嘴的压降，$\Delta p_3=p_1-p_2$；

Δp_4——井下气嘴压降，$\Delta p_4=p_2-p_3$；

Δp_5——井筒内压降，$\Delta p_5=p_3-p_4$；

Δp_6——通过井下安全阀压降，$\Delta p_6=p_4-p_5$；

Δp_7——井下安全阀到地面压降，$\Delta p_7=p_5-p_{tf}$；

Δp_8——通过地面气嘴压降，$\Delta p_8=p_{tf}-p_6$；

Δp_9——地面管线压降，$\Delta p_9=p_6-p_{sep}$；

p_r——地层压力，MPa；

p_{wf}——井底流动压力，MPa；

p_1——油管底端处压力，MPa；

p_2——井下气嘴入口压力，MPa；

p_3——井下气嘴出口压力，MPa；

p_4——井下安全阀入口压力，MPa；

p_5——井下安全阀出口压力，MPa；

p_6——地面气嘴出口处压力，MPa；

p_{tf}——地面气嘴入口压力，MPa；

p_{sep}——进分离器压力，MPa。

对于具体的气井，根据井下和地面工艺设计实际，选择相应的压降过程即可。

2.2　单井压力预测

单井压力预测分为地层压力预测、井底流动压力预测和井口压力预测。

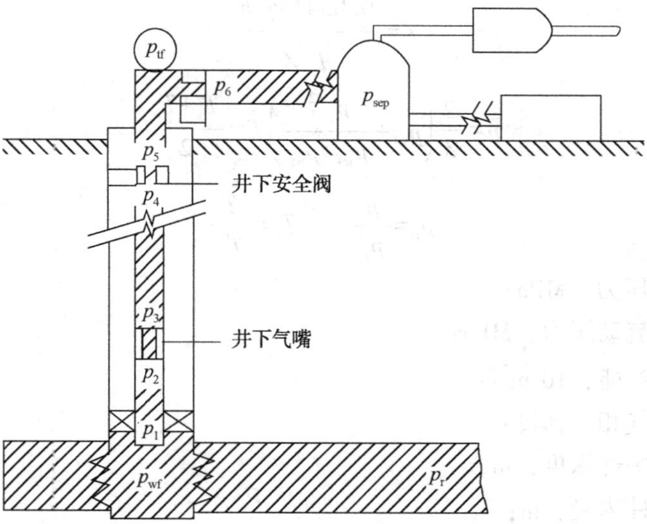

图 2-1 气井生产系统压力分析示意图

2.2.1 地层压力预测

地层压力随时间的关系，一般按如下关系式计算：

$$p_r(t)=\frac{p_i}{Z_i}Z\left[1-\frac{G_p(t)}{G}\right] \tag{2-2}$$

式中 $p_r(t)$——生产时间为 t 的地层压力，MPa；

p_i——原始地层压力，MPa；

Z_i——原始地层压力和地层温度下的偏差因子；

$G_p(t)$——生产时间为 t 的累计产气量，10^4m^3；

G——单井控制储量，10^4m^3；

Z——在地层压力$p_r(t)$和地层温度下的偏差因子。

2.2.2 井底流动压力预测

根据生产后的每个月的日产气量$q_{sc}(t)$及已计算出的每个月末的地层压力$p_r(t)$，采用产能方程便可计算出每个月末的井底流动压力$p_{wf}(t)$。

$$p_{wf}(t)=\sqrt{p_r^2(t)-aq_{sc}(t)-bq_{sc}^2(t)} \tag{2-3}$$

式中 a、b——系数。

2.2.3 井口压力预测

根据生产后每个月的日产气量$q_{sc}(t)$及已计算出的每个月末的井底流动压力$p_{wf}(t)$，采用流体分析理论便可计算出不同生产时间下的井口压力p_{ws}。当单相气体在井筒中流动时，根据井底流动压力求解井口压力的计算式为：

$$p_{ws}=\sqrt{p_{wf}^2e^{-2s}+\frac{1.324\times10^{-10}f(q_{sc}\overline{T}\ \overline{Z})^2(e^{-2s}-1)}{d^5}} \tag{2-4}$$

$$s=\frac{0.03415\gamma_g h}{\overline{T}\ \overline{Z}}$$

$$\overline{p}=\frac{2}{3}\left(p_{wf}+\frac{p_{ws}{}^2}{p_{ws}+p_{wf}}\right)\overline{T}=\frac{T_s+T_e}{2}$$

$$p_r=\frac{\overline{p}}{p_c}\qquad T_r=\frac{\overline{T}}{T_c}$$

式中 p_{ws}——井口压力，MPa；

p_{wf}——井底流动压力，MPa；

q_{sc}——气井产能，$10^4m^3/d$；

γ_g——天然气相对密度；

h——油层中部深度，m；

d——油管柱内径，m；

f——摩阻系数，无因次；

e——粗糙度，mm；

$\overline{p}$——平均压力，MPa；

$\overline{T}$——平均温度,℃；

$\overline{Z}$——平均压缩因子，无因次；

p_c——天然气临界压力，MPa；

T_c——天然气临界温度,℃；

T_e、T_s——井底和井口温度,℃。

2.2.4 气嘴压降

在气井生产系统中，气嘴对生产系统起重要的控制作用，因此有必要研究气体通过诸如气嘴等节流装置的流动。

气嘴的基本功能是产生附加井底回压，以稳定人为要求的产量。一般在设计气嘴尺寸时，要求下游压力的微小变化，不会导致上游压力发生变化，并由此改变气井的产量。在上述情况下，流量高于临界携液流量。如果流量低于临界携液流量，气嘴下游压力变化将影响气井井底流动压力。当天然气流过节流装置时，因过流截面突然减小，其流速会迅速增大，造成局部阻力增大，使其压力显著下降。对于气液两相流，节流前、后的压力与其流量的关系如下：

$$q_{sc}=\frac{1352C_dA_cp_1}{\sqrt{F_w\gamma_wZ_1T_1}}\sqrt{2g\frac{k}{k-1}(R^{\frac{2}{k}}-R^{\frac{k+1}{k}})}\tag{2-5}$$

式中 q_{sc}——通过气嘴流量，m^3/d；

C_d——气嘴流量系数，无量纲；

p_1——气嘴上游压力，MPa；

A_c——气嘴面积，mm^2；

T_1——气嘴上游温度，K；

Z_1——气嘴上游气体偏差系数，无量纲；

k——气体绝热指数，无量纲，对天然气可取1.299；

R——气嘴上、下游压力比，$R=p_2/p_1$。

由式(2-5)可以看出，如不含水，式(2-5)可被还原成干气气嘴节流模型：

$$q_{sc}=\frac{40.8p_1d^2}{\sqrt{\gamma_g T_1 Z_1}}\sqrt{\left(\frac{k}{k-1}\right)(R^{\frac{2}{k}}-R^{\frac{k+1}{k}})} \tag{2-6}$$

式中 d——节流孔眼直径，mm。

其余参数意义同前。

2.3 气井流入动态分析

在保持地层压力恒定的条件下，以不同的井底流动压力测试气井的产气量，称为气井的产能试井，通常又称为回压试井。试井资料用途非常广泛，其主要用途是确定气井的流入动态。具体来说，就是确定一口气井的产能方程。

同一气藏的气井，即使地层压力和井底流动压力相同，它们的产气量也很少会一样，这说明每口井都有各自的流入特性和流出特性。

一般情况下，天然气从地层的孔隙或裂缝流入井内，其流动状态相当复杂，流体流线交错，且渗滤速度有加大的趋势，因而破坏了线性渗滤规律，即产量与压力平方差为非线性关系。此时，通过对产能试井资料进行整理，可得到气井的流入动态方程。气井的流入动态方程一般有两种表达形式。

2.3.1 指数式产能方程

指数式产能方程为：

$$q_{sc}=c\,(p_r^{\ 2}-p_{wf}^{\ 2})^n \tag{2-7}$$

式中 q_{sc}——产气量，$10^4 m^3/d$；

p_r——平均地层压力，MPa；

p_{wf}——井底流动压力，MPa；

c——产气指数，与气藏产层的渗透率、厚度、天然气黏度、井底干净程度有关；

n——渗流指数，取决于气体渗滤方式。

当流体为线性渗滤时，$n=1$；当流体渗滤速度很大或为多相流渗滤时，线性渗滤规律遭到破坏，$n<1$。

2.3.2 二项式产能方程

二项式产能方程为：

$$p_r^{\ 2}-p_{wf}^{\ 2}=aq_{sc}+bq_{sc}^{\ 2} \tag{2-8}$$

式中 a——层流系数；

b——紊流系数。

其余参数意义同前。

式(2-8)等号右边第一项表示黏滞性引起的压力损失，第二项表示惯性引起的压力损失。这两项损失之和构成了气流入井的总压降。当渗滤速度较小且为线性渗滤时，第一项(aq_{sc})起主要作用，而第二项(bq_{sc}^2)可被忽略。此时，压力平方差与产气量为线性关系；当渗滤速度变大或为多相流渗滤时，就要考虑第二项的影响。这时，压力平方差与产气量为非线性关系。式(2-7)和式(2-8)中，参数 n、a、b 及 c 主要通过产能试井来确定。

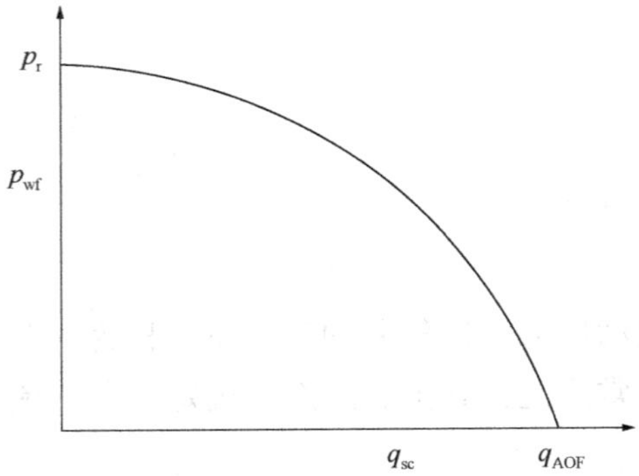

图 2-2　气井流入动态曲线

对气井的流入特性，可利用由产能试井资料所得的产能方程，并代入不同的井底流动压力，解出相应的产气量而获得。例如，已知p_r，利用式(2-7)或式(2-8)，给出一个p_{wf}，可得到一个对应的q_{sc}，从而可绘制出一条完整的流入动态曲线，即IPR 曲线，如图 2-2 所示。它描述了井底流动压力与流量的关系，也反映了气体从气藏流入井底的动态。

具体到本书中，IPR 曲线能较直观地反映气井产量和压力之间的关系。同时，也可分析出气井的生产制度是否合理。

流入动态曲线与横轴的交点，即$p_{wf}=0$，对应的产气量是该井的最大产气量，而这个最大产气量是在井底回压为大气压时计算出来的，在一般情况下，这个最大产气量并非气井可以采出的最大产气量。因此，我们称这个流量为绝对无阻流量，用q_{AOF}或 AOF 表示。

q_{AOF}与气井设备因素无关，它只反映气井的潜能，是评价气井好坏的一个重要参数，主要用于气井分类定产、配产、评价产能和其他公式中参数的无量纲化等。

2.4　井筒单相流分析

2.4.1　压力分析

气体稳定流动的运动方程为：

$$-\frac{\mathrm{d}p}{\mathrm{d}z}=\rho v\frac{\mathrm{d}v}{\mathrm{d}z}+\rho g\cos\alpha+\frac{\lambda\rho v^2}{2d} \tag{2-9}$$

式中　p——气体压力，MPa；
ρ——气体密度，kg/m^3；
g——重力加速度，9.8m/s^2；
v——气体流速，m/s；
λ——摩阻系数，无因次；
d——管柱内径，m；
α——井斜角；
z——坐标轴。

在预测沿整个井筒的压力分布时，将整个井筒分成若干段，每一段长度为Δh。在每一段内对式(2-9)进行积分，从而得到计算每一段出口处气体压力的公式：

$$p_{out}=p_{in}-\left[C_1^2C_2(I_{out}-I_{in})+\frac{C_2g\Delta h}{2}\left(\frac{1}{I_{in}}+\frac{1}{I_{out}}\right)+\frac{\lambda C_1^2C_2}{2d}\frac{\Delta h}{2}(I_{in}+I_{out})\right]\times10^{-6} \quad (2-10)$$

其中：$I_{in}=\dfrac{Z_{in}T_{fin}}{p_{in}}$，$I_{out}=\dfrac{Z_{out}T_{fout}}{p_{out}}$

式中，下标 in、out 分别代表每一段的入口和出口。

需要指出：式(2-10)考虑了气体动能变化造成的压降，而目前计算单相气体稳定流动的方法均忽略了动能变化的影响。

2.4.2 温度分析

当气体在气井中向上流动时，由于气体和周围地层之间存在温差，必然要发生热传递，其热传递主要经过以下几步：①井筒流体通过对流把热量传给油管内壁；②通过导热把热量从油管内壁传到外壁；③通过对流和辐射将热量从油管外壁经油套环空传到套管内壁；④通过导热把热量从套管内壁传到套管外壁；⑤通过导热把热量从套管外壁经水泥环传到地层。

计算气体温度的微分方程：

$$\frac{dT_f}{dz}=-A(T_f-T_e)-\frac{g\cos\alpha}{C_p}-\frac{v}{C_p}\frac{dv}{dz}+C_J\frac{dp}{dz} \quad (2-11)$$

式中 T_f——第二界面温度,℃；

T_e——地层温度,℃；

C_p——定压比热容，J/(kg·℃)；

C_J——焦汤系数。

$$A=\frac{2\pi r_{to}U_{to}k_e}{C_pw[k_e+f(t)r_{to}U_{to}]}$$

式中 $f(t)$——瞬态传热函数；

w——气体质量流量，kg/s；

r_{to}——油管外径，m；

U_{to}——总传热系数，J/(s·m²·℃)；

k_e——地层导热系数，J/(s·m·℃)。

$$T_e=T_{ebh}-g_Tz$$

式中 T_{ebh}——井底处地层温度,℃；

g_T——地温梯度,℃/m。

在对式(2-11)进行求解时，采用与压力计算相同的分段方法，在每一小段内认为C_p、g_T、$\dfrac{dv}{dz}$和$\dfrac{dp}{dz}$保持不变，则式(2-11)的通解为：

$$T_f=Ce^{-Az}+T_e+\frac{1}{A}\left(-\frac{g\cos\alpha}{C_p}+C_J\frac{dp}{dz}-\frac{v}{C_p}\frac{dv}{dz}+g_T\right) \quad (2-12)$$

将边界条件 $z=z_{in}$，以及$T_f=T_{fin}$、$T_e=T_{ein}$代入式(2-12)得：

$$C=\frac{\left[T_{fin}-T_{ein}-\frac{1}{A}\left(-\frac{g\cos\alpha}{C_p}+C_J\frac{dp}{dz}-\frac{v}{C_p}\frac{dv}{dz}+g_T\right)\right]}{e^{-A\cdot z_{in}}}$$

将 C 值代入式(2-12)得到每一段出口处的温度：

$$T_{fout}=T_{eout}+\frac{1-e^{A(z_{in}-z_{out})}}{A}\left(-\frac{g\cos\alpha}{C_p}+C_J\frac{dp}{dz}-\frac{v}{C_p}\frac{dv}{dz}+g_T\right)+e^{A(z_{in}-z_{out})}(T_{fin}-T_{ein}) \quad (2-13)$$

在长度为 dz 的微元体内，由于气体和管壁之间的摩擦而产生的热量为：

$$q_f=\frac{w\lambda v^2}{2d}dz \quad (2-14)$$

该热量传递给管内气体。如考虑摩擦生热，则得到每一段出口处的温度：

$$T_{fout}=T_{eout}+\frac{1-e^{A(z_{in}-z_{out})}}{A}\left(-\frac{g\cos\alpha}{C_p}+C_J\frac{dp}{dz}-\frac{v}{C_p}\frac{dv}{dz}+g_T+\frac{\lambda v^2}{2C_pd}\right)+e^{A(z_{in}-z_{out})}(T_{fin}-T_{ein})$$

(2-15)

2.4.3 压力-温度耦合分析及计算

从压力和温度计算公式可以看出，压力与温度之间并不是相互独立的，而是有着非常密切的联系。在预测温度时，需已知压力梯度和定压比热容、焦汤系数和总传热系数等物性参数，而这些参数均是压力、温度的函数；在预测压力时，也遇到类似的情况，需要知道温度和压缩因子、摩阻系数等物性参数，这些参数也是压力和温度的函数，而此时的压力、温度是未知的。由此可见，压力和温度之间相互耦合，不能单独计算，需采用迭代法同时求解。

2.5 井筒气液两相运动

鉴于气液两相流流型的多变性和流动机理的复杂性，要寻求适用于任何流动条件的两相流压降的计算方法是非常困难的。截至目前，已发展了许多经验相关计算方法，这些方法均是基于圆管流动实验数据得到的，其适用条件均具有一定的局限性，往往更接近油井情况，而对于大水量气井压降预测的准确性并不理想。环空两相流的流动规律更加复杂，针对这方面的专门研究工作起步较晚，文献报道也比较少。在工程应用中，通常将管径和管壁粗糙度进行相应修正，利用现有圆管流动经验相关模型来计算。因此，在应用两相流经验相关模型时，必须针对实际流动条件，对模型进行适应性评价和筛选。

气液两相流持液率是影响重位压降和摩阻压降的关键参数，它与许多因素有关，很难进行准确描述。管壁粗糙度也是影响摩阻压降的重要参数，它与管壁腐蚀和结垢程度有关。对于油套环空流动，管壁粗糙度还与油管接箍有关。本书提出在油管内和环空流动的情况下，用参数描述持液率的两相流压降模型。根据现场实际流动数据优化持液率和管壁粗糙度，使得预测结果更接近实际情况。

2.5.1 压力梯度方程及其数值解

取流动坐标 z 的正向与流向相反，压力梯度方程表示为：

$$\frac{\mathrm{d}p}{\mathrm{d}z}=\frac{\rho_{\mathrm{m}}g\sin\theta+f_{\mathrm{m}}\rho_{\mathrm{m}}v_{\mathrm{m}}{}^{2}/(2D)}{1-\rho_{\mathrm{m}}v_{\mathrm{m}}{}^{2}v_{\mathrm{sg}}/p} \tag{2-16}$$

式中 D——油管内径，m；

v_{sg}——气相表观流速，m/s；

下标 m——两相混合物。

对于油套环空流动，D 为水力当量直径(套管内径与油管外径之差)。f_{m} 为两相摩阻系数，选用 Mukherjee 和 Brill 的相关式计算，任意截面 z 上的气液混合物平均密度表示为：

$$\rho_{\mathrm{m}}=\rho_{\mathrm{l}}H_{\mathrm{L}}+\rho_{\mathrm{g}}(1-H_{\mathrm{L}}) \tag{2-17}$$

式中 H_{L}——持液率，%。

将式(2-16)涉及的流体物性参数表示为流动状态(压力、温度)的函数。将压力梯度方程(2-16)的求解问题处理为常微分方程的初值问题。

$$\begin{cases}\dfrac{\mathrm{d}p}{\mathrm{d}z}=F(z,\ p)\\ p(z_0)=p_0\end{cases}$$

其中，$F(z,\ p)$ 为压力梯度方程(2-16)的右函数。由已知起点 z_0(井口或井底)处的流压 p_0 构成初值条件。

这类常微分方程的初值问题，可采用具有较高精度的四阶龙格-库塔法进行数值求解。求解过程需要计算压力梯度函数，其步骤如下：

(1) 确定位置 z 处的流动温度，通常考虑到沿井身的线性变化关系。

(2) 计算 z 截面 T 和 p 条件下相关流体的物性参数。

(3) 计算气相、液相的体积流量。

(4) 计算气相、液相的表观流速及混合物流速。

(5) 计算两相流持液率和混合物密度。

(6) 按 Mukherjee 和 Brill 相关式计算两相摩阻系数。

(7) 计算压力梯度方程(2-16)的右函数 $F(z,\ p)$。

实践表明，上述数值求解法是稳定的。节点步长产生的误差主要受压力影响。可采用变步长方法，步长与压力呈正比关系，这样既能保证求解精度，又能减少节点数、提高计算速度。这种直接的数值求解方法较惯用的迭代法更简单、快捷，克服了采用管段平均参数的不足。

2.5.2 压力分析参数优化模型

两相流持液率计算是极其复杂的，其特性与许多因素有关。对于一般的两相流，很难准确地进行数学描述。其关键是寻求针对气井条件下的且适应压力梯度方程(2-16)及 Mukherjee 和 Brill 相关式的持液率与诸变量的关系。持液率直接影响重位压降和摩阻压降。

持液率不仅取决于不同流型下各相的流速，还与各相的物性有关。对于环空两相流，其持液率特性还与环空结构、油管与套管的偏心程度等诸多因素有关。若采用物理模拟实验方法来获取数据，成本很大，费时费力，此外实验条件与实际情况仍然存在较大差异。经大量模拟计算和对比筛选，提出将油管内两相流持液率模型化为三个无因次量的函数：

$$H_L=[1+(a_1+a_2N_l^{a_3}N_{gv}^{a_4}/N_{lv}^{a_5})]^{-1} \tag{2-18}$$

液体黏度准数：

$$N_l=\mu_l\left(\frac{g}{\rho_l\sigma^3}\right)^{0.25}$$

气相速度准数：

$$N_{gv}=v_{sg}\left(\frac{\rho_l}{g\sigma}\right)^{0.25}$$

液相速度准数：

$$N_{lv}=v_{sl}\left(\frac{\rho_l}{g\sigma}\right)^{0.25}$$

式中　ρ_l——液相密度，kg/m^3；

ρ_g——气相密度，kg/m^3；

μ_l——液相黏度，N/m；

σ——界面张力，N/m；

v_{sg}——气相表观流速，m/s；

v_{sl}——液相表观流速，m/s。

对于油套环空两相流动，采用环空水力当量直径进行计算，将持液率模化为气相与液相折算速度、密度和黏度三个相对量(无因次量)的函数。

$$H_L=\left[1+a_1\left(\frac{v_{sg}}{v_{sl}}\right)^{a_2}\left(\frac{\rho_g}{\rho_l}\right)^{a_3}\left(\frac{\mu_g}{\mu_l}\right)^{a_4}\right]^{-1} \tag{2-19}$$

Mukherjee 和 Brill 的两相摩阻系数关系式不仅与相对粗糙度有关，还与两相混合物雷诺数有关，同时考虑了流型和持液率的变化。实际气井油管内、外壁和套管内壁均存在不同程度的腐蚀和结垢，此外还涉及油管接箍等因素，它们都会增大环空流动摩阻压降。为此，将油管管壁和环空管壁的有效粗糙度用式(2-20)表示，该公式综合考虑了管壁多种因素对摩阻压降的影响。

$$e=a_0e_{new} \tag{2-20}$$

式中　a_0——粗糙度修正系数，即实际有效粗糙度与新管子粗糙度之比值；

e_{new}——新管子粗糙度，取值为 0.016mm。

式(2-18)、式(2-19)中的参数$a_1\sim a_5$取决于流型。要准确地判别一般垂直上升流动条件下的流型变化是很困难的。针对实际气田条件，根据现场气井测试的流动数据优化占优流型下的参数组合，将计算压降与实测压降平均绝对误差作为目标函数 $F(a)$，求其最小值并作为优化参数值。

$$\min F(a) = \frac{1}{n}\sum_{i=1}^{n} \frac{|\Delta p_{ci} - \Delta p_{mi}|}{p_{mi}} \times 100\% \tag{2-21}$$

式中　Δp——井下测点流动压力与井口油压之差，MPa；

下标 m、c——实测值和计算值；

n——测试总井次。

测试数据的质量直接影响模型的性能，故测试数据的质量比数量更为重要。应在典型气井待稳定流动条件下，取全、测准数据。测试数据包括井口、井底流动压力和流动温度，以及气相、液相流量。对于具体的生产情况，可以将由实际流动数据优化得到的持液率和压降模型有效地应用于该气田或类似流动条件下的两相流压降预测中。

2.5.3　气液两相流温度预测模型

与单相气体流动时的温度计算式(2-15)相同，计算气液两相流每一段出口处温度的公式为：

$$T_{\text{fout}} = T_{\text{eout}} + \frac{1-e^{A(z_{\text{in}}-z_{\text{out}})}}{A}\left(-\frac{g\cos\alpha}{C_{\text{pm}}} + C_{\text{Jm}}\frac{\mathrm{d}p}{\mathrm{d}z} - \frac{v}{C_{\text{pm}}}\frac{\mathrm{d}v}{\mathrm{d}z} + g_{\text{T}} + \frac{\lambda v^2}{2C_{\text{pm}}d}\right) + e^{A(z_{\text{in}}-z_{\text{out}})}(T_{\text{fin}} - T_{\text{ein}}) \tag{2-22}$$

式中　C_{Jm}——混合物的焦汤系数。

其中

$$A = \frac{2\pi r_{\text{to}} U_{\text{to}} k_{\text{e}}}{C_{\text{pm}} w_{\text{t}}[k_{\text{e}} + f(t) r_{\text{to}} U_{\text{to}}]}$$

式(2-22)与式(2-15)的区别在于各参数意义及其计算方法，其中C_{pm}为混合物定压比热容。

$$C_{\text{pm}} = \frac{w_{\text{g}}}{w_{\text{t}}} C_{\text{pg}} + \frac{w_{\text{l}}}{w_{\text{t}}} C_{\text{pl}} \tag{2-23}$$

式中　C_{pg}——气相定压比热容，J/(kg·℃)；

C_{pl}——液相定压比热容，J/(kg·℃)；

w_{t}——混合物质量流量，kg/s；

w_{g}——气相质量流量，kg/s；

w_{l}——液相质量流量，kg/s。

C_{Jm}计算公式为：

$$C_{\text{Jm}} = -C_{\text{Jg}} \frac{C_{\text{pg}}}{C_{\text{pm}}} \frac{w_{\text{g}}}{w_{\text{t}}} - C_{\text{Jl}} \frac{C_{\text{pl}}}{C_{\text{pm}}} \frac{w_{\text{l}}}{w_{\text{t}}} \tag{2-24}$$

温度初值计算公式为：

$$T_{\text{fout}} = T_{\text{eout}} + e^{A(z_{\text{in}}-z_{\text{out}})}\left(T_{\text{fin}} - T_{\text{ein}} - \frac{g_{\text{T}}}{A}\right) + \frac{g_{\text{T}}}{A} \tag{2-25}$$

2.5.4　气液两相流动井筒压力、温度计算过程

气液两相流动井筒压力、温度计算过程如下：

(1) 以井底流动压力(或井口压力)为起点，按深度差分段，用压差进行迭代。在开始计算之前，必须知道以下参数：产气量、气液比、气相密度、液相密度、井深、油管直径、井底温度(或井口温度)、井底流动压力、地温梯度、油管内壁绝对粗糙度等。

(2) 将整个油管分段，每一段的长度为Δh，其大小取决于对精度的要求，一般小于整个管长的5%。

(3) 根据温度初值公式计算每一段的出口温度。

(4) 假设与Δh相对应的压降，计算该段内的平均压力和平均温度。

(5) 计算平均压力和平均温度下各参数。

(6) 识别流型。

(7) 计算对应流型下的特性参数：持液率、压降等。

(8) 判断出口压力是否达到精度要求，如未达到精度要求，则返回(5)，否则进行下一步。

(9) 计算出口温度。判断出口温度是否达到精度要求，如未达到精度要求，则返回(5)，否则进行下一步。

(10) 对下一段进行计算，直至井口。

(11) 进行总校核、分析和必要的调整。

第3章　致密气藏气井产能递减规律

3.1　气井产能递减理论

3.1.1　ARPS 产量递减曲线

1. 引言

油气井产量递减曲线的特征可由三个要素来表示：①初始产量或某一特定时期的产量；②递减曲线的曲率；③递减率。这些因素受储集层、井筒和地面控制设备内许多参数的影响，一些地层参数，如孔隙度、渗透率、厚度、流体饱和度、流体黏度、相对渗透率、储集层体积、井距、压缩系数、开采机理和压裂程度都将影响递减曲线的特征。井筒条件，如井径、地层损害、举升机制、溶解气、游离气、液面、完井井段及机械状况也对递减曲线有影响，造成天然气产量递减的直接原因：①气藏平均压力下降；②水驱气田的含水量增大。

2. 经济极限产量

一般把产量递减曲线的起始点称为初始产量。对应地把产量递减曲线的终点称为经济极限产量。经济极限产量正好是抵偿一口井直接操作费用的产量。

实际上，求取一口井的经济极限产量是很困难的，涉及的参数不只是技术上的参数，更多的是经济和政策等方面不确定的参数，因此一般只能进行估算。在苏东气田低成本投入的前提下，气井经济极限产量一般被认为是 $0.05\times10^4m^3$。

3. ARPS 递减曲线分类

一般有三类公认的递减曲线，每一类递减曲线都有两个表示特征的要素。第一个特征要素是初始产量，第二个特征要素是递减率。递减率表示递减曲线的数学特征——曲率。根据曲线的递减特性，可以将递减曲线分为常百分数递减曲线(或指数递减曲线)、调和递减曲线和双曲递减曲线。

每类递减曲线都有不同的曲率。指数递减曲线如图 3-1 和图 3-2 所示。图 3-1 和图 3-2 在笛卡尔坐标图、半对数图上描述了产气量与累计产气量和产气量对数与时间的各种关系曲线的形状特征。对于指数递减曲线，在半对数坐标图上，产气量对数与时间的关系是一条直线，在笛卡尔坐标图上，产气量与累计产气量的关系也是一条直线。

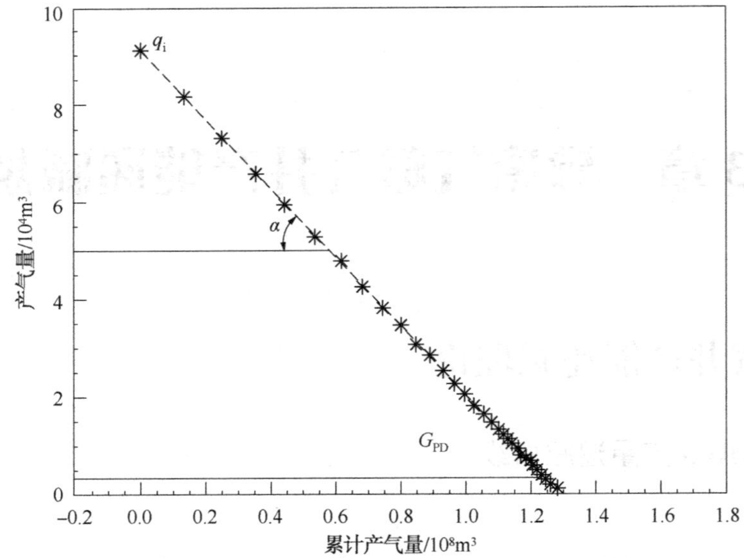

图 3-1　指数递减笛卡尔坐标图

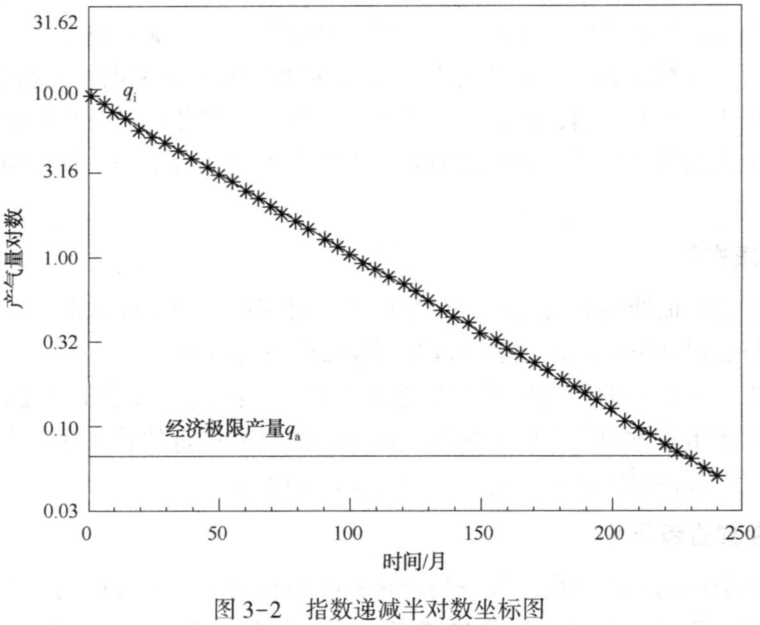

图 3-2　指数递减半对数坐标图

对于调和递减曲线，在半对数坐标图上，产气量与累计产气量的关系是一条直线，而其他曲线都有一定的曲率。采用变换法，可把调和递减曲线的产气量与时间曲线及双曲递减曲线的产气量与累计产气量曲线变为直线。一般情况下，递减曲线类型的识别步骤如下：

（1）在笛卡尔坐标图上作出产气量与累计产气量曲线，如果该曲线上有多于 3 个点的直线段，则该直线段为指数递减段。由其斜率可以换算出递减率，产气量轴上的截距就是初始产量。

（2）否则，在半对数坐标图上作出时间与产气量对数曲线，如果该曲线上有多于 3 个点的直线段，则该直线段为指数递减段。其斜率就是递减率，产气量对数轴上的截距就是初始产量的对数。

（3）否则，在半对数坐标图上作出累计产气量与产气量对数曲线，如果该曲线上有多于3个点的直线段，则该直线段为调和递减段。调和递减段的递减率不是一个常数，只能从图上间接求得其初始值。产气量对数轴上的截距就是初始产量的对数。

（4）否则，该递减曲线一定是双曲递减曲线了。在双对数坐标图上作出累计产气量对数与产气量对数曲线，如果该曲线上有多于3个点的直线段，则该直线段为双曲递减段。如果没有出现直线段，则对横坐标数值（累计产出率）乘上一个任意实数（一般为1~10），重新画双对数曲线。反复试选这个任意实数，最终会出现多于3个点的直线段。由这个直线段就能间接求得双曲递减曲线的递减率初始值。产气量对数轴上的截距就是初始产量的对数。

递减曲线类型的识别遵循指数递减—调和递减—双曲递减的顺序，从简单到复杂。也就是说，能用指数递减描述的递减规律，就不用调和递减来描述。能用调和递减描述的递减规律，就不用双曲递减来描述。

4. 指数递减

产气量与时间的关系通常为一条曲线。而在笛卡尔坐标图上，产气量与累计产气量的关系往往是一条直线，方程为：

$$q=q_i-\alpha G_{PD} \tag{3-1}$$

式中 q_i——递减开始的产气量（递减初始产量）；

G_{PD}——产气量为 q 时的累计产气量；

α——直线的斜率。

式（3-1）的其他形式为：

$$G_{PD}=\frac{q_i-q}{\alpha}\text{或}\ \alpha=\frac{q_i-q}{G_{PD}} \tag{3-2}$$

将式（3-1）对时间微分：

$$\frac{dq}{dt}=-\alpha\frac{dG_{PD}}{dt} \tag{3-3}$$

但是

$$\frac{dG_{PD}}{dt}=q \tag{3-4}$$

因此

$$\frac{dq}{dt}=-\alpha q \tag{3-5}$$

得到连续（标准或瞬时）递减率计算公式：

$$D=-\frac{1}{q}\frac{dq}{dt}=\alpha \tag{3-6}$$

因此，如果 q 与 G_{PD} 关系是一条直线，则标准递减率为直线的斜率，且为常数。所以，指数递减也叫常百分数递减。

常百分数递减是最简单、最保险和使用最广泛的递减类型。主要原因如下：

(1) 实际上，许多井和气田在大部分开采期都遵循常百分数递减规律，而且只是在开采末期才有明显的偏离现象。

(2) 常百分数递减的数学表达式比其他两类递减的数学表达式简单得多，且易于使用。

(3) 在未来较短的时期内，用常百分数递减来描述其他两类递减的动态会有一些差别，但这种差别通常不会很大。

描述常百分数递减的微分方程是：

$$D=-\frac{1}{q}\frac{\mathrm{d}q}{\mathrm{d}t} \quad (D\text{ 为常数}) \tag{3-7}$$

这表明瞬时或标准递减率是瞬时产气量的常百分数。对式(3-7)积分可以得到产气量与时间的关系式：

$$\int_{q_0}^{q}\frac{\mathrm{d}q}{q}=-D\int_{0}^{t}\mathrm{d}t \tag{3-8}$$

或

$$q=q_i e^{-Dt} \tag{3-9}$$

由于式(3-9)是指数函数，故通常把常百分数递减称为指数递减，对式(3-9)积分，可得到产气量与累计产气量的关系式：

$$G_{PD}=\int_{0}^{t}q\mathrm{d}t=q_i\int_{0}^{t}e^{-Dt}\mathrm{d}t \tag{3-10}$$

或

$$G_{PD}=\frac{q_i(1-e^{-Dt})}{D}=\frac{q_i-q}{D} \tag{3-11}$$

或

$$q=q_i-DG_{PD} \tag{3-12}$$

如前所述，指数递减曲线应用的前提是气井必须在定压工作方式下连续生产足够长的时间，监测到连续稳定下降、质量可靠的产量数据。但是，苏东气田的生产实际很难实现这一要求。从产气量曲线上很难找到严格意义上的产量递减区间，即便有，也往往只是很短的大约一个月。相对于气井的开采寿命来讲，基于这么短的时间段作递减分析，其误差将会是非常大的。实际上，苏东气田所有的井基本上都表现出这样的生产特点，开井两年多来，生产制度不稳定，井底流动压力不稳定，其产气量曲线达不到递减分析的要求。

但是，如果作出月平均日产气量曲线(累加每个月的日产气量，再除以数据个数)，则在这条产气量曲线上找到符合递减分析条件时间段的可能性就大幅增加。图 3-3 给出了 SD33-31 井的月平均日产气量变化曲线。可以看出，区间 1 包括了 5 个月的连续递减区间，可以尝试进行 ARPS 递减分析。苏东气田气井指数递减分析流程如图 3-4 所示。利用可视化计算语言 PV-WAVE 所写的计算机程序完整地实现了计算和绘图，选择下降直线段也是用鼠标在屏幕上点取即可，直观、方便。

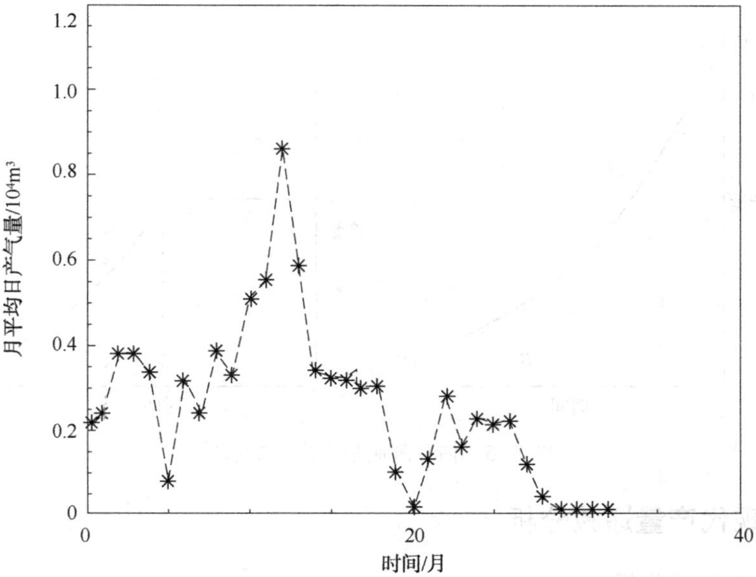

图 3-3　SD33-31 井月平均日产气量变化曲线

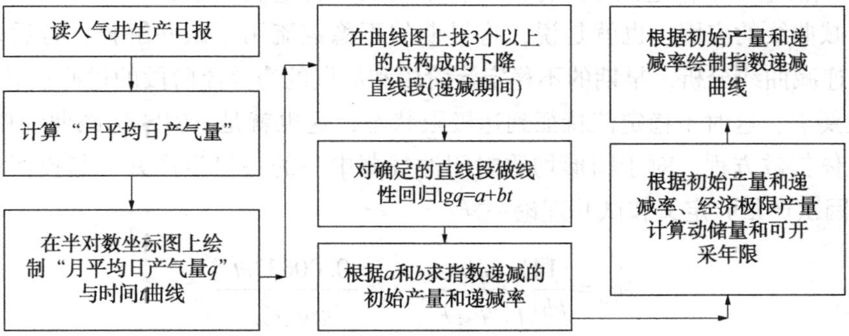

图 3-4　苏东气田气井指数递减分析流程

5. 在限定产量下采出的储量

通常采用递减曲线可以从一口新井计算得到其限定产量。在这种情况下，必须考虑到开采初期限产及输气管线或输气设备的能力有限等实际情况。很有可能这口井的采气量受到限制，此后，这口井的产气量将发生递减，但其递减率要在与该地区已经递减的其他井相比较的基础上得出。虽然很难确切地预测出开采晚期的情况，但是在基于递减曲线对当前动态的预测过程中完全可以忽略晚期阶段，因为晚期阶段的动态不确定性相对来说是不重要的。

如图 3-5 所示，为估算最大限定产量的影响。从产气量与时间的关系中可得到在限定产量或允许产量条件下采出储量的关系式。

对于常百分数递减：

$$\frac{G_{pr}}{G}=\frac{q_i-q_r}{q_i-q_a} \tag{3-13}$$

式中　q_r——允许或限定产量。

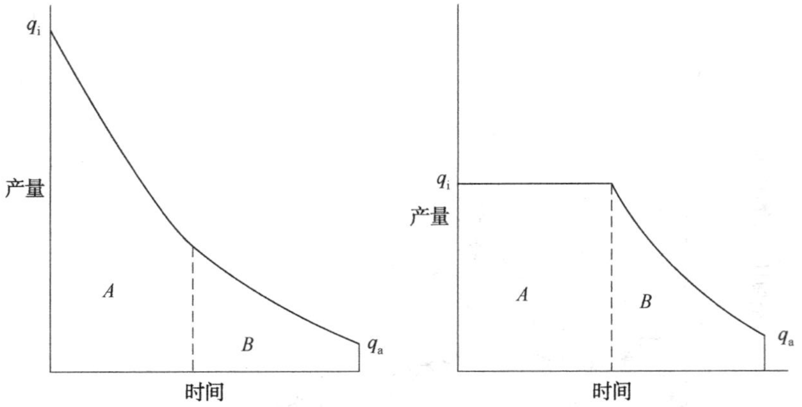

图 3-5 估算限制最大产量的影响

3.1.2 现代产量递减分析

1. Fetkovich 递减分析

Fetkovich 借鉴了不稳定试井的方法，将早期的不稳定流用于解释储层物性参数，扩展了 ARPS 递减曲线的应用。也就是说，将早期的不稳定流用于试井解释，将后期的边界流用于 ARPS 递减曲线分析。早期的不稳定流阶段和后期的边界流阶段的过渡点满足 ARPS 指数递减曲线要求，这时不稳定流特征到达极限状态，这也就是 ARPS 递减曲线中 $b=0$ 的曲线。根据流体扩散方程，对于圆形均质封闭油气藏中心的一口生产井，其投产后，无因次时间t_D和无因次产量q_D定义和试井理论一样。

$$q_D=\frac{141.2qB\mu}{kh(p_i-p_{wf})}, \quad t_D=\frac{0.00633kt}{\varphi\mu c_t r_{wa}^2} \tag{3-14}$$

对于定压生产气井的递减数据，作出无因次时间和无因次产量曲线，会有一条早期不稳定流曲线，但有多条边界流曲线。这是因为多条不同边界范围产生的效应$\left(\text{不同的}\frac{r_e}{r_{wa}}\right)$。图 3-6 是双对数坐标下产量递减期间的无因次时间和无因次产量曲线示意图。

在无因次时间和无因次产量定义的基础上，Fetkovich 定义了 ARPS 无因次时间t_{Dd}和无因次产量q_{Dd}。

$$q_{Dd}=q_D\ln(r_{eD}-0.5), \quad t_{Dd}=\frac{2t_D}{(\ln r_{eD}-0.5)(r_{eD}^2-1)} \tag{3-15}$$

其中，r_{eD}是气井无因次泄流半径$\left(r_{eD}=\frac{r_e}{r_{wa}}\right)$。有了这两个定义，就为生产数据分析和边界流分析带来了方便。如图 3-7 所示，ARPS 无因次时间t_{Dd}和无因次产量q_{Dd}曲线在双对数坐标图上，不稳定流有多条曲线而边界流只有一条曲线，为确定气井控制半径带来了方便，但要进行物性计算就要在多条曲线之间选择，从而导致多解性。

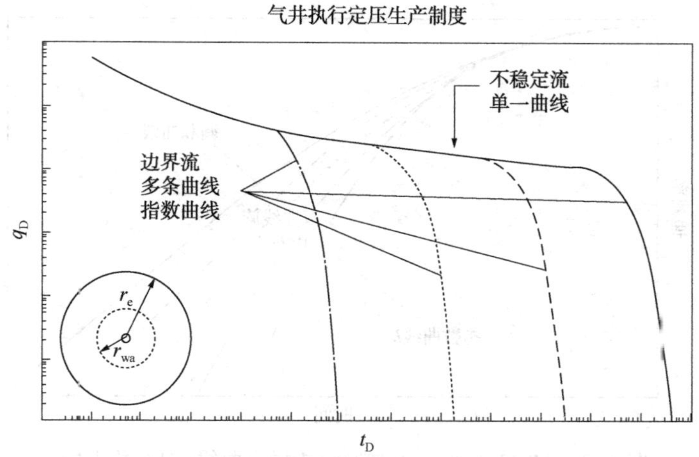

图 3-6 双对数坐标下产量递减期间的无因次时间和无因次产量曲线示意图

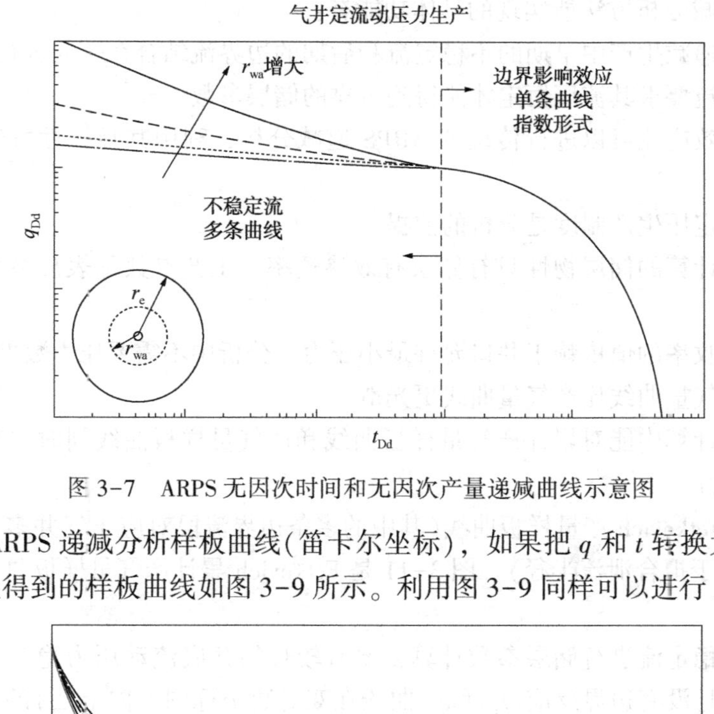

图 3-7 ARPS 无因次时间和无因次产量递减曲线示意图

图 3-8 是 ARPS 递减分析样板曲线(笛卡尔坐标)，如果把 q 和 t 转换为q_{Dd}和t_{Dd}后，在双对数坐标图上得到的样板曲线如图 3-9 所示。利用图 3-9 同样可以进行 ARPS 递减分析。

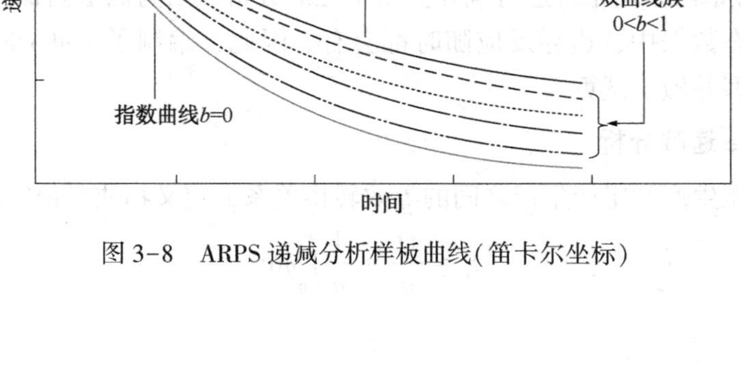

图 3-8 ARPS 递减分析样板曲线(笛卡尔坐标)

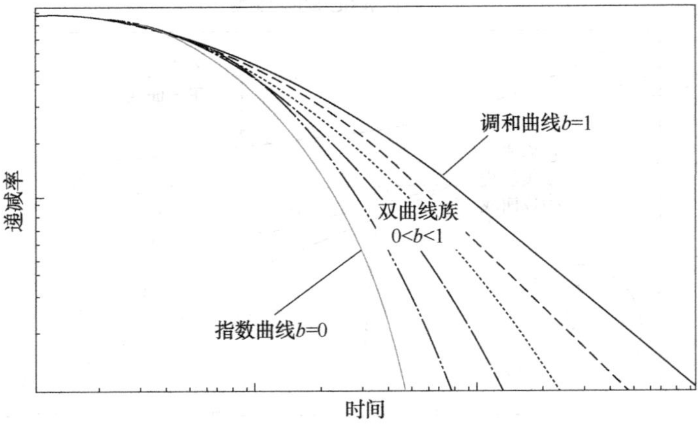

图 3-9 ARPS-Fetkovich 递减分析样板曲线(双对数坐标)

Fetkovich 递减分析方法能实现的具体功能有:

(1) 把气井递减生产中早期的不稳定流和后期的边界流结合在一起进行分析。

(2) 不稳定流要求其流压恒定才能得到可靠的储层参数。

(3) 对边界效应流可以进行传统的 ARPS 递减分析,利用其唯一性可进行经验性的气井控制半径分析。

(4) 恒定的定压生产制度是分析的前提。

(5) 能直接计算的储层物性只有储层有效渗透率,工艺参数是表皮系数,开发指标是最终采收率。

(6) 最终采收率的值依赖于井口允许最小压力,分析中不需要压力数据。

(7) 累计产气量曲线比产气量曲线更光滑。

(8) 如果在计算中能对累计产气量样板曲线和产气量样板曲线同时进行拟合,可以大幅提高解的唯一性。

图 3-10 是 Fetkovich 产量样板曲线(其中的多条边界流段对应于气井多个可能的无因次泄流半径r_{eD},用于拟合泄流半径)。图 3-11 是 Fetkovich 累计产气量样板曲线和产气量样板曲线的集合。

利用早期不稳定流进行储层参数计算,要有较长的井底流动压力稳定、产气量明显连续递减阶段,而且没有边界反应(t_{Dd}和q_{Dd}曲线在双对数坐标图上向上凸)的生产时间段。通过对苏东气田气井的生产数据进行分析,几乎找不到符合这些要求的生产数据,所以利用 Fetkovich 递减分析方法进行储层参数计算不具备条件。但是,可以利用边界流段(t_{Dd}和q_{Dd}曲线在双对数坐标图上向下凹)进行气井控制半径的分析,因为储层内低渗透和不渗透边界分布频繁,在动态数据中,边界反应随时都会有。因此,编制了 Fetkovich 递减分析程序,对各类气井的典型井做了试算。

2. Blasingame 递减分析

为了建立定压生产和定产生产之间的等效转换关系,定义物质平衡时间:

$$t_c = \frac{Q}{q} = \frac{1}{q}\int_0^t q\mathrm{d}t \tag{3-16}$$

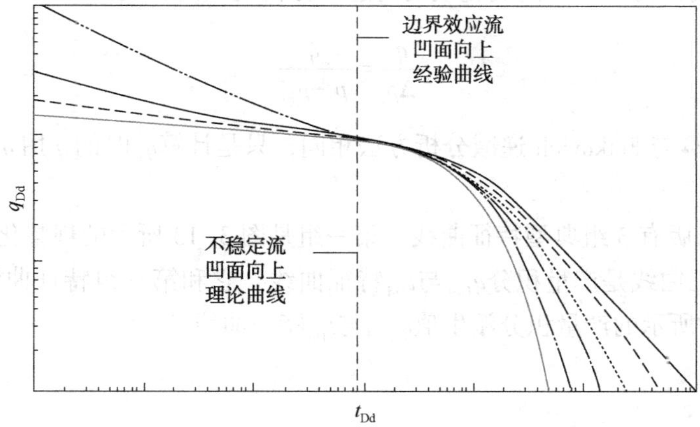

图 3-10 Fetkovich 产量样板曲线

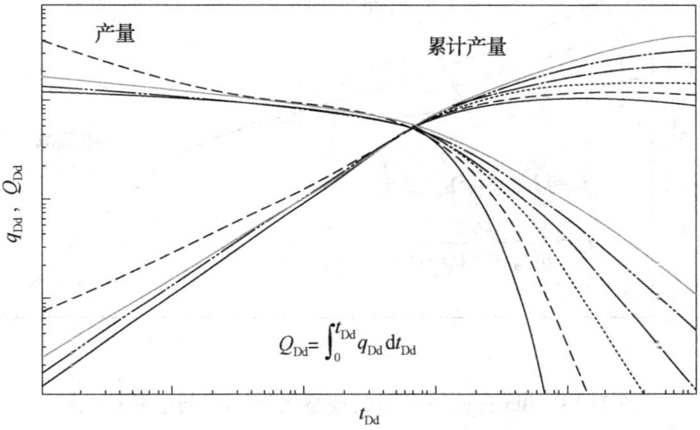

图 3-11 Fetkovich 累计产气量样板曲线和产气量样板曲线的集合

图 3-12 为物质平衡时间示意图。

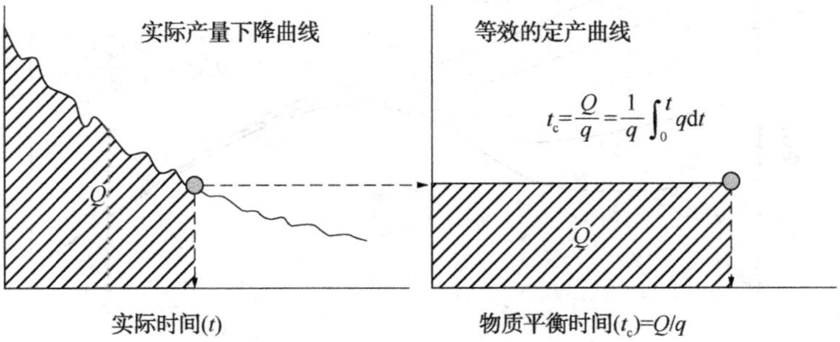

图 3-12 物质平衡时间示意图

Blasingame 递减分析方法在建立递减曲线典型图版时，引入了物质平衡时间。使边界流阶段的递减曲线汇聚成一条调和递减曲线。同时，利用压力规整化产量($q/\Delta p$)消除气井生产中由于井底流动压力和产量的变化波动对递减分析造成的影响。

$$\frac{q}{\Delta p}=\frac{q}{p_i-p_{wf}} \tag{3-17}$$

t_{Dd}和q_{Dd}的计算与 Fetkovich 递减分析方法相同，只是计算q_D时的 q 用 $q/\Delta p$ 代替，计算t_D时的 t 用t_c代替。

Blasingame 图版有 3 组典型特征曲线。第一组是图 3-13 所示的规整化产量q_{Dd}与t_{Dd}特征曲线。第二组特征曲线是产量积分q_{Ddi}与t_{Dd}特征曲线，它和第一组特征曲线是完全重合的。第三组是图 3-14 所示的产量积分派生值q_{Ddid}与t_{Dd}特征曲线。

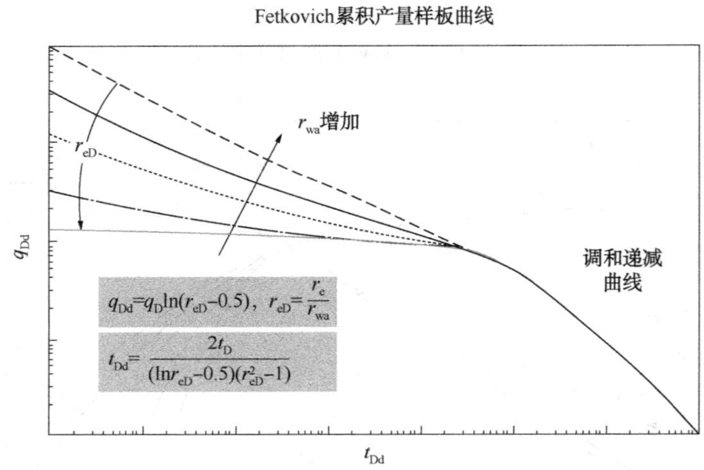

图 3-13　Blasingame 图版的规整化产量q_{Dd}与t_{Dd}特征曲线

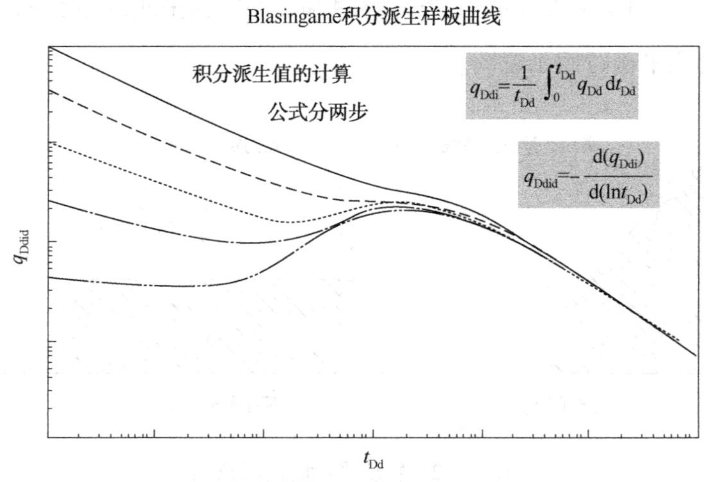

图 3-14　Blasingame 图版的产量积分派生值q_{Ddid}与t_{Dd}特征曲线

与 Fetkovich 特征图版的应用前提一样，Blasingame 递减分析也需要较长的递减时间段。这种方法考虑了产气量和井底流动压力的变化，所以有时在 Fetkovich 递减分析无法估算气井控制半径时，Blasingame 递减分析可以完成这一任务。

3.1.3 ARIMA 递减分析

1. 引言

ARIMA 模型是自回归移动平均模型的简称，它是由博克思和詹金斯于 20 世纪 70 年代初提出的一种著名时间序列预测方法，所以又称为博克思-詹金斯模型或博克思-詹金斯法。其中，$ARIMA(p, d, q)$ 为差分自回归移动平均模型，AR 为自回归，MA 为移动平均，p 为自回归项；d 为时间序列变成平稳时所做的差分次数，q 为移动平均项数。

$ARIMA(p, d, q)$ 可以表示为：

$$\left(1-\sum_{i=1}^{p}\varphi_i L^i\right)(1-L)^d X_t=\left(1+\sum_{i=1}^{q}\theta_i L^i\right)\varepsilon_t \tag{3-18}$$

式中，L 为滞后算子，以及 $d\in Z$，$d>0$。

ARIMA 模型的基本思想：将预测对象随时间推移而形成的数据序列视为一个随机序列，用一定的数学模型来近似描述这个序列。这个模型一旦被识别后就可以用时间序列的过去值及现在值来预测未来值。气井产量数据可以被看作时间序列数据。尤其对于生产制度很不稳定的气井来说，自回归移动平均模型更加适合对动态的预测。

ARIMA 模型预测的基本程序：

(1) 根据时间序列的散点图、自相关函数图和偏自相关函数图检验其方差、趋势及季节性变化规律，对序列的平稳性进行识别。苏东气田气井生产制度很不稳定，其产气量时间序列不是平稳序列。

(2) 对非平稳序列进行平稳化处理。如果数据序列是非平稳的，并存在一定的增长或下降趋势，则需要对数据进行差分处理，如果数据存在异方差，则需要对数据进行技术处理，直到处理后的数据的自相关函数值和偏相关函数值的数学期望值为零。

(3) 根据时间序列模型的识别规则，建立相应的模型。若平稳序列的偏相关函数是截尾的，而自相关函数是拖尾的，可断定该序列适合 AR 模型；若平稳序列的偏相关函数是拖尾的，而自相关函数是截尾的，则可断定该序列适合 MA 模型；若平稳序列的偏相关函数和自相关函数均是拖尾的，则该序列适合 ARIMA 模型。

(4) 进行参数估计，检验是否具有统计意义。

(5) 进行假设检验，诊断残差序列是否有白噪声。

(6) 利用已通过检验的模型进行预测分析。

2. ARIMA 模型分析

由于苏东气田气井产气量普遍较低，产气量数据的绝对波动值小. 如果用产气量数据来识别时间序列很难获得成功。于是，选择用 ARIMA 模型对累计产气量进行识别，因为累计产气量是一个单调递增的序列，容易被识别。具体方法如下：

(1) 作出气井投产以来到每月末的累计产气量的时间序列。

(2) 选择累计产气量的增长从快到慢的一个产量递减段。

(3) 利用 ARIMA 模型识别所选产气量递减段的累计产气量增长模型，预测出累计产气量增长曲线。

(4) 通过相减得到气井月平均产气量的预测曲线。

这是一个反复试算的过程，直到对预测结果满意为止。

对 ARPS 递减预测、现代产量递减预测和时间序列预测这三类方法，采取了独立应用、综合分析的策略。根据气井产气量递减段的时间长短及 ARPS 直线拟合的相关系数，确定每种方法的适用性和可靠性，最后综合给出预测指标。

3.2 典型井递减分析

3.2.1 典型井选取原则

在苏东气田所有投产井中选取了 81 口单一上古生界产层有代表性的气井，进行了产量递减分析。选取原则：一是各类气井所占比例大致相当，具有代表性。其中，Ⅰ类井 23 口，Ⅱ类井 28 口，Ⅲ类井 30 口。二是尽量选择投产时间长的井，保证分析结果相对可靠。这些井投产最长的是 2.9 年，最短的是 2.5 年。表 3-1 给出了选取的 81 口典型井的投产数据。

表 3-1 选取的 81 口典型井的投产数据

Ⅰ类井	已投产年限/年	累计产气量/10^4m^3	Ⅱ类井	已投产年限/年	累计产气量/10^4m^3	Ⅲ类井	已投产年限/年	累计产气量/10^4m^3
SD23-53	2.6	1758	SD32-50	2.9	669	SD21-28	2.6	428
SD27-38	2.5	480	SD32-60	2.5	1077	SD23-54	2.6	165
SD28-55	2.5	819	SD35-50	2.9	390	SD27-53	2.6	233
SD30-47	2.5	1078	SD35-55	2.9	810	SD31-48	2.6	225
SD32-38	2.6	848	SD35-58	2.9	1065	SD32-48	2.6	628
SD32-46	2.5	1661	SD43-43	2.9	598	SD33-31	2.6	255
SD32-47	2.9	1850	SD43-48	2.9	473	SD33-47	2.9	1110
SD36-49	2.6	1215	SD47-42	2.9	638	SD35-31	2.6	358
SD37-47	2.6	881	SD47-48	2.9	404	SD35-40	2.6	443
SD37-48	2.6	1315	SD51-61	2.9	447	SD35-51	2.6	444
SD39-60	2.9	2168	SD52-61	2.9	870	SD37-38	2.5	335
SD40-43	2.6	499	SD62-61	2.9	880	SD37-49	2.6	384
SD40-55	2.5	1001	SD61-45	2.9	523	SD38-36	2.6	176
SD41-33	2.7	1446	SD58-59	2.9	405	SD38-50	2.9	815
SD43-65	2.5	738	SD57-63	2.9	390	SD39-50	2.6	881

续表

Ⅰ类井	已投产年限/年	累计产气量/10^4m^3	Ⅱ类井	已投产年限/年	累计产气量/10^4m^3	Ⅲ类井	已投产年限/年	累计产气量/10^4m^3
SD47-40	2.9	1303	SD56-44	2.9	175	SD40-31	2.7	163
SD49-62	2.6	967	SD55-59	2.9	704	SD41-25	2.6	196
SD50-47	2.6	1974	SD54-65	2.9	572	SD41-35	2.7	239
SD52-47	2.5	2073	SD54-61	2.9	624	SD41-51	2.9	527
SD53-64	2.9	3570	SD54-46	2.9	175	SD46-47	2.7	479
SD56-57	2.9	2243	SD54-41	2.9	486	SD47-49	2.6	183
SD60-63	2.5	857	SD53-62	2.9	837	SD47-50	2.6	220
SD62-63	2.9	2758	SD53-59	2.9	874	SD49-46	2.6	680
			SD52-64	2.9	567	SD50-42	2.9	213
			SD49-64	2.9	737	SD51-63	2.9	508
			SD49-42	2.9	576	SD51-69	2.6	783
			SD49-39	2.9	476	SD52-68	2.5	213
			SD48-56	2.9	515	SD57-54	2.9	657
						SD60-65	2.5	405
						SD62-60	2.9	552

Ⅰ类井平均每口井年产气量$550\times10^4m^3$，Ⅱ类井平均每口井年产气量$210\times10^4m^3$，Ⅲ类井平均每口井年产气量$161\times10^4m^3$。三个类型的井区别明显。

对于这81口典型井，利用ARPS、Fetkovich和Blasingame递减理论进行了分析，并综合给出了ARPS指数递减曲线的参数、气井的动储量及可采储量、经济储量开采年限及气井所控制的含气砂体折算圆半径。在ARPS递减分析中，发现这些井只要有递减生产时间段，就可以利用ARPS指数递减方法在半对数坐标图上得到该时间段产气量对数与时间的直线段，并得到较为满意的拟合分析。如果按照调和递减或者双曲递减进行分析，往往该时间段的曲线不是直线，表明不满足调和递减或双曲递减。事实上，经验和理论分析都表明，对定容气藏的气井递减都可以用ARPS指数递减得到很好的拟合结果。只有水侵气藏，需要用调和递减或双曲递减进行描述。由于本书篇幅有限，这里仅列出对1口井的分析。

3.2.2 递减分析举例(SD23-53井)

1. 生产简况

SD23-53井产层为上古生界地层，自开井以来，配产主要在$1.5\times10^4m^3/d$上下波动。2008年12月—2011年7月底，累计产气量$1758\times10^4m^3$。

2. ARPS指数递减分析

图3-15是SD23-53井指数递减分析的时间与产气量对数图(对产气量取对数)。可以

看出，生产制度很不稳定。根据图 3-16 所示产量递减段 1(连续 3 个月递减数据) 的 ARPS 递减分析结果得到：

递减段 1 的日产气量和时间的线性相关系数为-0.999。

递减类型为指数递减。

初始产量为 4.4×10^4m^3/d。

标准日递减率为 0.1376%。

月产气量递减率为 4.18%。

该井的动储量为 3210×10^4m^3。

日产气量从初始产量下降到经济极限产量(500m^3/d)时，可以采出 3174×10^4m^3。

日产气量从初始产量下降到经济极限产量时，需要 8.9 年。

自 2011 年 7 月底开始，该井采出程度达到了 54.8%。

SD23-53 井产量指数递减预测曲线如图 3-16 所示。

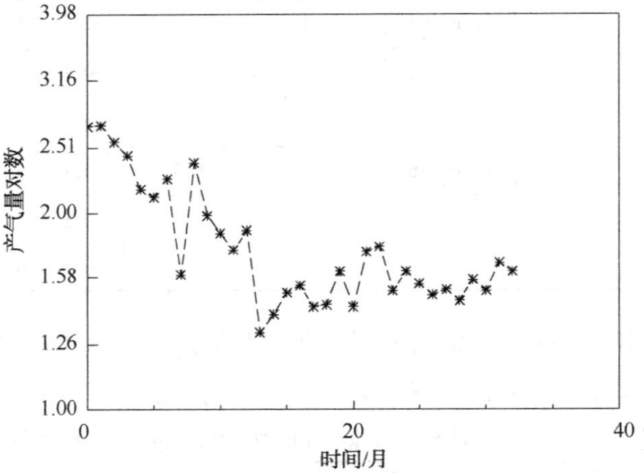

图 3-15　SD23-53 井指数递减分析时间与产气量对数关系

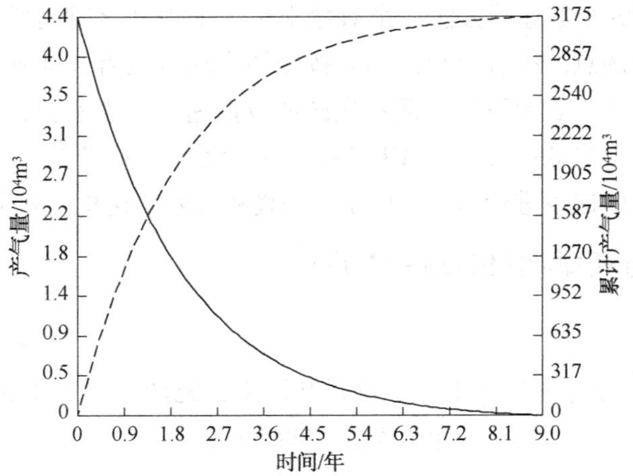

图 3-16　SD23-53 井产气量指数递减预测曲线

3. 现代产量递减分析

图 3-17 是 SD23-53 井 Fetkovich 递减分析拟合曲线。基于此，可以对递减段 1 进行拟合。说明递减段时间短，气井工作制度稳定，井底流动压力波动很小。Fetkovich 递减分析方法推测气井控制半径约 700m。

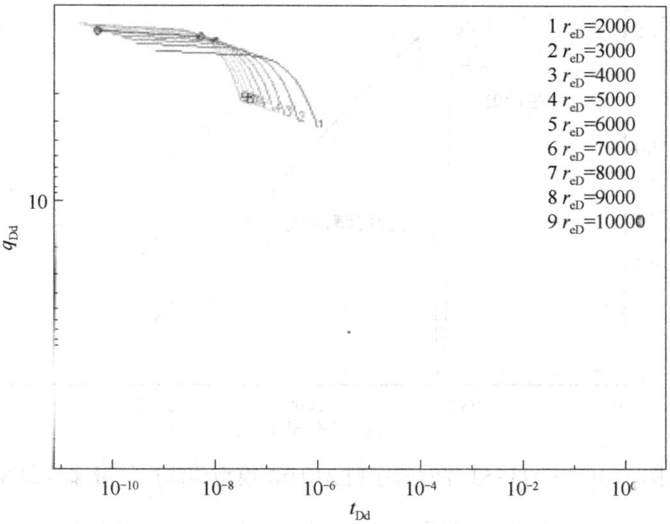

图 3-17　SD23-53 井 Fetkovich 递减分析拟合曲线

图 3-18 是 SD23-53 井 Blasingame 递减分析拟合曲线。可以看出，第 7 条样板曲线可以对递减段 1 进行拟合。Blasingame 递减分析方法推测气井控制半径约 700m（假定井底半径 10cm）。

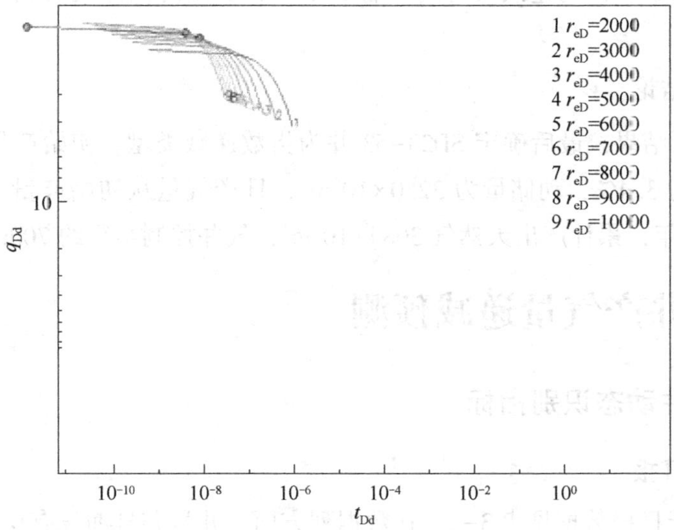

图 3-18　SD23-53 井 Blasingame 递减分析拟合曲线

4. 时间序列 ARIMA 模型分析

SD23-53 井时间序列 ARIMA 模型预测产气量递减曲线如图 3-19 所示。

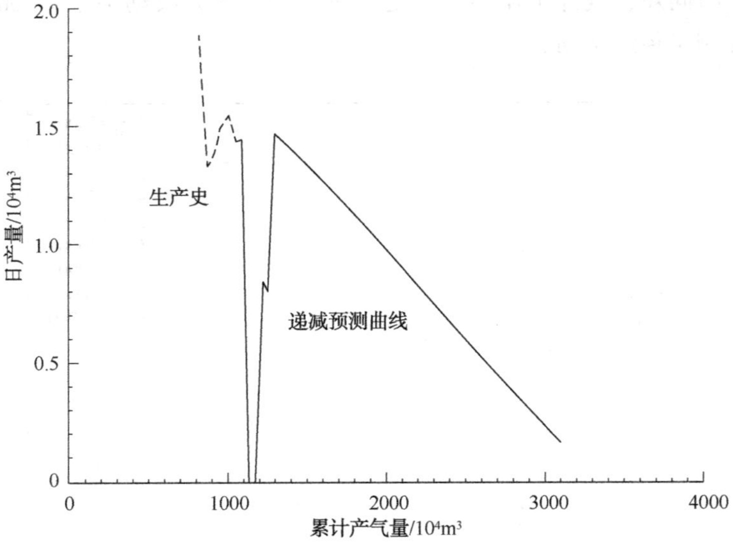

图 3-19 SD23-53 井时间序列 ARIMA 模型预测产气量递减曲线

预测该井自 2011 年 8 月起，还能连续 11 年递减生产。废弃前，该井累计采出 $3200\times10^4m^3$(含已经采出的 $1758\times10^4m^3$)天然气。

初始产量=$2.5\times10^4m^3/d$，月产气量递减率=2.4%，该井的动储量=$3330\times10^4m^3$，日产量从初始产量下降到经济极限产量时，需要 13.7 年。

时间序列预测的累计采出量和指数递减预测的结果一致，但是预测的递减期要长。

由于该井 ARPS 分析的递减段时间只有 3 个月，所以时间序列分析的结论有重要参考价值。

5. 综合分析结论

综合以上分析结果，最后确定 SD23-53 井为指数递减类型。初始产量为 $3.5\times10^4m^3/d$，月产气量递减率为 3.4%，动储量为 $3250\times10^4m^3$，日产气量从初始产量下降到经济极限产量时，需要 10.4 年，累计产出天然气 $3084\times10^4m^3$，气井控制半径约 700m。

3.3 气井产气量递减预测

3.3.1 气井动态识别指标

1. 气井生产日报

气井单井生产日报数据见表 3-2。在数据列方面，井号和日期没有识别意义，其余 5 列参数有识别意义。在数据行方面，自气井投产后，按照日历天数，每天有一行数据。即使在中途关井期间，数据也不能少，只是日产气量为 0。气井投产时间越长，数据量越大。如何用几个特征数据简单地识别单井生产日报庞大的数据所反映的气井生产能力，迅速且准确地把待识别的单井生产日报数据进行分类，是气井生产日报定量化识别的关键，也是把模式识别技术引入气田生产动态分析要解决的首要问题。

表 3-2　气井单井生产日报数据(井底节流气井)

日　期	井　号	生产时间/月	油压/MPa	套压/MPa	日产气量/$10^4 m^3$	日产水量/m^3
2008-8-19	S48-13-67	24	2.60	17.60	0.8568	0
2008-8-20	S48-13-67	24	2.60	17.40	0.8539	0.13
2008-8-21	S48-13-67	20	2.60	17.40	0.3101	0.12

2. 动态特征指标

本书提出气井生产日报的三个动态特征指标，即指示压力、折算日产气量和折算日产水量。

为了定义这些指标，首先设定一个门限值 t，表示气井要达到的累计实际开井日数(等于报表前 n 行的生产时间列的累加值除以 24)。如果一口井的累计开井日数达不到 t，表明该井生产时间太短，不足以识别预测。这里，n 是自投产以来的日历天数，n 不小于 t。

1) 指示压力

对于井口节流的气井，指示压力由油压那一列数据得到。对于井底节流的气井，指示压力由套压那一列数据得到。

气井自开井生产后，产量经常发生变化，而且不定期地关井引起压力恢复。不同气井生产日报中的流压值(或套压值)之间没有可比性。笔者引入指示压力的概念，它既是气井生产日报中的一个特征数据，又使不同气井的压力值有了可比性。

利用油压(套压)加权平均值和开井时率，通过计算得到指示压力。

(1) 油压(套压)加权平均值。油压(套压)加权平均值$\bar{p}_{ts}$是指 n 天内每天的套压和产气量的加权平均值。

$$\bar{p}_{ts}=\frac{\sum_{i=1}^{n} p_{ts_i}\times q_{g_i}}{\sum_{i=1}^{n} q_{g_i}} \tag{3-19}$$

式中　p_{ts}——生产日报中的油压或套压；

q_g——日产气量；

n——生产日报的前 n 行，由门限值 t 求得。

(2) 开井时率。开井时率 η 是指前 n 天的开井时率。

$$\eta=\frac{t}{24n} \tag{3-20}$$

得到指示压力的计算公式：

$$p_{ts}=\bar{p}_{ts}\times\eta \tag{3-21}$$

2）折算日产气量

折算日产气量$\overline{q_g}$是指 n 天内累计日产气量除以用 t 折算的实际生产天数（以 24h 为一天）。

$$\overline{q_g}=\frac{\sum_{i=1}^{n} q_{gi}}{\frac{t}{24}} \tag{3-22}$$

3）折算日产水量

折算日产水量$\overline{w_g}$的含义和算法与折算日产气量类似，这里不再赘述。

从气藏产能角度看，折算日产气量反映了储层的物性特别是渗透率大小，折算日产水量反映了储层可动水的量，指示压力反映了单井控制储量及流体弹性能量的大小。将这三个指标综合起来，可以全面量化单井的产能。

3. 门限值 t

矿场应用中的关键问题是门限值 t 应该取多大，才能把不同类型的气井明显地区分开来。如果 t 取得太小，那么低产井和高产井的这三个指标可能相近，被误判为一类。如果 t 取得太大，就会因为许多气井的累计开井时间因达不到要求而被放弃识别，失去了矿场应用的意义。因此，可以采用试凑法得到合适的 t 值，具体做法如下：

选择气田同区块内投产时间相对较长的几口高产井和低产井，分别按照t 为 100d、150d、200d、250d……，计算这些井各自的三个动态特征指标。对比各井的三个动态特征指标，当高产井和低产井的指标中心值有明显区别时，对应的最小 t 值就可视为合适的。笔者对苏东气田的十几口高产井和低产井分别进行了 t 值的选取（该区块气井不产水）。合适的 t 值计算举例见表 3-3。可以看出，当 t 为 200d 时，高产井的两个指标中心值与低产井的指标中心值差距较大（严格的比较可以采用数理统计方法），足以区分开来。

表 3-3　合适的 t 值计算举例

指　标	高产型气井指标中心值			低产型井指标中心值		
	$t=100$d	$t=150$d	$t=200$d	$t=100$d	$t=150$d	$t=200$d
指示压力/MPa	22	21	19	22	19	12
折算日产气量/10^4m^3	1.9	1.8	1.5	1.3	1.1	0.7

3.3.2　气井产气量递减预测的技术思路

在求得气井动态识别指标以后，庞大的报表数据所反映的气井动态就简单地被三个指标所代替，使得利用数理统计方法进行递减预测变得可行。气井产气量递减预测的技术思路如图 3-20 所示。

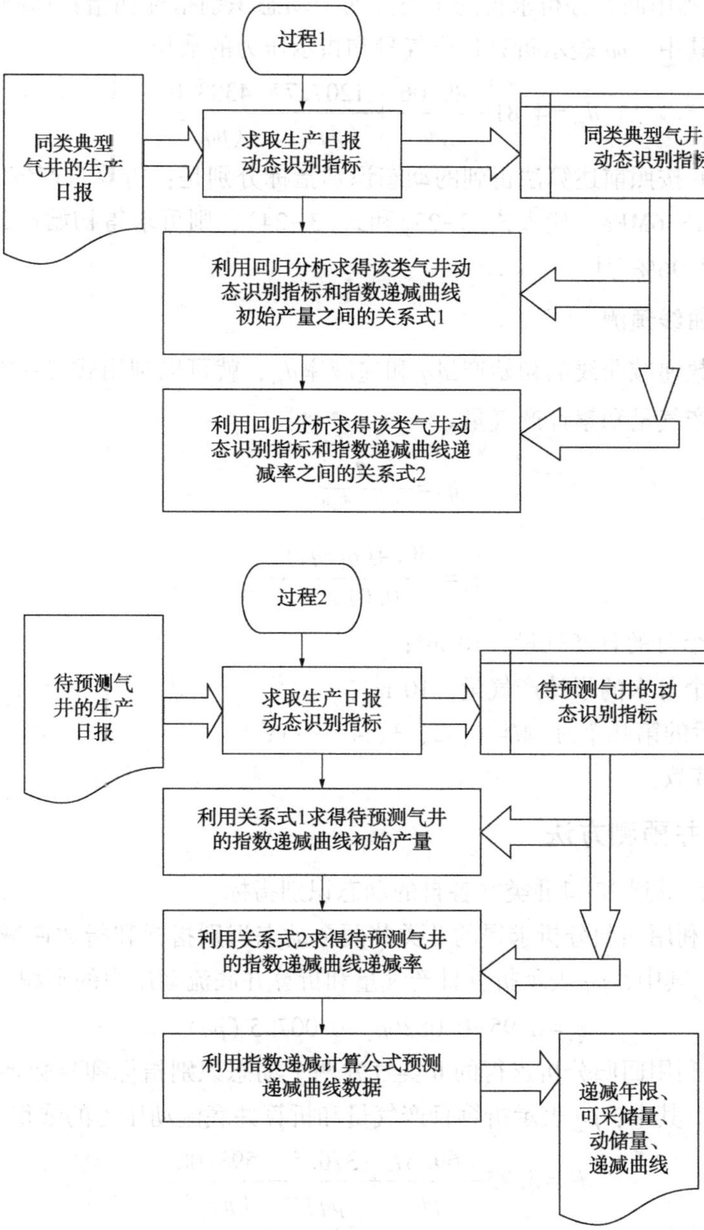

图 3-20　气井产气量递减预测的技术思路

3.3.3　Ⅰ类井预测方法

1. Ⅰ类井动态识别指标和回归关系式

按照前述算法，得到 23 口Ⅰ类井各自的动态识别指标。

式(3-23)是指利用回归分析求得的Ⅰ类井两个动态识别指标和指数递减曲线初始产量 q_i之间的统计关系。其中，pq 表示折算日产气量和指示压力的乘积。

$$q_i = 1.44+0.0178pq+0.0013(pq)^2 \tag{3-23}$$

式(3-24)是指利用回归分析求得的Ⅰ类井两个动态识别指标和指数递减曲线递减率d_m之间的统计关系。其中，pq表示折算日产气量和指示压力的乘积。

$$d_m = 4.81 - \frac{89.06}{pq} + \frac{1207.7}{(pq)^2} - \frac{4383.0}{(pq)^3} \tag{3-24}$$

例如，某口气井按照前述算法得到的动态识别指标分别是：折算日产气量$0.6\times10^4\text{m}^3$；折算井底流动压力13.6MPa。代入式(3-23)和式(3-24)，则可求得初始产量$q_i=1.67\times10^4\text{m}^3/\text{d}$，递减率$d_m=3.96\%/$月。

2. Ⅰ类井递减曲线预测

有了一口井指数递减曲线的初始产量q_i和递减率d_m，就可以利用式(3-25)和式(3-26)来计算指数递减日产气量和累计产气量。

$$q_d = \frac{q_i}{e^{(0.01d_m M)}} \tag{3-25}$$

$$q_p = \frac{30.4(q_i - q_d)}{0.01d_m} \tag{3-26}$$

式中　q_d——第M个月的日产气量，10^4m^3；

q_p——第M个月末的累计产气量，10^4m^3；

M——投产后的第几个月(M=1、2、3、4……)；

e——数学常数。

3.3.4　Ⅱ类井预测方法

按照前述算法，得到28口Ⅱ类井各自的动态识别指标。

式(3-27)是指利用回归分析求得的Ⅱ类井两个动态识别指标和指数递减曲线初始产量q_i之间的统计关系。其中，pq表示折算日产气量和折算井底流动压力的乘积。

$$q_i = 0.95 - 0.0826pq + 0.00725(pq)^2 \tag{3-27}$$

式(3-28)是指利用回归分析求得的Ⅱ类气井两个动态识别指标和指数递减曲线递减率d_m之间的统计关系。其中，pq表示折算日产气量和折算井底流动压力的乘积。

$$d_m = 5.75 - \frac{69.67}{pq} + \frac{376.5}{(pq)^2} - \frac{598.08}{(pq)^3} \tag{3-28}$$

例如，某口气井按照前述算法得到的动态识别指标分别是：折算日产气量$0.8\times10^4\text{m}^3$；折算井底流动压力9.1MPa。代入式(3-27)和式(3-28)，则可求得初始产量$q_i=0.73\times10^4\text{m}^3/\text{d}$，递减率$d_m=1.73\%/$月。

在求得初始产量q_i和递减率d_m后，和对Ⅰ类井的递减预测一样，仍然用式(3-25)和式(3-26)求得递减曲线相关数据，这里不再赘述。

3.3.5　Ⅲ类井预测方法

按照前述算法，得到30口Ⅲ类井各自的动态识别指标。

式(3-29)是指利用回归分析求得的Ⅲ类井两个动态识别指标和指数递减曲线初始产量

q_i之间的统计关系。其中，pq 表示折算日产气量和折算井底流动压力的乘积。

$$q_i = -0.2467 + 0.205(pq) - 0.00726(pq)^2 \tag{3-29}$$

式(3-30)是指利用回归分析求得的Ⅲ类井两个动态识别指标和指数递减曲线递减率d_m之间的统计关系。其中，pq 表示折算日产气量和折算井底流动压力的乘积。

$$d_m = 1.76 + \frac{24.7}{pq} - \frac{164.1}{(pq)^2} + \frac{252.9}{(pq)^3} \tag{3-30}$$

例如，某口气井按照前述算法得到的动态识别指标分别是：折算日产气量 $0.3\times10^4m^3$；折算井底流动压力 8.0MPa。代入式(3-29)和式(3-30)，则可求得初始产量$q_i = 0.2\times10^4m^3/d$，递减率$d_m = 1.87\%$/月。

在求得初始产量q_i和递减率d_m后，和对Ⅰ类井的递减预测一样，仍然用式(3-25)和式(3-26)求得递减曲线相关数据，这里不再赘述。

第4章　致密气藏储层地质建模及数值模拟

4.1　储层地质建模

4.1.1　储层地质建模方法概述

储层地质建模是建立在地质统计学基础上的一项技术。地质统计学创建于20世纪60年代初，由法国著名学者G. 马持隆教授提出，他将传统统计学理论与区域化变量的概念相结合，发展出一套以变差函数为工具研究矿产矿化特征区域分布的数学技术。在其后的发展中，地质统计学中先后出现了克里金技术和随机模拟技术。到1985年，随机模拟技术以非条件模拟为主，如转向带法、傅里叶谱估计法和LU分解法等。在20世纪90年代，克里金技术不但被用作插值方法，而且越来越多地用于建立数据的条件累积分布函数(CCDF)，随机建模技术得到了飞速发展。该技术逐渐被用来解决储层表征中的一些问题，如建立储层物性非均质模型、储层内部非渗透性隔夹层模型及储层空间连续性模型等，为油藏早期评价及开发阶段制定服务方案。近几年来，人们应用计算机技术，发展出一套利用计算机存储和显示的三维储层建模方法。运用此方法，在油藏评价乃至油田开发的不同阶段均可建立三维储层地质模型。

储层地质建模是为了定量地表征各种储层的空间几何形态及物性特征，最终为计算机模拟提供一个客观的、切合实际的储层地质模型。当前，国内外储层地质建模的总体思路和方法基本上是一致的，即在广泛收集地质(包括露头、钻井及综合测试)、地震及测井资料的基础上，利用沉积学、储层地质学和一系列数学方法(包括地质统计学、分形几何学、随机数学、模糊数学等)来定量表征二维或三维储层的宏观几何形态及内部特性参数的空间变化，最终利用计算机来动态地模拟储层的空间变化特征。

1. 储层地质建模方法

目前，建立储层地质模型的方法主要有确定性建模、随机建模。其中，随机建模是近年来国内外研究的一个热点。近几年，又出现了综合确定性建模和随机建模两种方法的约束建模。

1) 确定性建模

确定性建模是对井间未知区域给出确定性的预测结果，即从已知确定性资料的控制点(如井点)出发，推测出点间(如井间)确定的、唯一的和真实的储层参数，其主要手段是利用地震资料、水平井资料、露头类比资料和密井网资料。目前，确定性建模所应用的储层预测方法主要有储层地震学建模、储层测井地质建模、水平井建模和露头原型模型建模。

(1) 储层地震学建模。

储层地震学建模主要是应用地震资料研究储层的几何形态、岩性及参数的分布，即从已知井点出发，应用地震横向预测技术进行井间参数预测，并建立储层的三维地质模型。以高分辨率的三维地震为基础，利用其覆盖率高的优势，可以直接追踪井间砂体和求取储层参数。该方法主要包括三维地震和井间地震方法。当前遇到的关键问题是分辨率还满足不了油田开发研究单砂体的要求，但科研人员一致认为其发展前景广阔。

(2) 储层测井地质建模。

储层测井地质建模主要是应用储层沉积学方法，在高分辨率等时地层对比及沉积模式基础上，通过井间砂体对比建立储层结构模型。井间砂体对比是在沉积模式和单井相分析的基础上进行的。传统对比方法主要是依据井间测井曲线的相似性或差异性进行井间砂体解释。

(3) 其他方法。

① 水平井建模。水平井为沿着储层走向或倾向钻井，直接取得储层侧向或沿层变化的参数，基于此可以建立确定性的储层模型。水平井的钻井技术已经被攻克，其经济可行性也得到了验证，但是很难对水平井连续进行取心，而且需要依赖井的测井信息。由于测井解释技术所限，仍然存在一些不确定因素。目前，水平井建模技术仍处在攻关阶段。

② 露头原型模型建模。近年来，国内外研究者积极倡导重返露头，建立露头精细地质模型，调查砂体几何形态、砂体内部结构，积累露头调查的定量知识，以期将露头调查研究结果应用于地下。露头储层研究的方法是使用高分辨率层序地层学、储层沉积学和沉积动力学(岩石相、砂体成因单元、沉积体系)和层次结构分析；研究手段主要是露头实测(包括航拍和照片镶嵌)、取样(通常 10cm×10cm×8cm)和大剖面写实。

2) 随机建模

随机建模是国际上近 20 年来兴起的、发展很快的一项热门技术。地下储层本身具有确定的性质和特征。但是，在现有资料不完善的情况下，人们对它的认识总会存在一些不确定性，难以掌握任意尺度下储层的真实特征或性质，从而认为储层具有随机性。层随机模拟是以已知信息为基础，以随机函数为理论，应用随机模拟方法，产生可选的、等概率的储层模型的方法。该方法承认控制点以外的储层参数具有一定的不确定性，即具有一定的随机性。其主要思路是：选择储层砂体在地面出露的露头，进行详细测量和描述，取样密度为几十厘米的网络，把这类砂体的储层物性(如渗透率)的空间分布原原本本地揭示出来，以此作为原型模型。从中利用地质统计技术寻找其物性空间分布的统计规律，用此统计规律就可以预测井下各类储层的物性分布。国外一些主要石油科研机构、院校和公司都在开展这一工作。

根据研究对象的随机特征，将随机建模模型分为离散型模型和连续型模型。离散型模型用于描述具有离散性质的地质特征，如砂体分布，隔层分布，岩石类型分布，裂缝和断层分布、大小、方位等。连续型模型用于描述储层参数连续变化的特征，如孔隙度、渗透率、流体饱和度的空间分布。高斯域、分形随机域等属于连续型模型。

在实际应用中，油藏的离散性质和连续性质是共存的。将上述两类模型结合在一起即构成混合模型，亦称二步模型。第一步，建立离散型模型，描述储层大范围的非均质特征；第二步，在离散型模型的基础上建立表征岩石参数空间变化和分布的连续型模型。两种模型的特征及适用条件见表 4-1。

表 4-1 离散型模型与连续型模型的特征及适用条件

随机模型	特 征	适用条件	代表方法
离散型模型	用于描述具有离散性质的地质特征	砂体分布，隔层分布，岩石类型分布，裂缝和断层分布、大小、方位等	标点过程、截断高斯随机域、马尔柯夫随机域和二点直方图等
连续型模型	用于描述储层参数连续变化的特征	孔隙度、渗透率、流体饱和度的空间分布	高斯域、分型随机域等

随机建模方法承认控制点以外的储层参数具有一定的不确定性，即具有一定的随机性。根据模拟单元的不同(Deautch 等)，随机建模方法一般可分为三大类，即基于目标(以目标物体为基本模拟单元)的方法、基于像元(以像元为基本模拟单元)的方法和结合两种以上随机建模方法的综合方法。这些方法较为成熟，可用于条件模拟。

(1) 以目标物体为基本模拟单元的方法。

该方法主要描述各种离散性地质特征的空间分布，如沉积微相、岩石相、流动单元、裂缝、断层及夹层等地质特征的空间分布，建立离散型模型。主要的方法有示点过程法(布尔方法)和随机成因模拟法。

示点过程法与应用条件描述如下：

示点过程法：示点过程法是根据点过程的概率定律，按照空间中几何物体的分布规律产生这些物体的中心点的空间分布，然后将物体性质(如物体几何形状、大小、方向等)标注于各点之上。从地质统计学角度来讲，示点过程模拟是模拟物体点(points)及其性质(marks)在三维空间的联合分布。

优点：示点过程法的优点是运算速度快，方法简单和容易理解。

应用条件：这种方法适合于具有背景相的目标(物体或相)模拟，如冲积体系的河道和决口扇(其背景相为泛滥平原)、三角洲分流河道和河口坝(其背景相为河道间和湖相泥岩)、浊积扇中的浊积水道(其背景相为深水泥岩)、滨浅海障壁砂坝、潮汐水道(其背景相为潟湖或浅海泥岩)等。另外，砂体中的非渗透泥岩夹层、非渗透胶结带、断层、裂缝均可利用此方法来模拟。

(2) 以像元为基本模拟单元的方法。

① 高斯随机域模拟。

高斯随机域是最经典的随机函数模型。该模型的最大特征是随机变量符合高斯分布(正态分布)。在实际应用中，首先将区域化变量(如孔隙度、渗透率)进行正态得分变换(变换为高斯分布)，然后通过变差函数获取变换后随机变量的条件概率分布函数，从条件概率分布函数中随机地提取分位数，得到正态得分，最后将模拟结果进行反变换，最终得到随机变量。这种模拟可以采用多种算法，如序贯模拟、误差模拟(如转向带法)、概率场模拟等。

② 截断高斯随机域模拟。

截断高斯随机域属于离散随机模型，用于分析离散型变量。模拟过程是利用一系列门槛值及规则网格中的三维连续变量建立离散物体的三维分布。

优点：易于实现，速度快；可在模拟中考虑地质因素；可以对模拟结果进行条件限制，使之与条件数据相吻合。

应用条件：由于离散物体的分布取决于一系列门槛值对连续变量的截断，因此模拟中的相分布是排序的。这一方法适合于相带呈排序分布的沉积相模拟，如三角洲(平原、前缘和前三角洲)、呈同心分布的湖相及滨面相(上滨、中滨、下滨)的随机模拟。

③ 指示模拟。

指示模拟既可用于离散的类型变量，又可用于离散化的连续变量的随机模拟。指示模拟的重要基础是指示变换和指示克里金。指示变换的最大优点是可将软数据(如试井解释、地质推理和解释数据)进行编码，因而可使其参与随机模拟。

优点：指示模拟的优点是适合于各种类型空间结构的数据，而不像其他方法那样假定数据来自某种特定分布，也就是说，对于具有不同连续性分布的类型变量(相)，可指定不同的变差函数，从而可建立各向异性的模拟图像；不用去掉某些特异值就能处理各种数据；模拟条件的施加是在构造模拟场过程中而不是像转向带法那样先产生非条件分布，再用克里金法把它转化为条件分布。另外，指示模拟除了可以忠实于硬数据(如井数据)，还可以忠实于软数据。缺点：模拟结果有时并不能很好地恢复输入的变差函数；在条件数据点较少且模拟目标各向异性较强时，难以计算各种类型变量的变差函数；不能很好地恢复指定的模拟目标的几何形态(尤其是相边界)，一些类型变量是以一个或几个像元为单元，零星分布。

应用条件：该方法特别适合于岩石渗透率具有特异值的数据，而且适于定性数据的模拟，具有广泛的适用性。

④ 马尔柯夫随机域模拟。

马尔柯夫随机域既可用于离散物体，亦可用于离散化连续变量类别的随机模拟。其基本性质是某一像元、某类型变量条件概率仅取决于邻近像元的值。在实际应用中，条件概率常表达为邻近像元之间相互关联的指数函数。模拟算法常为迭代算法，开始时给定一个非相关的初始图像，然后逐步进行迭代，直到满足指定的条件概率分布为止。

20世纪90年代初又提出了用于相和岩性模拟的半马尔柯夫随机域(Tjelmeland和Holen，1993)模型。在该模型中，像元岩性不只取决于局部邻区，更取决于较大的区域。输入参数包括类型变量的分布范围、边界关系、各种类型变量的含量等。如浅海沉积、三角洲沉积的砂、泥岩空间分布、较大规模的泥岩屏障带等。

优点：再现了每一种状态复杂的非均质性较强的，适合于镶嵌状分布的相(或岩性)的随机模拟及单一类型的相或岩性分布(如砂体内钙质胶结层的分布)。缺点：条件概率的确定相当复杂，特别是在条件数据有限时更为困难；难以很好地恢复相的几何形态；难以应用软数据(虽然很容易忠实于硬数据)；模拟收敛很慢。

应用条件：目前这类模型应用很少，且主要限于二维空间。

⑤ 二点直方图法的随机模拟。

二点直方图主要用于类型变量的随机模拟，它属于二点统计学的范畴。其主要特征是在空间范围内两个相距一定距离的像元分属于不同类型变量的转换概率分布，在特定偏移距内所有两元类型变量的转移概率构成二点直方图模型，主要应用优化算法(如模拟退火)进行随机模拟。由于转换概率的计算在条件数据有限时很难进行，所以在实际应用中要有一个与待模拟地区地质条件相近的、数据密度较高的原型模型(或者叫训待图像)。

应用条件：二点直方图适用于镶嵌状分布的沉积相(或岩性)的随机模拟，亦可用于只有两个相的沉积相的随机模拟。在实际应用中，二点直方图常应用于模拟退火中其他随机模拟的后处理，但亦不能很好地恢复相几何形态。

⑥ 分形随机域模拟。

分形随机域的最大特征是局部与整体的相似性。在分形模拟中，主要应用统计自相似性，即任一规模上变量的方差与其他规模上变量的方差为正比关系，其比率取决于分形维数(或间断指数)。随机模拟算法分类见表 4-2。

表 4-2 随机模拟算法分类

算法及模型		序贯模拟	误差模拟	概率场模拟	优化算法(模拟退火及迭代算法)	模型性质
基于目标的随机模型	标点过程(布尔模型)				标点过程模拟(用退火或迭代算法)	离散
	成因模型				用退火或迭代算法	离散
基于像元的随机模型	高斯域	序贯高斯 LU 模拟	转向带模拟	概率场高斯模拟	优化算法(可用作后处理)	连续
	截断高斯域	截断高斯模拟	截断高斯模拟	截断高斯模拟	优化算法(可用作后处理)	离散
	指示模拟	序贯指示模拟		概率场指示模拟	优化算法(可用作后处理)	离散/连续
	分形随机域		分形模拟		优化算法(可用作后处理)	连续
	马尔柯夫随机域				马尔柯夫模拟(应用迭代算法)	离散/连续
	二点和多点直方图				利用模拟退火法	离散
	模糊随机场				利用优化或迭代算法	离散

3）综合方法

结合两种或两种以上的随机方法建模，例如用布尔方法建立相模型，用序贯高斯模拟岩石物性。采用综合方法可以消除各种方法单独使用的缺陷。

4）动态地质建模

该方法是壳牌公司的 Kortekass 总结了当前世界上关于油藏地质建模的经验，提出的建立动态、集成化油藏模型的新概念和技术方法。该方法强调把动态资料乃至数值模拟技术等应用于油藏建模，从而使建立的地质模型更加符合油藏的实际情况，并且要随着油田开发中资料的增多而不断更新。这种新方法包括一系列获得和运用各种所需资料的技术和方法，包括地质统计、地震、测井、岩心和流体分析、试井、驱替特征，以及网格的细分和粗化、拟函数的应用等，但关键是使所建立的地质模型更加符合油藏的实际情况，而且还可以加快建模的过程。

2. 储层地质建模的原则

我国含油气盆地类型多，储层以陆相碎屑岩及海相碳酸盐岩为主，储层成因复杂，非均质性强。如在河流、三角洲及冲积扇等环境下形成的储层，在纵、横向上相变很快。因此，对这类储层进行勘探与开发，将面临克服储层非均质性的问题。为了建立尽量符合地质实际情况的储层模型，针对我国储层的特点，制定如下建模原则。

1）确定性建模与随机建模相结合的原则

确定性建模是根据确定性资料，推测出井间确定的、唯一的储层特征分布。随机建模是对井间未知区应用随机模拟方法建立可选的、等概率的储层地质模型。应用随机建模方法，可建立一簇等概率的储层三维模型，因而可评价储层的不确定性，进一步把握并监测储层的变化。在实际建模过程中，为了尽量减少模型中的不确定性，尽可能应用确定性信息来限定随机建模的过程，这就是随机建模与确定性建模相结合的建模思路。

2）等时建模原则

沉积地质体是在不同的时间段形成的。为了提高建模精度，在建模过程中应进行等时地质约束，即应用高分辨率层序地层学原理确定等时界面，并利用等时界面将沉积体划分为若干等时层。在建模时，按层建模，然后再将其组合为统一的三维沉积模型。同时，针对不同的等时层输入反映各自地质特征的不同的建模参数，这样可使所建模型更客观地反映地质实际。

3）相控储层建模原则

相控建模，即首先建立沉积相、储层结构或流动单元模型，然后根据不同沉积相（砂体类型或流动单元）的储层参数定量分布规律，分相（砂体类型或流动单元）进行井间插值或随机模拟，进而建立储层参数分布模型。

3. 国内外储层地质建模的研究现状和进展

1）国外研究现状和进展

目前，国外学者主要从储层的物理特性和空间特性两个方面进行研究。一方面，通过现代沉积考察、露头储层描述和井间地质研究建立一维或二维储层地质知识库和原始地质模型，结合成岩作用的演变规律，利用分形和地质统计学方法建立多种经验公式来描述储层的物性特征；另一方面，结合沉积体的成因单元和界面分级揭示其模型的空间特性，利用高分辨率地震技术对储层进行横向追踪，以达到预测砂体空间展布的目的。随着地震、测井资料数字处理技术和计算机技术的发展，形成了开发地球物理和储层地球物理等新技术，大幅提高了地震、测井资料的质量，为定量描述三维空间的储层特征提供了优质的资料。国外一些地球物理公司(如GGG、GSI)正从事这方面的研究，并已取得较明显的效果。但对不同成因盆地油气储层的次生孔隙定量研究和预测仍处在探索阶段。

目前，国外已建立的重要储层地质模型有定量流动模型、储层结构模型、储层非均质模型和岩石物性物理模型。

2）国内研究概况

(1) 发展历程。

我国地质模型建模技术已有50多年的发展历史。地质模型建立技术和方法虽然起步较晚，但已在关键的技术方法上取得了较大的突破，为我国陆相碎屑岩储层建模技术的发展起到了很好的促进作用。我国储层地质建模的发展主要有3个阶段：第一阶段是从20世纪60年代至80年代，为储层二维模型的建立和半定量研究阶段；第二阶段是20世纪80年代中后期，为三维确定性建模阶段；第三阶段是20世纪90年代至今，为在确定性建模的基础上向随机建模发展的阶段。“九五”期间，针对我国各大油田先后进入高含水后期这一具体特点，这一阶段所建立的地质模型主要是针对老油田剩余油挖潜的预测模型，研究工作的重点可分为以下几个方面：

① 高分辨率层序地层学研究；

② 精细地质模型研究；

③ 储层露头精细研究。

(2) 与国外研究现状相比我国储层建模存在的主要问题。

① 在二维储层形态模型定性地质知识库研究方面已积累了大量信息，但储层形态和结构模型定量知识库信息较少，地震资料处理的精度远不能满足三维储层建模的要求；

② 目前仍主要集中在单砂体及二维平面、剖面的储层概念模型的建立，缺乏从全盆地的角度系统考虑三维储层的空间分级匹配建模和模拟；

③ 选择合适的数学方法，将地质模型转化为数学模型尚未取得突破，以及二维转三维的数学方法研究还相当薄弱；

④ 储层模拟软件的研制还处于初级阶段，与国外先进的储层模拟软件相比差距较大，引进的国外储层模拟软件是否适用于我国储层研究和评价也需要检验。

4.1.2 三维地质建模方法选择

建模方法与技术是储层建模的重要支柱。三维地质建模方法主要指井间参数的预测和插值，目前主要包括确定性建模和随机建模两大类。确定性建模方法的特点是输入一组参数只能输出一个结果，除了克里金法，均不能反映不同成因类型的储层特点，其预测精度取决于已知数据点的多少。传统的数理统计学插值方法(如反距离平方法)只考虑观测点与待估点之间的距离，而没有考虑地质规律所造成的储层参数在空间上的相关性，因此插值精度较低。克里金方法是以变差函数为工具，根据待估点周围的若干已知信息，应用变差函数所特有的性质对估点的未知值作出最优(估计方差最小)、无偏(估计值的均值与观测值均值相同)估计。为了提高对储层参数的估值精度，人们广泛应用克里金法进行井间插值。

1. 克里金法

设 $Z(x)$ 是二阶平稳(或本征)的区域化变量，$Z_i(i=1, \cdots, n)$ 是一组离散的信息样品数据，以 x_0 为中心的区域 $v(x_0)$ 的平均值：

$$Z_V(x_0)=\frac{1}{V}\int_V Z(x)\mathrm{d}x \tag{4-1}$$

(简记为 Z_V)进行估计。

所用的线性估计量为：

$$Z_V^*=\sum_{i=1}^{n}\lambda_i Z_i \tag{4-2}$$

它是 n 个数值的线性组合。克里金法估值的原则，就是在保证这个估计量 Z_V^* 无偏，且估计方差最小的前提下，求出 n 个权系数 λ_i。在这样的条件下求得的 λ_i 所构成的估计量 Z_V^* 称为 Z_V 的克里金估计量，记为 Z_V^*。这时的估计方差称为克里金方差，记为 σ_K^2。

以克里金估值的原则(无偏性和估计方差最小)为约束条件，可以得到克里金方程组：

$$\begin{cases}\sum_{j=1}^{n}\lambda_j C(x_i, x_j)-\mu=\overline{C}(x_i, V), \ i=1, 2, \cdots, n\\ \sum_{j=1}^{n}\lambda_j=1\end{cases} \tag{4-3}$$

通过求解上述方程组，可以得到一系列的 $\lambda_i(i=1, \cdots, n)$，进而代入求得估计点的克里金估值。克里金方差可以用下面的公式求解：

$$\sigma_K^*=\overline{C}(V, V)-\sum_{i=1}^{n}\lambda_i\overline{C}(x_i, V)+\mu \tag{4-4}$$

基本的克里金法包括简单克里金法、普通克里金法、泛克里金法、因子克里金法、协同克里金法、贝叶斯克里金法、指示克里金法等。各种克里金法的基本数学原理是一致的，在实际应用中，为了适用不同的问题和不同的前提和假设条件，才发展了众多的克里金法。各种方法的应用范畴是有差异的，用于估计时产生的效果也不同。

简单克里金法和普通克里金法都基于平稳假设，对于变化不大的地质数据能给出较满意的光滑结果。二者的区别在于前者需要已知区域化变量的均值，后者则不需要。

协同克里金法主要是根据多种区域化变量在空间的相关性，协同进行插值估计。该方法可以尽量利用各种资料。但是，该方法数学推导和计算比较复杂，应用受到一定限制。如果所有的估计点都有二级变量，可以采用同位协同克里金法，该方法适用于二级变量采样密集的情况。

2. 变差函数

传统的数理统计方法把研究对象看作纯随机变量，在描述储层平面非均质性时没有考虑到储层参数在空间的分布规律，不能反映参数的结构性变化。地质统计学则赋予储层新的含义，即认为储层参数是一个随空间位置变化的数值函数，具有结构性和随机性双重特性。

变差函数是地质统计学中反映储层参数空间变化特征的重要函数，它能通过随机性反映参数的结构性。

对于二阶平稳的区域化变量 $Z(\vec{X})$，变差函数是指 $Z(\vec{X})$ 在 x 与 $x+h$ 两点处的增量的方差之半，数学表达式为：

$$\gamma(h)=\frac{1}{2}E\{[Z(\vec{X})-Z(\vec{X}+\vec{H})]^2\} \tag{4-5}$$

根据样品点计算的变差函数叫实验变差函数，其计算公式为：

$$\gamma^*(h)=\frac{1}{2N(h)}\sum_{i=1}^{N(h)}[Z(\vec{X}_i)-Z(\vec{X}_i+\vec{H})]^2 \tag{4-6}$$

式中　$\vec{X}_i$——第 i 个观测点的坐标；

$Z(\vec{X}_i)$、$Z(\vec{X}_i+\vec{H})$——X_i 和 X_i+H 两点处的观测值；

H——两个观测点之间的距离；

$N(h)$——相距 h 的数据对的数目。

$\gamma^*(h)$ 为实验半变差函数的值，以 h 为横坐标，以 $\gamma^*(h)$ 为纵坐标，构成变差函数图（图 4-1）。C_0 为块金常数，代表参数随机性变化的部分（C_0 值越小，参数空间相关性越强，随机性越弱；C_0 值越大，则相关性越差，随机性越强）；C_0+C 为基台值，反映参数的最大变化幅度（其中 C 代表参数结构性变化的部分，当基台值一定时，C 越大，则参数呈结构性变化的成分越多，呈随机性变化的成分越少）。a 为变程，表示参数平均的空间相关性范围，反映参数空间变化的速度大小（a 越大，空间相关性越大，说明参数的空间变化速度越小）。

半变差函数 $\gamma(h)$ 随滞后距 h 变化的各项特征，表达了区域化变量的各种空间变异性质，这些特征包括影响区域的大小、空间各向异性的程度，以及变量的空间的连续性（图 4-2）。

实验变差函数曲线的拟合主要利用球状模型、高斯模型、指数模型及线性模型等。通常采用球状模型拟合变差函数曲线。

克里金法可以体现不同成因类型砂体的变差函数特征，但是砂体各种参数的变化是非常复杂的，并不是一个变差函数图所能概括的，因此确定性建模不能满足人们对地下地质情况认识的需要，从而在地质统计学基础上发展了随机建模。

随机建模就是利用一个地质体某一属性已知的结构统计特征，采用一些随机算法来模拟该属性在未知区的分布，使其与已知的统计特征相同，从而达到模拟储层非均质性，乃至预测井间参数分布的目的。随机建模得到的不是一个确定的结果，而是多个可能的结果，一般称为(地质)实现。

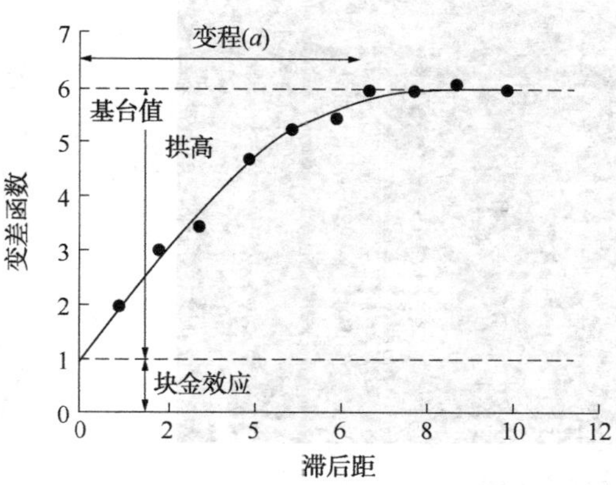

图 4-1　变差函数图

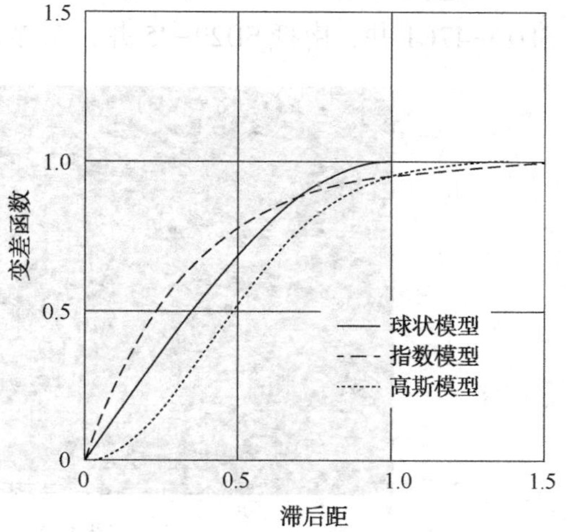

图 4-2　不同类型的模型

在实际应用中，随机模拟应从以下几个方面考虑所选取的模拟方法是否合理：①应考虑变量的随机模型，不同的随机模型有不同的模拟方法。②应考虑模拟的对象，如对于沉积相等类型的变量和孔隙度等具有连续性的变量，模拟的侧重点不同，选取的模拟方法也不同。③应考虑条件信息的种类，确定出是来自单变量的信息还是多变量的信息，是软信息还是这些信息的综合。不同的信息量，对应不同的模拟方法。④要考虑区域地质情况。最后要选取不同的优化算法对模拟结果进行优化。

随机模型理论及应用研究表明，不同随机模型对不同的地质条件(如不同的沉积相)有一定的实用性。从随机模型的基本原理和应用出发，可将不同随机模型的地质实用性归纳如下：

(1) 用于沉积相(或岩性)随机建模的随机模型主要有标点过程、截断高斯域、指示模拟、马尔柯夫随机域和二点直方图。在待模拟目标区存在多种沉积相(或岩性)的情况下，标点过程适用于具背景相的沉积相(或岩性)的随机模拟；截断高斯域适用于具排序规律的沉积相(或岩性)的随机模拟；指示模拟、马尔柯夫随机域和二点直方图适用于具镶嵌结构的沉积相(或岩性)的随机模拟。在待模拟目标区只有两种相(或岩性)的情况下，上述各种模型均可使用。但是，由于所有基于像元的随机模型均不能很好地恢复相(或岩性)的几何形态(尤其是相边界)，因此，在这种情况下应尽量使用基于目标的随机模型(标点过程)。

(2) 用于岩石物理参数随机建模的随机模型主要有高斯随机域、分形随机域、指示模拟和马尔柯夫随机域。高斯随机域适用于各向异性不强的条件下连续变量的随机模拟；指示模拟适用于复杂各向异性的、具奇异值分布的连续变量的随机模拟；分形随机域适用于在数据点很少且随机变量具有统计自相似性条件下连续变量的随机模拟；马尔柯夫随机域可用于复杂各向异性条件下连续变量的随机模拟，但由于其统计推断和参数求取十分复杂(要求有训练图像)，因此目前应用很少。

4.1.3 建模工区概况

本次建模主要针对采气五厂范围内上古生界Z30井区，工区含气面积450km²。工区北达SD13-47C1井，南抵SD29-35井，东邻SD23-48A井，西至SD24-17井(图4-3)。

图4-3 工区区域位置图

4.1.4 构造模型

根据地层对比及地层划分结果，采用"地震约束+底面约束"相结合的方式对各层井点构造进行插值，准确建立工区盒$_8$底、山西组顶两个层面构造模型。

由于气井井数较少，直接利用气井分层数据进行插值获得的构造模型难以准确表征气藏实际构造特征。为此，对于具有地震构造等值线的盒$_8$底、山西组顶采用井点构造+地震约束的方式建立层面构造模型。

分析表明，工区地层具有继承性发育特征，构造形态为一由东向西倾斜的单斜，总体上较为平缓，局部存在褶皱(图4-4~图4-6)。

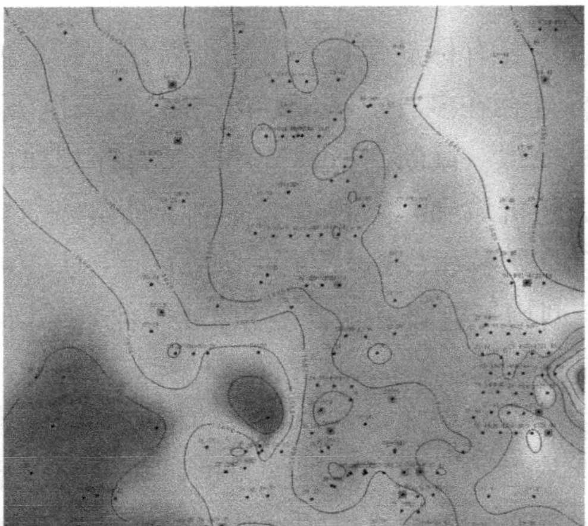

图4-4 盒$_8$底构造图(地震约束建模)

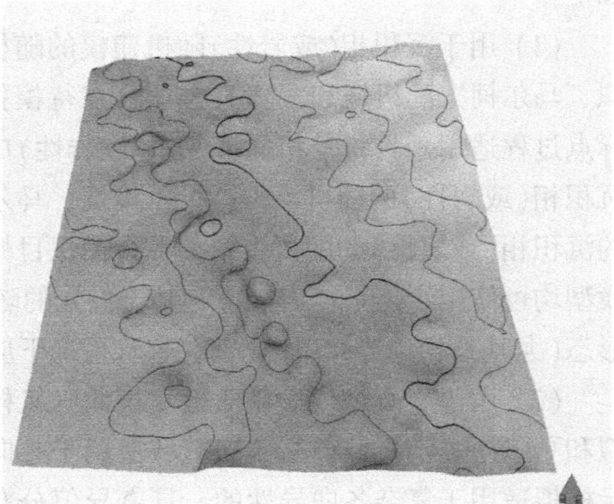

图4-5 盒$_8$底构造图(无地震约束)

4.1.5 沉积相模型

工区为河流相砂岩气藏，储层物性变化快，不通过沉积相约束难以准确建立工区孔隙度、渗透率、饱和度等属性模型。根据沉积相地质研究成果，在手绘主力气层沉积相图的基础上，采用确定性建模方法建立沉积相模型(表4-3)。

表4-3 沉积相划分标准

砂地比	沉积相	代 码
<0.2	间湾、河漫	1
0.2~0.5	河道	2
>0.5	心滩、点坝	3

分析表明，建立的沉积相模型与地质认识相吻合。从平面分布来看，主要以河道相为主，东侧发育1条南北向间湾相(图4-7~图4-13)。

图4-6 工区三维构造模型

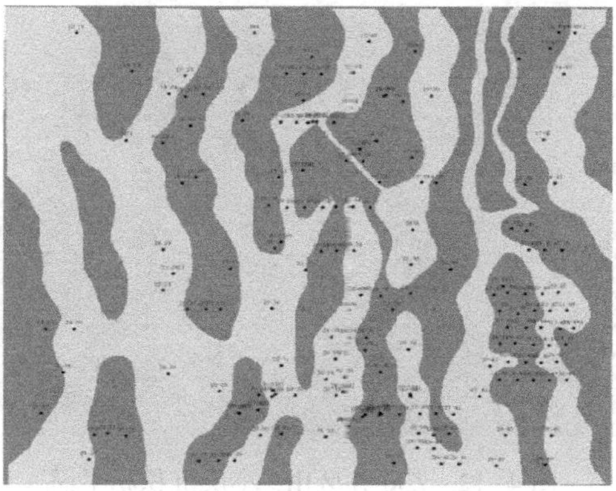

图4-7 Z30井区盒$_8{}^{上}{}_1$小层沉积相平面

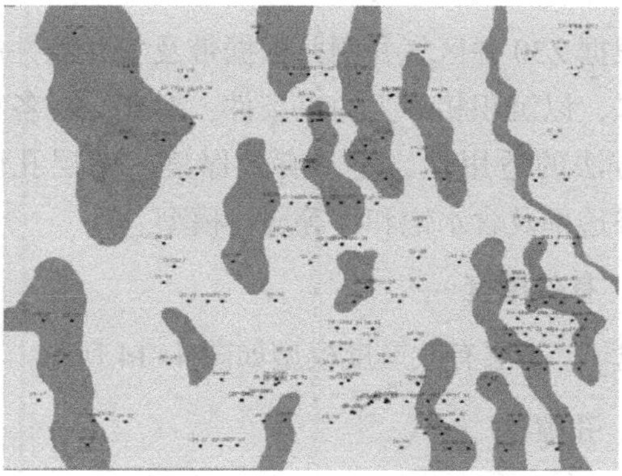

图4-8 Z30井区盒$_8{}^{上}{}_2$小层沉积相平面

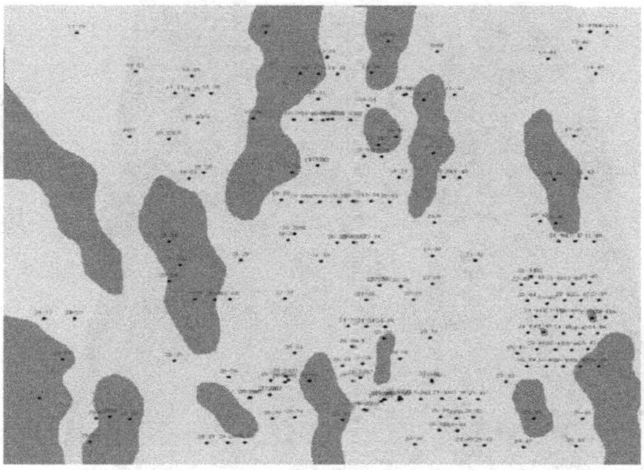

图4-9 Z30井区盒$_8{}^{下}{}_1$小层沉积相平面

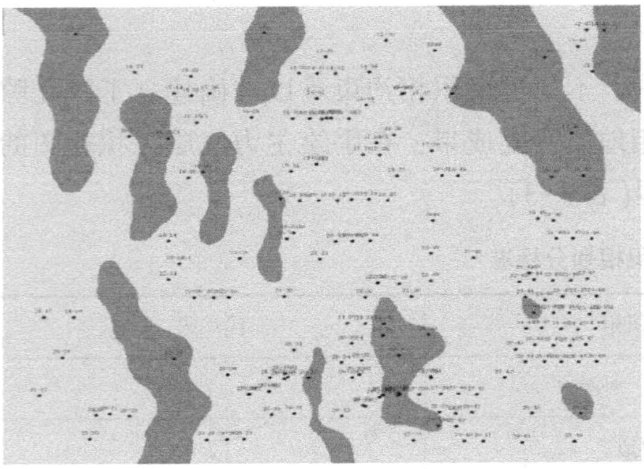

图 4-10　Z30 井区盒$_{8}^{下}{}_{2}$小层沉积相平面

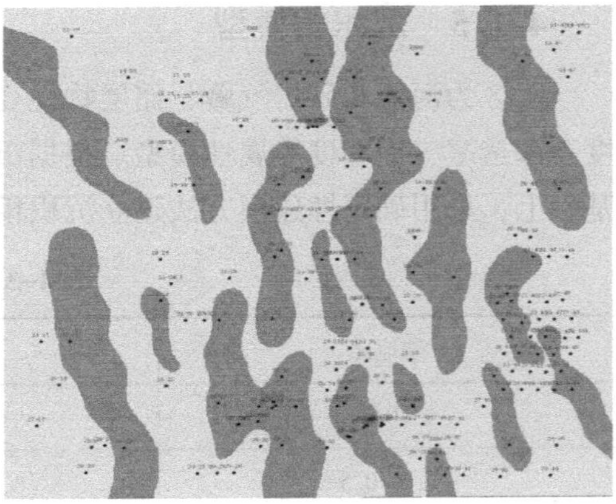

图 4-11　Z30 井区山$_{1}^{1}$小层沉积相平面

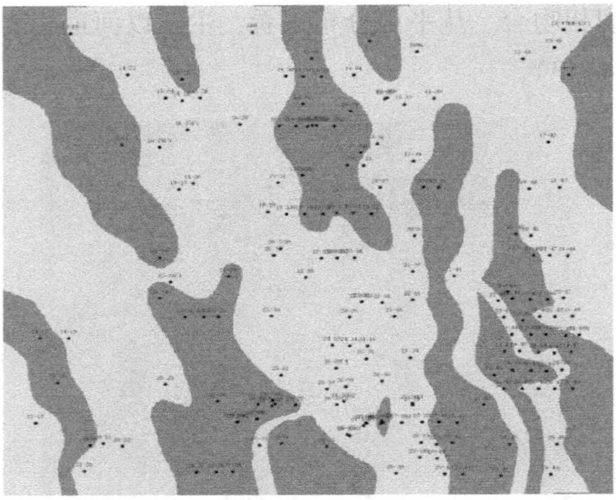

图 4-12　Z30 井区山$_{1}^{2}$小层沉积相平面

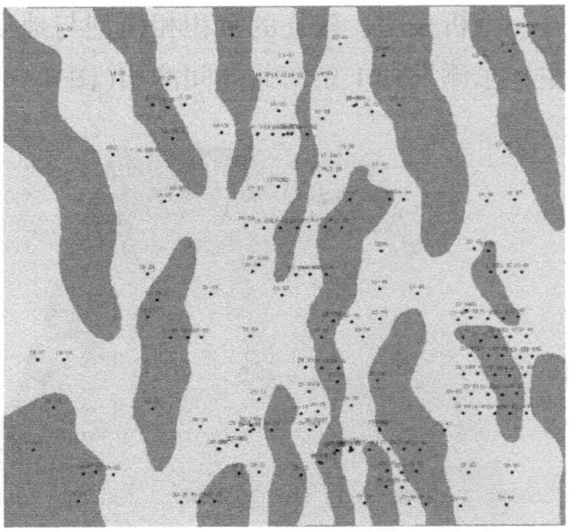

图 4-13　Z30 井区山$_{1}^{3}$小层沉积相平面

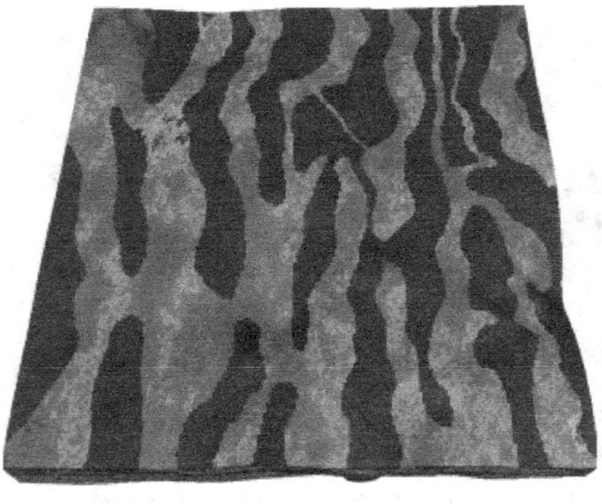

图 4-14　盒$_{8}^{下}{}_{2}$小层有效厚度模型

4.1.6　属性模型

根据 Z30 井区气井测井数据带及气井测井解释成果，以沉积相等为约束条件，对比分析各种建模方法的适用性，建立有效厚度、储层孔隙度、渗透率及含水饱和度等属性模型。

1. 有效厚度

盒$_{8}^{下}{}_{2}$ 小层有效厚度模型如图 4-14 所示。

2. 孔隙度

在砂体厚度约束条件下，孔隙度场分布特征与地质认识更加吻合。主力产层盒$_{8}^{下}$亚段孔隙度主要分布在 8%~10%(图 4-15~图 4-17)。

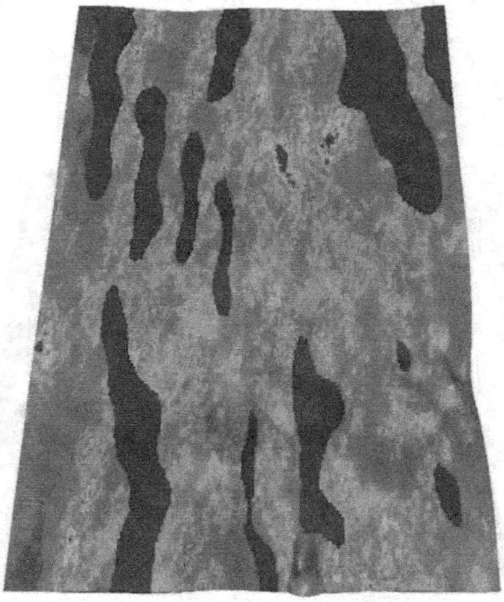

图 4-15　盒$_8{}^{下}{}_2$孔隙度模型(沉积相约束)

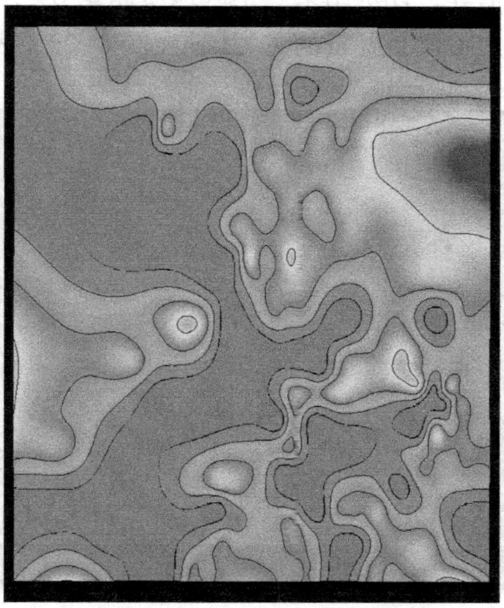

图 4-16　盒$_8{}^{下}{}_2$孔隙度(无约束)

3. 渗透率

在砂体厚度约束条件下，渗透率场分布特征与地质认识更加吻合。以砂体厚度为约束条件，建立渗透率三维场。主力产层盒$_8{}^{下}{}_2$小层渗透率主要分布在 0 1～1mD(图 4-18～图 4-20)。

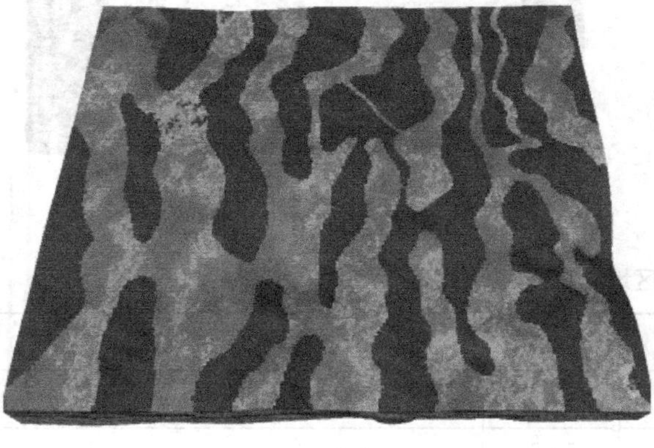

图 4-17　工区孔隙度分布三维图

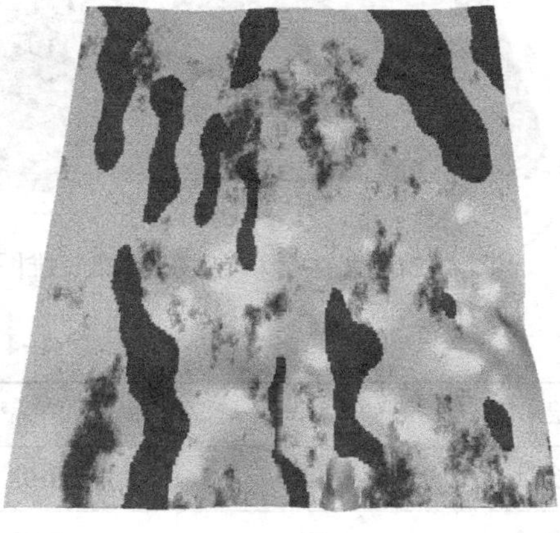

图 4-18　盒$_8{}^{下}{}_2$渗透率模型(沉积相约束)

4. 含水饱和度

工区含水饱和度主要分布在 30%左右，山西组局部存在富水区(图 4-21)。

4.1.7　储量估算

采用容积法对盒$_8$段、山西组、太原组、本溪组等 12 个小层提交储量层位的地质储量进行估算，评价结果：工区地质储量653.9×10^8m^3，丰度1.45×$10^8m^3/km^2$。其中，盒$_{8}{}^{\text{下}}$亚段、山1段是开发的主力层位(图4-22、表4-4)。

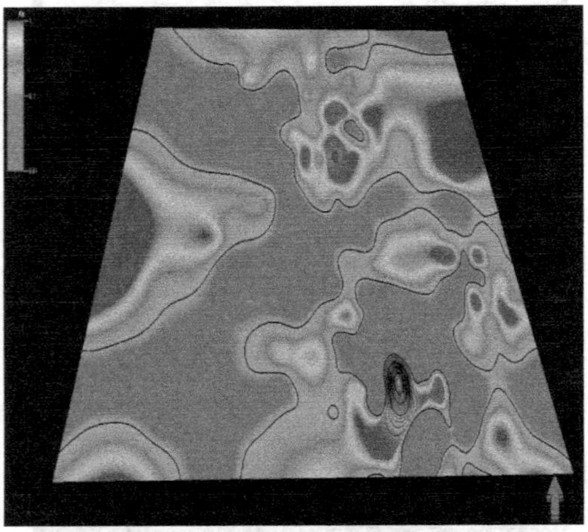

图4-19　盒$_{8}{}^{\text{下}}{}_{2}$渗透率图(无约束)

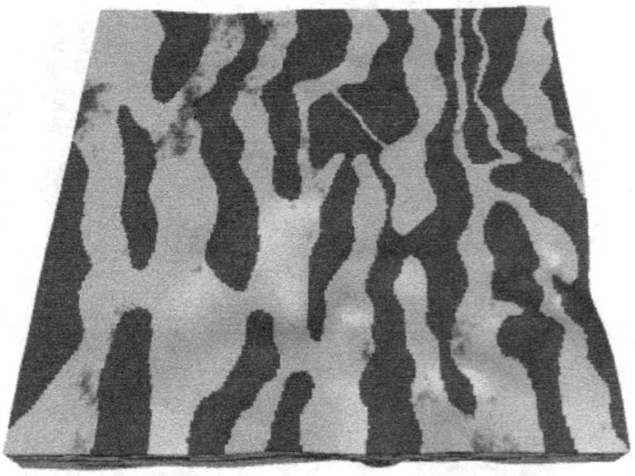

图4-20　工区渗透率分布三维图

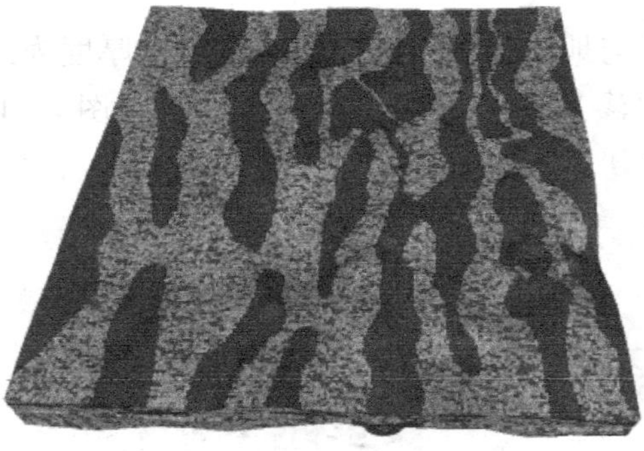

图4-21　工区含水饱和度分布三维图

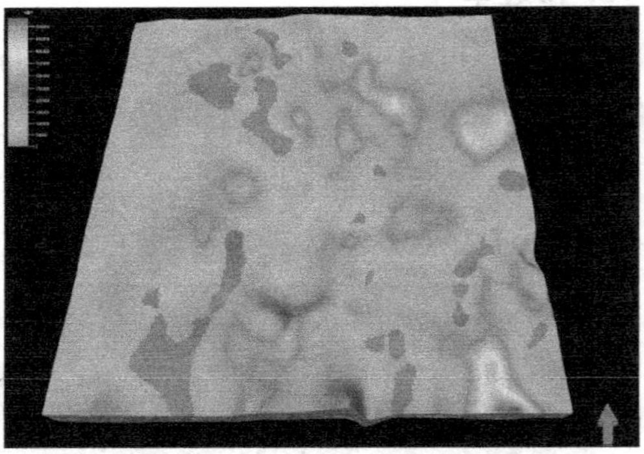

图4-22　Z30井区地质储量三维分布图

表4-4　工区地质储量评价表

层　位	储量/10^8m^3	丰度/($10^8m^3/km^2$)	层　位	储量/10^8m^3	丰度/($10^8m^3/km^2$)
盒$_{8}{}^{\text{上}}{}_{1}$	15.2	0.03	山$_2^1$	24.1	0.05
盒$_{8}{}^{\text{上}}{}_{2}$	42.3	0.09	山$_2^2$	27.9	0.06
盒$_{8}{}^{\text{下}}{}_{1}$	98.0	0.22	山$_2^3$	32.7	0.07
盒$_{8}{}^{\text{下}}{}_{2}$	235.3	0.52	太原	2.5	0.01
山$_1^1$	59.0	0.13	本溪	0.9	0.02
山$_1^2$	51.6	0.11	合计	653.9	1.45
山$_1^3$	64.4	0.14			

4.2 数值模拟研究

数值模拟是气田开发指标预测的重要手段。在储层地质建模的基础上，建立工区数值模拟模型，并开展生产历史拟合，为开采指标预测奠定基础。在深入开展流体高压物性、相渗特征及井筒垂直管流特征等专项研究的基础上，结合试气、试采、产气剖面等测试资料，开展工区储量及气井生产历史拟合。以数值模拟模型为平台，优化设计开发方案，预测气田开发潜力。图 4-23 为数值模拟研究框架。

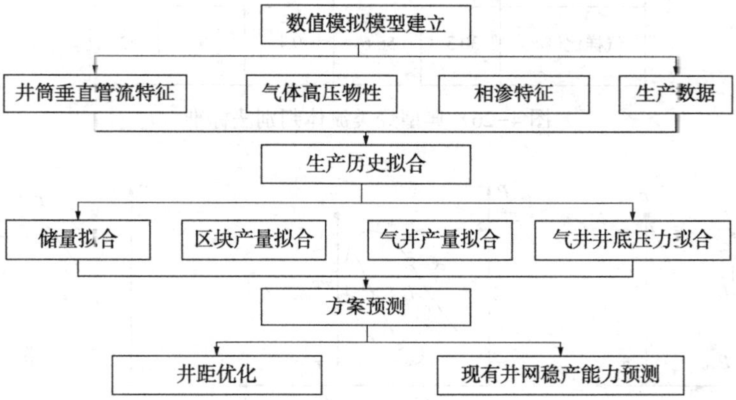

图 4-23　数值模拟研究框架

4.2.1　气体高压物性

进行气体组分及高压物性分析的目的是为数值模拟提供气体偏差系数、黏度、相对密度等数据，用于天然气储量及渗流能力计算。本次研究收集了工区气体组分及高压物性测试资料(SD16-32)。该气样取样时的地层温度为 90.27℃，地层压力为 27.87MPa，气体相对密度为 0.6180(图 4-24、图 4-25)。

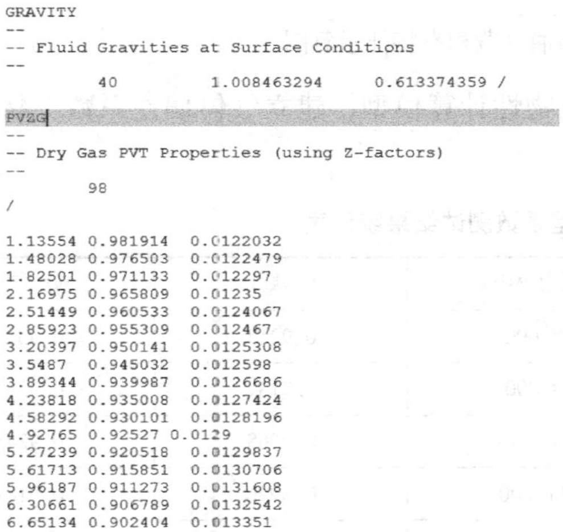

```
GRAVITY
--
-- Fluid Gravities at Surface Conditions
--
        40          1.008463294     0.613374359 /

PVZG
--
-- Dry Gas PVT Properties (using Z-factors)
--
       98
/

1.13554 0.981914  0.0122032
1.48028 0.976503  0.0122479
1.82501 0.971133  0.012297
2.16975 0.965809  0.01235
2.51449 0.960533  0.0124067
2.85923 0.955309  0.012467
3.20397 0.950141  0.0125308
3.5487  0.945032  0.012598
3.89344 0.939987  0.0126686
4.23818 0.935008  0.0127424
4.58292 0.930101  0.0128196
4.92765 0.92527 0.0129
5.27239 0.920518  0.0129837
5.61713 0.915851  0.0130706
5.96187 0.911273  0.0131608
6.30661 0.906789  0.0132542
6.65134 0.902404  0.013351
```

图 4-24　数值模拟高压物性参数示意图

组　分	井流物(物质的量)/%
CO_2	1.097
N_2	1.151
C_1	90.867
C_2	5.166
C_3	0.972
iC_4	0.168
nC_4	0.185
iC_5	0.081
nC_5	0.042
C_6	0.112
C_{7^+}	0.159

图 4-25　天然气组分

该气样 CH_4 含量大于 90%，表明该气藏为干气藏。因此，在数值模拟中采用黑油模型模拟器进行研究（图 4-26、图 4-27）。

组 分	气藏			油藏	
	干气	湿气	凝析气	挥发油	黑油
C/%	>95	90~95	75~90	50~75	50
气样比例/%	30.3	56.6	9.1	2	2

图 4-26　典型烃类流体判别法标准

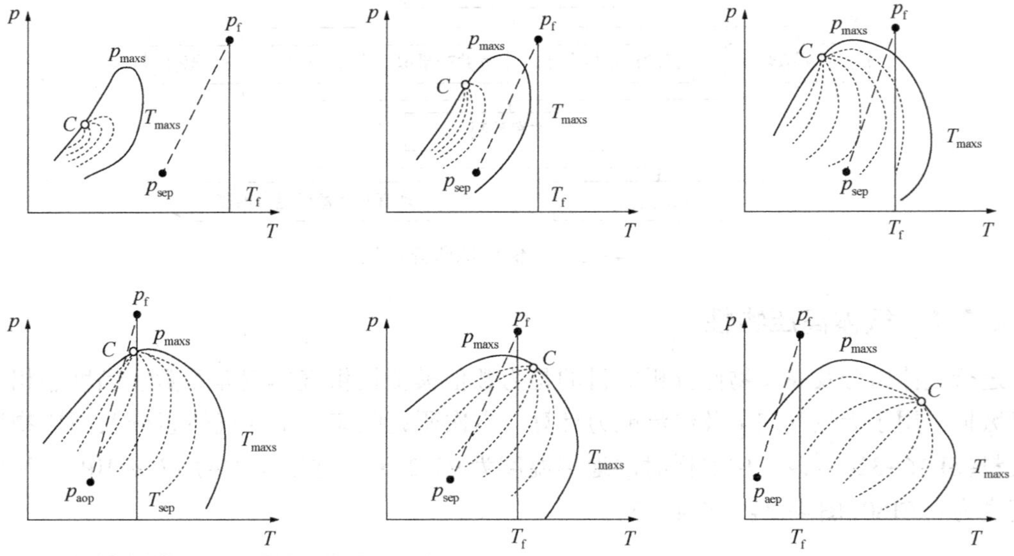

图 4-27　不同类型油气藏相态特征示意图

根据高压物性测试结果，优选气体高压物性计算模型，建立气体偏差系数、黏度测试结果统计表（表 4-5、表 4-6）。

表 4-5　气体偏差系数测试结果统计表

压力/MPa	58.00℃	压力/MPa	74.00℃	90.27℃
8.000	0.9037	8.000	0.9213	0.9383
9.000	0.8896	9.000	0.9137	0.9309
10.000	0.8852	10.000	0.9068	0.9246
11.000	0.8769	11.000	0.8996	0.9187
12.000	0.8698	12.000	0.8942	0.9133
13.000	0.8633	13.000	0.8883	0.9089

续表

压力/MPa	58.00℃	压力/MPa	74.00℃	90.27℃
14.000	0.8583	14.000	0.8846	0.9054
15.000	0.8544	15.000	0.8807	0.9032
16.000	0.8513	16.000	0.8784	0.9016
17.000	0.8495	17.000	0.8764	0.9008
18.000	0.8490	18.000	0.8767	0.9011
19.000	0.8505	19.000	0.8776	0.9025
20.000	0.8525	20.000	0.8793	0.9049
21.000	0.8558	21.000	0.8826	0.9074
22.000	0.8603	22.000	0.8858	0.9112
23.000	0.8654	23.000	0.8901	0.9147
24.000	0.8719	24.000	0.8957	0.9193
25.000	0.8784	25.000	0.9016	0.9240
26.000	0.8868	26.000	0.9087	0.9300
27.870	0.9028	27.870	0.9228	0.9420

表4-6 气体黏度测试结果统计表

压力/MPa	黏度/10^{-2}mPa·s				
	26.20℃	43.00℃	58.00℃	74.00℃	90.27℃
8.000	1.2920	1.3440	1.3893	1.4534	1.5038
9.000	1.3436	1.3884	1.4283	1.4896	1.5372
10.000	1.3952	1.4328	1.4673	1.5258	1.5706
11.000	1.4468	1.4772	1.5063	1.5620	1.6040
12.000	1.4984	1.5216	1.5453	1.5982	1.6374
13.000	1.5500	1.5660	1.5843	1.6344	1.6708
14.000	1.6016	1.6104	1.6233	1.6706	1.7042
15.000	1.6532	1.6548	1.6623	1.7068	1.7376
16.000	1.7048	1.6992	1.7013	1.7430	1.7710
17.000	1.7564	1.7436	1.7403	1.7792	1.8044
18.000	1.8080	1.7880	1.7793	1.8154	1.8378
19.000	1.8596	1.8324	1.8183	1.8516	1.8712
20.000	1.9112	1.8768	1.8573	1.8878	1.9046
21.000	1.9628	1.9212	1.8963	1.9240	1.9380
22.000	2.0144	1.9656	1.9353	1.9602	1.9714

续表

压力/MPa	黏度/10^{-2}mPa·s				
	26.20℃	43.00℃	58.00℃	74.00℃	90.27℃
23.000	2.0660	2.0100	1.9743	1.9964	2.0048
24.000	2.1176	2.0544	2.0133	2.0326	2.0382
25.000	2.1692	2.0988	2.0523	2.0688	2.0716
26.000	2.2208	2.1432	2.0913	2.1050	2.1050
27.870	2.3173	2.2262	2.1642	2.1727	2.1675

1. 偏差系数

采用 Standing、Beggs-Brill、Dranchuk-Abou-Kassem 等方法，对 SD16-32 井气体偏差系数随压力变化特征进行分析(图 4-28～图 4-31)。研究表明，Beggs-Brill 法计算结果与实验结果相近。

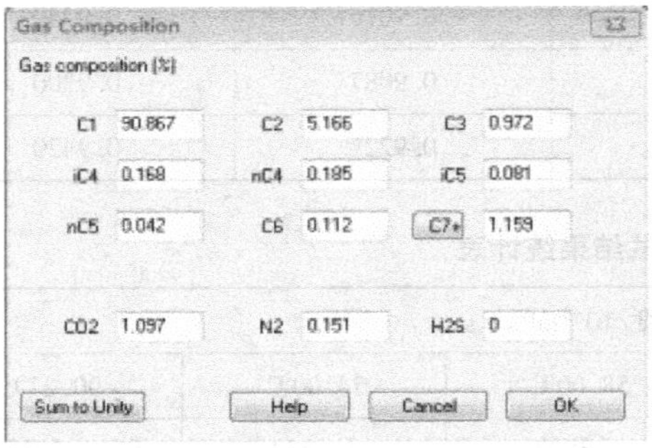

图 4-28　SD16-32 井气体组分统计表

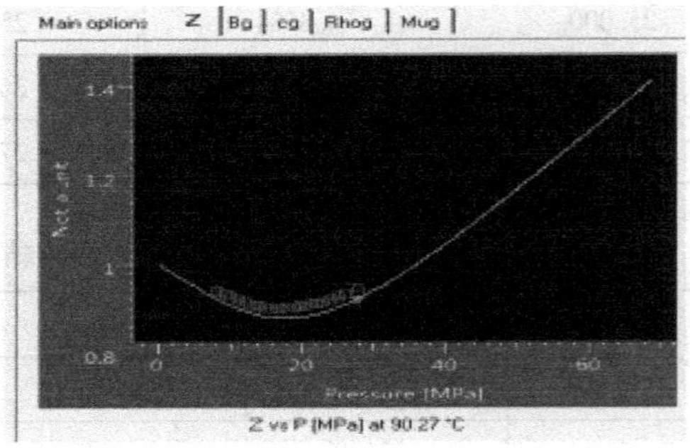

图 4-29　Standing 法计算结果

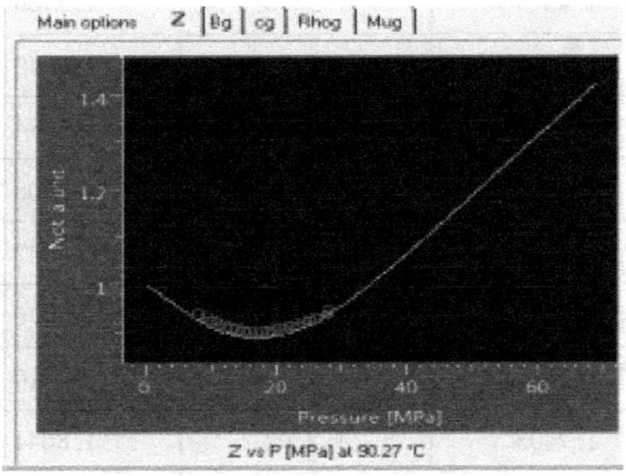

图 4-30　Beggs-Brill 法计算结果

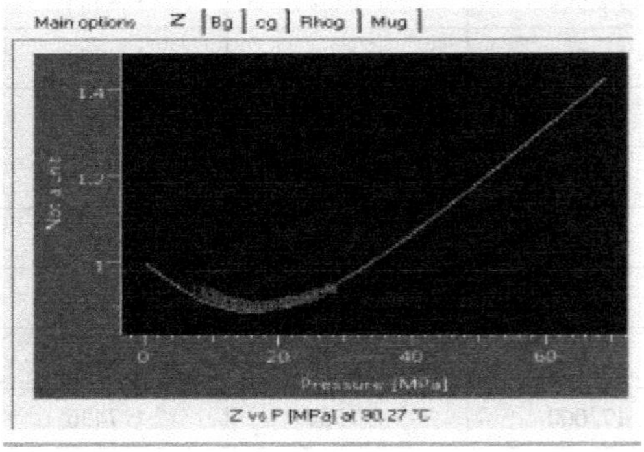

图 4-31　Dranchuk-Abou-Kassem 法计算结果

2. 黏度

采用 Lee、Carr 等方法，对 SD16-32 井气体黏度随压力变化的特征进行分析。研究表明，Lee 法计算结果与实验结果吻合度较高(图 4-32～图 4-34)。

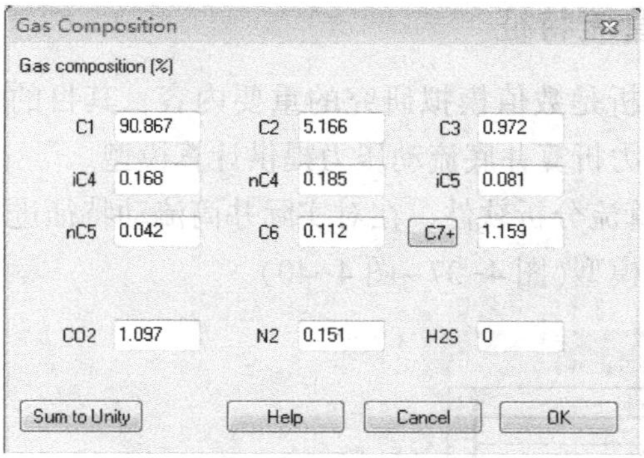

图 4-32　SD16-32 井气体组分统计

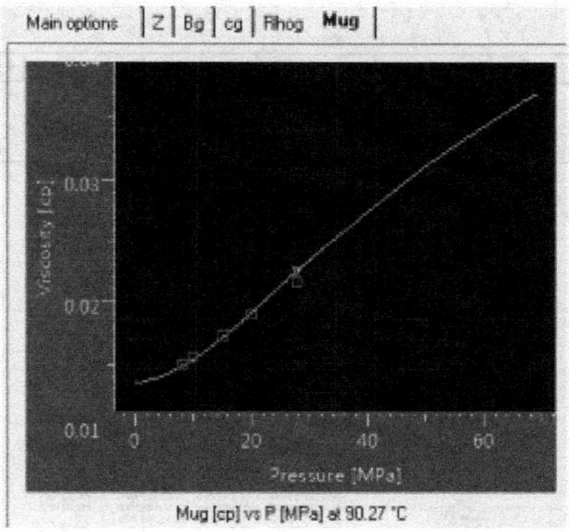

图 4-33　Lee 法计算结果

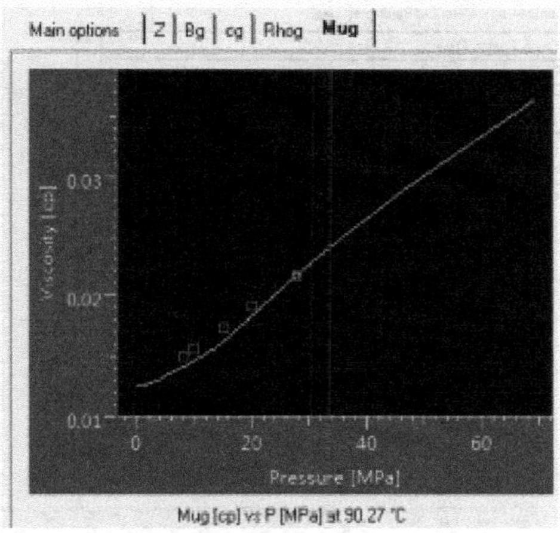

图 4-34　Carr 法计算结果

依据天然气高压物性分析结果(图 4-35)，形成工区数值模型所需 PVT 表(图 4-36)。

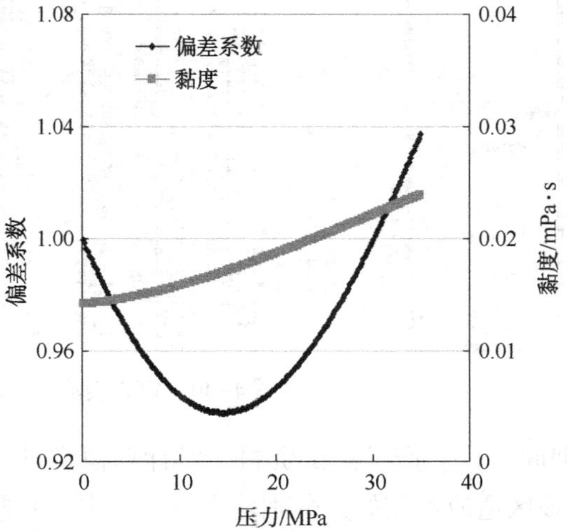

图 4-35　工区天然气高压物性曲线

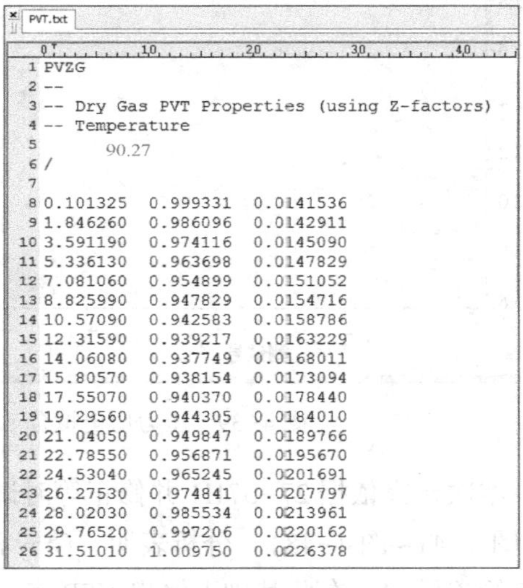
```
PVZG
--
-- Dry Gas PVT Properties (using Z-factors)
-- Temperature
     90.27
/

0.101325   0.999331   0.0141536
1.846260   0.986096   0.0142911
3.591190   0.974116   0.0145090
5.336130   0.963698   0.0147829
7.081060   0.954899   0.0151052
8.825990   0.947829   0.0154716
10.57090   0.942583   0.0158786
12.31590   0.939217   0.0163229
14.06080   0.937749   0.0168011
15.80570   0.938154   0.0173094
17.55070   0.940370   0.0178440
19.29560   0.944305   0.0184010
21.04050   0.949847   0.0189766
22.78550   0.956871   0.0195670
24.53040   0.965245   0.0201691
26.27530   0.974841   0.0207797
28.02030   0.985534   0.0213961
29.76520   0.997206   0.0220162
31.51010   1.009750   0.0226378
```

图 4-36　工区数值模拟 PVT 表

4.2.2 井筒垂直管流特征

井筒垂直管流特征分析是数值模拟研究的重要内容，其目的是建立气井生产 VFP 表，为数值模拟过程中井口压力折算井底流动压力提供计算模型。

采用 VFPi 井筒垂直管流分析软件，在对实际井筒流动特征进行拟合的基础上，分别建立直井、水平井垂直管流模型(图 4-37~图 4-40)。

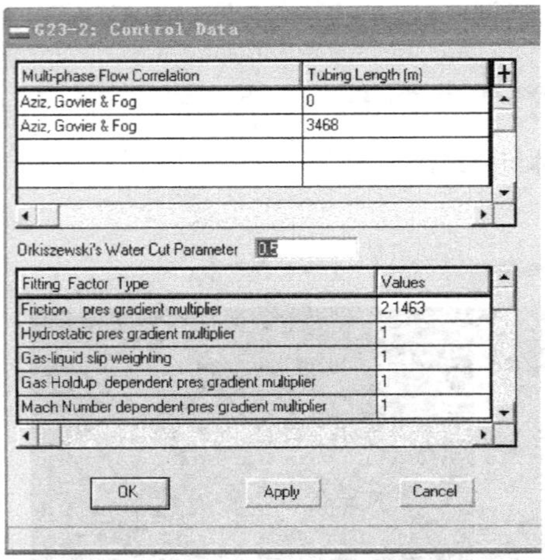

图 4-37 基础参数输入

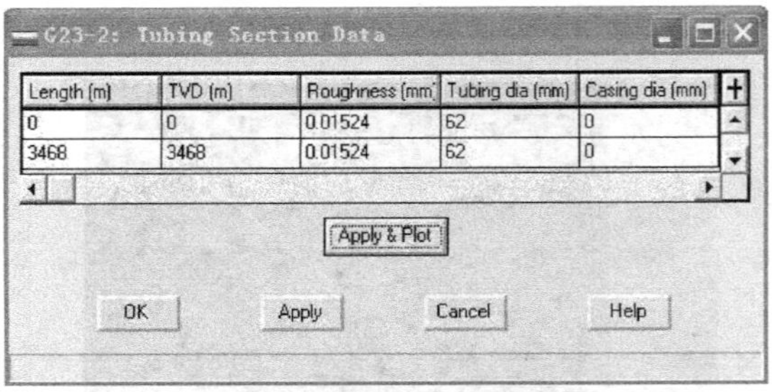

图 4-38 计算方法优选

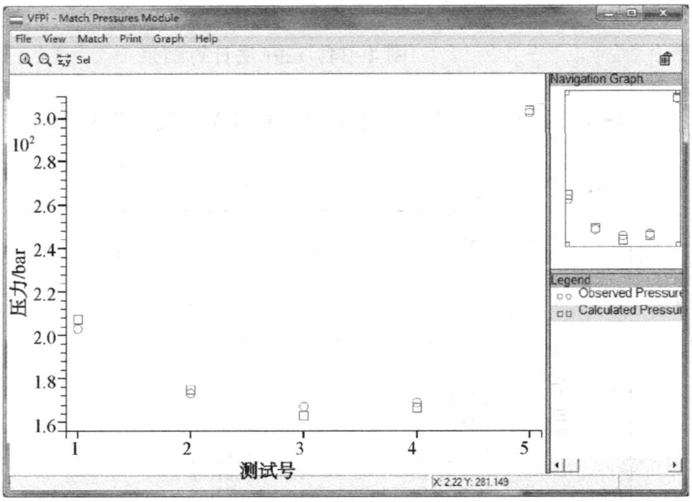

图 4-39 压力历史拟合

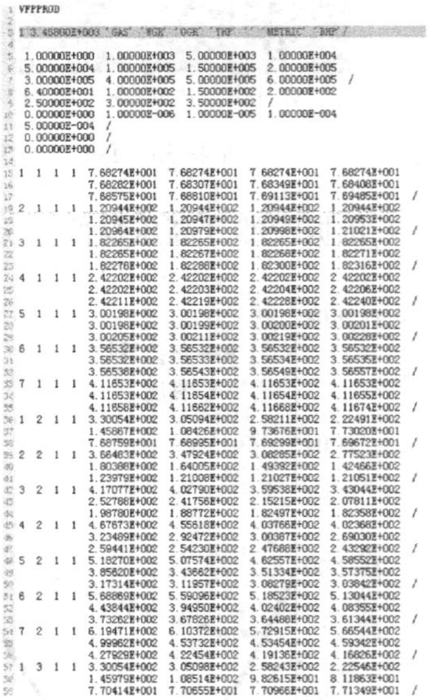

图 4-40 VFP 表输出

本次研究依据 27-37H1 井修正等时试井期间流压、产量测试资料，对计算模型进行优选(图 4-41~图 4-48)。分析表明，Gray 法在该区适应性较好，分别建立直井、水平井井筒垂直管流模型，在此基础上输出 VFP 表。

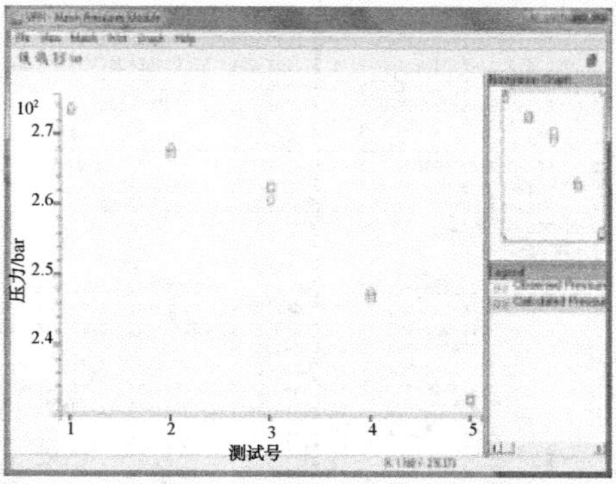

图 4-41　Gray 法井筒压力拟合

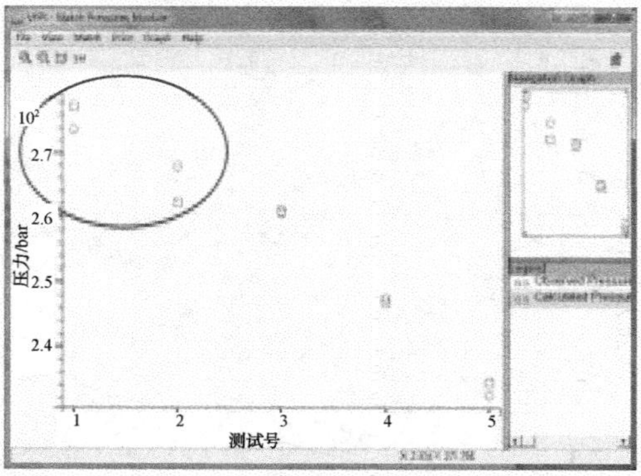

图 4-42　Aziz、Govier 和 Fog 法井筒压力拟合

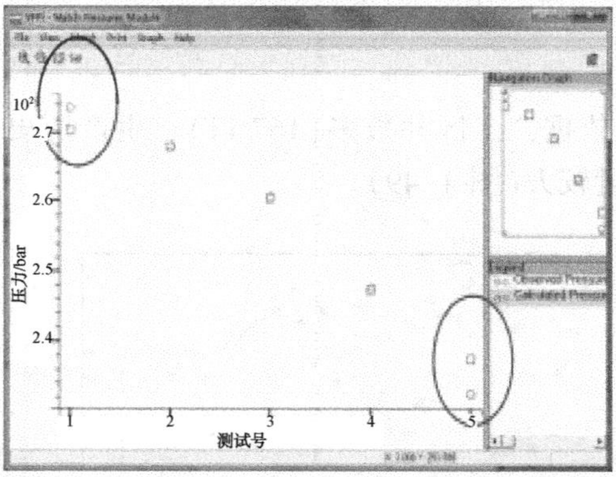

图 4-43　Hagedorn 和 Brown 法井筒压力拟合

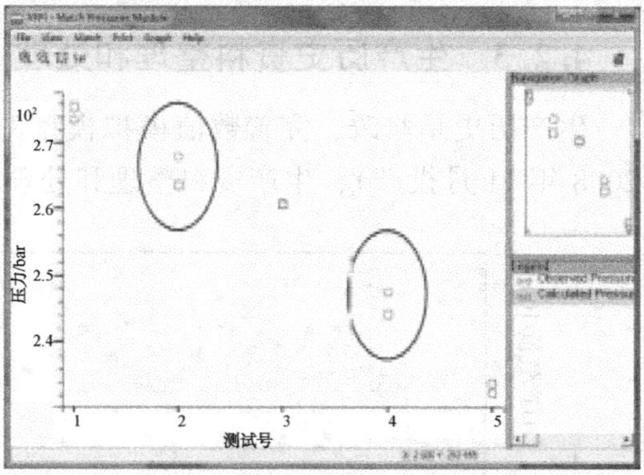

图 4-44　Petalas 和 Aziz 法井筒压力拟合

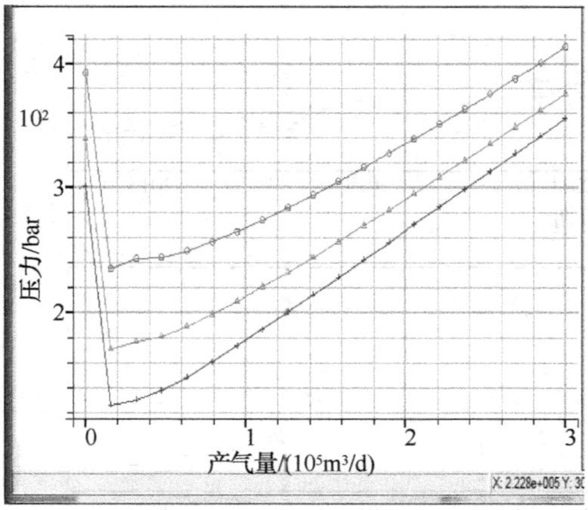

图 4-45　工区直井井筒压力分布曲线

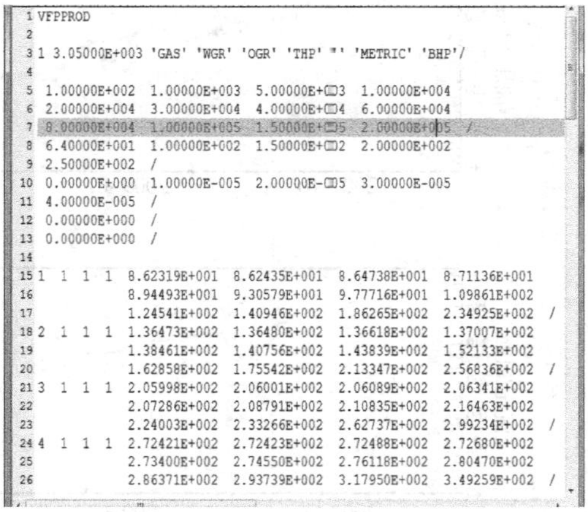

```
VFPPROD

1 3.05000E+003 'GAS' 'WGR' 'OGR' 'THP' '' 'METRIC' 'BHP'/

 1.00000E+002  1.00000E+003  5.00000E+□3  1.00000E+004
 2.00000E+004  3.00000E+004  4.00000E+□4  6.00000E+004
 8.00000E+004  1.00000E+005  1.50000E+□5  2.00000E+005  /
 6.40000E+001  1.00000E+002  1.50000E+□2  2.00000E+002
 2.50000E+002  /
 0.00000E+000  1.00000E-005  2.00000E-□5  3.00000E-005
 4.00000E-005  /
 0.00000E+000  /
 0.00000E+000  /

1  1  1  1  8.62319E+001  8.62435E+001  8.64738E+001  8.71136E+001
            8.94493E+001  9.30579E+001  9.77716E+001  1.09861E+002
            1.24541E+002  1.40946E+002  1.86265E+002  2.34925E+002  /
2  1  1  1  1.36473E+002  1.36480E+002  1.36618E+002  1.37007E+002
            1.38461E+002  1.40756E+002  1.43839E+002  1.52133E+002
            1.62858E+002  1.75542E+002  2.13347E+002  2.56836E+002  /
3  1  1  1  2.05998E+002  2.06001E+002  2.06089E+002  2.06341E+002
            2.07286E+002  2.08791E+002  2.10835E+002  2.16463E+002
            2.24003E+002  2.33266E+002  2.62737E+002  2.99234E+002  /
4  1  1  1  2.72421E+002  2.72423E+002  2.72488E+002  2.72680E+002
            2.73400E+002  2.74550E+002  2.76118E+002  2.80470E+002
            2.86371E+002  2.93739E+002  3.17950E+002  3.49259E+002  /
```

图 4-46　工区直井数值模拟 VFP 表

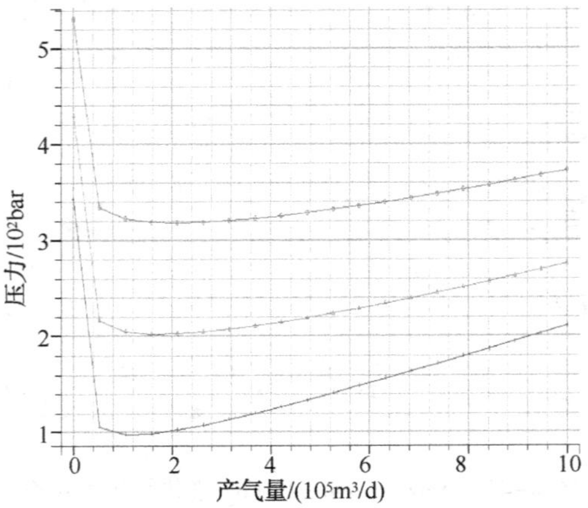

图 4-47　工区水平井井筒压力分布曲线

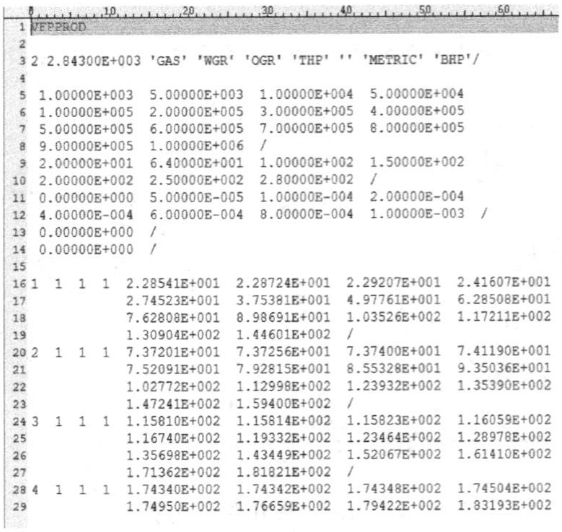

```
VFPPROD

2 2.84300E+003 'GAS' 'WGR' 'OGR' 'THP' '' 'METRIC' 'BHP'/

 1.00000E+003  5.00000E+003  1.00000E+004  5.00000E+004
 1.00000E+005  2.00000E+005  3.00000E+005  4.00000E+005
 5.00000E+005  6.00000E+005  7.00000E+005  8.00000E+005
 9.00000E+005  1.00000E+006  /
 2.00000E+001  6.40000E+001  1.00000E+002  1.50000E+002
 2.00000E+002  2.50000E+002  2.80000E+002  /
 0.00000E+000  5.00000E-005  1.00000E-004  2.00000E-004
 4.00000E-004  6.00000E-004  8.00000E-004  1.00000E-003  /
 0.00000E+000  /
 0.00000E+000  /

1  1  1  1  2.28541E+001  2.28724E+001  2.29207E+001  2.41607E+001
            2.74523E+001  3.75381E+001  4.97761E+001  6.28508E+001
            7.62808E+001  8.98691E+001  1.03526E+002  1.17211E+002
            1.30904E+002  1.44601E+002  /
2  1  1  1  7.37201E+001  7.37256E+001  7.37400E+001  7.41190E+001
            7.52091E+001  7.92815E+001  8.55328E+001  9.35036E+001
            1.02772E+002  1.12998E+002  1.23932E+002  1.35390E+002
            1.47241E+002  1.59400E+002  /
3  1  1  1  1.15810E+002  1.15814E+002  1.15823E+002  1.16059E+002
            1.16740E+002  1.19332E+002  1.23464E+002  1.28978E+002
            1.35698E+002  1.43449E+002  1.52067E+002  1.61410E+002
            1.71362E+002  1.81821E+002  /
4  1  1  1  1.74340E+002  1.74342E+002  1.74348E+002  1.74504E+002
            1.74950E+002  1.76659E+002  1.79422E+002  1.83193E+002
```

图 4-48　工区水平井数值模拟 VFP 表

4.2.3　生产历史资料整理和处理

生产历史是修改、完善数值模拟模型的重要依据，工区井数多(167 口)、生产历史长(2008 年 11 月投产)，生产资料整理和处理工作量较大(图 4-49)。

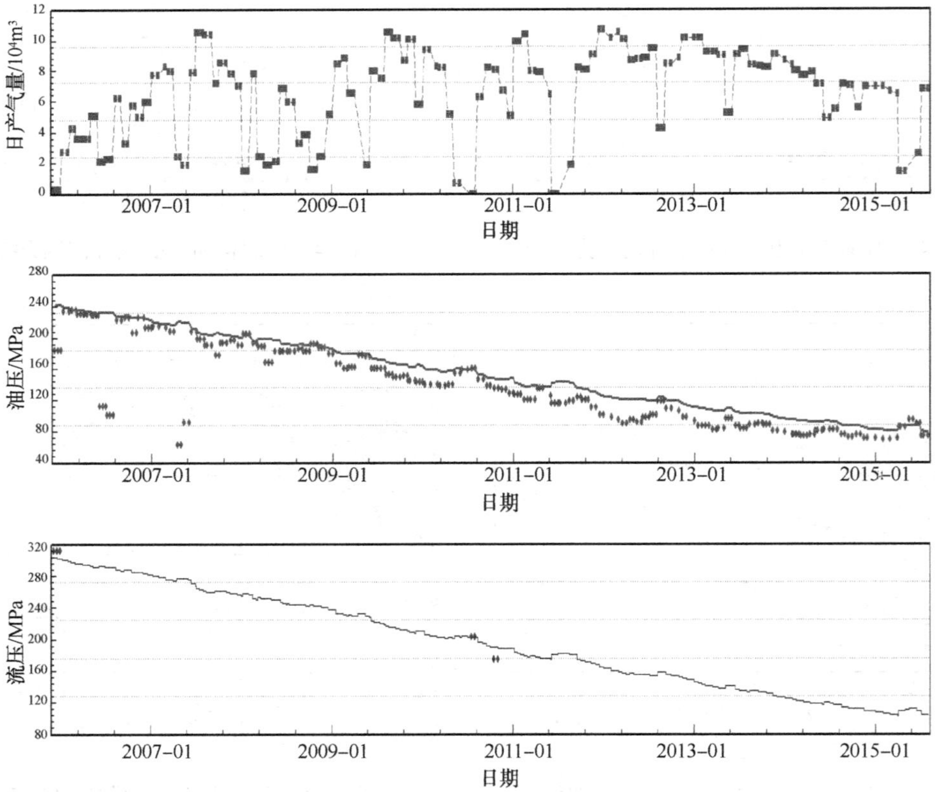

图 4-49　气井生产历史拟合曲线

本阶段完成了工区 167 口气井生产动态资料的整理，生成了数值模拟所需的生产历史文件(图 4-50)。

```
DATES
1 'NOV'  2008 /
/
WCONHIST
    'SD21-28'  'OPEN' 'GRAT' 0.0 0.0 1150.3        1   1*    57.1     214.7  1*  /
    'SD23-26'  'OPEN' 'GRAT' 0.0 0.0 4316.7        1   1*    26.0     233.1  1*  /
/
DATES
1 'DEC'  2008 /
/
WCONHIST
    'SD20-31'  'OPEN' 'GRAT' 0.0 0.0 2982.9        1   1*    113.8    183.9  1*  /
    'SD21-28'  'OPEN' 'GRAT' 0.0 0.0 3458.7        1   1*    104.8    175.8  1*  /
    'SD21-33'  'OPEN' 'GRAT' 0.0 0.0 1164.6        1   1*    148.3    156.1  1*  /
    'SD23-26'  'OPEN' 'GRAT' 0.0 0.0 4732.1        1   1*    87.0     144.0  1*  /
    'SD23-38'  'OPEN' 'GRAT' 0.0 0.0 3290.6        1   1*    132.2    143.1  1*  /
    'SD25-36'  'OPEN' 'GRAT' 0.0 0.0 660.4         1   1*    144.6    118.1  1*  /
    'SD27-38'  'OPEN' 'GRAT' 0.0 0.0 1426.8        1   1*    129.2    122.4  1*  /
    'SD28-30'  'OPEN' 'GRAT' 0.0 0.0 1914.7        1   1*    140.4    104.7  1*  /
    'SD28-39'  'OPEN' 'GRAT' 0.0 0.0 1912.2        1   1*    133.3    101.3  1*  /
    'SD28-49'  'OPEN' 'GRAT' 0.0 0.0 2309.3        1   1*    15.4     99.2  1*  /
    'SD28-55'  'OPEN' 'GRAT' 0.0 0.0 28974.5       1   1*    17.8     104.6  1*  /
    'SD28-56'  'OPEN' 'GRAT' 0.0 0.0 7386.6        1   1*    41.5     109.8  1*  /
    'SD28-57'  'OPEN' 'GRAT' 0.0 0.0 3594.2        1   1*    16.9     103.8  1*  /
    'SD29-40'  'OPEN' 'GRAT' 0.0 0.0 2911.7        1   1*    121.9    102.7  1*  /
    'SD29-41'  'OPEN' 'GRAT' 0.0 0.0 2053.8        1   1*    113.3    104.1  1*  /
/
DATES
1 'JAN'  2009 /
/
WCONHIST
    'SD20-31'  'OPEN' 'GRAT' 0.0 0.0 3061.2        1   1*    115.8    94.3  1*  /
    'SD21-28'  'OPEN' 'GRAT' 0.0 0.0 382.9         1   1*    105.8    90.3  1*  /
    'SD21-33'  'OPEN' 'GRAT' 0.0 0.0 2328.2        1   1*    124.4    101.4  1*  /
    'SD23-26'  'OPEN' 'GRAT' 0.0 0.0 0.0   1   1*  108.6     107.0  1*  /
    'SD23-38'  'OPEN' 'GRAT' 0.0 0.0 3579.0        1   1*    109.8    87.7  1*  /
    'SD25-36'  'OPEN' 'GRAT' 0.0 0.0 1873.8        1   1*    131.7    86.4  1*  /
    'SD27-38'  'OPEN' 'GRAT' 0.0 0.0 1458.0        1   1*    129.0    89.6  1*  /
    'SD28-30'  'OPEN' 'GRAT' 0.0 0.0 5531.6        1   1*    122.0    96.2  1*  /
    'SD28-39'  'OPEN' 'GRAT' 0.0 0.0 3798.4        1   1*    125.0    89.8  1*  /
    'SD28-49'  'OPEN' 'GRAT' 0.0 0.0 4269.9        1   1*    12.6     86.0  1*  /
    'SD28-55'  'OPEN' 'GRAT' 0.0 0.1 26350.7       1   1*    13.8     86.7  1*  /
    'SD28-56'  'OPEN' 'GRAT' 0.0 0.0 7995.1        1   1*    10.2     96.5  1*  /
    'SD28-57'  'OPEN' 'GRAT' 0.0 0.0 4300.7        1   1*    13.1     93.8  1*  /
    'SD29-40'  'OPEN' 'GRAT' 0.0 0.0 5570.1        1   1*    120.9    99.7  1*  /
    'SD29-41'  'OPEN' 'GRAT' 0.0 0.0 378.6         1   1*    85.4     88.8  1*  /
/
DATES
1 'FEB'  2009 /
/
```

图 4-50　气井生产历史文件

4.2.4　相渗曲线

相渗曲线是数值模拟模型的重要组成部分。进行相渗曲线研究的目的是为模型有效渗透率计算提供依据。由于本区未搜集到相关相渗测试资料，因此本次研究的相渗曲线为邻区上古生界气藏测试资料(图 4-51)。研究表明，邻区岩样表现出以下渗流特征：

(1) 等渗点相对渗透率低(0.037)。

(2) 随着含水饱和度的增大，气相相对渗透率下降较快，而水相渗透率增大相对较缓。

(3) 束缚水饱和度低，易发生两相流动。

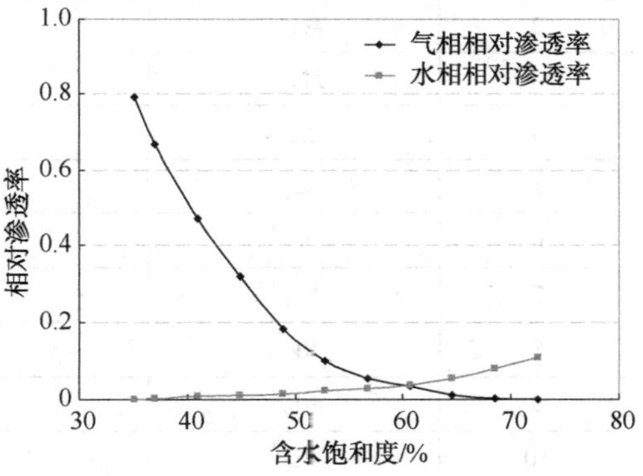

图 4-51　邻区数值模拟相渗曲线

4.2.5　参数的可调范围

在历史拟合过程中，由于模型参数数量较多，可调自由度大，而实际油藏动态数据种类和数量有限，不能唯一地确定油藏模型的参数。为了避免或减少修改参数的随意性，必须确定参数的可调范围。孔隙度由测井解释和岩心分析得出，被视为确定参数，允许改动范围在 3%以内；由于测井解释渗透率值和岩心分析渗透率值存在一定误差，而且根据渗透率的特点，井间的渗透率分布也是不确定的。因此，对渗透率的修改允许范围较大，可以增大或缩小几倍乃至几十倍；有效厚度测井解释的有效厚度与取心井资料相比，一般偏大，有效厚度调整范围一般不大于 30%，在拟合储量后，拟合其他参数时，一般不再改动；污染系数投产初期根据试井解释结果进行调整，若没有试井解释结果，按照平均改造效果进行处理，老井根据实际生产动态和储层堵塞情况进行适当调整；初始流体饱和度被视为确定参数；相对渗透率曲线被视为不确定参数；油气 PVT 参数被视为确定参数。

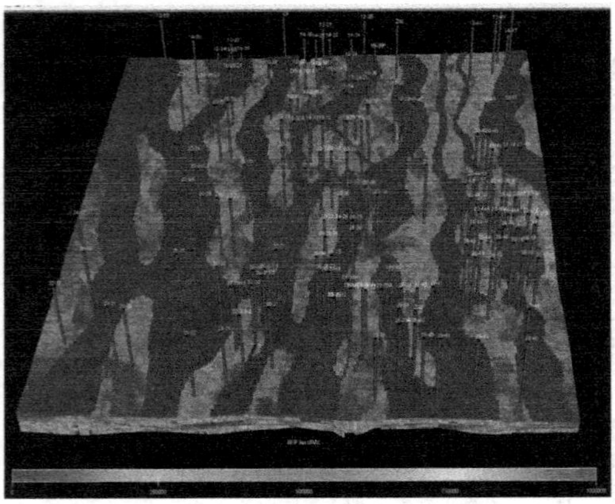
图 4-52　数值模拟储量三维图

4.2.6　拟合对象

模拟过程中主要采用定产求压，按照实际产量配产生产，拟合实际观测井口压力。

4.2.7　储量拟合

根据鄂尔多斯盆地气藏工程及数值模拟研究经验，上古生界气藏动静比约为 50%。本次数值模拟储量按地质储量的 50% 取值(表 4－7、图 4-52)。

表 4-7　地质模型储量与数值模拟储量对比

序　号	层　位	地质模型储量/10^8m^3	数值模拟储量/10^8m^3
1	盒$_8{}^1{}_1$	16.83	8.42
2	盒$_8{}^1{}_2$	52.44	26.22
3	盒$_8{}^2{}_1$	50.40	25.20
4	盒$_8{}^2{}_2$	87.20	43.60
5	山$_1{}^1$	33.64	16.82
6	山$_1{}^2$	45.12	22.56
7	山$_1{}^3$	45.15	22.58
8	山$_2{}^1$	38.72	19.36
9	山$_2{}^2$	50.34	25.17
10	山$_2{}^3$	58.26	29.13
11	太原	11.20	5.60
12	本溪	18.95	9.48
合计		508.25	254.14

4.2.8　生产历史拟合

区块地层压力测试资料缺乏，无法对地质模型进行约束。参考苏里格气井有效渗透率水平(0.05~0.5mD)，调整模型渗透率场，确保模型预测结果的可靠性(图 4-53)。

4.2.9　单井生产历史拟合

考虑该区气井井下节流生产状况，无井底流动压力测试资料，根据井口套压折算井底流动压力，并通过井底流动压力拟合提高模型准确性(图 4-54)。模型一次拟合率达 35%。

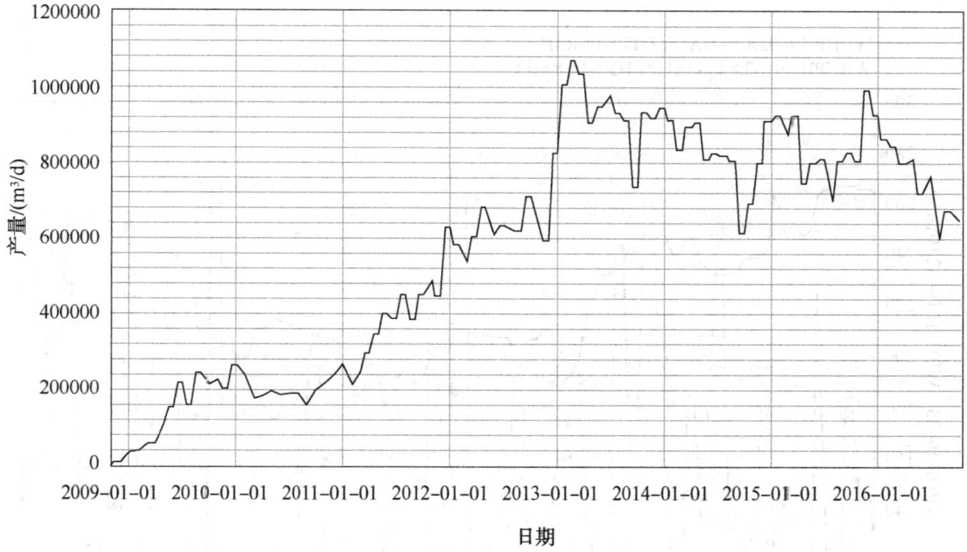

图 4-53　区块产量拟合曲线

4.2.10　剩余储量分布特征

在井网控制区，盒$_{8}^{上}_{2}$、盒$_{8}^{下}_{2}$动用程度相对较高，动用区具备加密空间；未动用区剩余储量较多。山$_1$段在区块中部动用程度较大，其余区域储量动用程度较低。区块中部山$_2$段、太原组、本溪组动用程度相对较低(图 4-55)。

(a)SD09-30A井底流动压力拟合曲线

图 4-54　井底流动压力拟合曲线

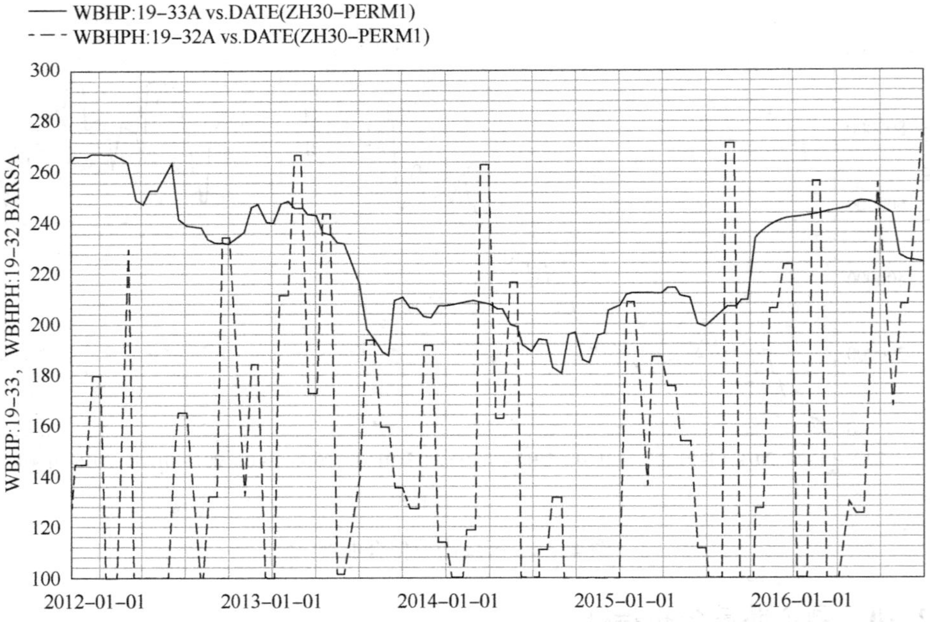

(b)SD19-32井底流动压力拟合曲线

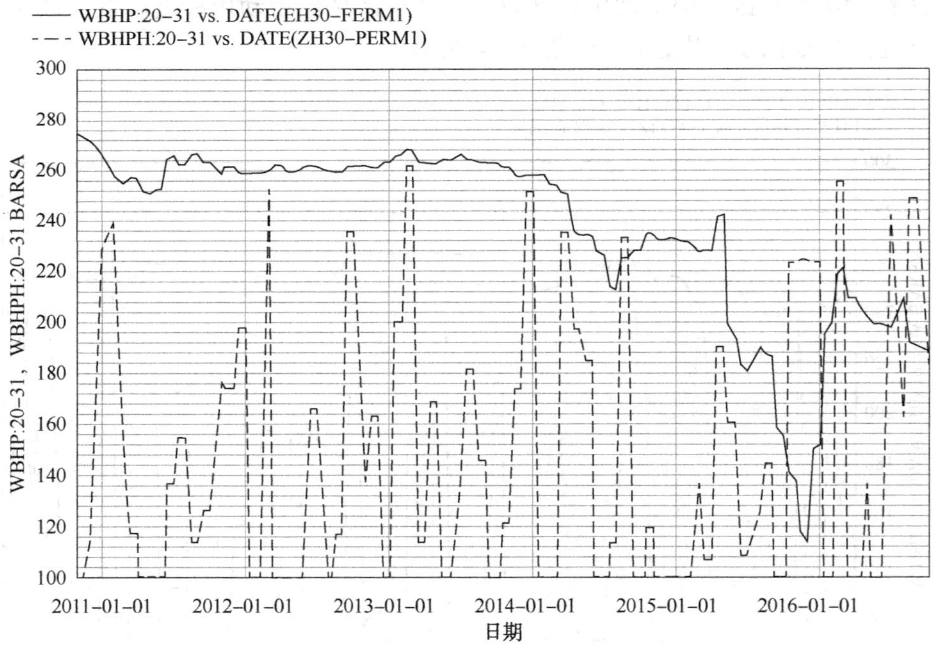

(c)SD27-39井底流动压力拟合曲线

图 4-54　井底流动压力拟合曲线(续)

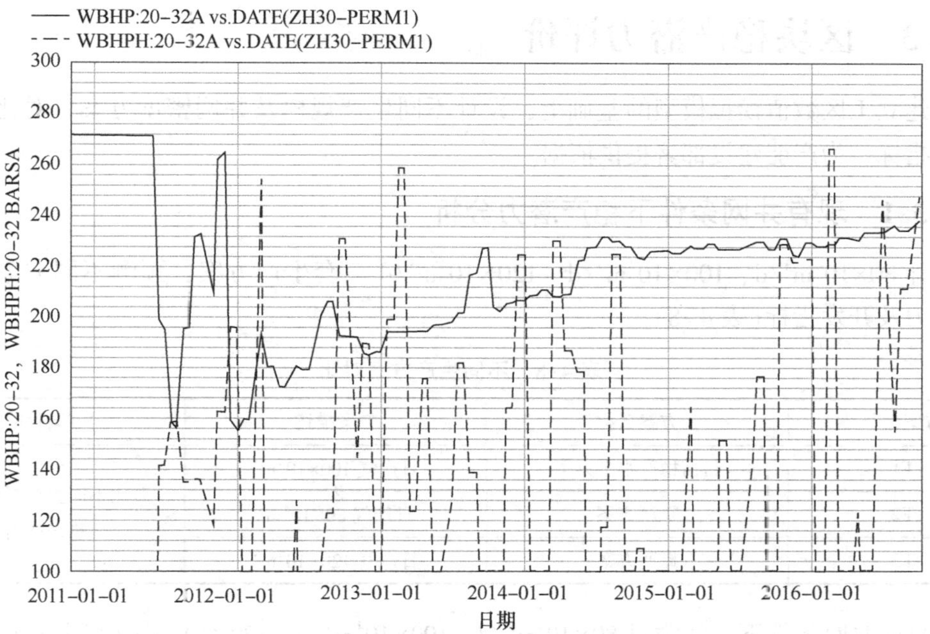

(d)SD18-39井底流动压力拟合曲线

图 4-54　井底流动压力拟合曲线(续)

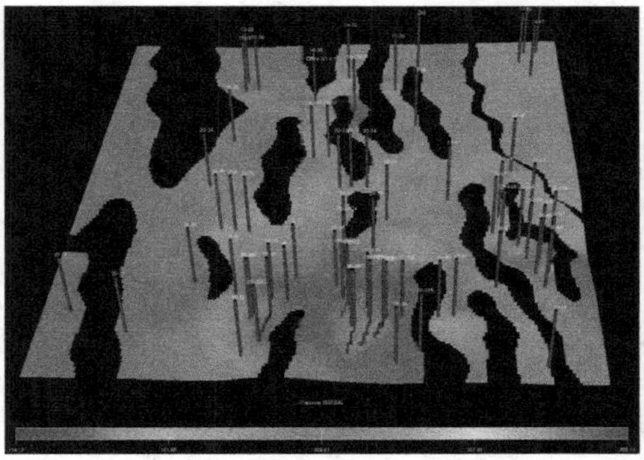

(a)盒$_{8}^{\text{上}}{}_{2}$目前地层压力分布

(b)山$_1^3$目前地层压力分布

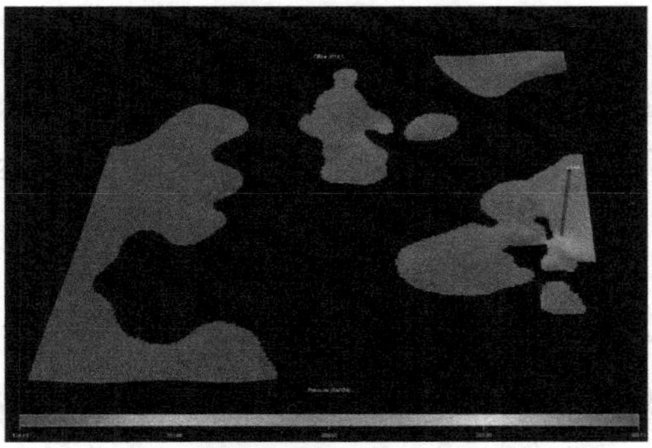

(c)本溪组目前地层压力分布

图 4-55　底层压力分布

4.3 区块稳产潜力评价

在建立工区数值模拟模型的基础上，设计不同生产规模及井网密度方案，对比各类方案生产指标，为产能建设部署提供依据。

4.3.1 现有井网条件下稳产潜力分析

设计 $80\times10^4m^3/d$、$100\times10^4m^3/d$、$120\times10^4m^3/d$ 三套生产方案，预测不同方案下气藏稳产能力及开发指标(表 4-8)。

表 4-8 不同生产方案对比

方案编号	方案名称	方案描述	方案目的
F1	目前稳产水平方案	日产气 $100\times10^4m^3$	对比不同生产规模下的稳产能力
F2	降产方案	日产气 $80\times10^4m^3$	
F3	提产方案	日产气 $120\times10^4m^3$	

在目前井网条件下，气藏以 $80\times10^4m^3/d$、$100\times10^4m^3/d$、$120\times10^4m^3/d$ 可分别稳产 10.0 年、3.5 年、1.1 年，预测期末采出气量 $120.1\times10^8m^3$、$119.0\times10^8m^3$、$116.6\times10^8m^3$(图 4-56)。

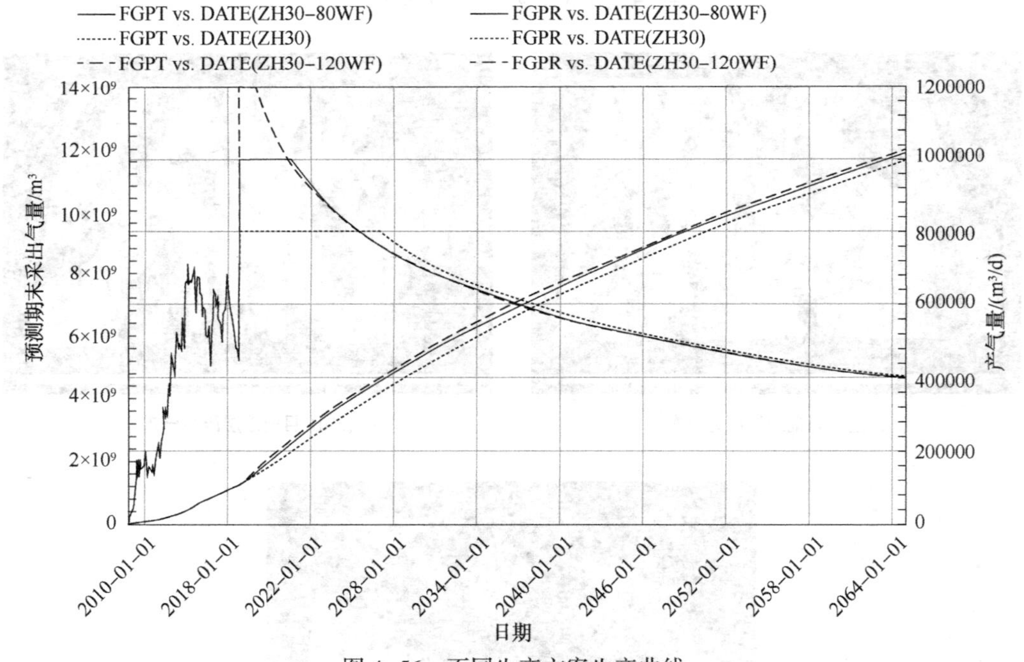

图 4-56 不同生产方案生产曲线

4.3.2 加密及扩边调整下稳产潜力

考虑盒$_8{}^{下}{}_2$、山$_2{}^3$储量较大，分布范围广，主要针对这两层进行加密及扩边部署，设计 600m×600m、600m×800m、600m×1000m 三套井距方案，预测不同方案下气藏稳产能力及开发指标(表 4-9、图 4-57)。

表 4-9　不同井距方案对比

方案编号	方案描述	方案目的
F1	600m×600m	对比不同井网密度下的稳产能力
F2	600m×800m	
F3	600m×1000m	

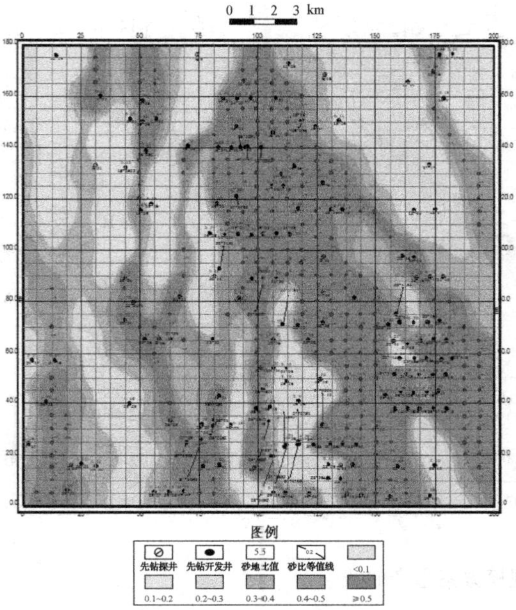

(a)600m×600m井距方案井位

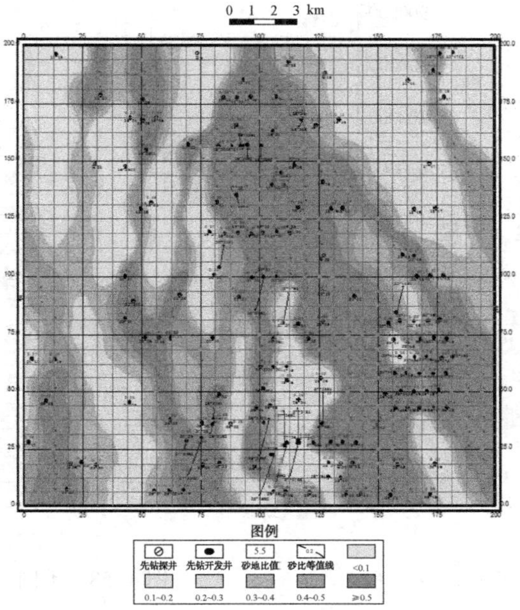

(b)600m×800m井距方案井位

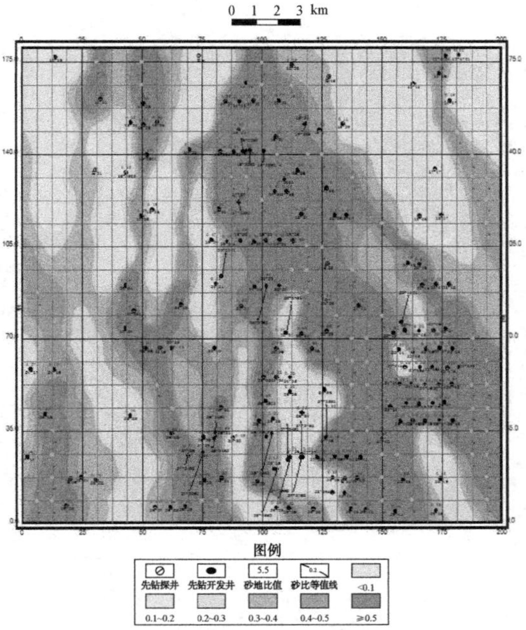

(c)600m×1000m井距方案井位

图 4-57　不同井距方案井位

在 600m×600m、600m×800m、600m×1000m 三套井距方案下，分别部署直井 183 口、152 口、55 口。在 $100\times10^4m^3/d$ 生产规模下，分别可稳产 13 年、12 年、8 年，预测期末采出气量 $120.1\times10^8m^3$、$119.0\times10^8m^3$、$116.6\times10^8m^3$（图 4-58）。

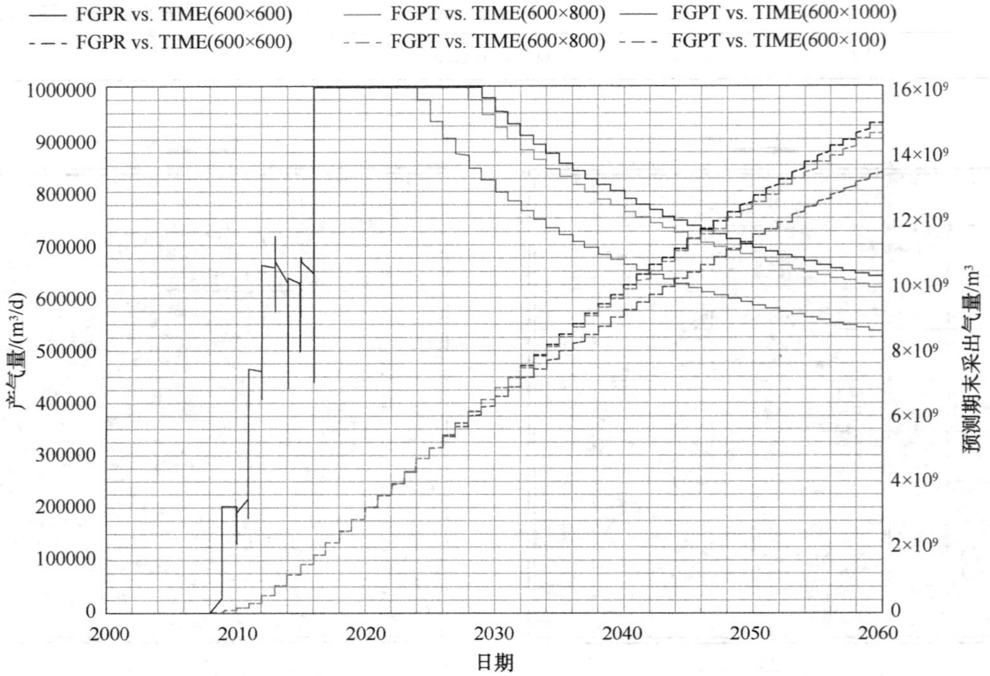

图 4-58　不同生产规模方案生产曲线

第5章　致密气藏储层改造优化

5.1　多薄层压裂工艺技术分析

5.1.1　多薄层压裂形成多裂缝的机理分析

多裂缝的存在造成了异常高的施工压力和早期砂堵。多条长度较短、缝宽较窄、导流能力低的裂缝，严重影响了压裂效果。

1. 多裂缝的形成过程

无论直井还是斜井，在裂缝的起裂过程中，由于射孔摩擦阻力与各个射孔破裂压力的限制，在井筒压力协调的作用下，多条人工裂缝相继开启，独立延伸、吸液。对于同一地层，同一纵向上破裂压力相差很小的多个射孔孔眼在井筒压力协调的情况下很容易相继开启，首先形成多条小裂缝。随着各条裂缝的尺寸的增大，在同一纵向上的各条裂缝可能在缝口联系在一起，成为一条大裂缝；而处于不同纵向上的小裂缝，由于与其他纵向上裂缝联系的可能性减小，有可能发展成另外的大裂缝，最后是多条大裂缝同时延伸，如图5-1所示。

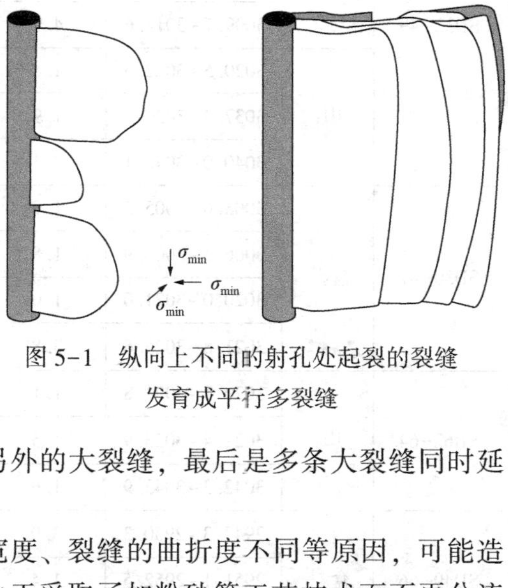

图5-1　纵向上不同的射孔处起裂的裂缝发育成平行多裂缝

在随后的压裂过程中，由于个别裂缝的裂缝宽度、裂缝的曲折度不同等原因，可能造成砂堵，从而逐渐退出流量的分流与延伸；或者由于采取了加粉砂等工艺技术而不再分流和延伸，最终在地层中延伸的可能只有少数几条大裂缝。图5-2为裂缝条数的变化规律。

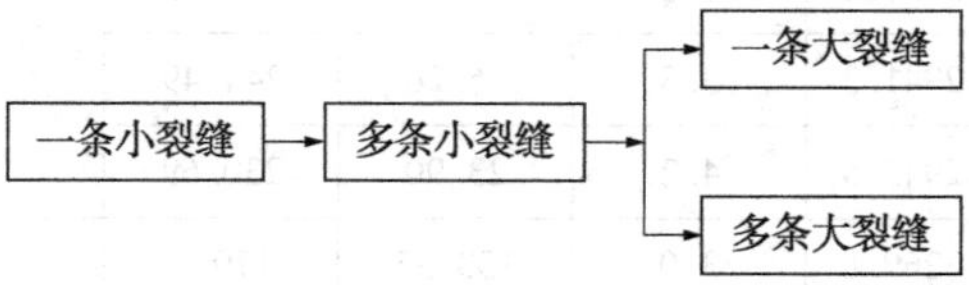

图5-2　裂缝条数变化规律示意图

2. 苏里格气藏多裂缝形成机理分析

(1) 苏东气田气藏部分井射孔段的层数多、单层厚度小，造成压裂液在多个层内分流，多条裂缝同时延伸扩展，形成多条裂缝。

对于均质的同一地层，沿轴向起裂的多条裂缝，如果不能在井底附近连接，则会形成多条独立发展的近平行裂缝，射孔段厚度越大，产生多裂缝的可能性越大。对于纵向上的多个薄层，射孔段长度增加，多个射孔独立进液，不同层位内的裂缝各自延伸，并由于隔层的存在，减小了连接的可能性，形成纵向多裂缝。

表 5-1 为苏东气田气藏典型井的有效厚度统计。统计的 6 口井在同一层位均相对集中有 3 个以上的小层，单层平均厚度仅 2. 2m。这种典型的多、薄层分布必然导致压裂过程中易形成多裂缝。

表 5-1　苏东气田气藏典型井的有效厚度统计

<table>
<tr><th>井　号</th><th>层　位</th><th>气层井段/
m</th><th>厚度/
m</th><th>电阻率/
Ω · m</th><th>时差/
μs</th><th>层　数</th><th>平均层厚/
m</th><th>总体平均
层厚/m</th></tr>
<tr><td rowspan="7">SD32-49</td><td rowspan="4">盒$_{8}^{下}$</td><td>3002. 0～3003. 9</td><td>1. 9</td><td>24. 24</td><td>264. 74</td><td rowspan="4">4</td><td rowspan="4">2. 5</td><td rowspan="23">2. 2</td></tr>
<tr><td>3004. 8～3005. 7</td><td>0. 9</td><td>25. 87</td><td>262. 28</td></tr>
<tr><td>3006. 5～3008. 8</td><td>2. 3</td><td>25. 44</td><td>266. 25</td></tr>
<tr><td>3009. 7～3014. 6</td><td>4. 9</td><td>27. 49</td><td>235. 5</td></tr>
<tr><td rowspan="3">山$_{1}$</td><td>3020. 5～3022. 3</td><td>1. 8</td><td>30. 80</td><td>238. 66</td><td rowspan="3">3</td><td rowspan="3">1. 9</td></tr>
<tr><td>3037. 4～3039. 3</td><td>1. 9</td><td>62. 11</td><td>273. 78</td></tr>
<tr><td>3040. 0～3042. 1</td><td>2. 1</td><td>100. 25</td><td>252. 93</td></tr>
<tr><td rowspan="4">SD30-47</td><td rowspan="4">盒$_{8}^{下}$</td><td>3003. 6～3005. 5</td><td>1. 9</td><td>37. 58</td><td>250. 59</td><td rowspan="4">4</td><td rowspan="4">2. 1</td></tr>
<tr><td>3006. 1～3007. 9</td><td>1. 8</td><td>53. 56</td><td>235. 89</td></tr>
<tr><td>3020. 0～3021. 0</td><td>1. 0</td><td>20. 85</td><td>247. 58</td></tr>
<tr><td>3021. 8～3025. 6</td><td>3. 8</td><td>23. 21</td><td>260. 75</td></tr>
<tr><td rowspan="3">SD62-64</td><td rowspan="3">山$_{1}$</td><td>3020. 7～3021. 8</td><td>1. 1</td><td>125. 11</td><td>223. 94</td><td rowspan="3">3</td><td rowspan="3">1. 4</td></tr>
<tr><td>3022. 4～3023. 9</td><td>1. 5</td><td>116. 28</td><td>229. 17</td></tr>
<tr><td>3042. 3～3043. 9</td><td>1. 6</td><td>58. 71</td><td>239. 09</td></tr>
<tr><td rowspan="3">SD49-66</td><td rowspan="3">盒$_{8}^{下}$</td><td>2947. 3～2950. 3</td><td>3. 0</td><td>38. 08</td><td>246. 67</td><td rowspan="3">3</td><td rowspan="3">2. 3</td></tr>
<tr><td>2951. 1～2952. 5</td><td>1. 4</td><td>54. 77</td><td>252. 17</td></tr>
<tr><td>2954. 3～2956. 9</td><td>2. 6</td><td>52. 29</td><td>253. 87</td></tr>
<tr><td rowspan="3">SD21-56</td><td rowspan="3">盒$_{8}^{下}{}_{2}$</td><td>2936. 4～2938. 0</td><td>1. 6</td><td>35. 57</td><td>223. 83</td><td rowspan="3">3</td><td rowspan="3">3. 0</td></tr>
<tr><td>2938. 0～2941. 3</td><td>3. 3</td><td>16. 20</td><td>244. 49</td></tr>
<tr><td>2941. 3～2945. 5</td><td>4. 2</td><td>23. 90</td><td>230. 69</td></tr>
<tr><td rowspan="3">SD59-42</td><td rowspan="3">马$_{5}^{5}$</td><td>3266. 8～3269. 8</td><td>3. 0</td><td>153. 35</td><td>179. 7</td><td rowspan="3">3</td><td rowspan="3">2. 2</td></tr>
<tr><td>3275. 9～3277. 5</td><td>1. 6</td><td>91. 23</td><td>179. 81</td></tr>
<tr><td>3285. 0～3286. 9</td><td>1. 9</td><td>150. 03</td><td>191. 28</td></tr>
</table>

（2）岩心分析表明，苏东气田气藏发育一定的天然微裂缝（表 5-2），压裂过程中开启的天然裂缝不仅大幅增加了压裂液滤失量，也增加了多裂缝产生的可能性。

表 5-2　苏东气田岩心观察显示有裂缝的井层统计

井　号	顶界/m	底界/m	层　位	渗透率/mD	孔隙度/%	备　注
SD23-53	2946. 41	2946. 63	P_2h	20. 910	12. 35	裂缝
SD40-30	3132. 58	3132. 68	P_2h	5. 922	9. 25	裂缝
SD41-58	2920. 79	2920. 90	P_2h	13. 230	10. 09	裂缝
SD43-64	2922. 32	2922. 35	P_1s	2. 669	0. 07	裂缝
SD50-47	3168. 56	3168. 69	P_1s	7. 700	10. 24	裂缝
	3293. 22	3293. 32	O_1m	1. 719	0. 93	裂缝
	3296. 99	3297. 15	O_1m	1. 688	1. 97	裂缝
SD55-59	2950. 90	2950. 95	P_2h	7. 019	4. 31	裂缝
	2956. 18	2956. 23	P_2h	5. 769	4. 82	裂缝

5. 1. 2　多薄层压裂典型工艺技术

分层及选择性压裂技术主要用于多层的油气井中，对其中的某个或某些目的层进行压裂。常用的分选压裂技术有堵塞球选择性压裂、限流法分层压裂和封隔器分层压裂等。

1. 堵塞球选择性压裂

堵塞球选择性压裂是将井中所有欲压裂的层段一次射开，利用各层间破裂压力不同的特点，首先压开破裂压力较低的层段并进行加砂。然后在注顶替液时投入堵塞球，将其射孔孔眼暂时堵塞，再提高压力压开破裂压力较高的层段。也可利用各层渗透性的差异，在泵注的适当时机泵入堵塞球，改变液体进入产层的分配状况，在渗透性较差的层段建立起压力，直至破裂。如此反复进行，直到更多的层段被压开。

堵塞球选择性压裂技术优点是省钱省时、适应范围广，可以和其他压裂方法配合使用。该技术的缺点是在地面上不能准确判断各目的层被压开的顺序，投堵塞球的量带有一定的盲目性。封堵球技术最大的不足是在压裂时投球控制不准，其投球的数量、投球速度、施工排量要求很严，因此施工技术难度大，在一定的压力下难以控制需重点改造的层位，即上、下气层分层压裂改造目的性差，不能有效地对设计层位实现最佳改造，从而不能得到理想的分层效果。如当堵塞球量不够时，可能造成目的层的重复处理，相应地，也就可能出现没有处理到的遗漏目的层，影响压裂效果。

2. 限流法分层压裂

限流法分层压裂是指当一口井中有多个压裂目的层，且各层间破裂压力又各不相同时，通过严格控制各层的炮眼数量和直径，并尽可能提高注入排量，利用最先被压开层孔眼产生的摩阻，大幅提高井底流动压力，迫使压裂液分流，使各目的层按破裂压力的高低顺序相继被压开，最后一次加砂同时支撑所有裂缝的工艺。

限流法分层压裂的关键是根据目的层的物性、厚度、纵向相邻油层和隔层的情况，以及平面上的连通关系，确定合理的布孔方案，即优化每个单层所射孔岩数量和孔径，以此来控制不同油层的处理强度，因而特别适合于对未射孔的低渗透薄层进行多层压裂完井作业。

但是，限流法分层压裂技术的实施还存在很大的不足，主要体现在以下几个方面：①如果限流压裂施工没有正确实施，则不能保证每一产层都进入了足够的液体。②在进行设计时，较薄的层位需要进入的液体和支撑剂少，因而只需要布较少的射孔孔眼，由于射孔孔眼少，孔眼损坏的影响就很明显，即使仅一个或两个孔眼受到损坏，也能明显改变流量分配。③在压裂液中加入砂子，会很快磨蚀孔眼，并改变孔眼流动效率。因此，前置液的转向可能是成功的，但携砂液的转向就不一定成功，在孔眼被磨蚀以后，很有可能一个层位进入了大部分的液体。④限流压裂设计中一般都没有考虑裂缝净压力的影响。⑤由于各层位裂缝延伸的复杂性，在限流压裂施工中要实现设计要求拟定的支撑剂在各层位的分布是非常困难的。

3. 封隔器分层压裂

封隔器分层压裂是目前国内外应用较为广泛的一种压裂技术。根据所选用的封隔器和管柱不同，封隔器分层压裂可分为以下四种类型。

1）单封隔器分层压裂

单封隔器分层压裂主要是对最下面一层进行压裂，目前应用广泛。

主要技术特点：管柱结构简单；施工比较安全，不易发生砂卡；适用于各种类型油气层，特别是深井和大型压裂。

主要技术要求：水力锚的啮合力必须大于施工时作用于封隔器上的上顶力，以免顶弯油管；施工时作用于封隔器上、下的压差必须小于封隔器允许的最大压差；压裂层的射孔段与上面一层射孔段之间的距离，中深井应不小于3m，深井应不小于5m。

目前，单封隔器也应用于油套分注实现两层分层压裂，如在四川洛带气田和新场气田就得到了广泛应用。

2）双封隔器分层压裂

双封隔器分层压裂管柱可在射开多层的油气井中，对其中任意一层进行压裂。

主要技术特点：控制压裂层位准确可靠；施工中两个封隔器之间拉力较大，对深井和破裂压力高的地层，不宜采用此种技术。

主要技术要求：两个封隔器之间的所有井下工具、短节的本体和螺纹抗拉强度必须大于施工时的最大拉力；喷砂器应紧接于下封隔器上部，以免施工时在下封隔器上形成沉砂；压裂层射孔段与上、下层射孔段之间的距离一般不小于5m，至少不小于3m；起管柱前，应先反循环将下封隔器上部沉砂冲净。起管柱时，应先上下活动，不得猛提。

3）桥塞封隔器分层压裂

桥塞封隔器分层压裂主要用于射开多层的油气井中，对其中任意一层进行压裂。

主要技术特点：施工比较安全，不易发生砂卡和拉断油管等事故；控制压裂层段准确可靠；适用于深井压裂；施工工艺较复杂，压裂前需要先下入桥塞；压裂后若桥塞下面有产层，则需要打捞或钻掉桥塞。

主要技术要求：施工时，桥塞上、下压差不能超过允许的最大压差；水力锚的啮合力必须大于施工时作用于封隔器的上顶力；打捞桥塞时，应先将桥塞上沉砂冲干净；捞住桥塞后，起管柱时应先上下活动将桥塞解封，收回卡瓦，再慢慢上起，不得猛提；若使用可钻式桥塞，钻桥塞时应注意保护油气层和防止发生井喷。

4）滑套封隔器分层压裂

滑套封隔器分层压裂有两种管柱类型。一种是封隔器和喷砂器都带有滑套，施工时只有目的层封隔器工作；另一种是封隔器不带滑套，只有喷砂器带滑套，施工一开始所有封隔器都工作，直至施工结束。目前，开关滑套方式也有两种。一种是投球憋压打开滑套；另一种是下入工具开关滑套。目前，国内最常用的是只有喷砂器带滑套的管柱和采用投球憋压打开滑套。

滑套封隔器分层压裂用于：可以不动管柱、不压井、不放喷、一次施工分压多层；对多层进行逐层压裂和求产。

主要技术特点：对油气层伤害小，有利于保护油气层；由于管柱内径限制，一般最多只能用三级滑套，一次分压四层；如果一次压多层，必须起钻换管柱，才能对下部层位进行排液求产。

主要技术要求：滑套内径自上而下要逐级减小，压裂时自下而上逐层压裂；为保证封隔器有较好的坐封位置，每个射孔段之间的距离一般不能小于5m；用于深井，为保证封隔器坐封位置准确，应对油管进行测井校深；因这种套管柱结构复杂，容易造成砂卡，施工完后应立即起出管柱；如果逐层压裂求产完再打开滑套压上层。在打开滑套前应先反循环将管柱内、外沉砂冲净，以免造成砂卡；滑套外径应小于所通过的管柱最小内径，并与滑套坐落短节密封良好。

目前，滑套封隔器分层压裂在分层压裂中得到广泛应用。如在川西气藏、大庆徐深气田、山西沁水盆地的煤层气、吉林盆地八屋气田、长庆气田、吐哈红台气藏及中原文南油田等得到了极其广泛的应用。

4. 其他特殊分层压裂技术

1）水力喷射压裂技术

水力喷射压裂是水力喷射和水力压裂相结合的一种技术，这种技术能够在准确的位置形成不同尺寸的多条裂缝。水力喷射压裂过程使用一套特殊的喷射工具，可以在水平井的特定位置作业。喷射工具安装在传统的油管或连续油管上。

此技术利用流体的巨大动能在储层岩石上喷射出一个水流通道，然后通过水力压裂产生一条裂缝。当措施层位得到了设计所要求的裂缝后，移动喷射工具到措施层位周围，开始另一条水力裂缝的喷射、压开。重复上述过程，不需要采用机械或化学方法封隔刚压开的裂缝。

应用此技术，水力压裂可沿着井眼精确位置造缝，一次产生一条裂缝，裂缝的位置具有选择性。重复这个过程可以得到多条裂缝。这种技术对于单井的多缝、多层位压裂是非常经济、有效的。

2）预制式分层压裂技术

预制式分层压裂是把一种称之为预制工作筒的特制套管短节随完井套管一起下入井内并固井。投产后需要压裂时，下入由反洗井密封段、侧孔喷砂器、压裂密封段、导向头等工具组成的压裂管柱与之配合实现分段压裂。

该方案的前期工作关键是在钻完井期间，兼顾各层位的具体条件，合理划定压裂层段，并配置带有预制工作筒的套管串，下入预定层位并固井。预制工作筒的配置遵循以下原则：预制工作筒的个数与压裂层段的数目相等。Φ114. 3mm 套管井不超过 3 个，Φ101. 6mm 套管井不超过 2 个；预制工作筒安置在油层段之间的隔层处，该隔层应有较大的厚度，阻渗性好，确保压裂不窜槽；预制工作筒尽量靠近油层段的顶界、底界，顶部工作筒距油层顶 2m±0. 5m，油层段之间的工作筒距上油层底 1. 5m±0. 5m。两个工作筒间隔不超过 30m。

现场压裂时，将配置好的压裂管柱下到第一级预制工作筒顶部，在旋转管柱的同时缓慢下放，由导向头引导压裂密封段通过第一级预制工作筒，分别插入第二级、第三级工作筒内，各一级形成密封。此时，反洗井密封段则插入第一级预制工作筒内形成另一级密封。它的定位环正好定位于工作筒顶部的台阶处，这样，管柱在定位的同时也就完成了对各目的层的分隔密封。然后，利用无节流的导向头压裂 1#层段，逐级投球打开喷砂器的滑套压裂 2#层段和 3#层段。若施工中出现砂卡，即可采用反循环方式反冲砂解卡，循环液体开启反洗井密封段的洗井阀，流经喷砂器的侧孔进入油管并携砂至地面，直到冲出全部沉砂为止。

3）连续油管分层压裂隔离技术在加拿大 Alberta 地区的应用

位于加拿大 Alberta 东南地区的浅层气生产井需要进行修复来提高产量，具有代表性的生产井有 4 个层段。技术人员曾经尝试使用堵塞球逐层压裂，但未成功，结果支撑剂覆盖率不一，还产生了计划外的费用。施工人员为了迅速完井或再次完井，综合了回流时间、环境和成本限制等多种因素，决定采用连续油管压裂。

高压连续油管分层压裂隔离技术可在一次施工中对多个产层进行压裂作业，并逐一进行返排。这样可减少残液与地层的接触时间，从而保持新增裂缝的高导流能力。与传统压裂工序相比，整个作业的最大特点是修井和施工时间减少，产量提高，环境污染减少，投资回收迅速。另外，一次起下管柱的工作可减少射孔队和增产作业单位的工作量。在加拿大，连续油管在一次起下过程中处理的层段达到 9 层(此项技术不限制处理层段数量)。目前，这一特殊工具的使用取代了修井机和大量的电缆作业，连续油管无须起出井口就可由一层移到另一层。

将连续油管用作加砂压裂的传输工具可节约大量的时间。技术人员对深度 900m 的多个浅层进行过连续油管压裂，1998 年 8 月，约 35 井次使用了该项技术。多个地层同时返排减少了排放到空气中的气体量，缩短了投资的回收时间。

连续油管压裂施工设备可将所需支撑剂准确注入目的层。分析表明，使用常规加砂向一口井内的 4 个层段注入 10. 9t 支撑剂，15d 内产量增加 18%；而通过连续油管加砂只在 1d 内就可将 10. 9t 支撑剂加入 9 个层段，5d 内产量增加 190%。

5.1.3 支撑剂段塞降滤与防治多裂缝技术

1. 支撑剂段塞的主要作用

支撑剂段塞不仅能降低压裂液的滤失，还有防治多裂缝的作用。

(1) 降滤失。支撑剂段塞中的支撑剂可以堵塞部分裂缝，降低压裂液滤失量，提高液体使用效率，使绝大多数的液体进入主裂缝，并迅速增大主裂缝的宽度，扩大改造规模，提高加砂量，形成更长的改造裂缝。

(2) 减少裂缝条数。这是一种重要的作用。多条裂缝并存时，裂缝壁面的闭合作用力大小不一，必然存在相对较宽的裂缝，也存在相对较窄的裂缝。这样，当小颗粒的支撑剂进入某些狭窄裂缝时，就能够封堵这些裂缝，而减少裂缝的条数。

(3) 保护小裂缝，提高支节裂缝、边缘裂缝的导流能力，避免这些裂缝的闭合。

(4) 减小孔眼摩阻。在射孔过程中，套管孔眼存在或多或少的毛刺，而段塞中的支撑剂可以使孔眼更加光滑，减小液体进入孔眼的摩阻和减少压裂液进入孔眼的剪切降解，从而降低了施工压力，保证了压裂液进入裂缝的黏度，提高了液体的效率。

(5) 优化近井筒附近裂缝壁面。水力裂缝壁面通常并不光滑，具有粗糙度和凹凸面，这些地方容易发生支撑剂堵塞。而支撑剂段塞与单一的冻胶段塞相比，对水力裂缝的壁面的冲蚀和磨蚀作用更大，它会使裂缝壁面更趋于光滑，减少裂缝的凹凸面，增大近井裂缝的宽度，大幅降低支撑剂在近井筒脱砂的可能性。

(6) 减小近裂缝弯曲效应。支撑剂段塞借助水力切割作用对弯曲裂缝进行冲刷使裂缝弯曲度减小，并使裂缝面与优化的裂缝面趋于一致。这种高速含砂流体形成的水力切割作用可以帮助液体对各种因素形成的节流环节、迂曲构造及粗糙表面进行水力切割、打磨，使流通路径趋于完善、光滑，减小摩阻。

2. 段塞材料的选择

段塞材料的种类较多，各种材料都有其优缺点和适用条件，应根据地层实际情况进行选择。100 目粉砂具有成本低、悬浮性好等优点，但粉砂易碎，导流能力低，较适合于大段裂缝降滤失。粉陶、组合陶粒在高闭合应力下具有较高的导流能力，破碎率较低但成本略高；乳液降滤失剂是通过形成油水乳状液，起到暂时封堵油层裂隙、防止液体滤失的作用。

在考虑段塞颗粒大小时，颗粒不能过小，否则容易造成天然裂缝深部堵塞，起不到明显的降滤失作用；颗粒也不能过大，否则容易在天然裂缝缝口造成疏松堵塞，同样起不到降滤作用，如图 5-3 所示。因此，颗粒大小应根据天然裂缝的开度进行合理选择。然而，由于地层内情况复杂，天然裂缝的开度很难确定。因此，对苏里格气田的低闭合应力地层，推荐使用成本低廉的 100 目粉砂；对于闭合应力较高的地层，可采用强度更高的 70~100 目粉陶作为段塞材料。

3. 段塞体积

要优化压裂施工中的段塞体积具有一定的难度，从多裂缝的总空间与开启的微裂缝的总空间方面来确定段塞体积，但具体定量计算的难度很大。

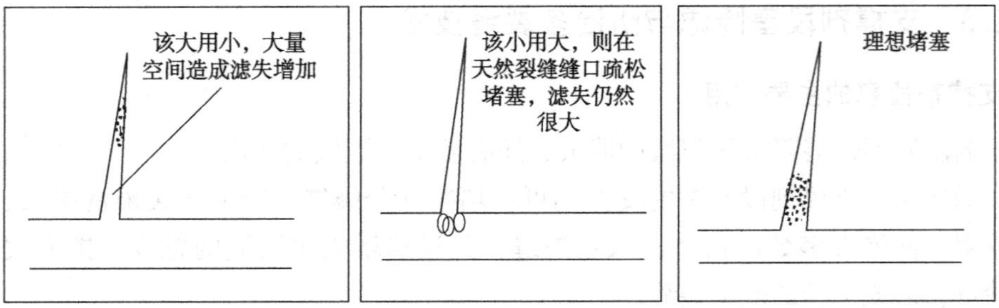

图 5-3　段塞颗粒大小不当时示意图

4. 段塞浓度

对于同样的段塞体积，如段塞砂比较大，会造成压裂液所到之处并没有被段塞颗粒完全覆盖或者覆盖面积较小，起不到明显的降滤失效果，并可能造成全面砂堵；如果砂比过小，则段塞颗粒的浓度太小，容易削弱封堵和打磨效果。建议段塞砂比在 5%～8%。另外，要保证段塞前有一定的液体量，以使段塞在前置液中均匀分布。

5.2　压裂改造效果评价

5.2.1　影响压裂效果的因素分析

1. 地层物性和效果分析

表 5-3 为苏东气田山西组压裂效果与地层物性关系。除生产资料不完整的井，对 19 口井进行了压裂效果与地层物性关系分析。其中，压裂效果用无阻流量来表征。图 5-4 为山西组无阻流量与对应物性参数的关系曲线。

表 5-3　苏东气田山西组压裂效果与地层物性关系

井　号	有效厚度/m	孔隙度/%	渗透率/mD	含气饱和度/%	地层压力/MPa	无阻流量/m³
SD38-72	12.4	11.34	0.624	65.2	27.0	5.53
SD50-37	7.7	11.77	0.461	61.3	21.4	2.22
SD31-64	7.7	9.62	0.483	68.6	17.5	1.17
SD31-50	7.6	6.94	0.413	53.3	26.2	3.01
SD31-52	8.9	9.35	0.456	64.0	24.8	2.08
SD30-26	9.2	7.88	0.334	60.2	25.8	2.67
SD18-69	7.2	6.62	0.454	62.6	20.1	1.08
SD16-49	16.2	9.36	0.49	62.9	23.4	1.98
SD57-44	6.8	9.26	0.58	66.1	24.0	2.15
SD26-75C1	5.4	9.61	0.32	55.0	21.3	2.36
SD60-62	13.2	10.33	0.613	64.3	22.2	2.22

续表

井　号	有效厚度/m	孔隙度/%	渗透率/mD	含气饱和度/%	地层压力/MPa	无阻流量/m^3
SD39-59	5.3	9.69	0.663	70.5	27.4	11.34
SD31-30	17.2	10.45	0.393	63.2	26.3	11.59
SD31-30C3	9.4	9.68	0.627	71.6	25.4	13.72
SD31-30C4	14.0	9.83	0.831	71.1	23.2	11.37
SD31-30C2	11.0	9.27	0.515	62.3	25.5	4.28
SD43-75	6.1	8.99	0.717	64.8	25.0	2.00
SD43-74	9.8	8.07	0.679	58.7	25.1	1.68
SD31-30C1	16.2	9.39	0.62	62.4	25.3	6.34

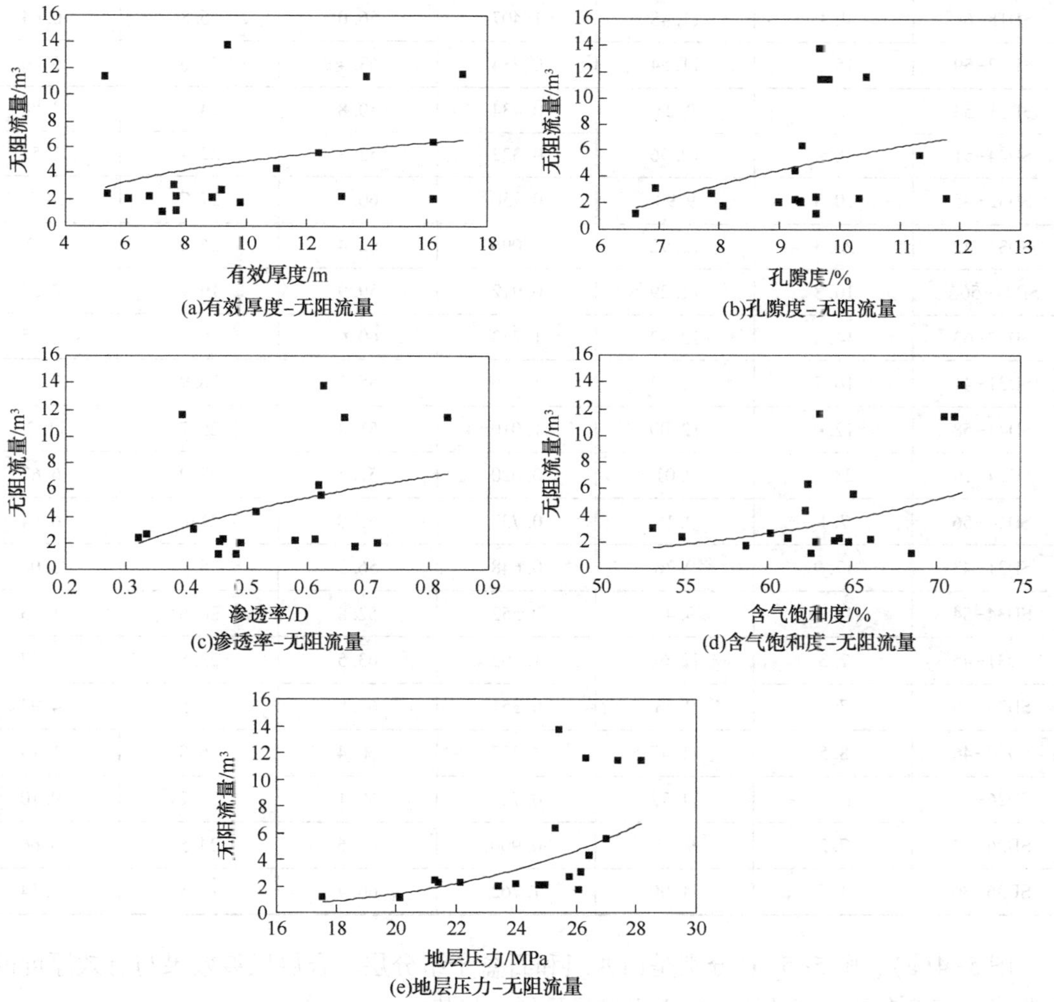

图 5-4　山西组无阻流量与对应物性参数的关系曲线

表 5-4 为苏东气田石盒子组压裂效果与地层物性关系。除生产资料不完整的井，对 26 口井进行了压裂效果与地层物性关系分析。其中，压裂效果用无阻流量来表征。图 5-5 为石盒子组无阻流量与对应物性参数的关系曲线。

表 5-4　苏东气田石盒子组压裂效果与地层物性关系

井　号	有效厚度/m	孔隙度/%	渗透率/mD	含气饱和度/%	地层压力/MPa	无阻流量/m^3
SD52-50	18.5	10.93	0.563	58.3	27.9	4.69
SD37-55	11.53	8.22	0.261	57.6	26.1	3.09
SD31-44	9.15	9.66	0.312	61.6	27.0	1.90
SD41-62	18.0	10.33	0.404	59.1	26.2	2.74
SD41-64	9.7	10.67	0.771	62.7	27.4	3.66
SD44-50	3.9	9.75	0.321	64.5	18.2	0.61
SD18-68	4.3	11.48	1.407	56.0	16.8	0.64
SD32-59	15.5	11.54	0.784	63.4	27.6	6.60
SD31-53	5.3	9.25	0.434	50.8	24.5	2.88
SD44-51	9.5	10.96	0.322	53.8	22.4	1.55
SD32-45	10.8	9.93	0.750	60.1	27.7	10.14
SD31-42	20.5	12.92	1.096	62.4	26.0	11.28
SD44-56A	10.8	11.29	0.912	59.9	19.7	2.52
SD27-63	14.8	12.42	1.233	60.6	15.1	0.75
SD31-41	16.7	11.83	1.216	55.1	26.9	9.45
SD44-58	12.0	12.00	1.010	51.8	26.7	11.20
SD24-19	23.7	9.01	0.620	57.5	28.0	6.67
SD44-56	7.1	9.18	0.733	57.8	21.8	6.64
SD31-43	17.9	9.76	0.648	56.2	25.7	3.08
SD34-54	18.5	9.41	0.552	52.8	20.6	1.35
SD31-45	7.3	12.62	1.192	63.5	23.5	3.47
SD33-19	7.6	9.53	0.351	67.8	24.5	4.92
SD20-46	8.5	11.47	1.217	60.4	16.8	1.19
SD26-31	13.9	11.72	0.746	60.1	26.2	9.10
SD26-32	7.2	9.31	0.900	65.6	24.5	6.66
SD36-30	1.7	11.90	1.762	66.4	17.5	1.14

图 5-4(a)、图 5-5(a)分别是山西组和石盒子组分层、合层压裂效果与有效厚度的关系曲线。随着有效厚度的增大，无阻流量呈增大趋势。

图 5-4(b)、图 5-5(b)分别是山西组和石盒子组分层、合层压裂效果与孔隙度的关系

曲线。随着孔隙度的增大，无阻流量呈增大趋势。

图 5-4(c)、图 5-5(c)分别是山西组和石盒子组分层、合层压裂效果与渗透率的关系曲线。随着渗透率的增大，无阻流量呈增大趋势。

图 5-4(d)、图 5-5(d)分别是山西组和石盒子组分层、合层压裂效果与含气饱和度的关系曲线。由于山西组含气饱和度大多在 60%左右，因此与无阻流量并无相关关系。石盒子组数据过于分散，也无明显关系。

图 5-4(e)、图 5-5(e)分别是山西组和石盒子组分层、合层压裂效果与地层压力的关系曲线。随着有效厚度的增大，无阻流量呈增大趋势。

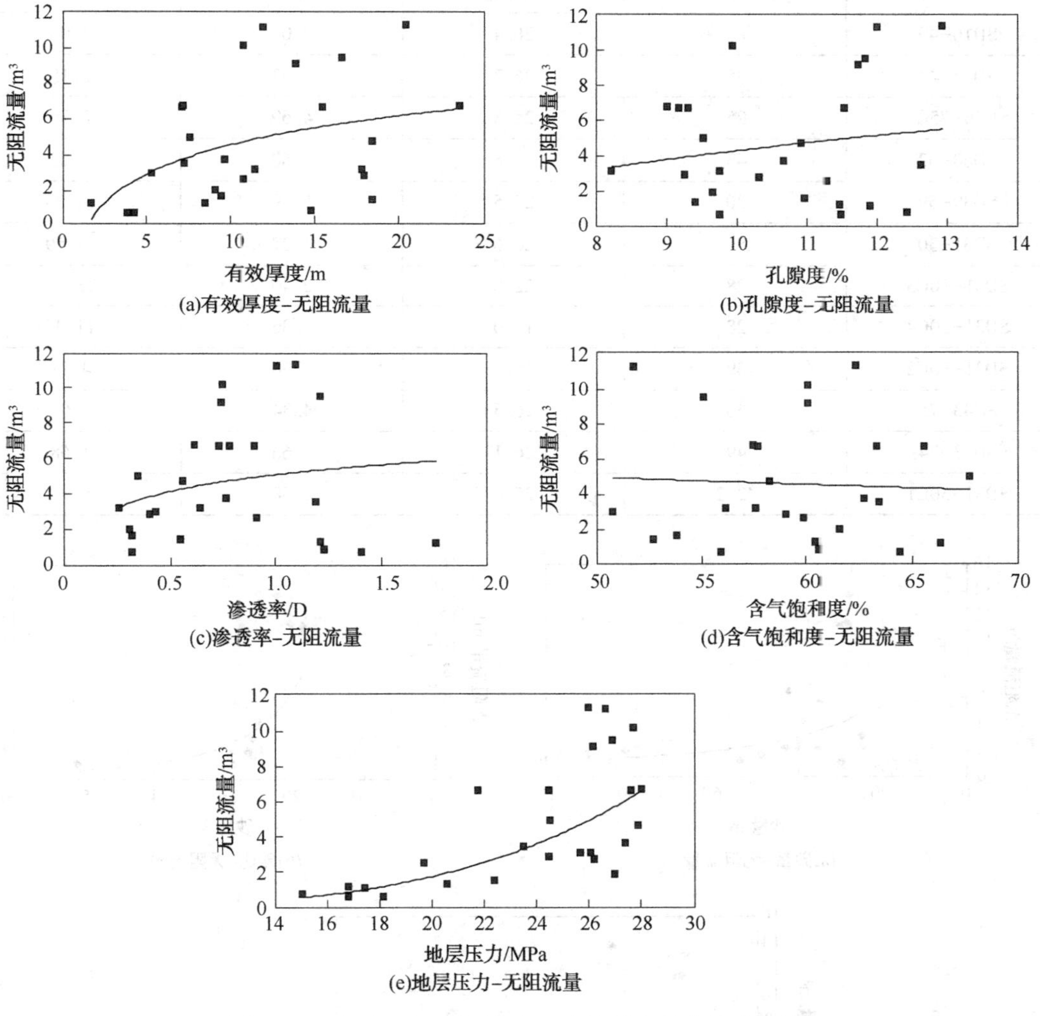

图 5-5　石盒子组无阻流量与对应物性参数的关系曲线

2. 施工参数和效果分析

表 5-5 为苏东气田山西组压裂施工参数与效果关系。除生产资料不完整的井，对 19 口井进行了压裂效果与地层物性关系分析。其中，压裂效果用无阻流量来表征。图 5-6 为无阻流量与对应物性参数的关系曲线。

表 5-5　苏东气田山西组压裂施工参数与效果关系

井　号	砂量/m^3	砂比/%	加砂强度/(m^3/m)	无阻流量/m^3
SD38-72	35	28.4	2.29	5.53
SD50-37	35	28.6	3.71	2.22
SD31-64	54	51.0	6.62	1.17
SD31-50	25	25.9	3.41	3.01
SD31-50	25	25.9	3.41	2.08
SD30-26	40	28.4	3.08	2.67
SD18-69	30	28.7	3.99	1.08
SD16-49	81	26.4	3.03	1.98
SD57-44	35	26.7	3.93	2.15
SD26-75C1	25	25.3	4.69	2.36
SD60-62	43	24.8	1.88	2.22
SD39-59	30	27.5	5.19	11.34
SD31-30	28.5	20.6	1.27	11.59
SD31-30C3	28	22.6	2.40	13.72
SD31-30C4	28	19.0	1.36	11.37
SD31-30C2	39	25.3	2.30	4.28
SD43-75	40	26.5	4.34	2.00
SD43-74	49	26.1	2.66	1.68
SD31-30C1	42.2	25.6	1.58	6.34

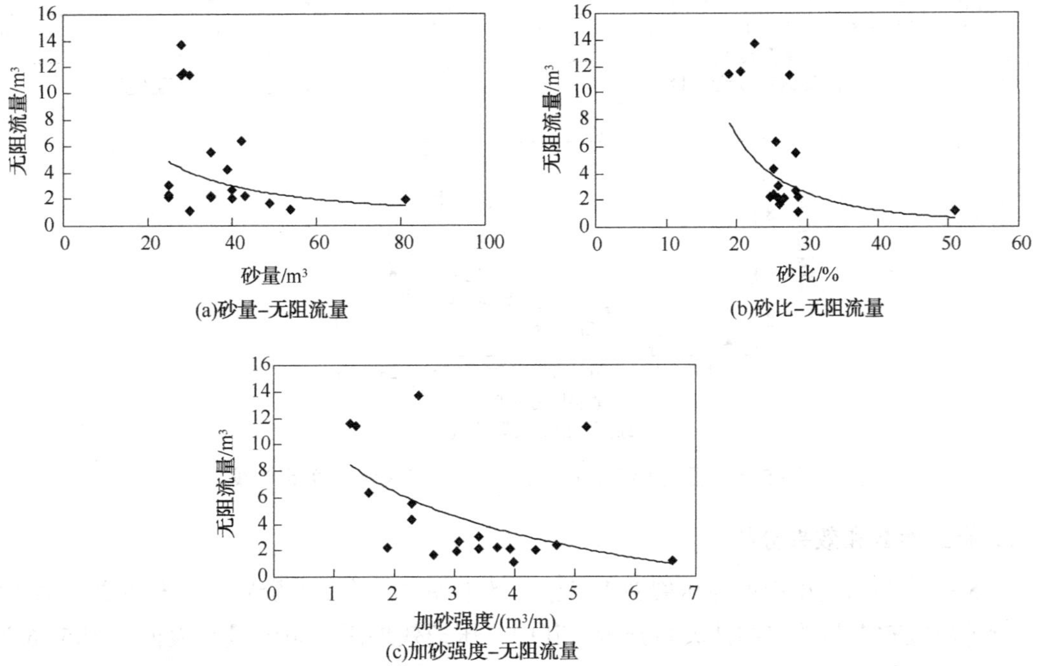

图 5-6　山西组无阻流量与对应物性参数的关系曲线

表 5-6 为苏东气田石盒子组压裂施工参数与效果关系。除生产资料不完整的井，对 26 口井进行了压裂效果与地层物性关系分析。其中，压裂效果用无阻流量来表征。图 5-7 为石盒子组无阻流量与对应物性参数的关系曲线。

表 5-6　苏东气田石盒子组压裂施工参数与效果关系

井　号	砂量/m^3	砂比/%	加砂强度/(m^3/m)	无阻流量/m^3
SD52-50	40	27.9	2.16	4.69
SD37-55	51	27.3	4.42	3.09
SD31-44	30	28.7	3.28	1.90
SD41-62	93	27.2	5.17	2.74
SD41-64	55	28.2	5.67	3.66
SD44-50	25	25.7	6.41	0.61
SD18-68	49	27.5	11.4	0.64
SD32-59	49	25.0	3.16	6.60
SD31-53	30	27.9	5.66	2.88
SD44-51	55	25.9	5.79	1.55
SD32-45	46	25.3	4.26	10.1
SD31-42	58	24.1	2.83	11.3
SD44-56A	40	28.1	3.70	2.52
SD27-63	58	25.7	3.92	0.75
SD31-41	63	24.1	3.77	9.45
SD44-58	35	27.9	2.92	11.2
SD24-19	74.7	25.1	3.15	6.67
SD44-56	39	26.7	5.49	6.64
SD31-43	69	24.4	3.85	3.08
SD34-54	75	26.1	4.05	1.35
SD31-45	33.6	27.4	4.60	3.47
SD33-19	30	29.4	3.95	4.92
SD20-46	25	25.1	2.94	1.19
SD26-31	47	21.7	3.38	9.10
SD26-32	43	23.9	5.97	6.66
SD36-30	25.7	27.2	15.1	1.14

图 5-6(a)、图 5-7(a)分别是山西组、石盒子组砂量与无阻流量之间的关系曲线。从图中及灰色关联度分析可知，砂量与无阻流量之间无明显相关关系。

图 5-6(b)、图 5-7(b)分别是山西组、石盒子组砂比与无阻流量之间的关系曲线。从

图中及灰色关联度分析可知，砂比与无阻流量之间无明显相关关系。

图 5-6(c)、图 5-7(c) 分别是山西组、石盒子组加砂强度与无阻流量之间的关系曲线。从图中可以看出，随着加砂强度的增大，无阻流量下降。

因此，可以得出结论：影响苏东气田压裂效果的主要因素为地层物性，与施工规模并无明显的相关关系。

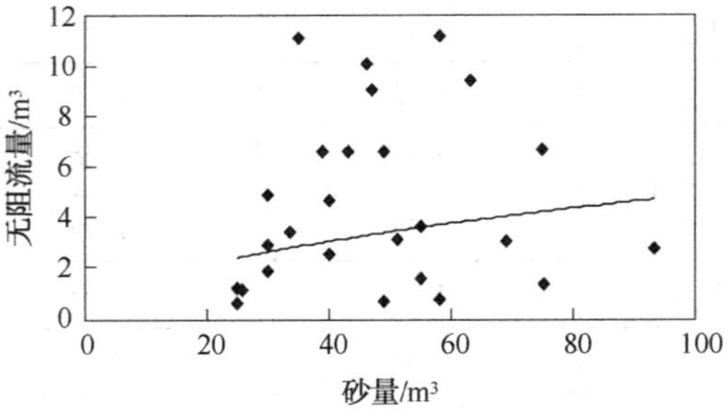

(a)砂量-无阻流量

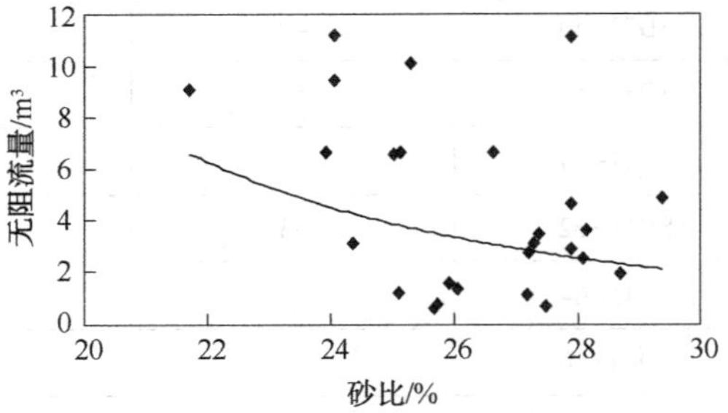

(b)砂比-无阻流量

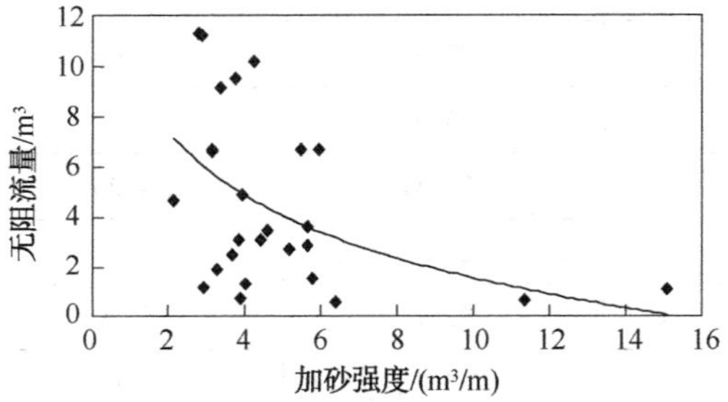

(c)加砂强度-无阻流量

图 5-7　石盒子组无阻流量与对应物性参数的关系曲线

5.2.2　压裂效果主控因素研究方法

分析影响压裂效果的常用数学方法是灰色关联分析，即对各单井数据进行灰色关联分析，对影响因素进行排序，确定各影响因素的权重。根据各因素权重的大小确定主要影响因素。

第一步：原始数据预处理。各指标原始数据量纲不同，数量级差也相差悬殊，为使各原始数据消除量纲，合并数量级，使其具有可比性，首先对原始数据进行预处理。对于时间序列(或经济序列)，原始数据预处理的主要方法有：

(1) 初值化变换。计算公式如下：

$$X_{ij}=X_{ij}/X_{i1} \tag{5-1}$$

(2) 均值化变换。计算公式如下：

$$X'_{ij}=X_{ij}/\overline{X_j} \tag{5-2}$$

而对于空间序列(或指标序列)的原始数据预处理的主要方法有：

(1) 极差变换。其计算公式为：

$$X'_{ij}=\frac{X_{ij}-X_{j\min}}{X_{j\max}-X_{j\min}} \tag{5-3}$$

(2) 效果测度变换。对于越大越好的指标，采用上限测度，计算公式为：

$$X'_{ij}=X_{ij}/X_{j\max} \tag{5-4}$$

对于越小越好的指标，采用下限测度，计算公式为：

$$X'_{ij}=X_{j\min}/X_{ij} \tag{5-5}$$

第二步：确定母序列X_0与子序列X_i。

第三步：计算每个时刻点上母序列与各子序列差的绝对值$\Delta_{0i}(t_j)$，即

$$\Delta_{0i}(t_j)=X_0(t_j)-X_i(t_j) \tag{5-6}$$

第四步：在表中取差值绝对值中最大值与最小值，即$\Delta_{\max}$、$\Delta_{\min}$。

第五步：求在各时刻点上母序列X_0与各子序列X_i的关联系数，计算公式为：

$$L_{0i}(t_j)=\frac{\Delta_{\min}+\rho\Delta_{\max}}{\Delta_{0i}(t_j)+\rho\,\Delta_{\max}} \tag{5-7}$$

式中 $\Delta_{\max}$——$|X_i-X_0|$ 的最大值；

$\Delta_{\min}$——$|X_i-X_0|$ 的最小值；

$\Delta_{0i}(t_j)$——t_j时刻的$|X_i-X_0|$ 值；

ρ——明辨系数，一般取 0.5。

第六步：求关联度，即计算关联系数的平均值：

$$\gamma_{0i}=\frac{1}{n}\sum_{j=1}^{n}L_{0i(t_j)} \tag{5-8}$$

第七步：排关联序。为准确评价及理顺各子序列对母序列的关联程度，需要将关联度按照大小顺序排成一列，称为关联序。对于各子序列，基于同一母序列，要比较孰大孰小，从而可以明确及理顺各子序列对于母序列的“主次”“优劣”关系，可表示为：

若$\gamma_{0a}>\gamma_{0b}$，则有表达式$\{X_a | X_b\}>\{X_b | X_a\}$（优于）；

若$\gamma_{0a}<\gamma_{0b}$，则有表达式$\{X_a | X_b\}<\{X_b | X_a\}$（劣于）；

若$\gamma_{0a}=\gamma_{0b}$，则有表达式$\{X_a | X_b\}=\{X_b | X_a\}$（等价于）。

5.2.3 压裂效果主控因素分析

从苏东气田2009年的压裂综合数据表中选取了有代表性的石盒子组和山西组的资料，用以研究有效厚度、泥质含量、孔隙度、渗透率、含气饱和度、地层压力、砂量和砂比对压裂效果的影响。表5-7为山西组19口井的压裂施工效果统计资料，表5-8为石盒子组26口井的压裂施工效果统计资料。

表5-7 山西组19口井的压裂施工效果统计资料

井　号	有效厚度/m	泥质含量/%	孔隙度/%	渗透率/mD	含气饱和度/%	地层压力/MPa	砂量/m^3	砂比/%	无阻流量/m^3
SD38-72	12.4	10.94	11.34	0.624	65.2	35.0	28.4	27.0	5.53
SD50-37	7.7	9.49	11.77	0.461	61.3	35.0	28.6	21.4	2.22
SD31-64	7.7	10.31	9.62	0.483	68.6	54.0	25.5	17.5	1.17

续表

井　号	有效厚度/m	泥质含量/%	孔隙度/%	渗透率/mD	含气饱和度/%	地层压力/MPa	砂量/m^3	砂比/%	无阻流量/m^3
SD31-50	7.6	17.12	6.94	0.413	53.3	60.0	25.9	26.2	3.01
SD16-92	8.9	7.90	9.35	0.456	64.0	63.0	26.8	24.8	2.08
SD30-26	9.2	10.79	7.88	0.334	60.2	40.0	28.4	25.8	2.67
SD18-69	7.2	5.92	6.62	0.454	62.6	30.0	28.7	20.1	1.09
SD16-49	16.2	13.33	9.36	0.490	62.9	81.0	26.4	23.4	1.98
SD57-44	6.8	11.17	9.26	0.580	66.1	35.0	26.4	24.0	2.15
SD26-75C1	5.4	15.60	9.61	0.320	55.0	25.0	25.3	21.3	2.36
SD60-62	13.2	11.86	10.33	0.613	64.3	43.0	25.6	22.2	2.22
SD39-59	5.3	12.30	9.69	0.663	70.5	30.0	27.5	27.4	11.34
SD31-30	17.2	12.14	10.45	0.393	63.2	28.5	20.6	26.3	11.59
SD31-30C3	9.4	9.88	9.68	0.627	71.6	28.0	22.6	25.4	13.72
SD31-30C4	14.0	8.38	9.83	0.831	71.1	28.0	19.0	28.2	11.37
SD31-30C2	11.0	8.73	9.27	0.515	62.3	39.0	25.3	26.5	4.28
SD43-75	6.1	8.56	8.99	0.717	64.8	40.03	26.5	25.0	2.00
SD43-74	9.8	4.60	8.07	0.679	58.7	49.0	26.1	26.1	1.68
SD31-30C1	16.2	18.11	9.39	0.620	62.4	42.2	25.6	25.3	6.34

表 5-8　石盒子组 26 口井的压裂施工效果统计资料

井　号	有效厚度/m	泥质含量/%	孔隙度/%	渗透率/mD	含气饱和度/%	地层压力/MPa	砂量/m^3	砂比/%	无阻流量/m^3
SD52-50	18.5	11.04	10.93	0.563	58.3	27.9	40.0	27.9	4.69
SD37-55	11.5	12.63	8.22	0.261	57.6	26.1	51.0	27.3	3.09
SD31-44	9.2	13.97	9.66	0.312	61.6	27.0	30.0	28.7	1.90
SD41-62	18.0	11.35	10.33	0.404	59.1	26.2	93.0	27.2	2.74
SD41-64	9.7	10.85	10.67	0.771	62.7	27.4	55.0	28.2	3.66
SD44-50	3.9	10.20	9.75	0.321	64.5	18.2	25.0	25.7	0.61
SD18-68	4.3	7.67	11.48	1.407	56.0	16.8	49.0	27.5	0.64
SD32-59	15.5	7.35	11.54	0.784	63.4	27.6	49.0	25.0	6.60
SD31-53	5.3	8.99	9.25	0.434	50.8	24.5	30.0	27.9	2.88
SD44-51	9.5	14.21	10.97	0.322	53.8	22.4	55.0	25.9	1.55
SD32-45	10.8	10.61	9.93	0.750	60.1	27.7	46.0	25.3	10.14
SD31-42	20.5	11.37	12.92	1.096	62.4	26.0	58.0	24.1	11.28

续表

井　号	有效厚度/m	泥质含量/%	孔隙度/%	渗透率/mD	含气饱和度/%	地层压力/MPa	砂量/m^3	砂比/%	无阻流量/m^3
SD44-56A	10.8	14.21	11.29	0.912	59.9	19.7	40.0	28.1	2.52
SD27-63	14.8	9.62	12.42	1.233	60.6	15.1	58.0	25.7	0.75
SD31-41	16.7	9.82	11.83	1.216	55.1	26.9	63.0	24.1	9.45
SD44-58	12.0	9.30	12.00	1.010	51.8	26.7	35.0	27.9	11.20
SD24-19	23.7	9.98	9.01	0.620	57.5	28.0	74.7	25.1	6.67
SD44-56	7.1	8.44	9.18	0.733	57.8	21.8	39.0	26.7	6.64
SD31-43	17.9	10.40	9.76	0.648	56.2	25.7	69.0	24.4	3.08
SD34-54	18.5	10.68	9.41	0.552	52.8	20.6	75.0	26.1	1.35
SD31-45	7.3	11.62	12.62	1.192	63.5	23.5	33.6	27.4	3.47
SD33-19	7.6	7.81	9.53	0.351	67.8	24.5	30.0	29.4	4.92
SD20-46	8.5	13.48	11.47	1.217	60.4	16.8	25.0	25.1	1.19
SD26-31	13.9	9.35	11.72	0.746	60.1	26.2	47.0	21.7	9.10
SD26-32	7.2	10.05	9.31	0.900	65.6	24.5	43.0	23.9	6.66
SD36-30	1.7	6.50	11.90	1.762	66.4	17.5	25.7	27.2	1.14

依据苏东气田压裂选井选层影响因素和单井产量数据的统计结果，利用灰色关联分析方法，首先将各参数用极差变换进行原始数据预处理。将已压裂井的无阻流量作为母序列，以各影响参数为子序列，确定各影响因素的权重(关联度)。依据各影响因素权重的大小进行排序，研究各影响因素对压裂效果影响的关系，确定苏东气田压裂选井选层的影响因素。

根据灰色关联度计算结果(表5-9)，可将苏东气田山西组气藏压裂后影响无阻流量的参数的主次顺序排列为：有效厚度、渗透率、泥质含量、地层压力、含气饱和度、孔隙度、砂比、砂量。

表5-9　山西组压裂选井影响因素及其权重

影响因素	有效厚度/m	泥质含量/%	孔隙度/%	渗透率/mD	含气饱和度/%	地层压力/MPa	砂量/m^3	砂比/%
权重	0.667	0.633	0.613	0.639	0.6222	0.629	0.525	0.554

根据灰色关联度计算结果(表5-10)，可将苏东气田石盒子组气藏压裂后影响无阻流量的参数的主次顺序排列为：渗透率、含气饱和度、地层压力、砂量、有效厚度、孔隙度、泥质含量、砂比。

用灰色关联分析方法，笔者初步选出了压裂选井的8个影响因素，这8个影响因素是互相关联的，存在交叉关系或重叠关系，需要进一步进行研究，以区分真正独立的影响因素。渗透率、含气饱和度、地层压力与无阻流量有比较明显的相关关系，可以作为压裂选井的主要影响因素。

表 5-10　石盒子组压裂选井影响因素及其权重

影响因素	有效厚度/m	泥质含量/%	孔隙度/%	渗透率/mD	含气饱和度/%	地层压力/MPa	砂量/m^3	砂比/%
权重	0.633	0.628	0.630	0.698	0.661	0.635	0.634	0.589

5.3　压裂规模优化

苏东气田主力产层的渗透率等参数差异较大，有必要对此开展针对性的压裂优化设计研究，以指导气田分层压裂改造设计。本章进行了主力层压裂裂缝参数优化设计，并根据不同的物性条件推荐了压裂施工的规模和典型的施工泵注程序。

5.3.1　压裂优化设计的原则

(1) 苏东气田多薄层采用一体化管柱压裂，井下工具较复杂，压裂设计应以确保施工成功为首要原则。

(2) 在确保完成加砂任务的前提下，尽可能减少入地液量，减少储层伤害。

(3) 在未确定有效砂体横向展布的情况下，主体采用适度规模压裂，既降低了施工成本，又降低了压裂施工风险。

苏东气田盒$_8$段—山$_1$段储集层是发育于潮湿沼泽背景下的距物源有一定距离的砂质辫状河(整体呈南北向展布)沉积，孔隙类型以次生孔隙为主。气田砂岩大面积连片分布，钻遇率多在70%以上；但有效砂体规模小，多呈孤立状分布在致密砂岩或泥岩中，连续性和连通性差，钻遇率多小于50%(表5-11)。

表 5-11　苏东气田砂岩、有效砂岩钻遇率统计

层　段	小　层	砂岩厚度/m	砂岩钻遇率/%	有效砂岩厚度/m	有效砂岩钻遇率/%
盒$_8$^{上}	1	6.47	72.4	2.00	3.4
	2	7.29	79.3	2.10	27.6
盒$_8$^{下}	1	4.92	69.0	3.78	13.8
	2	7.14	93.1	4.02	44.8
	3	7.20	96.6	2.66	58.6
	4	6.80	96.5	2.99	55.2
山$_1$	1	7.36	68.9	3.12	31.0
	2	8.11	82.8	3.33	41.4
	3	4.44	65.5	4.14	17.2

(4) 坚持低成本开发战略，在以压后增产量为主要评价指标的同时，必须重点考虑压裂施工成本。

(5) 低渗、多薄层压裂设计应考虑隔层状况。

(6) 设计泵注程序是施工的指导性文件，正式施工时应根据实际施工参数进行实时调整。

5.3.2 压裂裂缝参数优化设计

取有效渗透率分别为 0.2mD、0.5mD、0.8mD、1.0mD、2.0mD，压裂有效厚度 3m，在不同压裂裂缝长度和裂缝导流能力参数组合下，模拟预测压裂 360d 的生产数据。主要依据模拟的产气量，并结合低渗气藏压裂优化设计的一般原则，设计苏东气田压裂裂缝参数。

1. 渗透率取 0.2mD 的参数优化

表 5-12、图 5-8～图 5-10 为压裂裂缝导流能力取 16D·cm 时不同压裂裂缝长度下的压后日产气量和累计产气量模拟结果。在裂缝长度大于 100m 时，压后初期的日产气量为 $0.836 \times 10^4 m^3$，而不压裂的日产气量为 $0.167 \times 10^4 m^3$，压后 360d 累计增气 $120 \times 10^4 m^3$ 以上。这表明对于苏东气田渗透率较低的层段，具备一定的增产潜能，适宜采取压裂改造措施来提高气井产量。随着裂缝长度的增大，压后日产气量和累计产气量几乎呈线性增加，这主要是对低渗层来说压裂裂缝长度是影响压后产气量的关键因素。但压裂裂缝越长，施工规模越大，相应的施工成本越高。考虑到施工成本，并结合产量模拟结果，建议裂缝长度设计为 160m 左右。

表 5-12　不同压裂裂缝长度的压后产量(导流能力 16D·cm)　　$10^4 m^3$

时间 / 压裂规模	10d		30d		90d		180d		360d	
	日产气量	累计产气量	日产气量	累计产气量	日产气量	累计产气量	日产气量	累计产气量	日产气量	累计产气量
不压裂	0.167	2.076	0.148	5.619	0.138	13.727	0.138	26.233	0.128	49.76
裂缝长度 40m	0.541	9.19	0.423	19.69	0.354	41.091	0.325	71.713	0.285	126.148
裂缝长度 60m	0.63	11.434	0.482	23.389	0.394	47.212	0.354	80.835	0.315	140.1
裂缝长度 80m	0.748	13.864	0.551	27.837	0.443	54.838	0.394	92.308	0.344	157.635
裂缝长度 100m	0.836	15.399	0.6	30.789	0.482	59.935	0.413	99.924	0.364	169.148
裂缝长度 120m	0.925	16.561	0.649	33.288	0.502	64.432	0.433	106.704	0.384	179.401
裂缝长度 140m	1.004	17.426	0.699	35.424	0.531	68.476	0.453	112.942	0.394	188.906
裂缝长度 160m	1.063	18.037	0.738	37.185	0.561	72.067	0.482	118.59	0.413	197.625
裂缝长度 180m	1.112	18.41	0.768	38.464	0.581	74.842	0.492	123.087	0.423	204.65

表 5-13、图 5-11～图 5-13 为压裂裂缝长度取 160m 时不同裂缝导流能力下的日产气量和累计产气量模拟结果。从模拟结果来看，裂缝导流能力对日产气量的影响较小。主要是由于低渗层段对压裂裂缝长度要求较高，相对而言裂缝导流能力影响较弱。考虑到压裂裂缝长度设计为 160m，建议裂缝导流能力设计为 16D·cm。

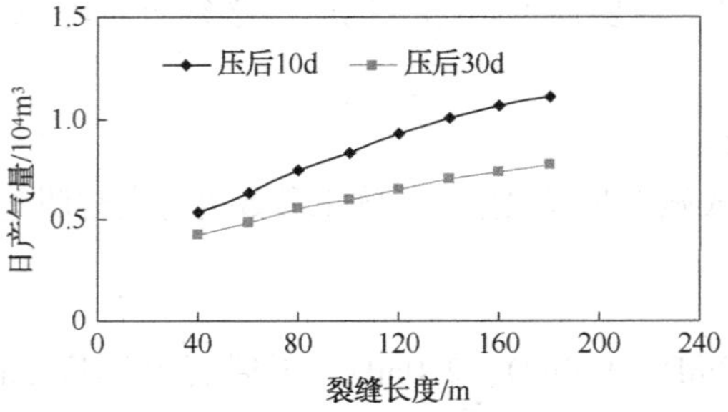

图 5-8　压裂裂缝长度对压后日产气量的影响

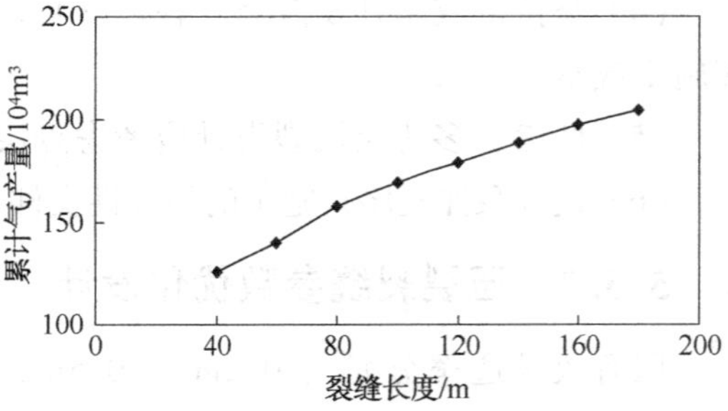

图 5-9　裂缝长度对压后 360d 累计产气量的影响

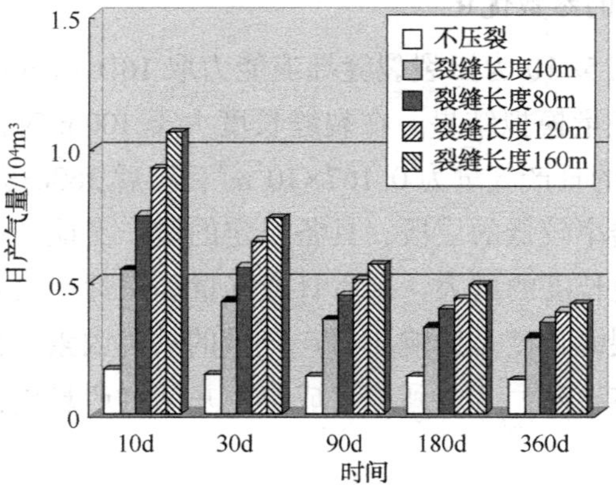

图 5-10　不同压裂裂缝长度时日产气量随时间的变化

表 5-13　不同裂缝导流能力的压后产量(裂缝长度 160m)　　10^4m^3

时间 / 压裂规模	10d		30d		90d		180d		360d	
	日产气量	累计产气量	日产气量	累计产气量	日产气量	累计产气量	日产气量	累计产气量	日产气量	累计产气量
不压裂	0. 167	2. 076	0. 148	5. 619	0. 138	13. 727	0. 138	26. 233	0. 128	49. 76
裂缝导流能力 10D · cm	0. 935	15. 035	0. 669	32. 167	0. 522	64. 097	0. 443	107. 216	0. 394	181. 054
裂缝导流能力 14D · cm	1. 033	17. 151	0. 718	35. 748	0. 551	69. 824	0. 472	115. 432	0. 403	193. 098
裂缝导流能力 18D · cm	1. 092	18. 794	0. 748	38. 385	0. 571	73. 898	0. 482	121. 169	0. 423	201. 324
裂缝导流能力 22D · cm	1. 141	20. 123	0. 777	40. 422	0. 59	76. 938	0. 492	125. 37	0. 433	207. 287
裂缝导流能力 26D · cm	1. 171	21. 166	0. 787	41. 947	0. 6	79. 211	0. 502	128. 499	0. 433	211. 735
裂缝导流能力 30D · cm	1. 2	22. 032	0. 807	43. 177	0. 6	81. 002	0. 512	130. 959	0. 443	215. 218

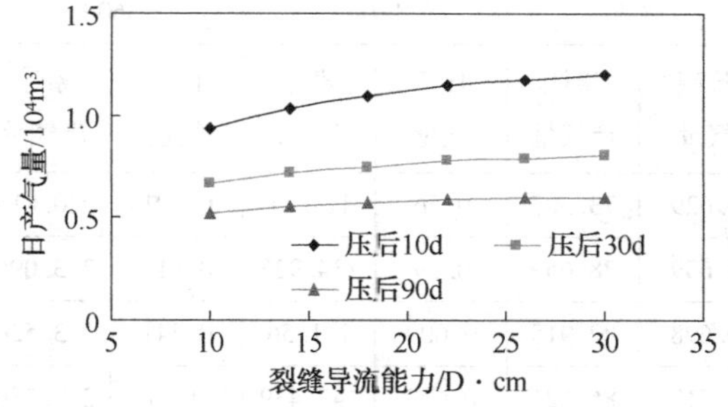

图 5-11　裂缝导流能力对压后日产气量的影响

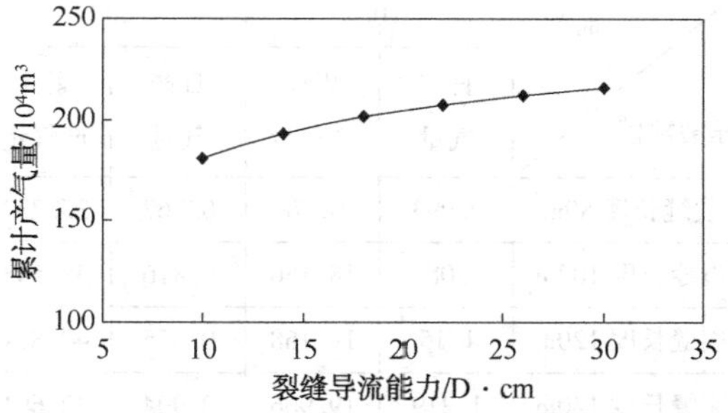

图 5-12　导流能力对压后 360d 累计产气量的影响

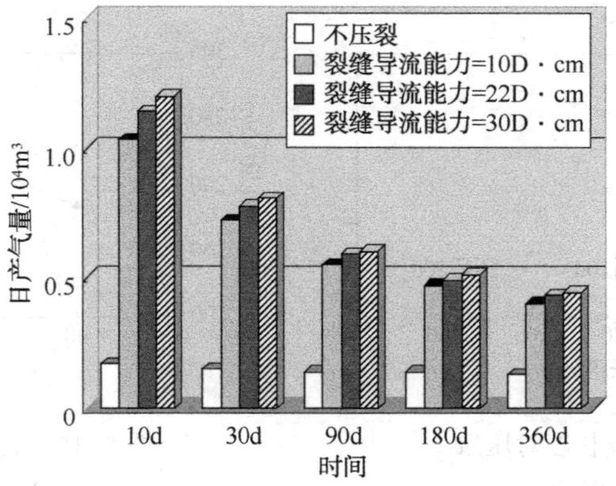

图 5-13　不同裂缝导流能力时日产气量随时间的变化

2. 渗透率取 0.5mD 的参数优化

表 5-14、图 5-14～图 5-16 为压裂裂缝导流能力取 16D·cm 时不同压裂裂缝长度下的压后日产气量和累计产气量模拟结果。裂缝长度大于 100m 时，压后初期的日产气量可达到 1.081×10⁴m³，而不压裂的日产气量为 0.256×10⁴m³，压后 360d 累计增气 150×10⁴m³ 以上。随着裂缝长度的增大，压后日产气量和累计产气量不同程度地增加，但增加幅度逐渐减小；图 5-15 表明，裂缝长度大于 140m 之后日产气量增加变得平缓。考虑到施工成本和该层的渗透率仅为 0.5mD，建议裂缝长度设计为 140m 左右。

表 5-14　不同压裂裂缝长度的压后产量(导流能力 16D·cm)　　10^4m^3

时间 / 压裂规模	10d		30d		90d		180d		360d	
	日产气量	累计产气量	日产气量	累计产气量	日产气量	累计产气量	日产气量	累计产气量	日产气量	累计产气量
不压裂	0.256	3.224	0.236	8.768	0.226	21.508	0.216	41.207	0.197	78.01
裂缝长度 40m	0.767	12.13	0.619	27.219	0.531	58.567	0.482	103.922	0.423	184.163
裂缝长度 60m	0.865	14.401	0.678	31.18	0.57	65.418	0.511	114.45	0.452	200.854

续表

压裂规模＼时间	10d		30d		90d		180d		360d	
	日产气量	累计产气量	日产气量	累计产气量	日产气量	累计产气量	日产气量	累计产气量	日产气量	累计产气量
裂缝长度 80m	0.993	16.78	0.767	35.732	0.629	73.587	0.56	127.11	0.491	220.819
裂缝长度 100m	1.081	18.156	0.816	38.543	0.659	78.659	0.59	134.925	0.511	233.096
裂缝长度 120m	1.15	19.168	0.855	40.814	0.698	82.915	0.609	141.56	0.541	243.526
裂缝长度 140m	1.219	19.906	0.904	42.691	0.718	86.621	0.629	147.439	0.55	252.786
裂缝长度 160m	1.278	20.407	0.934	44.195	0.747	89.776	0.649	152.56	0.57	260.935
裂缝长度 180m	1.317	20.712	0.963	45.247	0.767	92.145	0.668	156.492	0.58	267.216

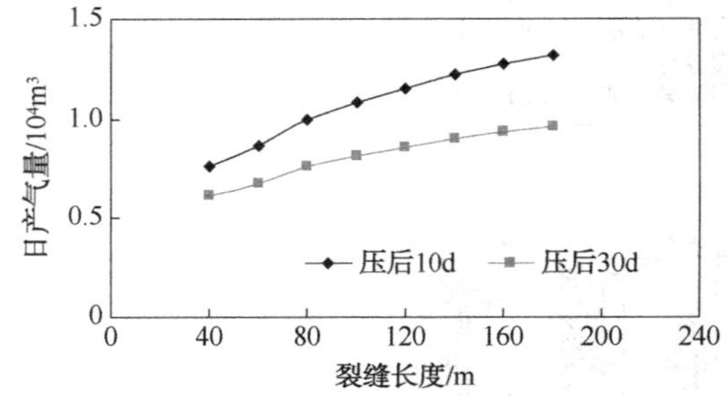

图 5-14　压裂裂缝长度对压后日产气量的影响

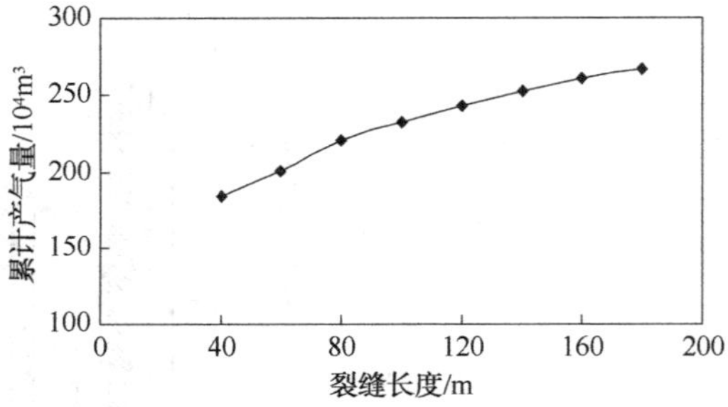

图 5-15　裂缝长度对压后 360d 累计产气量的影响

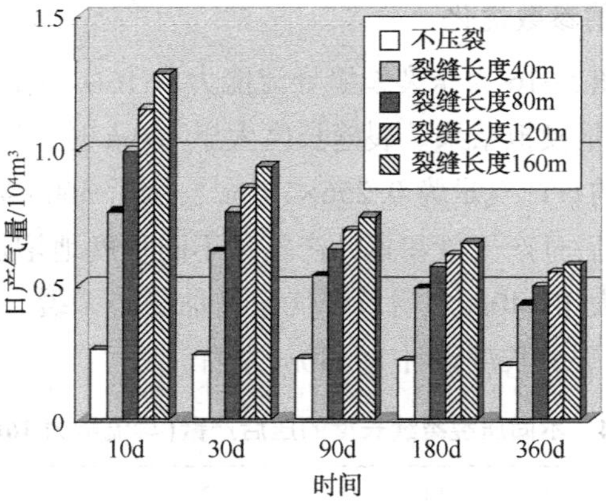

图 5-16　不同压裂裂缝长度时日产气量随时间的变化

表 5-15、图 5-17~图 5-19 为压裂裂缝长度取 150m 时不同裂缝导流能力下的日产气量和累计产气量模拟结果。随着裂缝导流能力的增加，日产气量和累计产气量呈增加趋势。在裂缝长度为 150m 时，裂缝导流能力对日产气量的影响相对较弱。考虑到渗透率仅 0.5mD、裂缝长度设计为 140m，建议裂缝导流能力设计为 18D · cm 左右。

表 5-15　不同裂缝导流能力的压后产量(裂缝长度 150m)　10^4m^3

压裂规模＼时间	10d		30d		90d		180d		360d	
	日产气量	累计产气量	日产气量	累计产气量	日产气量	累计产气量	日产气量	累计产气量	日产气量	累计产气量
不压裂	0. 256	3. 224	0. 236	8. 768	0. 226	21. 508	0. 216	41. 207	0. 197	78. 01
裂缝导流能力 10D・cm	1. 081	16. 848	0. 816	37. 304	0. 668	77. 489	0. 59	133. 716	0. 521	231. 966
裂缝导流能力 14D・cm	1. 189	19. 09	0. 885	41. 295	0. 708	84. 321	0. 619	144. 018	0. 541	247. 664
裂缝导流能力 18D・cm	1. 268	20. 849	0. 924	44. 343	0. 737	89. 354	0. 639	151. 459	0. 56	258. 811
裂缝导流能力 22D・cm	1. 327	22. 284	0. 963	46. 722	0. 757	93. 207	0. 659	157. 072	0. 57	267. 137
裂缝导流能力 26D・cm	1. 366	23. 434	0. 983	48. 55	0. 777	96. 127	0. 678	161. 328	0. 58	273. 428
裂缝导流能力 30D・cm	1. 396	24. 378	1. 003	50. 034	0. 786	98. 476	0. 688	164. 72	0. 59	278. 422

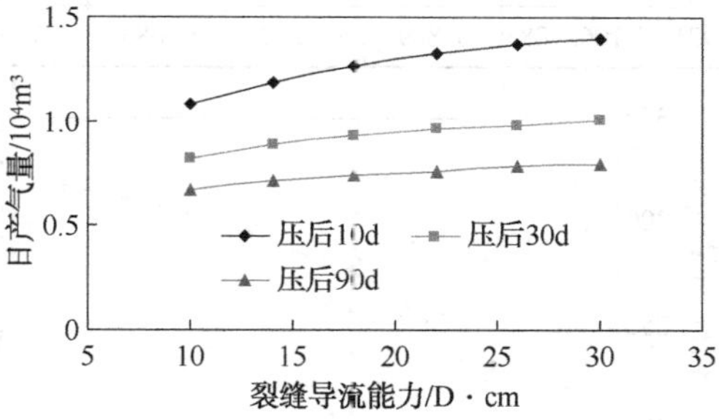

图 5-17　裂缝导流能力对压后日产气量的影响

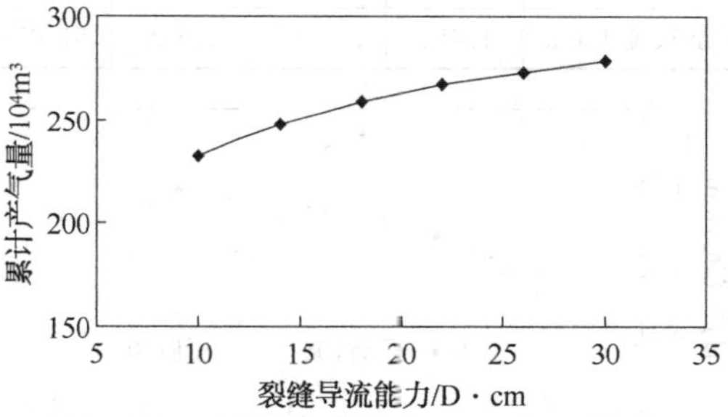

图 5-18　裂缝导流能力对压后 360d 累计产气量的影响

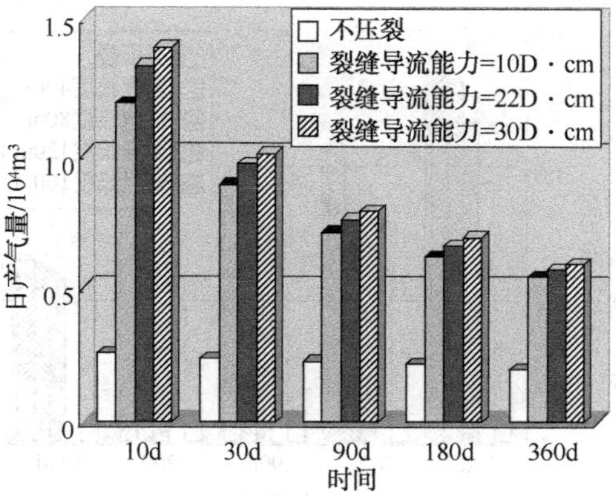

图 5-19　不同裂缝导流能力时日产气量随时间的变化

3. 渗透率取 0.8mD 的参数优化

表 5-16、图 5-20~图 5-22 为压裂裂缝导流能力取 18D·cm 时不同压裂裂缝长度下的压后日产气量和累计产气量模拟结果。在裂缝长度大于 100m 时，压后初期的日产气量可达到 $1.270\times10^4m^3$，而不压裂的日产气量为 $0.348\times10^4m^3$。对压后 360d 的累计产气量进行分析，在裂缝长度达到 130m 后，压后日产气量和累计产气量增加变缓。考虑实际压裂的可操作性，建议裂缝长度设计为 130m 左右。

表 5-16　不同压裂裂缝长度的压后产量(导流能力 18D·cm)　　10^4m^3

压裂规模＼时间	10d		30d		90d		180d		360d	
	日产气量	累计产气量	日产气量	累计产气量	日产气量	累计产气量	日产气量	累计产气量	日产气量	累计产气量
不压裂	0.348	4.317	0.32	11.786	0.301	28.997	0.287	55.497	0.258	104.068
裂缝长度 40m	0.956	14.552	0.787	33.628	0.68	73.78	0.609	131.874	0.511	231.764
裂缝长度 60m	1.059	16.794	0.85	37.665	0.729	80.946	0.648	143.173	0.549	250.267
裂缝长度 80m	1.186	19.104	0.938	42.189	0.788	89.261	0.701	156.328	0.593	271.588
裂缝长度 100m	1.27	20.394	0.992	44.86	0.821	94.186	0.731	164.099	0.617	284.357
裂缝长度 120m	1.334	21.322	1.027	46.97	0.856	98.213	0.75	170.524	0.646	294.903
裂缝长度 140m	1.399	22.005	1.071	48.695	0.876	101.663	0.774	176.078	0.66	303.914
裂缝长度 160m	1.449	22.471	1.101	50.065	0.901	104.558	0.789	180.845	0.676	311.648
裂缝长度 180m	1.484	22.757	1.126	51.023	0.921	106.708	0.809	184.428	0.685	317.331

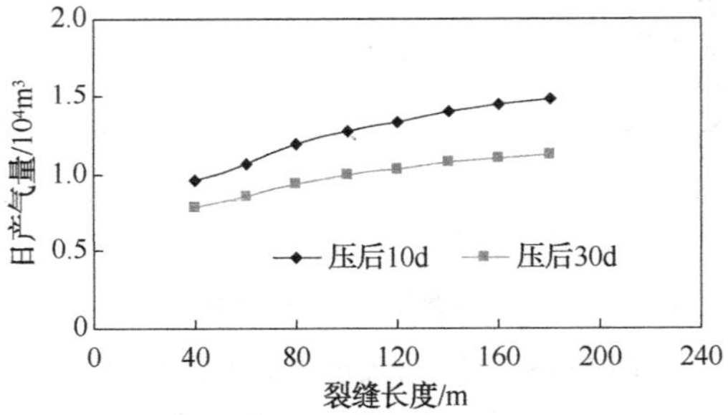

图 5-20　压裂裂缝长度对压后日产气量的影响

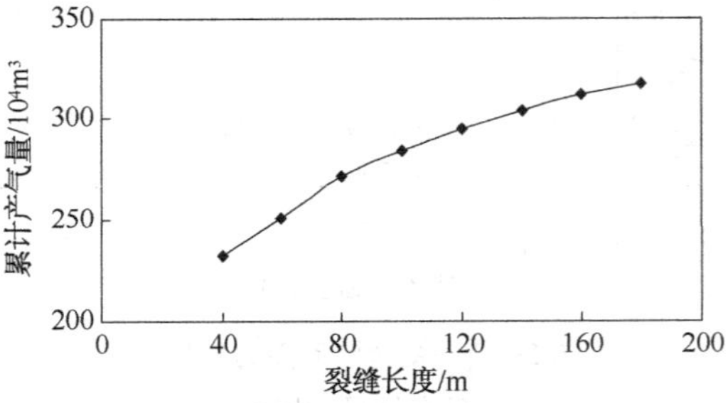

图 5-21　裂缝长度对压后 360d 累计产气量的影响

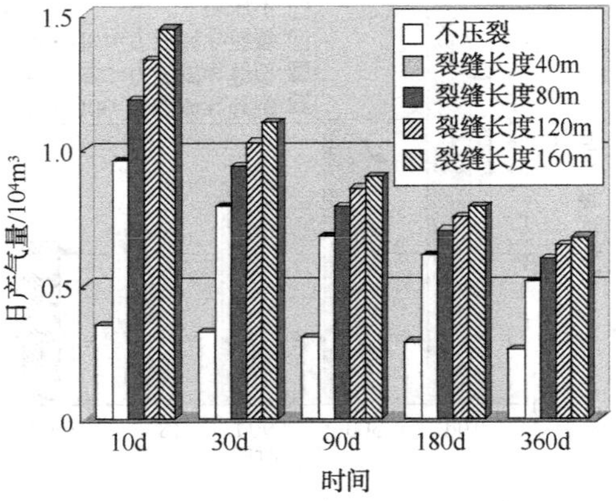

图 5-22　不同压裂裂缝长度时日产气量随时间的变化

表5-17、图5-23~图5-25为压裂裂缝长度取140m时不同裂缝导流能力下的日产气量和累计产气量模拟结果。从模拟结果可以看出，随着裂缝导流能力的增加，日产气量和累计产气量呈明显增加趋势。综合储层物性条件和压裂实际，建议压裂裂缝导流能力设计为20D·cm左右。

表5-17 不同裂缝导流能力的压后产量(裂缝长度140m) 10^4m^3

压裂规模＼时间	10d		30d		90d		180d		360d	
	日产气量	累计产气量	日产气量	累计产气量	日产气量	累计产气量	日产气量	累计产气量	日产气量	累计产气量
不压裂	0.348	4.317	0.32	11.786	0.301	28.997	0.287	55.497	0.258	104.068
裂缝导流能力10D·cm	1.199	18.165	0.939	41.401	0.791	88.524	0.704	155.618	0.609	272.256
裂缝导流能力14D·cm	1.312	20.435	1.016	45.63	0.84	96.077	0.742	167.336	0.633	290.261
裂缝导流能力18D·cm	1.399	22.005	1.071	48.695	0.876	101.663	0.774	175.078	0.66	303.914
裂缝导流能力22D·cm	1.467	23.732	1.108	51.501	0.902	106.16	0.79	182.577	0.671	313.187
裂缝导流能力26D·cm	1.515	24.925	1.137	53.518	0.926	109.554	0.81	187.677	0.681	320.784
裂缝导流能力30D·cm	1.553	25.912	1.161	55.168	0.94	112.312	0.824	191.794	0.691	326.885

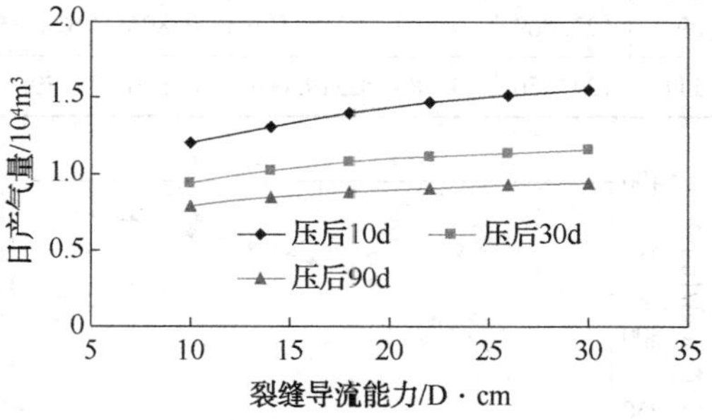

图5-23 裂缝导流能力对压后日产气量的影响

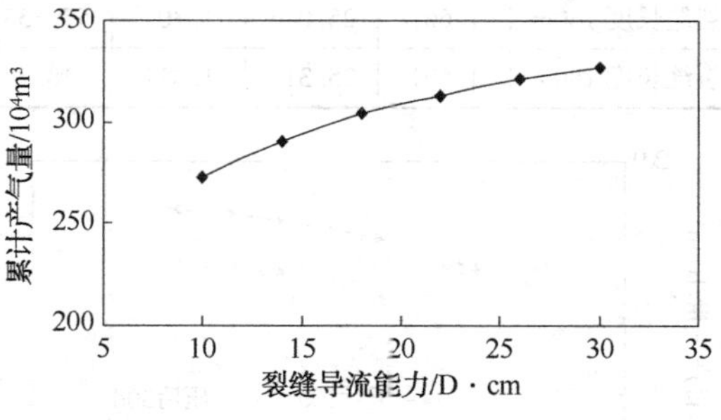

图5-24 裂缝导流能力对压后360d累计产气量的影响

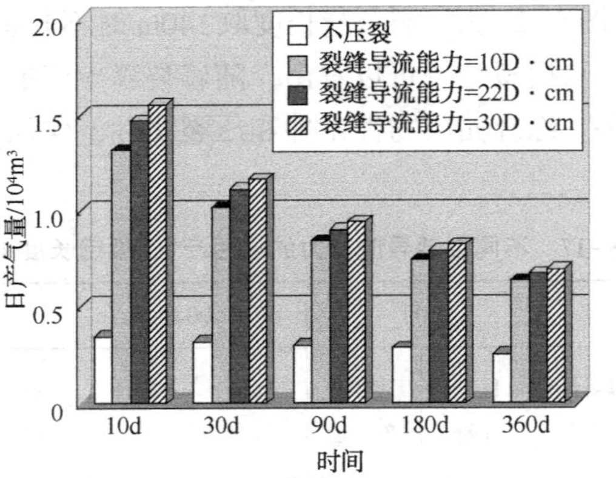

图 5-25　不同裂缝导流能力时日产气量随时间的变化

4. 渗透率取 1.0mD 的参数优化

表 5-18、图 5-26~图 5-28 为压裂裂缝导流能力取 20D · cm 时不同压裂裂缝长度下的压后日产气量和累计产气量模拟结果。在裂缝长度大于 100m 后，压后初期的日产气量可达到 1.504×10^4m^3，而不压裂的日产气量为 0.462×10^4m^3。从图 5-26 可以看出，裂缝长度达到 100~120m，压后日产气量基本不再增加，建议压裂裂缝长度设计为 110m 左右。

表 5-18　不同压裂裂缝长度的压后产量(导流能力 20D · cm)　　10^4m^3

压裂规模＼时间	10d		30d		90d		180d		360d	
	日产气量	累计产气量	日产气量	累计产气量	日产气量	累计产气量	日产气量	累计产气量	日产气量	累计产气量
不压裂	0.462	5.662	0.423	15.501	0.393	38.217	0.374	73.092	0.334	136.158
裂缝长度 40m	1.189	17.546	0.993	41.539	0.865	92.545	0.767	166.345	0.619	290.481
裂缝长度 60m	1.297	19.757	1.062	45.678	0.924	100.113	0.816	178.612	0.668	311.241
裂缝长度 80m	1.425	21.989	1.15	50.18	0.983	108.626	0.875	192.403	0.718	334.272
裂缝长度 100m	1.504	23.178	1.209	52.686	1.022	113.383	0.904	200.138	0.747	347.669
裂缝长度 120m	1.563	24.004	1.239	54.603	1.052	117.138	0.924	206.321	0.777	358.384
裂缝长度 140m	1.622	24.623	1.278	56.146	1.071	120.284	0.953	211.492	0.796	367.112
裂缝长度 160m	1.661	25.046	1.307	57.355	1.091	122.869	0.963	215.836	0.806	374.357
裂缝长度 180m	1.691	25.311	1.327	58.2	1.111	124.756	0.983	219.001	0.816	379.32

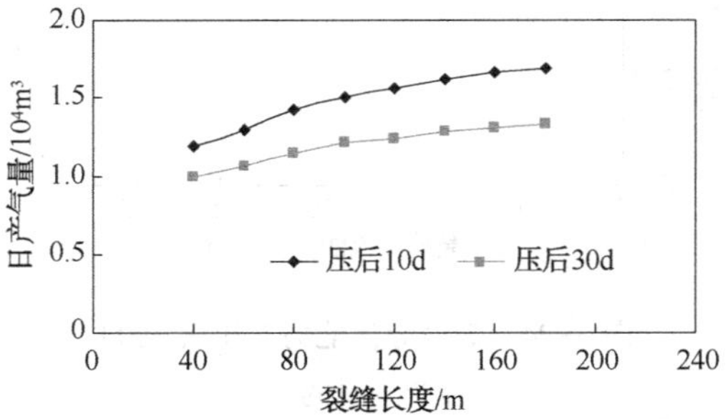

图 5-26　压裂裂缝长度对压后日产气量的影响

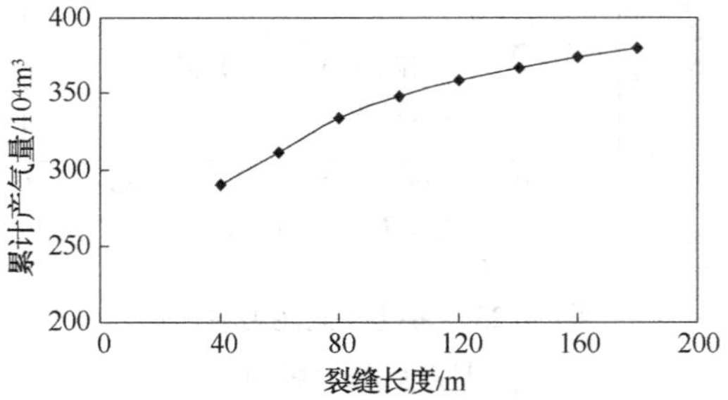

图 5-27　裂缝长度对压后 360d 累计产气量的影响

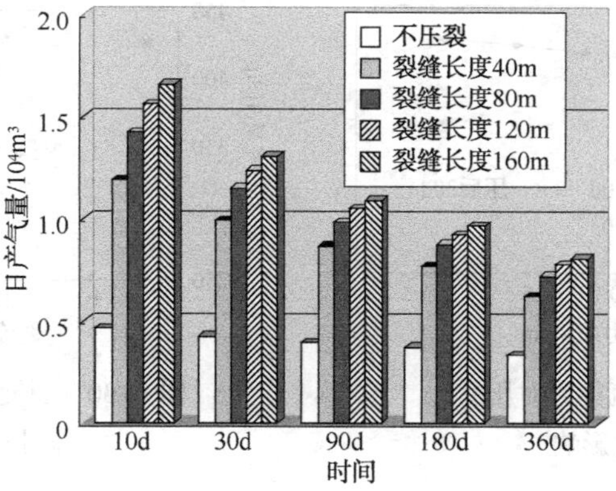

图 5-28　不同压裂裂缝长度时日产气量随时间的变化

表 5-19、图 5-29~图 5-31 为压裂裂缝长度取 130m 时不同裂缝导流能力下的日产气量和累计产气量模拟结果。从模拟结果可以看出，裂缝导流能力对压后产量的影响较为明显，随着裂缝导流能力的增加，日产气量和累计产气量呈明显增加趋势。建议压裂裂缝导流能力设计为 24D · cm 左右。

表 5-19　不同裂缝导流能力的压后产量(裂缝长度 130m)　　10^4m^3

时间 / 压裂规模	10d		30d		90d		180d		360d	
	日产气量	累计产气量	日产气量	累计产气量	日产气量	累计产气量	日产气量	累计产气量	日产气量	累计产气量
不压裂	0.462	5.662	0.423	15.501	0.393	38.217	0.374	73.092	0.334	136.158
裂缝导流能力 10D · cm	1.347	19.816	1.091	46.503	0.944	102.217	0.845	182.75	0.718	322.132
裂缝导流能力 14D · cm	1.465	22.126	1.18	51.035	1.003	110.67	0.894	196.226	0.747	343
裂缝导流能力 18D · cm	1.563	24.004	1.239	54.603	1.052	117.138	0.924	206.321	0.777	358.384
裂缝导流能力 22D · cm	1.642	25.557	1.288	57.463	1.081	122.24	0.953	214.175	0.796	370.199
裂缝导流能力 26D · cm	1.701	26.805	1.327	59.714	1.111	126.221	0.973	220.318	0.806	379.409
裂缝导流能力 30D · cm	1.75	27.847	1.356	61.572	1.13	129.484	0.993	225.331	0.816	386.879

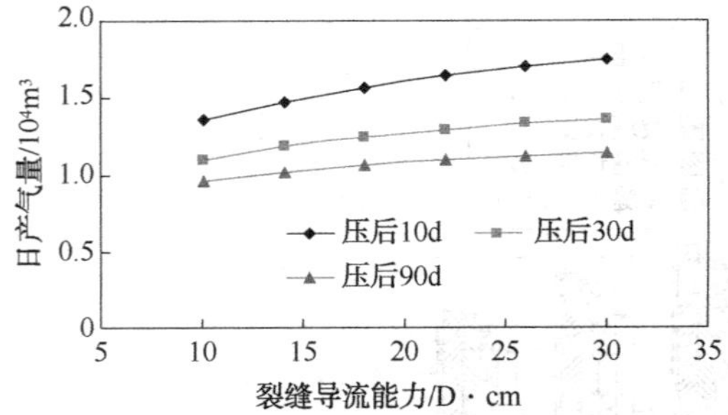

图 5-29 裂缝导流能力对压后日产气量的影响

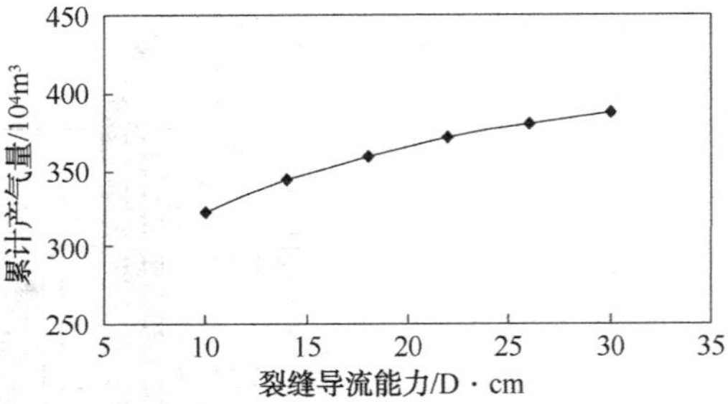

图 5-30 裂缝导流能力对压后 360d 累计产气量的影响

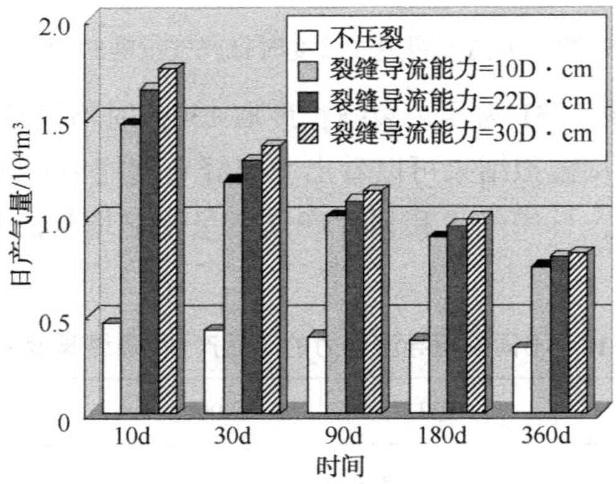

图 5-31 不同裂缝导流能力时日产气量随时间的变化

5. 渗透率取 2.0mD 的参数优化

表 5-20、图 5-32~图 5-34 为压裂裂缝导流能力取 20D · cm 时不同压裂裂缝长度下的压后日产气量和累计产气量模拟结果。在各种裂缝长度下，压后初期的日产气量可达到 $2.058\times10^4m^3$ 以上，而不压裂的日产气量为 $0.902\times10^4m^3$。地层渗透率为 2.0mD 时，不压裂的初期日产气量可达 $0.902\times10^4m^3$，这也充分说明了地层本身性质对气井产量具有的决定性作用。在裂缝长度达到 100m 后，压后日产气量增加变缓，建议裂缝长度设计为 100m 左右。

表 5-20 不同压裂裂缝长度的压后产量(导流能力 20D · cm) 10^4m^3

压裂规模＼时间	10d		30d		90d		180d		360d	
	日产气量	累计产气量	日产气量	累计产气量	日产气量	累计产气量	日产气量	累计产气量	日产气量	累计产气量
不压裂	0. 902	11. 015	0. 833	30. 351	0. 764	74. 764	0. 686	140. 669	0. 549	250. 968
裂缝长度 40m	2. 058	28. 557	1. 764	70. 668	1. 519	161. 063	1. 245	285. 915	0. 862	472. 644
裂缝长度 60m	2. 176	30. 792	1. 852	75. 068	1. 597	169. 736	1. 323	301. 36	0. 941	501. 172
裂缝长度 80m	2. 303	32. 83	1. 94	79. 468	1. 666	178. 674	1. 401	317. 226	1	530. 19

续表

压裂规模 \ 时间	10d		30d		90d		180d		360d	
	日产气量	累计产气量	日产气量	累计产气量	日产气量	累计产气量	日产气量	累计产气量	日产气量	累计产气量
裂缝长度 100m	2.372	33.82	1.989	81.644	1.705	183.172	1.441	325.713	1.058	547.791
裂缝长度 120m	2.421	34.447	2.019	83.173	1.744	186.455	1.48	332.083	1.098	561.305
裂缝长度 140m	2.45	34.966	2.048	84.447	1.764	189.14	1.509	337.032	1.127	570.938
裂缝长度 160m	2.479	35.329	2.068	85.397	1.784	191.237	1.529	340.893	1.147	578.239
裂缝长度 180m	2.499	35.584	2.087	86.044	1.793	192.697	1.539	343.363	1.147	581.885

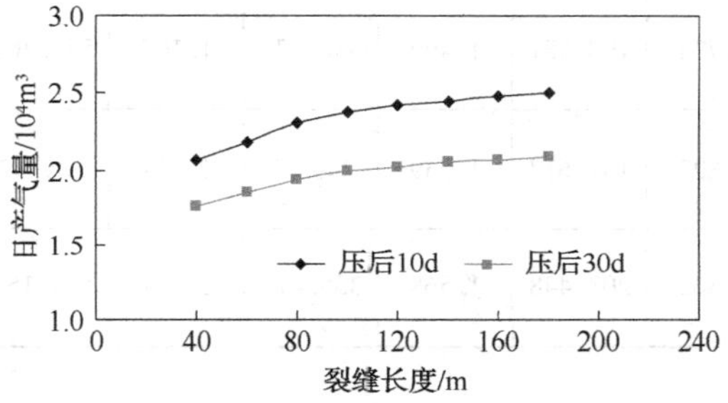

图 5-32 压裂裂缝长度对压后日产气量的影响

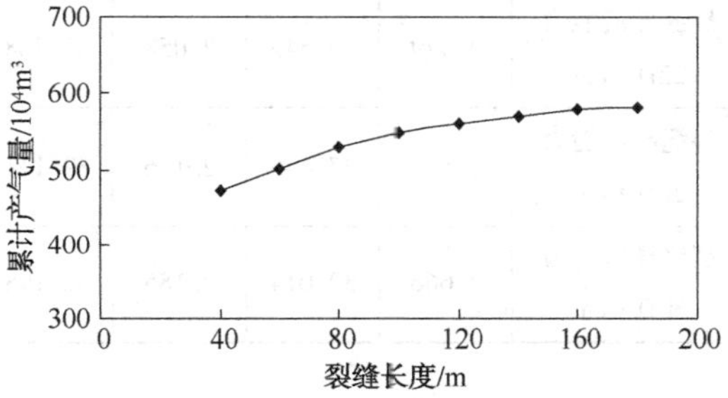

图 5-33 裂缝长度对压后 360d 累计产气量的影响

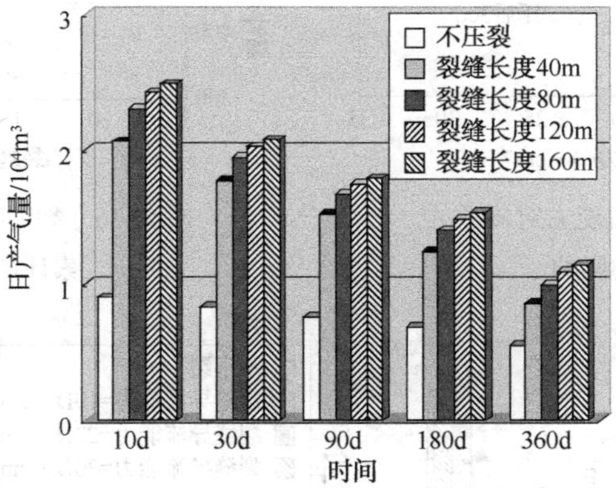

图 5-34 不同压裂裂缝长度时日产气量随时间的变化

表 5-21、图 5-35～图 5-37 为压裂裂缝长度取 120m 时不同裂缝导流能力下的日产气量和累计产气量模拟结果。从模拟结果可以看出，随着裂缝导流能力的增加，日产气量和累计产气量几乎呈线性增加，这主要是由于渗透率较高的层段对裂缝导流能力的要求较高。但同时考虑到实际的可操作性、施工成本及压裂过程中砂比的限制，建议压裂裂缝导流能力设计为 25D · cm 左右。

表 5-21　不同裂缝导流能力的压后产量(裂缝长度 120m)　　10^4m^3

压裂规模＼时间	10d		30d		90d		180d		360d	
	日产气量	累计产气量	日产气量	累计产气量	日产气量	累计产气量	日产气量	累计产气量	日产气量	累计产气量
不压裂	0.902	11.015	0.833	30.351	0.764	74.764	0.686	140.669	0.549	250.968
裂缝导流能力 10D·cm	2.019	27.94	1.735	69.502	1.529	159.456	1.333	288.884	1.029	498.555
裂缝导流能力 14D·cm	2.195	30.88	1.872	75.803	1.627	172.068	1.401	309.288	1.068	528.543
裂缝导流能力 18D·cm	2.352	33.389	1.98	80.997	1.705	182.211	1.46	325.37	1.088	551.72
裂缝导流能力 22D·cm	2.479	35.545	2.058	85.368	1.774	190.581	1.499	338.472	1.107	570.301
裂缝导流能力 26D·cm	2.587	37.446	2.136	89.111	1.823	197.617	1.539	349.37	1.127	585.57
裂缝导流能力 30D·cm	2.666	39.014	2.185	92.198	1.862	203.448	1.568	358.415	1.137	598.153

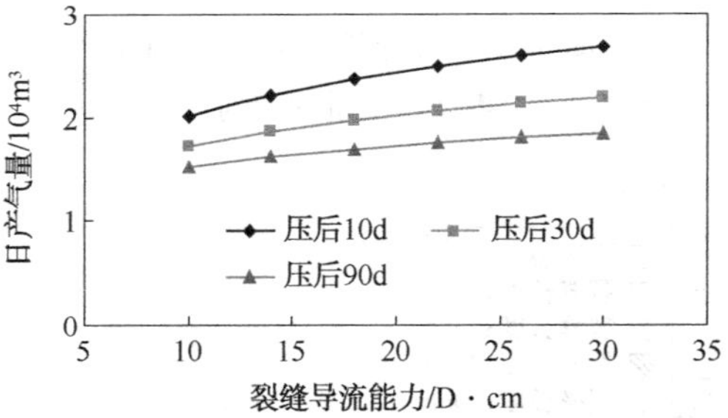

图 5-35　裂缝导流能力对压后日产气量的影响

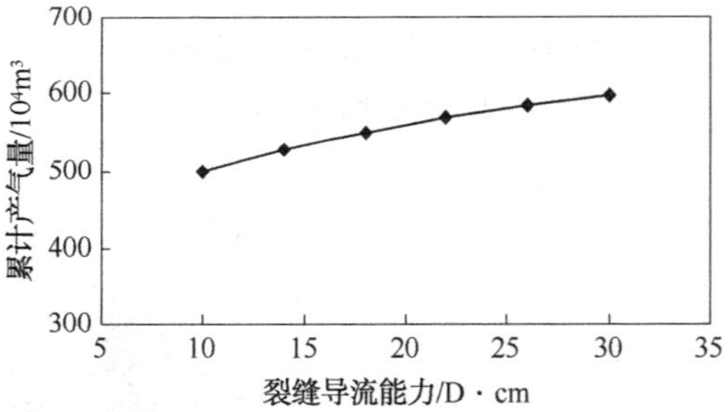

图 5-36　裂缝导流能力对压后 360d 累计产气量的影响

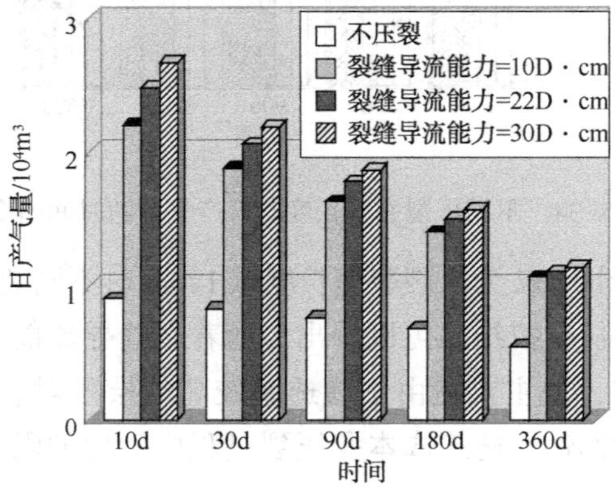

图 5-37　不同裂缝导流能力时日产气量随时间的变化

综上所述，苏东气田压裂改造的裂缝参数优化设计见表5-22。

表5-22 苏东气田压裂改造的裂缝参数优化设计

压裂层段渗透率/mD	裂缝长度/m	裂缝导流能力/D·cm
0.2	160	16
0.5	140	18
0.8	130	20
1.0	110	24
2.0	100	25

5.3.3 压裂裂缝规模推荐

依据表5-22，考虑到苏东气田的地层厚度、地层渗透率和隔层情况的差异，采用拟三维压裂优化设计软件模拟设计了压裂裂缝规模，见表5-23。同时，给出了典型的施工泵注程序，见表5-24～表5-43。

表5-23 苏东气田压裂施工规模设计结果

压裂层厚度/m	隔层厚度/m	渗透率/mD	前置液量/m^3	总液量/m^3	砂量/m^3	排量/(m^3/min)
3	≤5	0.2	100	235	28.2	2.0
		0.5	95	220	28.1	2.0
		0.8	85	205	27.1	2.0
		1.0	85	195	25.8	2.0
		2.0	90	200	27.0	2.0
	≥10	0.2	85	210	27.2	2.4
		0.5	75	185	26.2	2.4
		0.8	65	170	25.5	2.4
		1.0	60	155	23.7	2.4
		2.0	75	170	24.6	2.4
5	≤5	0.2	130	300	35.4	2.5
		0.5	105	250	32.8	2.5
		0.8	105	245	32.2	2.5
		1.0	100	230	31.2	2.5
		2.0	105	235	32.5	2.5
	≥10	0.2	95	235	32.8	3.0
		0.5	90	220	32.2	3
		0.8	80	200	30.8	3
		1.0	85	200	30.3	3
		2.0	90	205	31.0	3

表 5-24 压裂层厚度 3m、渗透率 0.2mD、隔层厚度≤5m 推荐泵注程序

阶 段	液体类型	液量/m^3	支撑剂浓度		陶粒量		排量/(m^3/min)
			kg/m^3	%	t	m^3	
1	交联胍胶	100	0	0	0	0	2.0
2	交联胍胶	15	120	6.8	1.8	1.0	2.0
3	交联胍胶	25	220	12.5	5.5	3.1	2.0
4	交联胍胶	20	320	18.2	6.4	3.6	2.0
5	交联胍胶	21	420	23.9	8.8	5.0	2.0
6	交联胍胶	15	520	29.5	7.8	4.4	2.0
7	交联胍胶	15	620	35.2	9.3	5.3	2.0
8	交联胍胶	14	720	40.9	10.1	5.7	2.0
9	胍胶基液	10	0	0.0	0	0	2.0
累计或平均	总液量：235		420	23.9	49.7	28.1	2.0

表 5-25 压裂层厚度 3m、渗透率 0.5mD、隔层厚度≤5m 推荐泵注程序

阶 段	液体类型	液量/m^3	支撑剂浓度		陶粒量		排量/(m^3/min)
			kg/m^3	%	t	m^3	
1	交联胍胶	95	0	0	0	0	2.0
2	交联胍胶	15	120	6.8	1.8	1.0	2.0
3	交联胍胶	15	220	12.5	3.3	1.9	2.0
4	交联胍胶	15	320	18.2	4.8	2.7	2.0
5	交联胍胶	18	420	23.9	7.6	4.3	2.0
6	交联胍胶	18	520	29.5	9.4	5.3	2.0
7	交联胍胶	18	620	35.2	11.2	6.3	2.0
8	交联胍胶	16	720	40.9	11.5	6.5	2.0
9	胍胶基液	10	0	0	0	0	2.0
累计或平均	总液量：220		420	23.9	49.6	28.0	2.0

表 5-26 压裂层厚度 3m、渗透率 0.8mD、隔层厚度≤5m 推荐泵注程序

阶 段	液体类型	液量/m^3	支撑剂浓度		陶粒量		排量/(m^3/min)
			kg/m^3	%	t	m^3	
1	交联胍胶	85	0	0	0	0	2.0
2	交联胍胶	14	120	6.8	1.7	1.0	2.0
3	交联胍胶	14	220	12.5	3.1	1.8	2.0
4	交联胍胶	14	320	18.2	4.5	2.5	2.0

续表

阶段	液体类型	液量/m^3	支撑剂浓度		陶粒量		排量/(m^3/min)
			kg/m^3	%	t	m^3	
5	交联胍胶	17	420	23.9	7.1	4.1	2.0
6	交联胍胶	18	520	29.5	9.4	5.3	2.0
7	交联胍胶	18	620	35.2	11.2	6.3	2.0
8	交联胍胶	15	720	40.9	10.8	6.1	2.0
9	胍胶基液	10	0	0	0	0	2.0
累计或平均	总液量：205		420	23.9	47.8	27.1	2.0

表 5-27　压裂厚度 3m、渗透率 1.0mD、隔层厚度≤5m 推荐泵注程序

阶段	液体类型	液量/m^3	支撑剂浓度		陶粒量		排量/(m^3/min)
			kg/m^3	%	t	m^3	
1	交联胍胶	85	0	0	0	0	2.0
2	交联胍胶	13	120	6.8	1.6	0.9	2.0
3	交联胍胶	13	240	13.6	3.1	1.8	2.0
4	交联胍胶	14	360	20.5	5.0	2.9	2.0
5	交联胍胶	21	480	27.3	10.1	5.7	2.0
6	交联胍胶	20	600	34.1	12.0	6.8	2.0
7	交联胍胶	19	720	40.9	13.7	7.8	2.0
8	胍胶基液	10	0	0	0	0	2.0
累计或平均	总液量：195		420	23.9	45.5	25.9	2.0

表 5-28　压裂层厚度 3m、渗透率 2.0mD、隔层厚度≤5m 推荐泵注程序

阶段	液体类型	液量/m^3	支撑剂浓度		陶粒量		排量/(m^3/min)
			kg/m^3	%	t	m^3	
1	交联胍胶	90	0	0	0	0	2.0
2	交联胍胶	12	130	7.4	1.6	0.9	2.0
3	交联胍胶	12	250	14.2	3.0	1.7	2.0
4	交联胍胶	18	370	21	6.7	3.8	2.0
5	交联胍胶	20	500	28.4	10.0	5.7	2.0
6	交联胍胶	20	630	35.8	12.6	7.2	2.0
7	交联胍胶	18	760	43.2	13.7	7.8	2.0
8	胍胶基液	10	0	0	0	0	2.0
累计或平均	总液量：200		440	25.0	47.6	27.1	2.0

表 5-29 压裂层厚度 3m、渗透率 0.2mD、隔层厚度≥10m 推荐泵注程序

阶 段	液体类型	液量/m^3	支撑剂浓度		陶粒量		排量/(m^3/min)
			kg/m^3	%	t	m^3	
1	交联胍胶	85	0	0	0	0	2.4
2	交联胍胶	15	120	6.8	1.8	1.0	2.4
3	交联胍胶	20	220	12.5	4.4	2.5	2.4
4	交联胍胶	15	320	18.2	4.8	2.7	2.4
5	交联胍胶	18	420	23.9	7.6	4.3	2.4
6	交联胍胶	16	520	29.5	8.3	4.7	2.4
7	交联胍胶	16	630	35.8	10.1	5.7	2.4
8	交联胍胶	15	730	41.5	11.0	6.2	2.4
9	胍胶基液	10	0	0	0	0	2.4
累计或平均	总液量：210		422.9	24.0	48.0	27.1	2.4

表 5-30 压裂层厚度 3m、渗透率 0.5mD、隔层厚度≥10m 推荐泵注程序

阶 段	液体类型	液量/m^3	支撑剂浓度		陶粒量		排量/(m^3/min)
			kg/m^3	%	t	m^3	
1	交联胍胶	75	0	0	0	0	2.4
2	交联胍胶	12	120	6.8	1.4	0.8	2.4
3	交联胍胶	12	230	13.1	2.8	1.6	2.4
4	交联胍胶	13	330	18.8	4.3	2.4	2.4
5	交联胍胶	15	440	25	6.6	3.8	2.4
6	交联胍胶	17	540	30.7	9.2	5.2	2.4
7	交联胍胶	16	650	36.9	10.4	5.9	2.4
8	交联胍胶	15	760	43.2	11.4	6.5	2.4
9	胍胶基液	10	0	0	0	0	2.4
累计或平均	总液量：185		438.6	24.9	46.1	26.2	2.4

表 5-31 压裂层厚度 3m、渗透率 0.8mD、隔层厚度≥10m 推荐泵注程序

阶 段	液体类型	液量/m^3	支撑剂浓度		陶粒量		排量/(m^3/min)
			kg/m^3	%	t	m^3	
1	交联胍胶	65	0	0	0	0	2.4
2	交联胍胶	12	120	6.8	1.4	0.8	2.4
3	交联胍胶	12	230	13.1	2.8	1.6	2.4
4	交联胍胶	12	340	19.3	4.1	2.3	2.4

续表

阶 段	液体类型	液量/m^3	支撑剂浓度		陶粒量		排量/(m^3/min)
			kg/m^3	%	t	m^3	
5	交联胍胶	15	450	25.6	6.8	3.8	2.4
6	交联胍胶	15	560	31.8	8.4	4.8	2.4
7	交联胍胶	15	670	38.1	10.1	5.7	2.4
8	交联胍胶	14	780	44.3	10.9	6.2	2.4
9	胍胶基液	10	0	0	0	0	2.4
累计或平均	总液量：170		450	25.6	44.5	25.2	2.4

表 5-32 压裂层厚度 3m、渗透率 1.0mD、隔层厚度≥10m 推荐泵注程序

阶 段	液体类型	液量/m^3	支撑剂浓度		陶粒量		排量/(m^3/min)
			kg/m^3	%	t	m^3	
1	交联胍胶	60	0	0	0	0	2.4
2	交联胍胶	12	130	7.4	1.6	0.9	2.4
3	交联胍胶	12	260	14.8	3.1	1.8	2.4
4	交联胍胶	12	400	22.7	4.8	2.7	2.4
5	交联胍胶	15	530	30.1	8.0	4.5	2.4
6	交联胍胶	18	660	37.5	11.9	6.8	2.4
7	交联胍胶	16	780	44.3	12.5	7.1	2.4
8	胍胶基液	10	0	0	0	0	2.4
累计或平均	总液量：155		460	26.1	41.9	23.8	2.4

表 5-33 压裂层厚度 3m、渗透率 2.0mD、隔层厚度≥10m 推荐泵注程序

阶 段	液体类型	液量/m^3	支撑剂浓度		陶粒量		排量/(m^3/min)
			kg/m^3	%	t	m^3	
1	交联胍胶	75	0	0	0	0	2.4
2	交联胍胶	12	130	7.4	1.6	0.9	2.4
3	交联胍胶	12	270	15.3	3.2	1.8	2.4
4	交联胍胶	12	420	23.9	5.0	2.9	2.4
5	交联胍胶	15	550	31.3	8.3	4.7	2.4
6	交联胍胶	16	680	38.6	10.9	6.2	2.4
7	交联胍胶	18	800	45.5	14.4	8.2	2.4
8	胍胶基液	10	0	0	0	0	2.4
累计或平均	总液量：170		475	27.0	43.4	24.7	2.4

表 5-34　压裂层厚度 5m、渗透率 0.2mD、隔层厚度≤5m 推荐泵注程序

阶　段	液体类型	液量/m^3	支撑剂浓度		陶粒量		排量/(m^3/min)
			kg/m^3	%	t	m^3	
1	交联胍胶	130	0	0	0	0	2.5
2	交联胍胶	20	120	6.8	2.4	1.4	2.5
3	交联胍胶	23	220	12.5	5.1	2.9	2.5
4	交联胍胶	35	320	18.2	11.2	6.4	2.5
5	交联胍胶	30	420	23.9	12.6	7.2	2.5
6	交联胍胶	24	520	29.5	12.5	7.1	2.5
7	交联胍胶	16	620	35.2	9.9	5.6	2.5
8	交联胍胶	12	720	40.9	8.6	4.9	2.5
9	胍胶基液	10	0	0	0	0	2.5
累计或平均	总液量：300		420	23.9	62.3	35.5	2.5

表 5-35　压裂层厚度 5m、渗透率 0.5mD、隔层厚度≤5m 推荐泵注程序

阶　段	液体类型	液量/m^3	支撑剂浓度		陶粒量		排量/(m^3/min)
			kg/m^3	%	t	m^3	
1	交联胍胶	105	0	0	0	0	2.5
2	交联胍胶	18	120	6.8	2.2	1.2	2.5
3	交联胍胶	20	230	13.1	4.6	2.6	2.5
4	交联胍胶	20	340	19.3	6.8	3.9	2.5
5	交联胍胶	22	440	25.0	9.7	5.5	2.5
6	交联胍胶	22	540	30.7	11.9	6.8	2.5
7	交联胍胶	18	640	36.4	11.5	6.5	2.5
8	交联胍胶	15	740	42.0	11.1	6.3	2.5
9	胍胶基液	10	0	0	0	0	2.5
累计或平均	总液量：250		435.7	24.8	57.8	32.8	2.5

表 5-36　压裂层厚度 5m、渗透率 0.8mD、隔层厚度≤5m 推荐泵注程序

阶　段	液体类型	液量/m^3	支撑剂浓度		陶粒量		排量/(m^3/min)
			kg/m^3	%	t	m^3	
1	交联胍胶	105	0	0	0	0	2.5
2	交联胍胶	18	120	6.8	2.2	1.2	2.5
3	交联胍胶	18	230	13.1	4.1	2.4	2.5
4	交联胍胶	19	340	19.3	6.5	3.7	2.5
5	交联胍胶	19	440	25.0	8.4	4.8	2.5

续表

阶 段	液体类型	液量/m^3	支撑剂浓度		陶粒量		排量/(m^3/min)
			kg/m^3	%	t	m^3	
6	交联胍胶	20	540	30.7	10.8	6.1	2.5
7	交联胍胶	19	640	36.4	12.2	6.9	2.5
8	交联胍胶	17	740	42.0	12.6	7.1	2.5
9	胍胶基液	10	0	0	0	0	2.5
累计或平均	总液量：245		435.8	24.8	56.8	32.2	2.5

表 5-37　压裂层厚度 5m、渗透率 1.0mD、隔层厚度≤5m 推荐泵注程序

阶 段	液体类型	液量/m^3	支撑剂浓度		陶粒量		排量/(m^3/min)
			kg/m^3	%	t	m^3	
1	交联胍胶	100	0	0	0	0	2.5
2	交联胍胶	15	120	6.8	1.8	1.0	2.5
3	交联胍胶	15	230	13.1	3.5	2.0	2.5
4	交联胍胶	17	340	19.3	5.8	3.3	2.5
5	交联胍胶	18	450	25.6	8.1	4.6	2.5
6	交联胍胶	18	550	31.3	9.9	5.6	2.5
7	交联胍胶	19	650	36.9	12.4	7.0	2.5
8	交联胍胶	18	750	42.6	13.5	7.7	2.5
9	胍胶基液	10	0	0	0	0	2.5
累计或平均	总液量：230		441.4	25.1	55.0	31.2	2.5

表 5-38　压裂层厚度 5m、渗透率 2.0mD、隔层厚度≤5m 推荐泵注程序

阶 段	液体类型	液量/m^3	支撑剂浓度		陶粒量		排量/(m^3/min)
			kg/m^3	%	t	m^3	
1	交联胍胶	105	0	0	0	0	2.5
2	交联胍胶	15	120	6.8	1.8	1.0	2.5
3	交联胍胶	15	230	13.1	3.5	2.0	2.5
4	交联胍胶	15	340	19.3	5.1	2.9	2.5
5	交联胍胶	16	450	25.6	7.2	4.1	2.5
6	交联胍胶	20	560	31.8	11.2	6.4	2.5
7	交联胍胶	20	670	38.1	13.4	7.6	2.5
8	交联胍胶	19	780	44.3	14.8	8.4	2.5
9	胍胶基液	10	0	0	0	0	2.5
累计或平均	总液量：235		450	25.6	57.0	32.4	2.5

表 5-39 压裂层厚度 5m、渗透率 0.2mD、隔层厚度≥10m 推荐泵注程序

阶段	液体类型	液量/m^3	支撑剂浓度		陶粒量		排量/(m^3/min)
			kg/m^3	%	t	m^3	
1	交联胍胶	95	0	0	0	0	3.0
2	交联胍胶	16	120	6.8	1.9	1.1	3.0
3	交联胍胶	17	230	13.1	3.9	2.2	3.0
4	交联胍胶	18	330	18.8	5.9	3.4	3.0
5	交联胍胶	19	430	24.4	8.2	4.6	3.0
6	交联胍胶	21	530	30.1	11.1	6.3	3.0
7	交联胍胶	20	630	35.8	12.6	7.2	3.0
8	交联胍胶	19	740	42.0	14.1	8.0	3.0
9	胍胶基液	10	0	0	0	0	3.0
累计或平均	总液量：235		430	24.4	57.7	32.8	3.0

表 5-40 压裂层厚度 5m、渗透率 0.5mD、隔层厚度≥10m 推荐泵注程序

阶段	液体类型	液量/m^3	支撑剂浓度		陶粒量		排量/(m^3/min)
			kg/m^3	%	t	m^3	
1	交联胍胶	90	0	0	0	0	3.0
2	交联胍胶	15	120	6.8	1.8	1.0	3.0
3	交联胍胶	15	230	13.1	3.5	2.0	3.0
4	交联胍胶	15	340	19.3	5.1	2.9	3.0
5	交联胍胶	16	450	25.6	7.2	4.1	3.0
6	交联胍胶	18	560	31.8	10.1	5.7	3.0
7	交联胍胶	21	660	37.5	13.9	7.9	3.0
8	交联胍胶	20	760	43.2	15.2	8.6	3.0
9	胍胶基液	10	0	0	0	0	3.0
累计或平均	总液量：220		445.7	25.3	56.8	32.2	3.0

表 5-41 压裂层厚度 5m、渗透率 0.8mD、隔层厚度≥10m 推荐泵注程序

阶段	液体类型	液量/m^3	支撑剂浓度		陶粒量		排量/(m^3/min)
			kg/m^3	%	t	m^3	
1	交联胍胶	80	0	0	0	0	3.0
2	交联胍胶	15	130	7.4	2.0	1.1	3.0
3	交联胍胶	15	260	14.8	3.9	2.2	3.0

续表

阶　段	液体类型	液量/m^3	支撑剂浓度		陶粒量		排量/(m^3/min)
			kg/m^3	%	t	m^3	
4	交联胍胶	15	390	22.2	5.9	3.3	3.0
5	交联胍胶	18	520	29.5	9.4	5.3	3.0
6	交联胍胶	25	650	36.9	16.3	9.2	3.0
7	交联胍胶	22	780	44.3	17.2	9.8	3.0
8	胍胶基液	10	0	0	0	0	3.0
累计或平均	总液量：200		455	25.9	54.7	30.9	3.0

表 5-42　压裂层厚度 5m、渗透率 1.0mD、隔层厚度≥10m 推荐泵注程序

阶　段	液体类型	液量/m^3	支撑剂浓度		陶粒量		排量/(m^3/min)
			kg/m^3	%	t	m^3	
1	交联胍胶	85	0	0	0	0	3.0
2	交联胍胶	13	130	7.4	1.7	1.0	3.0
3	交联胍胶	13	260	14.8	3.4	1.9	3.0
4	交联胍胶	14	400	22.7	5.6	3.2	3.0
5	交联胍胶	23	530	30.1	12.2	6.9	3.0
6	交联胍胶	22	660	37.5	14.5	8.3	3.0
7	交联胍胶	20	800	45.5	16.0	9.1	3.0
8	胍胶基液	10	0	0	0	0	3.0
累计或平均	总液量：200		463.3	26.3	53.4	30.4	3.0

表 5-43　压裂层厚度 5m、渗透率 2.0mD、隔层厚度≥10m 推荐泵注程序

阶　段	液体类型	液量/m^3	支撑剂浓度		陶粒量		排量/(m^3/min)
			kg/m^3	%	t	m^3	
1	交联胍胶	90	0	0	0	0	3.0
2	交联胍胶	12	130	7.4	1.6	0.9	3.0
3	交联胍胶	12	260	14.8	3.1	1.8	3.0
4	交联胍胶	12	400	22.7	4.8	2.7	3.0
5	交联胍胶	25	530	30.1	13.3	7.5	3.0
6	交联胍胶	24	660	37.5	15.8	9.0	3.0
7	交联胍胶	20	800	45.5	16.0	9.1	3.0
8	胍胶基液	10	0	0	0	0	3.0
累计或平均	总液量：205		463.3	26.3	54.6	31.0	3.0

5.4 储层改造方案适应性

5.4.1 压裂统计分析

表 5-44 为苏东气田山西组 2010 年压裂的 22 口井共 28 层位压裂规模与地层物性参数关系。图 5-38 为不同地层物性参数与不同施工参数的关系曲线。

表 5-44 苏东气田山西组 2010 年压裂的 22 口井共 28 层位压裂规模与地层物性参数关系

井 号	层 位	有效厚度/m	泥质含量/%	孔隙度/%	基质渗透率/mD	入地总液量/m^3	陶粒用量/m^3	施工排量/(m^3/min)	砂比/%
SD15-82	山$_1$	1.9	10.4	9.8	0.637	169	24.6	2.1	24.1
SD13-62	山$_1$	4.1	7.5	11.8	1.030	176	25.5	2.0	25.0
SD32-25	山$_2$	2.9	9.9	8.4	0.343	163	25.6	2.0	25.3
SD42-62	山$_1$	4.4	9.2	6.9	0.426	122	18.3	2.5	24.5
SD12-44	山$_1$	6.0	15.0	8.1	0.219	139	21.4	1.6	25.1
	山$_2$	2.4	10.5	9.5	0.561	102	14.4	1.4	23.0
SD34-72	山$_1$	5.5	12.4	10.5	0.468	248	45.6	2.6	29.8
SD33-24	山$_1$	5.5	13.2	13.0	0.938	109	14.6	2.4	23.6
	山$_2$	9.1	10.0	9.3	0.467	138	20.6	2.4	25.0
SD10-104	山$_1$	2.9	8.5	8.4	0.376	159	24.6	2.2	25.5
	山$_2$	4.8	12.1	8.9	0.280	148	20.4	1.8	23.5
SD13-67	山$_1$	2.2	10.2	10.5	0.702	149	20.4	1.4	22.8
SD38-69	山$_1^{上}$	5.7	12.6	9.1	0.299	175	30.6	2.2	27.2
	山$_1^{下}$	3.8	13.0	9.8	0.388	130	18.5	2.0	23.7
SD13-66	山$_2$	2.6	10.9	9.8	0.652	174	25.6	2.4	23.7
SD13-89	山$_1$	5.4	12.1	10.3	0.702	160	25.6	2.2	26.0
SD21-46	山$_2$	3.9	15.4	7.4	0.343	170	24.6	2.2	23.0
SD32-23	山$_1$	4.3	10.7	11.9	0.396	195	19.0	3.5	20.3
SD014-80	山$_1$	2.6	11.3	10.1	0.420	138	21.6	2.0	21.7
SD21-58	山$_1^2$	5.8	12.0	10.5	0.692	251	45.6	2.4	29.1
SD05-106	山$_1$	2.9	14.0	10.2	0.701	175	25.6	1.4	25.1
	山$_2$	3.4	11.2	8.9	0.361	172	25.6	1.4	25.4
SD27-57	山$_1$	1.9	9.3	10.1	0.372	116	12.4	2.0	21.0

续表

井　号	层　位	有效厚度/m	泥质含量/%	孔隙度/%	基质渗透率/mD	入地总液量/m^3	陶粒用量/m^3	施工排量/(m^3/min)	砂比/%
SD21-59	山$_1$	2.4	11.5	8.8	0.560	160	25.5	2.1	25.6
SD35-72	山$_1{}^2$	3.4	11.9	9.9	0.620	186	25.6	1.8	24.8
SD34-19	山$_2{}^1$	4.9	31.3	7.1	0.090	152	17.4	3.0	17.4
	山$_2{}^2$	2.8	9.5	7.0	0.360	138	15.0	3.0	20.5
SD27-57C4	山$_2{}^1$	1.5	7.0	7.4	0.394	112	14.6	2.0	21.0

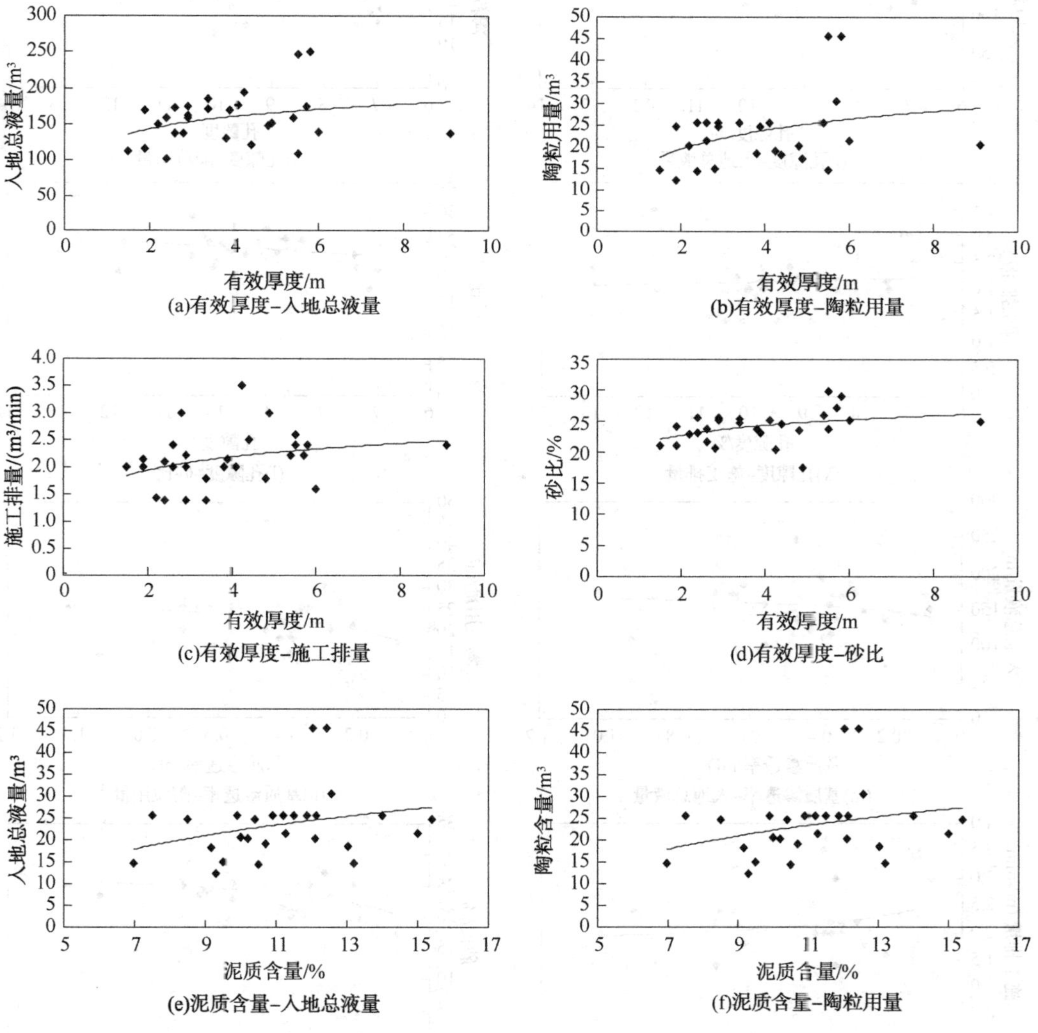

图 5-38　苏东气田山西组不同地层物性参数与不同施工参数的关系曲线

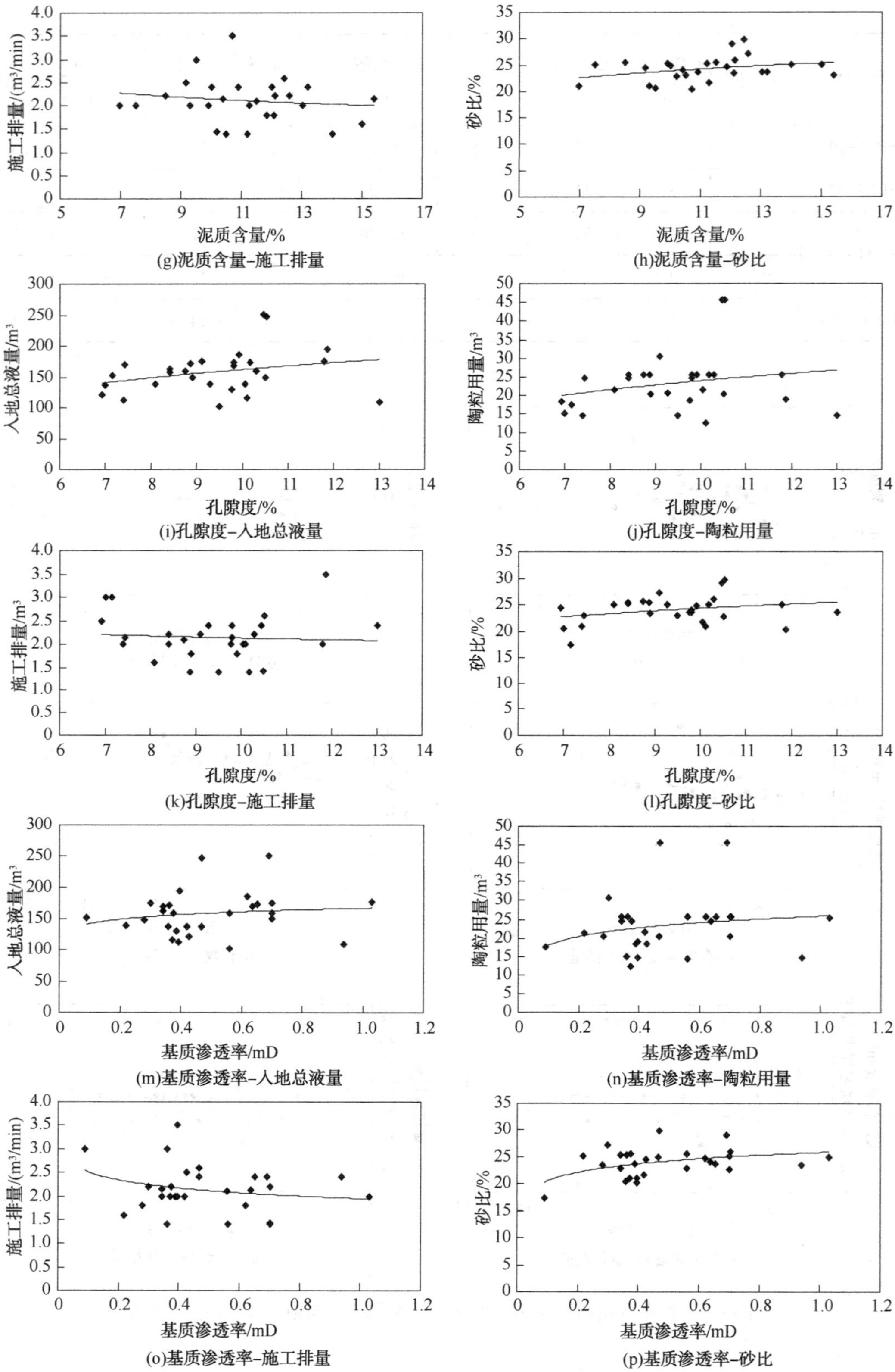

图 5-38　苏东气田山西组不同地层物性参数与不同施工参数的关系曲线(续)

表5-45为苏东气田石盒子组2010年压裂的33口井共46层位压裂规模与地层物性参数关系。图5-39为不同地层物性参数与不同施工参数的关系曲线。

表5-45　苏东气田石盒子组2010年压裂的29口井共46层位压裂规模与地层物性参数关系

井　号	层　位	有效厚度/m	泥质含量/%	孔隙度/%	基质渗透率/mD	入地总液量/m^3	陶粒用量/m^3	施工排量/(m^3/min)	砂比/%
SD15-82	盒$_8$	3.4	6.3	9.8	1.106	126.6	18.6	1.95	23.8
SD16-52	盒$_3$	8.8	5.9	9.5	0.562	181.4	28.5	1.8	26.4
SD42-61	盒$_8$^{上}	4.6	7.32	9.98	0.532	123.6	18.5	1.8	25.7
	盒$_8$^{下}	3.5	11.7	9.83	0.435	95.9	14.5	1.8	25.9
SD13-62	盒$_8$^{下}	2.8	9.4	7.9	0.331	80.2	10.5	2	22.8
SD19-54	盒$_8$	4.4	10.4	8.3	0.432	155.1	30.6	2.2	31.9
SD32-25	盒$_8$	3.4	12.3	11.7	1.131	182.8	28.7	2	25.1
SD42-62	盒$_8$^{上}	4.3	8.78	14.5	2.181	202.8	35.6	2.45	29.4
SD12-44	盒$_8$^{下}	5.1	13.4	8.77	0.438	153.6	25.6	1.6	27.2
SD34-72	盒$_8$^{上}、盒$_8$^{下}	8.1	12.4	9	0.285	220.6	40.6	2.7	28.9
SD13-61	盒$_3$	3.5	8.4	9.8	0.786	144.2	20.5	1.5	22.7
SD33-24	盒$_8$^{下}	2.6	11.2	10.7	0.702	114.4	14.6	2.4	21.6
SD10-104	盒$_8$^{下}	2.9	9	8.4	0.378	179.4	28.6	2.6	25.7
SD13-67	盒$_7$	5.4	8.57	8.74	0.442	97.7	14.5	1.7	23.7
	盒$_8$	2.3	12.6	10.2	0.552	183.4	28.6	1.5	24.1
SD10-61	盒$_6$	3.4	2.2	13.6	1.334	145.7	21.6	2	25.2
	盒$_8$^{下}	2.8	7.61	7.33	0.227	161.1	25.6	2.2	25.1
	盒$_8$^{下}	3	8.88	9.41	0.396	126.6	18.4	2	23.1
SD12-45	盒$_3$	3.5	5.5	11.7	1.031	158.7	28.4	2.2	28.5
	盒$_8$	8.2	11.1	10.5	0.826	245.3	45.6	2.6	30.1
SD13-66	盒$_8$^{下}	2.9	10.9	10.6	0.729	210.5	35.6	2.4	28.3
SD6-68	盒$_8$^{上}	3.6	12.7	7.95	0.221	104.2	14.5	1.9	23.5
	盒$_8$^{下}	5.3	12.5	10.7	0.387	201.4	35.6	1.6	28.9
SD05-105	盒$_7$	7.9	6.44	10.6	0.789	210.2	26.7	2.82	21.9
	盒$_8$^{上}	5	10.9	11.2	0.7324	130	15.2	2.55	20.7
	盒$_8$^{下}	3	11.2	12.1	0.511	211.3	22.7	2.99	18.7
SD13-89	盒$_8$^{上}	2.1	8.39	8.45	0.374	138.3	18.6	2	22.5
SD21-46	盒$_8$^{下}	1.8	9.92	12.8	1.101	164.1	24.6	1.6	24.7

续表

井　号	层　位	有效厚度/m	泥质含量/%	孔隙度/%	基质渗透率/mD	入地总液量/m^3	陶粒用量/m^3	施工排量/(m^3/min)	砂比/%
SD32-23	盒$_7$	1.4	4.2	10.5	0.56	171.6	15	3.5	21.2
	盒$_8^{\text{下}}$	10.2	12.6	11.7	0.445	357.3	42	3.5	20
SD014-80	盒$_8$	2.2	8.5	9.88	0.361	171.3	26.5	1.4	25.2
SD21-58	盒$_8^{\text{上}}$	3	8.37	10.6	0.581	174.8	26.5	2	23.6
	盒$_8^{\text{下}}$	3.7	11.6	10.8	0.902	102.7	14.4	2.15	22.7
SD13-65	盒$_7$	5.3	9.47	11	0.48	166.2	25.6	1.95	24.6
	盒$_8$	4.8	12.4	12.8	1.126	253.2	45.6	2.5	28.3
SD27-57	盒$_8^{\text{下}}$	7.9	7.73	11.3	0.748	207.8	35.6	2.2	27
SD21-59	盒$_8^{\text{上}}$	3.1	7.69	7.71	0.402	109	15.6	2	24.5
SD35-72	盒$_8^{\text{下}}$	10.2	12.6	10.7	0.648	188.6	28.6	2.4	26.2
SD34-19	盒$_6$	2	11.7	5.26	0.33	150.1	15.6	3	20.8
	盒$_7$	6.9	17.6	5.47	0.16	202.6	23.8	3	23.8
	盒$_8^{\text{下}}{}_1$	4.5	19	6.67	0.23	208.9	25.3	3	23.9
	盒$_8^{\text{下}}{}_2$	6.6	9.09	11.5	0.810	165.4	18.5	3	25.8
SD27-57C4	盒$_8^{\text{上}}{}_2$	2.9	13.2	8.61	0.286	114.9	14.6	2.1	20.6
	盒$_8^{\text{下}}{}_1$、盒$_8^{\text{下}}{}_2$	7.9	12.2	8.75	0.276	214.2	35.6	2.4	27.6

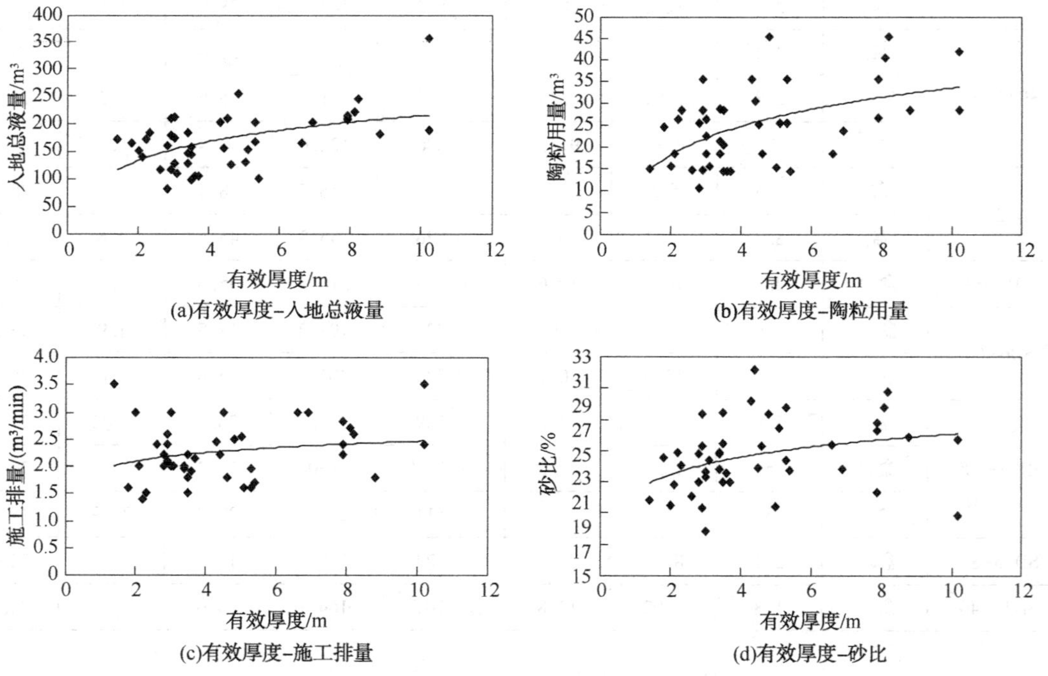

(a)有效厚度-入地总液量　(b)有效厚度-陶粒用量

(c)有效厚度-施工排量　(d)有效厚度-砂比

图 5-39　不同地层物性参数与不同施工参数的关系曲线

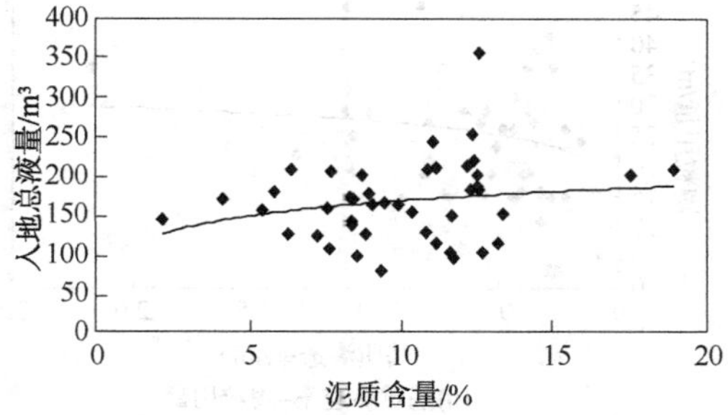

(e)泥质含量-入地总液量

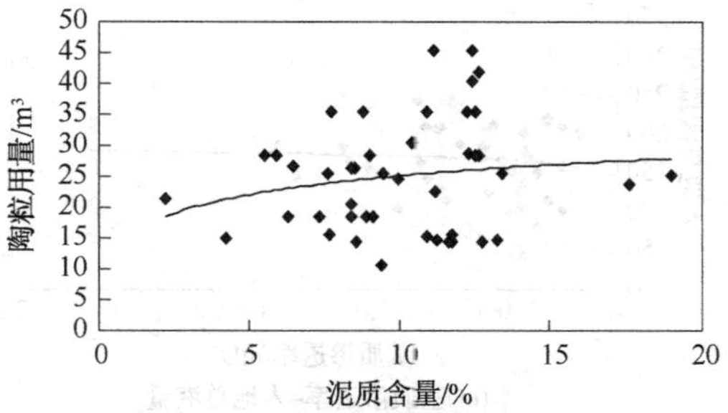

(f)泥质含量-陶粒用量

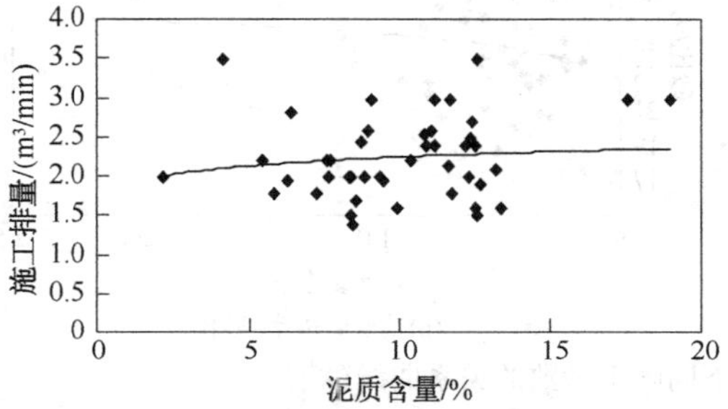

(g)泥质含量-施工排量

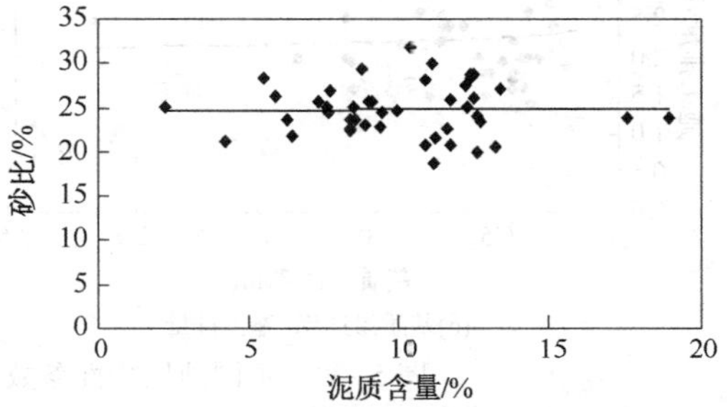

(h)泥质含量-砂比

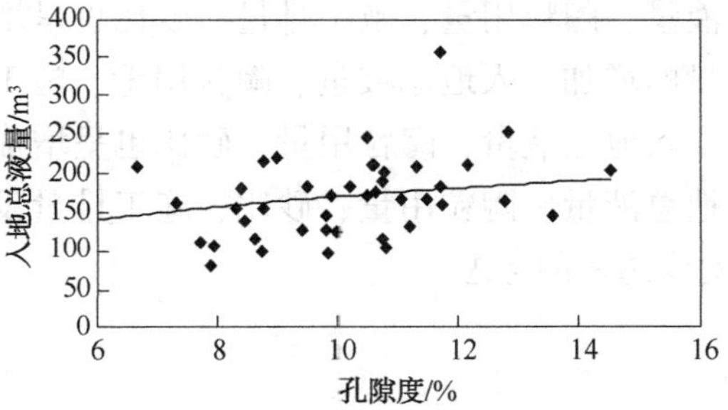

(i)孔隙度-入地总液量

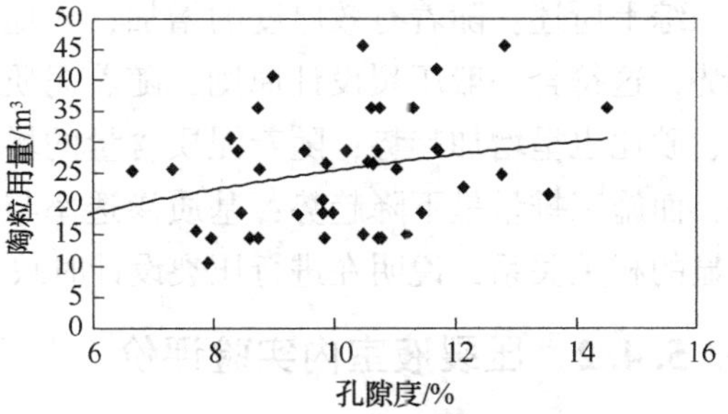

(j)孔隙度-陶粒用量

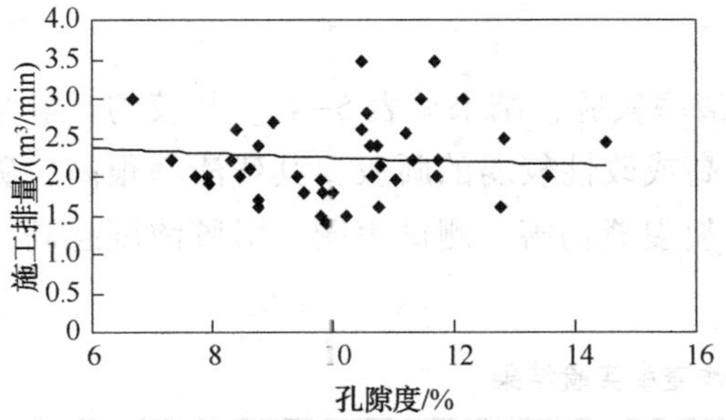

(k)孔隙度-施工排量

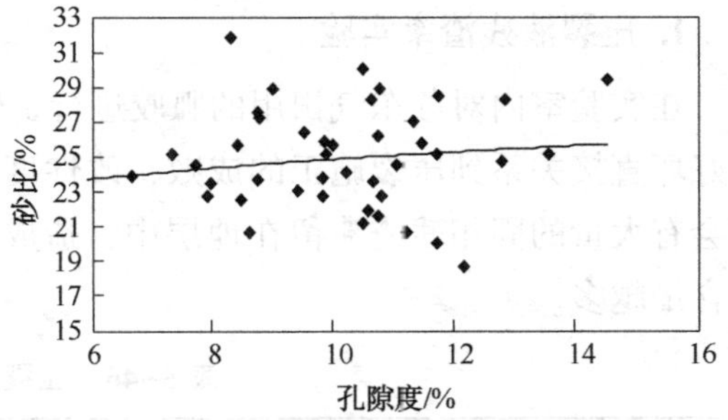

(l)孔隙度-砂比

图 5-39 不同地层物性参数与不同施工参数的关系曲线(续)

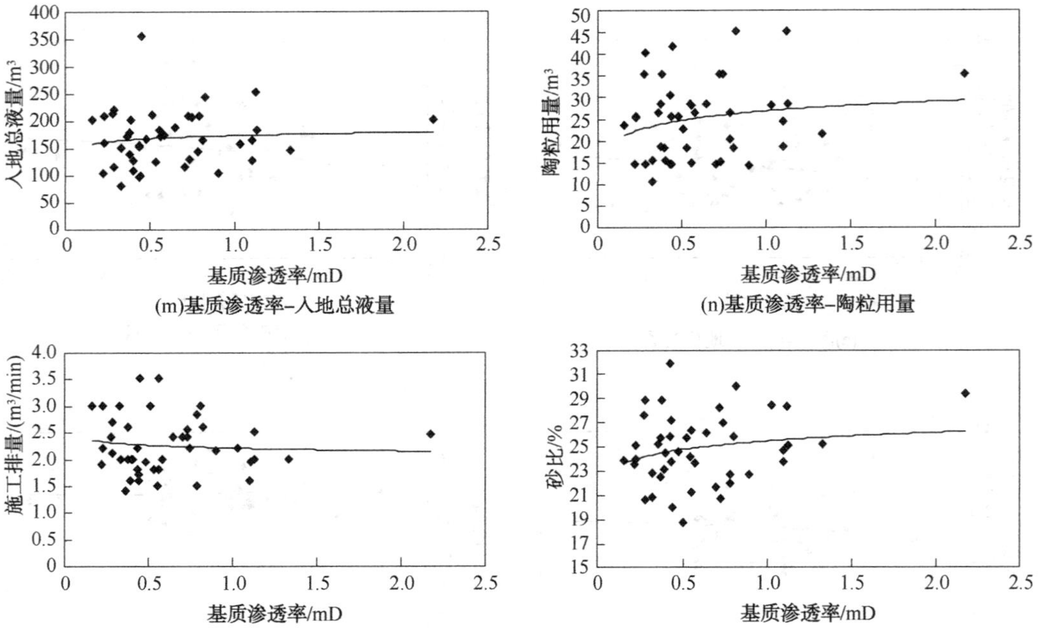

(m)基质渗透率-入地总液量　(n)基质渗透率-陶粒用量

(o)基质渗透率-施工排量　(p)基质渗透率-砂比

图 5-39　不同地层物性参数与不同施工参数的关系曲线(续)

可以看出，储层的渗透率集中在 0.3~1.0mD，属于低渗、特低渗储层。从山西组、石盒子组对比结果来看，石盒子组陶粒用量较山西组用量大。储层有效厚度为 2~12m，属于较薄地层。

综上所述：随着有效厚度的增加，入地总液量、陶粒用量、施工排量、砂比也呈增加趋势，这符合一般压裂设计原则；随着泥质含量的增加，入地总液量、陶粒用量、施工排量、砂比也呈增加趋势；随着泥质含量的增加，入地总液量、陶粒用量、砂比也呈增加趋势，而施工排量呈下降趋势；基质渗透率与入地总液量、陶粒用量、砂比、施工排量没有明显的相关关系，说明在进行压裂设计时缺乏对渗透率的考虑。

5.4.2　压裂液室内实验评价

苏东气田压裂主体应用的胍胶压裂液体系的胍胶浓度为 0.55%~0.58%，采用有机硼类交联剂 JL-1，交联比为 0.5%~0.8%，大部分井的交联比为 0.6%。

1. 压裂液残渣率实验

在实验室内对苏东气田用的胍胶进行了残渣率实验，结果见表 5-46。胍胶的性能与质量好坏直接关系到压裂施工的成败，改性度不高或改性较弱的胍胶，其残渣率很高，破胶后会有大量的固相残渣滞留在地层中，造成压裂裂缝伤害。测试表明，胍胶浓度越高，残渣含量越多。

表 5-46　压裂液残渣率实验结果

样　品	体积/mL	离心管质量/g	离心管+残渣质量/g	残渣质量/g	残渣含量/(mg/L)
0.55%胍胶体系	50	19.623	19.647	0.0240	480
0.58%胍胶体系	50	19.623	19.6476	0.0246	492

2. 压裂液流变实验

压裂液具有良好的抗温、抗剪切性能，这是确保施工成功的关键。在 RS600 上对基础压裂液配方进行了黏时(黏度-时间)性能测试。图 5-40 为 $170s^{-1}$、110℃时的压裂液胍胶体系流变性测试。

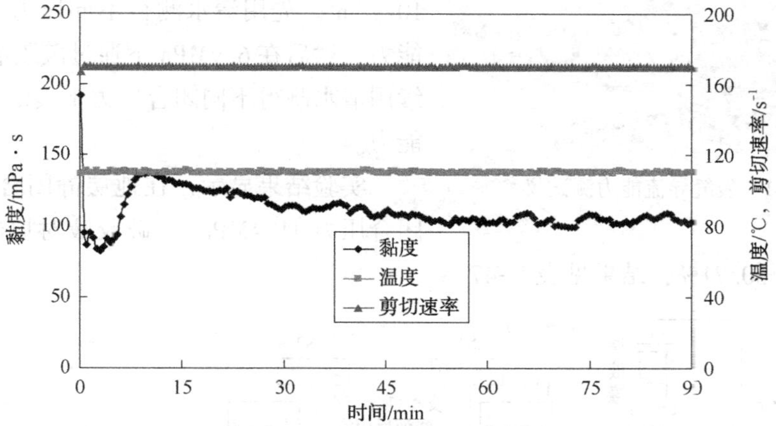

(a)0.55%胍胶体系

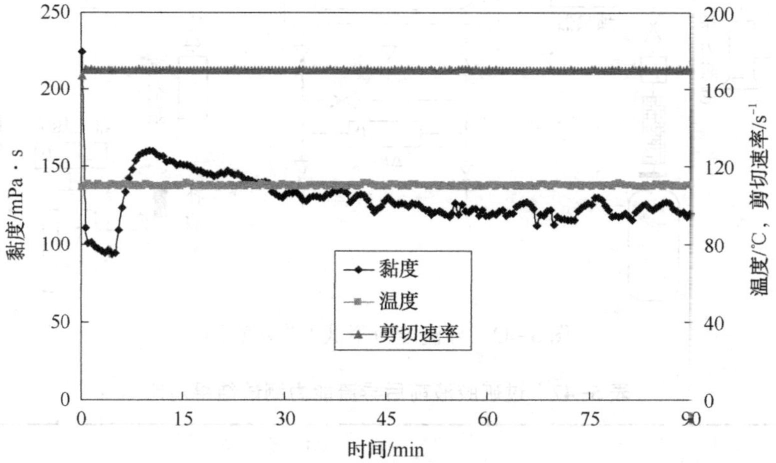

(b)0.58%胍胶体系

图 5-40　$170s^{-1}$、110℃时的压裂液胍胶体系流变性测试

从黏时特征曲线可以看出，压裂液在 100℃时具有较好的抗剪切稳定性，$170s^{-1}$连续剪切 90min 后，其黏度保持在 100mPa·s 以上，这对保证长时间施工是很有利的。

3. 破胶液表面张力测试

破胶液表面张力值的大小决定了压后液体的返排性能，表面张力值越小，其返排性能越好。利用 JYW-200A 自动界面张力仪进行破胶液表面张力值测定，评价其返排性能，测试 2 个样品的表面张力值为 29. 8mN/m，满足破胶液行业要求。

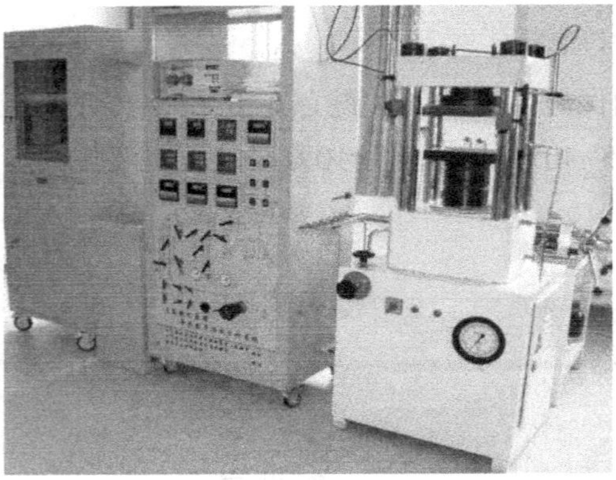

图 5-41　裂缝导流能力测试仪

4. 支撑裂缝导流能力伤害测试

模拟地层条件，利用多功能导流实验仪对支撑裂缝的导流能力进行压裂液伤害测试(图 5-41、图 5-42)。实验仪采用 API 标准导流室，选用中强度 20～40 目陶粒，铺砂浓度为 $10kg/m^2$。先用清水测得不同压力下的裂缝导流能力，然后在 6.9MPa 下通过破胶液 2000mL，继续用清水测得不同闭合压力下裂缝伤害后的导流能力。

实验结果显示，在地层静闭合压力下(实验闭合压力 41.4MPa)，破胶液对填砂裂缝导流能力的伤害率为 30.71%，结果见表 5-47。

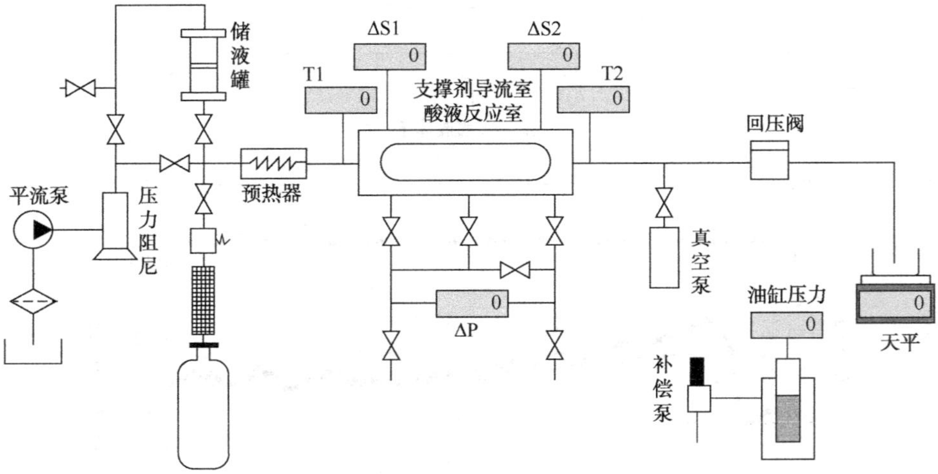

图 5-42　导流能力测试工作示意图

表 5-47　过破胶液前后导流能力测试结果对比

测量方式	API 线性流		
铺砂浓度	$10kg/m^2$		
闭合压力/MPa	初始导流能力/D·cm	伤害后导流能力/D·cm	伤害率/%
6.9	235.61	166.45	29.35
13.8	214.32	159.43	25.61
20.7	203.18	146.49	27.90
27.6	185.09	136.19	26.42
34.5	164.21	121.51	26.00
41.4	150.09	104	30.71
55.2	112.08	81.99	26.85

5.5 提高压裂效果关键技术

5.5.1 压裂伤害机理

压裂伤害机理涉及储层的类型和特性，并且贯穿于整个压裂施工作业过程。

1. 压裂液引起的黏土膨胀、分散及运移对地层的伤害

苏东气田主要产层大多位于石盒子组和山西组，黏土含量大多为10%~15%(表5-48、表5-49)。黏土矿物主要为高岭石、蒙脱石及其混层，另有少量绿泥石及伊利石。黏土膨胀运移必然对气藏造成严重伤害，极大地影响苏东气田压裂改造效果。

表5-48 苏东气田部分井盒$_8$段平均泥质含量统计

井 号	井段/m	平均泥质含量/%	层 数
SD49-66	2947.4~2957.1	11.57	2
SD18-40	2995.0~3008.0	14.92	3
SD29-43	3002.8~3015.4	10.74	3
SD41-54	2921.0~2940.9	15.01	3
SD40-43	3015.6~3024.9	20.52	2
SD52-63	2931.4~2954.4	12.75	2
SD52-66	2900.5~2905.4	12.36	1
SD37-44	3020.0~3057.3	11.18	2
SD60-65	2977.2~2982.0	13.37	1

表5-49 苏东气田部分井山$_1$段平均泥质含量统计

井 号	井段/m	平均泥质含量/%	层 数
SD43-63	2971.5~2973.6	11.00	1
SD18-40	3040.9~3043.0	21.46	1
SD29-43	3068.5~3071.4	15.72	1
SD41-54	3009.2~3012.7	14.27	1
SD36-60	2976.8~2983.1	10.55	1
SD52-63	3009.4~3011.3	12.26	1
SD60-65	3074.0~3077.8	13.45	1
SD61-51	3069.3~3071.0	11.00	1

1）黏土膨胀、分散及运移机理

黏土矿物大多对水有明显的敏感性。地层在被钻开前，黏土矿物与地层水处于平衡状态。在地层被钻开后，由于外来流体的进入，打破了原有的平衡状态，使黏土矿物发生膨胀，封堵孔隙、喉道，同时松散黏附于孔道壁面的黏土颗粒也会随压裂液一起移动，在孔隙、喉道狭窄处被卡住，形成堵塞，造成对地层的损害。

黏土矿物的膨胀主要是由于黏土颗粒中间层间距变大造成的。由于黏土矿物大多存在晶格取代，使其表面存在或多或少的剩余电荷，在原始状态下，由于晶格中离子的取代，或外晶层的电离，以及吸附 OH^- 和有机负离子，使晶层带负电，从而吸附阳离子形成双电层，以达到电荷平衡。外来流体进入后，当侵入滤液的电解质浓度小于原来扩散层溶液浓度时，原来吸附的离子发生解吸，再从外来流体中吸附新的平衡离子，以平衡这些电荷的无机离子的水化，以及晶面处硅氧键或氢氧键的偶极对水分子的吸引，导致黏土矿物晶层间的引力减弱，通过表面水化和渗透水化，使粒间距离增大，即发生膨胀。当粒间距离增大到超过粒间有效作用距离时，黏土就会产生分散现象。

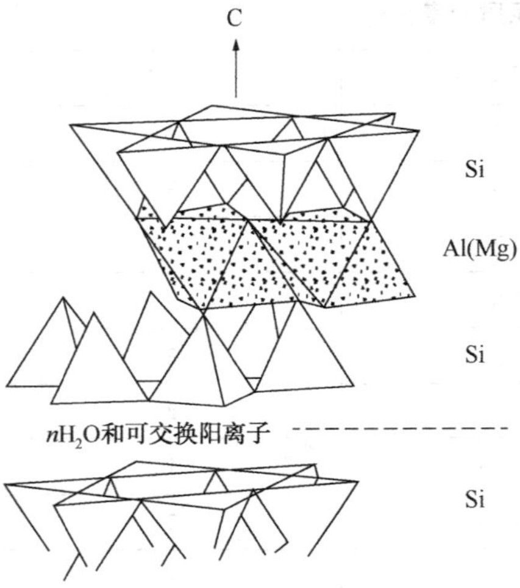

图 5-43　蒙脱石晶体结构示意图

除了黏土水化分散产生的微粒，地层内部本身含有的未被天然胶结物黏结的细小微粒，以及碱性或酸性滤液溶解部分天然胶结物后产生的微粒，均可能在压后返排时，在孔隙、喉道部位形成机械堵塞，降低油气层的渗透率。其堵塞强度除与喉道尺寸有关，还与粒子浓度、排液速度有关。

黏土矿物中黏土成分不同，产生伤害的机理也不同。一般情况下，黏土中的蒙脱石和伊/蒙混层黏土主要引起水化膨胀乃至分散。蒙脱石为三层型结构，它是由两层硅氧四面体夹着一层铝氧八面体组成的，蒙脱石晶层间的表面均为氧层，联结力弱，因此易膨胀(图 5-43)。蒙脱石水化膨胀体积可达原始体积的几倍甚至 10 倍以上，造成孔隙、喉道被封堵，渗透率大幅下降。

高岭石主要是由碱性岩石经酸性水化学淋滤作用形成，或者经过富铝矿物的再硅化作用和热液蚀变作用由富含硅、铝的溶液结晶而成。高岭石为两层型结构，它由一层硅氧四面体与一层铝氧八面体组成(图 5-44)，一个晶层的氧层对着另一个晶层的氧层，层间电荷为零，没有层间阳离子。氢氧和氧直接重叠，晶层间易形成氢键，联结紧密，水不易进入其中，无层间膨胀性，因此高岭石属非膨胀性黏土矿物。但高岭石在砂岩孔隙中常以填充物的形式存在，且对碎屑颗粒的附着力很小，内部的结合力也很小，在高速流体的剪切应力作用下，能使高岭石从碎屑颗粒的底座上脱落，并且易形成碎片微粒。这些微粒在储层中产生运移，封堵孔隙结构的喉部，降低地层的渗透性。

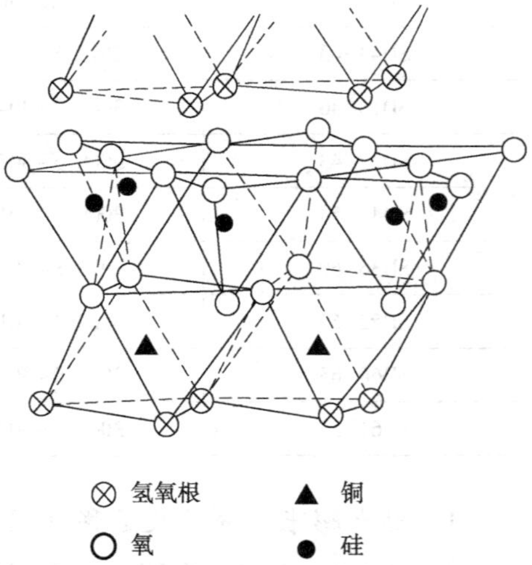

图 5-44　高岭石晶体结构示意图

2）影响因素

黏土矿物膨胀引起渗透率降低的因素，除了黏土矿物组分和含量，还有下列因素：

（1）注入流体的阳离子浓度和成分。水敏性黏土矿物的膨胀受黏二矿物阳离子交换反应性质的控制。当注入的工作液中含有高价阳离子时，可以抑制黏土的水化膨胀，减轻对储层的伤害。

（2）盐度变化速度。黏土的水化堵塞不仅受注入工作液的成分和浓度的影响，还受注入时盐度变化速度的影响。当盐度变化很快时，渗透率会急剧下降。要尽量避免由于注入工作液盐度的急剧变化而造成渗透率的损害。

（3）pH 值的影响。储层中的黏土一般处于 pH 值为 6~8.5 的环境中，注入工作液会改变这种环境，破坏黏土矿物与介质间的平衡，引起黏土矿物的膨胀、分散及运移，造成渗透率的伤害。

非水敏性黏土的微粒运移主要受下面几个因素影响：

（1）注入流体的速度。当注入流体的速度超过临界值时，就会对渗透率造成明显的伤害。临界流速的大小主要由多孔介质和孔隙流体的特性决定。

（2）岩体胶结程度。注入工作液不仅会引起黏土微粒的运移，还会将很多非黏土微粒从胶结状态中释放出来，导致这些微粒的运移。胶结程度越低，微粒运移越严重。

2. 压裂液进入地层形成水锁(水相圈闭)对地层的伤害

压裂液的水锁(水相圈闭)是指在压裂改造过程中，由于压裂液滤液的侵入，使得储层含水饱和度从初始含水饱和度上升到束缚水饱和度，再上升到100%时导致储层渗透率降低的作用过程。

1）水锁伤害机理

毛管力作用在低渗砂岩气藏中，水锁伤害形成的过程中主要造成的影响如下。

（1）毛管力自吸效应。

毛管力影响着储层中润湿相和非润湿相的渗流。假设储层孔隙结构可被视为毛管束，毛管中弯液面两侧润湿相和非润湿相之间的压力差被定义为毛管力，其大小可由任意界面的 Laplace 方程来表示：

$$p_c=\sigma\left(\frac{1}{R_1}+\frac{1}{R_2}\right) \tag{5-9}$$

式中 σ——界面张力；

p_c——毛管力，方向始终指向凹面(非润湿相一方)；

R_1、R_2——两相间形成液膜的曲率半径。

对气藏岩石而言，单根毛管中的液面常常有两种形式，如图 5-45 所示。

①球面：毛管壁上无水膜，毛管中的气/水界面为球面：

$$p_c=\frac{2\sigma\cos\theta}{r} \tag{5-10}$$

式中 r——毛管半径。

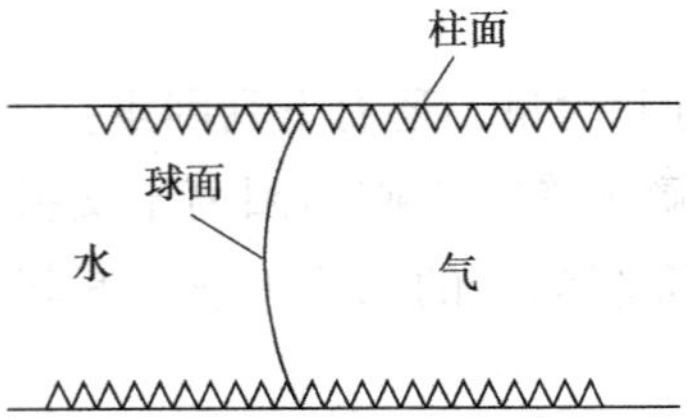

图 5-45　亲水毛管中的气/水界面

式(5-10)表明，p_c与毛管半径呈反比关系；毛管半径越小，毛管力越大。两相界面张力越大，接触角越小，则毛管力越大。毛管力的方向为指向凹面，即毛管力有利于水相的推进。压裂过程中水锁伤害的形成过程为在一定的正压差条件下，润湿的液相驱替非润湿的气相的过程。

②柱面：毛管壁上有水膜，管中心部分为气充满时形成柱形界面。此时，$R_1=\infty$，$R_2=r$。则$p_c=\frac{\sigma}{r}$，p_c方向为指向管心，其作用是增大毛管中的水膜厚度。

对于裂缝性储层而言，当两相流体位于平行裂缝间时，如以 W 表示裂缝宽度，则有：

$$p_c=\frac{2\sigma\cos\theta}{W} \tag{5-11}$$

上述分析表明，不论何种形式的亲水毛管，在水锁伤害形成过程中，毛管力均促进外来液体向储集层中推进。

(2) 流体滞留效应。

根据 Poiseuille 定律，单根毛管排出液柱的体积 Q 为：

$$Q=\frac{\pi r^4(\Delta p-p_c)}{8\mu l} \tag{5-12}$$

式中　l——液柱长度；

Δp——驱动压力；

μ——外来流体的黏度。

若换算为线速度，则式(5-12)成为：

$$\frac{dl}{dt}=\frac{\pi r^4(\Delta p-p_c)}{8\mu l} \tag{5-13}$$

代入式(5-12)并积分，得出从半径为 r 的毛管中排出长度为 l 的液柱所需的时间为：

$$t=\frac{4\mu l^2}{\Delta\, p_r^2-2r\sigma\cos\theta} \tag{5-14}$$

由式(5-14)可以看出，r 越小，排液时间越长。随着排液的进行，液体逐渐从由大到小的毛管中排出，排液速度随之减慢。储层毛管一旦形成水锁，首先解除的是相对较大的毛管，相对较小的毛管解除较慢，有的甚至形成水墙，难以消除。实质就是毛管力对流体产生滞留效应的结果。低渗透气藏孔喉(孔隙、喉道)细小，非均质性强，利用其自身的能量解除水锁伤害是十分困难的。

2) 影响水锁伤害的因素

影响水锁伤害的因素主要有气测渗透率、初始饱和度、界面张力、水相物理侵入深度、注入流体黏度、驱替压力、孔隙结构、黏土矿物种类及含量。不同因素的影响机理及影响程度不同。

（1）含水饱和度。在相同驱替压力梯度下，气藏含水饱和度上升后，其气体渗透率下降越大，水锁效应伤害越严重。

（2）气、水相渗曲线。由于孔隙介质不混相流体的多相干扰，流体低饱和度区间的气、水相对渗透率曲线越陡，说明水饱和度增大对气相渗透率的下降影响越明显。岩石的孔渗性影响相对渗透率曲线形态表现为，岩石越致密，曲线越陡。

（3）滞留水的有效气藏压力。由于残余流体饱和度是毛管压力梯度的一个直接函数参数，一般情况下，有效气藏压力越大，有效毛管压力梯度就越大，最终形成的束缚水饱和度越小。

（4）水相物理侵入深度。水相物理侵入深度严格制约着有效储层压力排出滞留水的能力。一般来讲，侵入深度越深，排出滞留水就越困难，水锁造成的渗透率下降量越大。

（5）流动压差。流体饱和度与施加在该体系中的毛管压力梯度直接相关，流动压差越大，产生的毛管压力梯度就越大，最终束缚水的饱和度就越小。

（6）岩石润湿性。对于水湿气藏，若具有异常小的初始含水饱和度，则水锁效应就非常明显。

3. 润湿性改变对地层的伤害

润湿性是指液体或气体在固体表面的扩散现象。储层润湿性是指岩石表面具有被一层油膜或水膜选择性覆盖的能力。对于砂岩储层，大多是水湿表面且岩石表面带有负电荷。当压裂液中的表面活性成分特别是阳离子型的表面活性剂通过离子交换吸附在岩石表面后，发生润湿反转，改变岩石的润湿性，地层岩石变为油湿，使得地层流体流过多孔介质的流动阻力增大，当储层岩石由水湿变为油湿后，储层渗透率大幅下降，可使油(气)的渗透率下降15%~85%，平均下降40%，对储层造成严重伤害。

4. 压裂液与地层流体不配伍对地层的伤害

从本质上讲，压裂液与地层流体都是包含着若干种无机离子的溶液，各自保持着相对的离子平衡状态，两者混合以后，平衡状态将被外来的离子打破，可能会发生化学反应，建立新的平衡。因此，存在压裂液与地层流体之间的配伍性问题，如果二者不配伍，就会发生有害的化学反应，生成诸如碳酸钙、硫酸钙等沉淀物。这些沉淀物可以堵塞孔隙和喉道，对储层造成严重的伤害。

5. 细菌对地层的伤害

在油田水和压裂液中含有大量的腐生菌、硫酸盐还原菌、植物胶降解菌，它们在适宜的温度和水中，繁殖速度惊人。细菌的大量繁殖形成的菌体黏液和腐蚀产物，一是引起地层损害，比如硫酸盐还原菌能将硫酸盐或亚硫酸盐还原为硫化物，并产生H_2S；氧化铁细菌能将Fe^{2+}转化为Fe^{3+}，从而形成沉淀，堵塞孔隙。二是使植物胶发生生物降解，破坏压裂液性能。

6. 压裂液残渣对地层的伤害

对于植物胶水基压裂液，残渣影响几乎是不可避免的，它是压裂液破胶后不溶于水的固体物质。残渣主要来自基液和成胶物质中的不溶物，以及压裂液的各种添加剂的带入。表 5-50 为目前常见的几种胍胶破胶后的残渣比较。对于低渗透储层，残渣的存在对储层的影响有双重性：一方面，有利于形成滤饼，阻碍压裂液侵入储层深处，帮助提高压裂液的效率，减轻对地层的伤害；另一方面，残渣会堵塞地层的孔隙和喉道，降低渗透率，伤害地层。残渣对地层与裂缝造成的伤害程度，与其在破胶液分散体系中的粒径及分布规律有关。对低渗透储层而言，一般情况下压裂液残渣的粒径比地层孔隙直径要大，残渣很难进入储层深部，所以压裂液残渣对低渗透储层的渗透率影响不是很大。

表 5-50　几种胍胶破胶后的残渣比较

胍胶名称	含水率/%	水不溶物/%	残渣含量/(mg/L)
羟丙基胍胶(大庆)	8.5	12	526.2
羟丙基胍胶(金岭)	8.0	9	333.7
超级羟丙基胍胶(昆山)	10.0	6	255.7
羟丙基胍胶(任丘)	8.0	7	296.5

但是，支撑剂充填层受压裂液残渣的影响很大。试验表明，压裂液的残渣含量在 200~900mg/L，如此多的残渣除部分形成滤饼，其余大部分将通过吸附、机械捕集、水动力学捕集等残留在储层中。

残渣的吸附包括物理吸附和化学吸附。物理吸附包括静电力吸附、氢键力吸附、诱导力吸附、色散力吸附及疏水力吸附等。化学吸附就是直接通过化学反应在残渣与支撑剂之间形成化学键，并吸附在支撑剂充填层中。

机械捕集是指聚合物分子通过小孔隙时流动受限，分子开始缠绕，线团尺寸变大，流出孔隙的机会就大为减少，最终滞留在孔隙中。

水动力学捕集是指聚合物分子通过较大的孔隙时由于水动力学因素停留在孔隙中，当流速变化时有可能重新流出。

吸附及捕集在支撑剂充填层内的压裂液残渣，部分会堵塞填充层空隙，减少了填充层的有效孔隙空间，使裂缝导流能力下降。

压裂液残渣对地层的伤害与残渣的含量有密切的关系，残渣含量越多，伤害越严重。压裂液残渣含量及性质与压裂液添加剂及配方、温度和时间等因素有关。使用过渡金属类交联剂，体系破胶困难且破胶后残渣含量多，对地层伤害大。有机硼类交联剂体系破胶容易且破胶后体系残渣含量少，对地层伤害小。

7. 压裂液滤饼和浓缩对地层的伤害

压裂液在裂缝的表面形成具有一定弹性的薄膜即滤饼。由于滤饼的渗透率比地层渗透率小得多，因此在生产中滤饼阻碍了地层流体向裂缝的流动，同时由于裂缝闭合，支撑剂嵌入，滤饼占据了部分乃至整个支撑剂之间的间隙，导致裂缝导流能力大幅降低，阻碍压裂液的返排和原油的产出。

在水基冻胶压裂液中使用的稠化剂，其相对分子质量大多在$(20 \sim 200) \times 10^4$，在压裂液被泵送到地层中时，由于其分子链尺寸很大，使得大分子链聚合物很难进入低渗透储层的基质内。在压裂过程中，随着压裂液被注入裂缝，裂缝中压裂液不断滤失，导致交联聚合物在支撑裂缝内的浓度提高，即浓缩。当裂缝闭合后，裂缝中压裂液进一步浓缩，滤失过程中裂缝壁面及支撑剂填充层中破胶剂浓度分布变得很不合理，裂缝壁面和填充层中 HPG 胶浓度很高。数据表明，压裂液在裂缝的前半部分浓缩可高达原浓度的 10~40 倍。破胶剂含量相对较少，破胶剂未能充分起作用，造成破胶液的黏度很高或不能完全破胶，对填充层造成很大的伤害。破胶液黏度很高，还会引起支撑剂过度返排，也会影响裂缝的导流能力。

8. 支撑剂对储层的伤害

支撑剂选择不当对储层造成伤害。支撑剂杂质含量过多，杂质随压裂液进入地层并堵塞孔隙和喉道，支撑剂粒径分布过宽，造成小颗粒支撑剂运移堵塞裂缝。此外，支撑剂强度不够，在裂缝闭合压力作用下，大量支撑剂被压碎，形成许多微粒，影响裂缝导流能力。实验测试表明，采用粉陶将大幅降低裂缝的导流能力。另外，施工中的不合理举措，施工设备的损坏等人为因素也可能对储层造成伤害。

5.5.2 减少伤害的技术措施

为了减少压裂过程中的二次伤害对地层的影响，针对上述影响因素的作用机理，采取合理的措施，最大限度地减少二次伤害，提高压裂效果。

1. 降低稠化剂的浓度

苏东气田曾于 2007 年针对岩屑砂岩储层物性较差、黏土矿物含量多等特点，开展了压裂液体系优化，减少了压裂液的水不溶物含量，改善了压裂液的防膨性能。减少压裂液的水不溶物含量，稠化剂浓度由 0.55%降至 0.45%。

2. 加入黏土稳定剂

在压裂液体系中加入黏土稳定剂，通过改变黏土表面结合的离子，改变其物理、化学性质，达到抑制水化膨胀和分散迁移的目的。针对不同的黏土矿物选择不同的黏土稳定剂，其作用效果和作用机理及影响是不同的。目前，常用的黏土稳定剂有以下几种类型。

1）无机盐类黏土稳定剂

根据黏土的渗透水化理论(两相水分子移动)，在压裂液中加入适量的无机盐，提高压裂液的矿化度，具有一定的抑制黏土水化膨胀的能力。使用最多的是氯化钾，其作用机：一方面，电离出的钾离子可以中和黏土表面的负电荷，减小黏土片状结构间的静电斥力，从而使黏土膨胀受到抑制；另一方面，K^+恰好有适当的尺寸可以装入蒙脱石硅氧四面体的六角环中，导致易水化膨胀的蒙脱石表现出较好的惰性。但是，遇淡水后其效果减弱，有效期缩短，效果不理想。

2）阳离子活性剂类黏土稳定剂

阳离子活性剂在水中可以离解出表面活性阳离子，这些阳离子在黏土表面吸附，中和电性，抑制黏土的水化膨胀，对黏土的稳定有良好的持久性。但必须注意的是，以十六烷基溴化吡啶为代表的阳离子活性剂存在导致储层润湿反转的问题，虽然润湿反转不影响岩石的绝对渗透率，但由于润湿性是控制油藏流体在孔隙介质中的位置、流动和分布的一个主要因素，它对油(气)、水两相的相对(或有效)渗透率有直接影响。当强水湿地层转变为强油湿地层时，有效渗透率可能下降到40%。

3）有机聚合物类黏土稳定剂

非离子、阴离子、阳离子有机聚合物都对黏土有稳定作用，但在压裂液中使用最多、效果最好的是阳离子聚合物，如聚季胺盐、聚季磷酸盐、聚季硫酸盐。由于阳离子聚合物在黏土表面吸附作用非常强而不可逆，具有长效性，同时也不存在润湿反转问题，因而是压裂液中较为广泛被采用的黏土稳定剂。

此外，目前大多数压裂液体系均是在碱性环境下交联成胶，而高 pH 值的环境会加剧黏土的分散，还可能溶解硅石形成新的微粒。因此，合理的 pH 值也是必不可少的。

3. 减少水锁伤害

采取以下措施减少水锁对地层的伤害：

(1) 在水基压裂液中加入表面活性剂即助排剂，减小油水界面张力，增大接触角，减小毛管力。

(2) 改善压裂液破胶性能，实现压裂液在地层中的彻底水化破胶，减小压裂液在地层介质中流动的黏滞阻力。

(3) 压裂液快速破胶，并在压裂结束后采用小油嘴，利用余压强制裂缝排液，减少压裂液在地层中的滞留时间。

(4) 使用液氮、CO_2助排等。

4. 加入杀菌剂

加入杀菌剂可以抑制腐生菌、硫酸盐还原菌、植物胶降解菌等在地层中的滋生，减少对地层的伤害。杀菌剂的效果主要体现在对压裂液性能的稳定能力和对地层伤害的影响。其作用效果除与杀菌剂性能有关，还与压裂液的类型、温度和水质等因素有关。

5. 优选压裂液体系

要减少压裂液对地层的伤害，就要优选合适的压裂液体系。最好选用低水不溶物稠化剂和易降解破胶的交联剂，从源头上减少压裂液体系对储层的伤害；选用合适的添加剂，避免由于助剂与储层流体不配伍生成沉淀，以及由于储层岩石润湿反转对储层造成二次伤害。

6. 优选破胶体系

优选破胶体系，可以实现高黏压裂液在地层压力、温度条件下迅速、彻底地破胶、降黏、水化，使破胶水化残液尽快返排至地面，减少压裂液残渣对地层基质和裂缝导流能力的影响。提高破胶剂用量，可以有效减少滤饼和压裂液浓缩对裂缝导流能力的影响。

对不同的压裂液体系可采用不同的破胶方法，主要有通过改变压裂液体系的 pH 值破坏交联环境、高温热力和氧化降解等。其主要是利用破胶剂(主要是酶、氧化剂)的氧化降解

（或加速氧化降解）作用，在预定的地层温度下使稠化剂分子链氧化降解断裂，进而破坏聚合物分子与交联剂形成的交联结构。

破胶剂的作用效果受以下因素的影响：

（1）破胶剂作用效能。破胶剂效果差、破胶不彻底，将导致压裂液破胶后残渣含量多，造成地层孔隙堵塞，使填砂裂缝渗透率降低，导流能力下降。此外，破胶不彻底造成残液黏度高，返排困难，返排率低，压裂液滞留地层中形成水锁和混相流动，增加油气流动阻力。

（2）破胶剂作用时间。破胶剂在造缝之前就开始起破胶作用，造成压裂液黏度提前损失，达不到高裂缝黏度的要求。加上井底温度升高和泵送过程中的剪切降解减黏作用的影响，使压裂液的造缝能力大幅减弱。相反，如果压裂造缝阶段完成之后破胶剂不能及时发挥破胶作用，部分破胶剂经由滤饼与滤液一起滤失到储层中，大幅减少了它对滤饼的破胶水化作用，从而增加了滤饼在缝壁面上的存留时间，阻碍了流体从储层顺利地进入裂缝；由于在裂缝闭合后，填砂裂缝中的残渣浓度远远超过地面注入时的浓度，因而大幅降低了填砂裂缝的导流能力。

（3）破胶剂作用温度。破胶剂的作用温度范围通常是选择破胶剂的首要条件，也是影响破胶剂作用时间的重要因素。对氧化剂类破胶剂而言，温度越高，越有利于破胶。如常用的过硫酸铵的作用温度为53.7℃，低于该温度时，过硫酸铵热分解缓慢，在37℃下经历24h也不能使冻胶破胶。

（4）破胶剂使用浓度。一般而言，破胶剂使用的浓度越高，破胶越彻底，破胶时间越短，对地层伤害越小。但同时也会造成压裂液黏度的提前损失，影响压裂液的造缝能力。如果不采取任何措施，过分地增大破胶剂浓度，必然会引起压裂液黏度的大幅下降，甚至提前脱砂，导致施工失败。

7. 优选支撑剂

结合储层信息，选择合适的支撑剂类型，保证其强度、粒径等各项指标符合施工的要求，并最大限度地降低对储层的伤害。由于加入粉陶会极大地降低裂缝的导流能力，在施工中尽量避免加入粉陶。

此外，在施工过程中还要严格进行监督，保证施工质量，避免施工中的不合理措施对储层造成人为伤害。

总之，要减少压裂过程中对地层的伤害，必须综合考虑以上各个方面的因素。首先选用含低水不溶物稠化剂和易降解破胶的交联剂的压裂液体系，避免由于工作液与储层流体不配伍造成二次伤害；其次要优选破胶体系，实现压裂液彻底破胶、水化，减少压裂液残渣对地层基质和裂缝导流能力的伤害；最后还要在施工现场加强监督，保证施工质量。

5.5.3 减少伤害的技术措施

1. 在前置液中伴注氮气进行助排

由于氮气有良好的可压缩性和膨胀性，在能量释放时具有良好的解堵、助排作用，这种作用有助于克服毛管力的束缚，降低水锁效应。同时，还可减少压裂过程中液体的滤失，提高压裂施工效率。

由于液氮在压裂液中形成一定干度的泡沫，泡沫占据孔隙空间，封堵大孔隙，这对减少压裂液的初滤失和降低综合滤失系数具有积极作用，因此在压裂施工的全过程中加入液氮。另外，液氮在压后放喷时，由于井底流动压力降低，受压缩的氮气迅速膨胀，助推压裂液进入井筒，达到气、液两相混合，降低井筒液柱压力，达到助排的目的。

2. 适度规模压裂，坚持低前置液比例，减少入地液量

苏东气田储层岩性致密，压裂液滤失不严重。实践证明，采用大规模压裂时，前置液比例在35%~40%能够保证施工成功。

3. 采用性能良好的成熟压裂液液体体系

采用性能良好的成熟压裂液液体体系，但应严格监控压裂液的质量，减少压裂液的残渣伤害。

由于酸性压裂液的稳定性较差，且没有证据证明储层具有碱敏特性，建议后续压裂不推广使用酸性压裂液，坚持以低浓度、低成本的碱性条件下交联的胍胶体系为主。

4. 多层压裂时，采用胶囊氧化破胶剂

目前，压裂施工中应用的破胶剂主要有氧化破胶剂、胶囊破胶剂和酶破胶剂。氧化破胶剂有过硫酸钾、过硫酸铵等。由于氧化剂的活性和温度有关，一般当地层温度低于49℃时，反应的速度就很慢，需要加入催化剂，常用的催化剂是三乙醇胺。氧化破胶剂有很多的缺陷，例如：①在高温下与压裂液反应迅速，使压裂液提前降解而失去输送支撑剂的能力，甚至导致压裂施工失败；②它属于非特殊性反应物，能和遇到的任何反应物如管材、地层基质和烃类等发生反应，生成与地层不配伍的污染物，造成地层伤害；③氧化破胶剂很可能在到达目标裂缝前就消耗尽了，因而达不到破胶的目的。

胶囊氧化破胶剂是把过氧化物单独装在合成外壳内。胶囊氧化破胶剂的核心材料为破胶剂，可采用与水接触即可溶解变为高活性的固体强氧化剂。胶囊氧化破胶剂的优点在于减少了破胶剂对压裂液流变性能的影响；增大破胶剂用量，提高了裂缝的导流能力。

尽管酶破胶剂是一种比较新型的破胶剂，在国外应用较广泛，但在国内还不算成熟。它与其他类型的破胶剂相比，具有一系列的优点，是将来破胶技术的主导产品。虽然酶的生物活性只能在一定的温度和pH值下发挥作用，但酶破胶剂仍然有很大的发展潜力。扩大酶破胶剂的使用范围(高温、高pH值)，以及提取更优良的特异性酶破胶剂还有待研究。苏东气田前期应用的酶破胶体系并未改善压裂液的返排率。

5. 地质分析

加强储层地质研究工作，细化选井评层标准，加强压裂改造前的增产潜力预测分析，是确保获得预期压裂效果的基础。

6. 减少气藏水锁伤害

水锁伤害程度主要与储层的孔喉分布及大小、侵入压差和返排压差、液相侵入深度、侵入液返排时间、气液界面张力、润湿接触角及侵入液黏度等因素有关。避免或减轻该气藏承受水锁伤害的方法如下：

（1）尽量避免和减少与水基工作液接触，改进压裂液配方，增强其降滤失性能，减小滤失量。

（2）减弱毛管力效应，降低界面张力。注入互溶剂(用甲醇)或加入表面活性处理剂。

7. 加强资料分析

加强对单井的测井资料分析，加强压裂设计的针对性；根据压裂施工层段的物性特征，结合压裂层段上、下隔层情况，优化设计施工规模，选择合理的施工参数。

8. 选择适当的施工参数和工艺技术

对于隔层较差的压裂层段，压裂施工中通过选择施工参数和工艺技术来控制裂缝高度过快增长，这是保证压裂加砂成功的关键，更是提高压裂效果的有效手段。建议控制裂缝高度的技术如下：

（1）适当降低前置液的黏度。

（2）采取变排量的压裂技术，即“小排量造缝，大排量加砂”。开始以小排量压开地层，挤入前置液；进入携砂阶段后，由小到大逐步提高排量。变排量压裂技术对于控制裂缝向下延伸比较有效。

9. 采用酸基压裂液进行压裂

由于储层岩心含有一定的碳酸盐，可尝试采用酸基压裂液进行压裂，但应注意储层中含有的酸敏性矿物，如绿泥石等。

5.5.4 压裂返排工艺优化

压裂施工后，压裂液返排是水力压裂作业的重要环节，科学合理的返排程序是保持裂缝导流能力和减少地层伤害的关键。压后油气井的生产能力在很大程度上取决于该导流能力。一方面，排液速度过快，造成压入地层的支撑剂回流返吐，导致人工裂缝被支撑的状况变差，井筒附近的裂缝导流能力下降，影响压后流体的产出。返吐的支撑剂还会在流动的过程中冲蚀、刺坏地面油嘴及管线，影响测试和试采工作的顺利进行。另一方面，排液速度过慢，就会增加压裂液浸泡储层的伤害时间和滤液进入地层的总量，以及由于压裂液滞留于地层中的时间延长，压裂液中残渣沉积附着后不易排除，且在井筒中的游离支撑剂将不能随压裂液一起排出井筒，造成支撑剂沉入井底堆积掩埋储层，造成井内事故，影响压裂井的增产效果。

推荐的排液方法为：小排量早期返排，中、后期强化返排。该方法在压裂液破胶后即开井，先采用小油嘴控制小排量排液，通过控制返排速度，缩短地层闭合时间，增强人工裂缝对支撑剂的夹持作用，待裂缝尽可能完全闭合及压裂液彻底破胶后，再用大油嘴控制大排量快速返排，尽快排尽井筒及进入地层的液体，缩短液体与储层的接触时间，减少工作液对储层造成新的伤害。

根据斯托克斯定律，把支撑剂携带出井筒所需液体流速和排液速度应受到控制(表5-51)。现场具体油嘴直径可以根据表5-52和表5-53确定。

表 5-51 把支撑剂携带出井筒所需液体流速和排液速度($3\frac{1}{2}$in 油管)

液体黏度/mPa·s	流速/(m/s)	排量/(m^3/h)
10	0.86	14.1
5	1.72	28.2
1	8.60	141.0

表 5-52 不同井口压力和液体黏度时油嘴尺寸选择($3\frac{1}{2}$in 油管)

井口压力/MPa	液体黏度/mPa·s	油嘴直径/mm
5	10	4.44
	5	8.88
10	10	3.14
	5	6.28
15	10	2.56
	5	5.12

表 5-53 不同井口压力和液体黏度时油嘴尺寸选择($2\frac{7}{8}$in 油管)

井口压力/MPa	液体黏度/mPa·s	油嘴直径/mm
5	10	2.95
	5	5.91
10	10	2.09
	5	4.18
15	10	1.71
	5	3.42

现场排液时，应根据压裂液破胶情况，注意观察排出液体中支撑剂的含量及形状，采用合理的油嘴尺寸控制排液速度，在防止地层大量支撑剂回流、保证裂缝导流能力的前提下，连续携带出井筒内的固体颗粒，保证井内安全。

此外，现场排液时，破胶液黏度是逐步变化的，一般由约 10mPa·s 逐步降至约 5mPa·s，因此，根据类似油田的现场经验和上述计算结果，提出如下排液方法：压裂后尽快开井，用小油嘴(一般采用约 2mm 油嘴)控制排液，强制裂缝快速闭合，当排出液量等于顶替液量时，开始观察出砂情况。如每升液体返出液含支撑剂大于 100 粒，应适当降低排液速度，即采用更小的油嘴；如不见砂粒或只有微小岩石颗粒及破碎的支撑剂颗粒，可适当提高排液速度(用 3~4mm 油嘴控制)，将含砂量控制为小于 100 粒/升，以此来控制排液期间的出砂量。待裂缝充分闭合后，换较大油嘴(一般为 4~6mm)控制排液。

第6章 气井排水采气工艺优化

6.1 排水采气工艺适应性分析

6.1.1 井筒积液早期识别

1. 井筒积液分析现状

气井积液通常是指出砂气井因地层压力降低导致气体产量降低，使井筒内的液相流体无法随气体流出井筒而形成积液，其中气体将液体携带出井筒所需的最小气体流速被称为气体携液临界流速，它是气体和液体性质及连续相流体流动特征的函数。

Duggan(1961年)通过在美国TEXAS油田的现场统计，首次建立了气体携液临界流速的经验关系式。他通过观察大量不同流体成分和各种操作工况下气井的流动特性，提出当井口的卸载流速为1.524m/s时可以保证井眼内不存在积液。

Turner等(1969年)通过分析，提出气井自排液存在如下两种机理模型：沿管壁液膜运动模型和高速气芯液滴模型(以下简称液膜模型和液滴模型)。通过对产液气井的生产资料进行分析，液滴模型在预测气井积液的准确性上优于液膜模型，因此液滴模型是井筒积液过程中的主要机理模型。

Turner根据对现场数据的拟合结果提出应在上述模型的基础上增加20%的安全系数。

Lisbon和Henry(1980年)通过对Texas西南油田的历史资料进行研究，发现对于深度在920~2300m范围内的低渗透性砂岩地层，所需的最小卸载地面流速为5m/s。

Ike和Ikoku(1981年)提出的携液临界流速模型受气芯内液滴、液膜厚度和压降的影响。模型体现了Duns-Ross压降计算式在环雾流下的计算精度比较高。他们的研究表明，在其他条件相同的情况下，高密度气体比低密度气体更容易携带液体。

Neves和Brimhall(1989年)采用了Beggs-Brill多相流压降计算式计算并画出随井深增加时当地气体和液体流速剖面，并用Turner方程得出不同井深下临界流速剖面。将两个剖面画在同一图中并进行比较来评价井筒积液的严重程度。两条曲线越接近说明产液气井越容易积液，当地流速剖面曲线在临界流速剖面曲线的左侧时井筒内最可能出现积液。

Coleman等(1991年)发表了一系列的论文，讨论了保证低压气井卸载最小流速或临界流速的现场验证结果，并与他们以前的工作进行了比较，得出一些重要的结论：保证低压气井卸载的最小流速或临界流速完全可以通过Turner的液滴模型进行预测，而不需要增加20%的安全余量，但是他们没有给出具体原因。同时，他们也提到表现为段塞状的流动形态不遵从液滴模型，因为此时流体的运移机理和环雾流的运移机理是不同的。

另一个重要的结论是诸如温度、气体和液体密度及界面张力对于临界流速的影响是非常小的，而井眼直径和流动压力则会对临界流速产生直接和重要的影响。并且，首次提出采用系统网络分析(SNA)，也就是节点系统分析，对弹性驱动油气藏的废弃压力进行预测，也指出了单采用 SNA 方法会低估废弃压力。

Moltz(1992 年)应用节点系统分析原理，得出当采用组分井眼流体模型时，可以预测低压气井开始出现井筒积液时的气藏压力和流速。他阐述了当气藏压力降低时，产出气中增加的水含量和这些水在井筒中的相态行为必须被考虑到节点分析中，以准确预测低压气井的动态特征。

Boswell 和 Hacksma(1997 年)发表了一篇论文，提出采用连续气体循环的方法作为控制气井井筒积液的替代方法。把气体由地面通过环空循环到井底再由油管循环到地面，以得到比较高的气体流速将液体携带出地面。他们也用 Turner 的模型计算出临界流速，以保证液体被排出。

Yamamoto 和 Christiansen(1999 年)提出了一种替代方法从低压气藏排除液体。他们阐述了最基本的排出井筒积液的方法是选择合适的油管直径使依靠气藏自身能量就可以达到足够的气体流速，将液体从砂层携带到地面。但是，最优管径随着井的开采时期的不同而变化。

通过在油管内安装截流装置，例如截流阀，液体可以低于常规采用 Turner 的模型计算出的临界流速被气体携带出井筒。他们的实验证明截留装置改变了两相流动特征并改善了实验管路中液体的上升流速。根据实验结果，Turner 提出了在模型基础上增加 20%的安全余量对该实验而言是没有必要的。

Nosseir 等(2000 年)提出了一种分析方法，解释了 Turner 建议在液滴模型计算结果之上增加 20%安全余量的原因，并提出了从流型改变的角度来理解井筒积液的形成，从而将液滴模型的经验方程转变为一个通用的解析方程。

他们提出液滴模型的指导思想是非常有效的，但是由模型推导出的结果与现场资料之间的差异是由于忽视了对流型的考虑。当计算气井的临界流速时，应当注意井筒内的主要流型，根据流型的不同选取合适的曳力系数。根据计算位置的不同(在井口或井底)，在井筒中有可能出现不止一种流型。他们推荐采用井口压力进行计算，因为这里是气体滑脱最剧烈的位置，也就是气体流速值最大的位置。

李闽等(2001 年)对 Turner 的临界流速方程提出了修改建议，将高速气芯中的液滴考虑为扁平形。通过这一假设，他们计算出方程的曳力系数值为 1.0 而不是 Turner 的 0.44。基于该假设下计算出的临界流速值小于 Turner 假设的计算值，结果与中国气田内的气井资料相匹配。

利用液滴模型计算出的气井携液临界流速与现场实际数据存在较大偏差，并且没有明显规律可循。有的学者认为应在 Turner 液滴模型的结果上增加 20%的余量才能与现场资料相匹配，有的学者则认为模型无须修正就可以直接应用于现场，有的学者甚至认为液滴模型计算结果在上下浮动 20%的范围内都可满足现场要求，这些分歧在很大程度上是因为对于高液相流速、低气液比条件下的携液机理还不是非常清楚，尤其是对液滴模型适用条件还没有清晰的认识，以及对气井积液标准的认识不是很一致。

2. 井底积液物理过程

在气藏生产期内，气井积液的形成概括起来有如下四个阶段：

阶段 1：在初始完井阶段，一口气井有足够大的气体流速将液体携带到地面。这时的气体流速大于或等于气井自排液所需的最小流速。由于初始气藏压力和初始气体产量都比较高，因此这通常是生产过程中持续时间最长的一个时期。图 6-1(a)表示悬浮在高速气芯中的液滴被携带到地面。

阶段 2：随着开发时间的延续，气藏压力会逐渐降低，并使得气体产量也逐渐降低；由于气体流速与气体产量为正比关系，气体流速也将因此而下降。一旦气体流速低于连续排液所需的临界流速，悬浮于气相中的液滴将开始向下运动并在井底聚积。这种现象的出现会限制气体的有效过流面积和气体产量。在这一阶段，最明显的现象是气体产量的降低。图 6-1(b)揭示了这一过程。

阶段 3：正如上面提到的，聚积于井底的液体就好像井下截流阀降低了气相的有效过流面积；气体流速与过流截面积为反比关系，那么，气体流速会因过流截面积减小而增大。过流面积的减小还会导致穿过积液“截流阀”不断增加直到积液段回压等于举升液体流出所需的压力为止。正常来说，这一阶段是很容易通过地面监测油管压力和套管压力差来实现的。图 6-1(c)表示液体小段塞被带出地面的过程。

阶段 4：通常一口气井会在阶段 2、阶段 3 前后循环一段时间。但是，随着生产时间的延长，在地面产出液塞的时间间隔会越来越长。这是由于气藏压力达到将液体段塞举升出井筒压力的时间越来越长。逐渐地，由井筒积液对地层造成的额外回压会超过地层能量，将气井压死。图 6-1(d)揭示了这一过程。

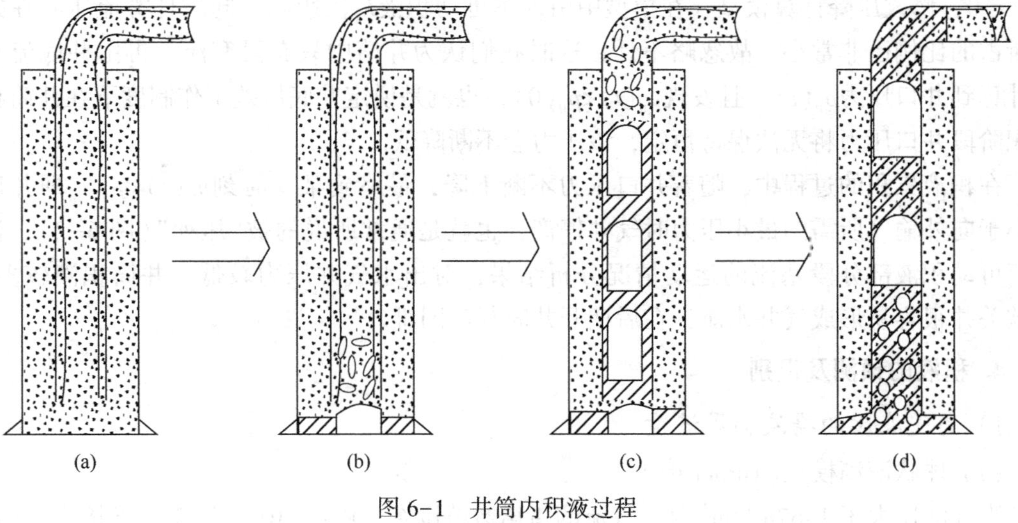

图 6-1　井筒内积液过程

以上描述的四个阶段是气井井筒积液的典型过程。每口气井各个阶段所持续的时间各不相同。这种差别往往是油管直径、产液量、液体重力、地层渗透率和井底流动压力的函数，因此，积液现象往往出现在低渗透率、低地层压力气藏中，而且往往这类气藏的气体流速比较低。

3. 气井积液过程的数学描述

当井下开始出现积液时，在井筒中会出现除环雾流外的另外一种流型——段塞流[图6-1(c)和图6-1(d)]，在井筒油管内形成上部是环雾流下部是段塞流的流型分布。井筒积液不是短时间内形成的，当气井产量低于临界产量时，首先是井筒底部气体流速满足不了携液的最小流速要求，而中上部井段的气体流速依然在临界流速之上，因此可以继续携液。从$q_{sc}(t)=q_c$时刻开始，气井积液发生。

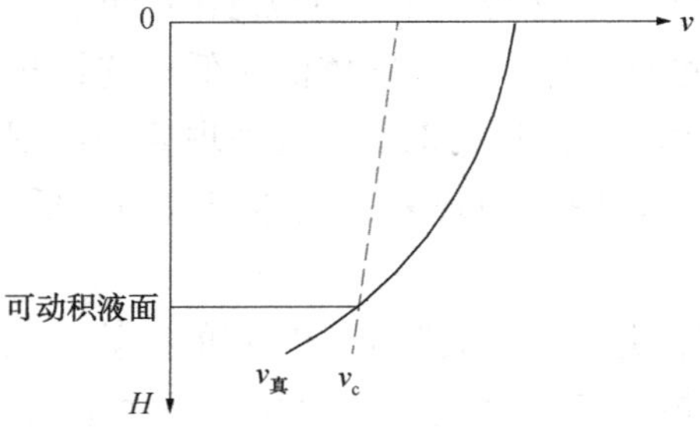

图6-2　井筒内气体流速剖面图

建立$t_1[q_{sc}(t)=q_c]$时刻井筒内积液程度识别模型，首先作出t_1时刻油管内的气体携液临界流速剖面图，再根据实际的气体产量作出井筒内真实气体流速分布图，在L_3-L_2深度段，气体真实流速开始小于携液临界流速，因此在L_3-L_2深度段以上为环雾流，该深度段以下为段塞流。在这里需要说明的是，L_2-L_1段的液体在一定压差下是可以向上流动的(图6-2)，我们称之为可动积液，而L_1段以内的液体是真正对井底造成回压的不可动积液。本书研究的积液概念就是指这种不可动积液。

在累计积液阶段开始时期，由于不可动积液还没有完全形成，这时井筒内液体是可以流出井口的，即$L_1=0$且井口压力不变，仍为$p_{tf}(0)$。将井口参数沿井筒向下用环雾流压降模型计算到$L_2(v<v_c)$位置，再用多相流(环雾流和段塞流)压降模型计算到井底p'_{wf}。当$|p'_{wf}-p_{wf}(0)|<\varepsilon$时，则说明$L_1=0$仍然成立；当$p'_{wf}>p_{wf}(0)$时，说明井筒内开始出现不可动积液$L_1\neq0$，修改压降计算模型，在模型中引入不可动积液$L_1$段影响，同时环雾流压降在井筒中所占的比例已非常小，故忽略不计，这时我们认为井筒中只有段塞流，再由井底流动压力计算到井口压力$p_{tf}(t)$，且发现$p_{tf}(t)<p_{tf}(0)$，也就是说定井底压差工作制度下在井筒积液累积阶段井口压力将无法保持恒定，该压力会不断降低。

在积液累积的过程中，随着井口压力不断下降，最终到某一时刻$p_{tf}(t)<p_{tf,min}$即井口压力小于向外输气所需的最小压力时气井停产，也就是通常所说的被“压死”(图6-3)。根据井筒可动积液部分段塞流的运动情况分析结果，对出水气井压力较低、井筒积液较多时，间歇关井很容易形成气井水淹，在后期开井时复产困难。

4. 积液的预测及识别

1）高气液比的携液临界流量

(1) 球状液滴模型(Turner模型)。

当气液比大于1367m^3/m^{3}时，气流的雷诺数范围在$10^4\sim2\times10^5$，气流呈雾状流；Turner在研究携液临界流量时，假设在紊流中的液滴是光滑、坚硬的球形微粒。他的气井携液临界流量分析方法是建立在力学平衡原理之上的，气流中的液滴主要受到两种作用力：一是液滴自身的重力，其方向向下；二是气流对液滴的拖曳力，其方向向上。图 6-4 是气流中液滴的受力示意图。Turner 认为，当这两个力达到平衡时，液滴随着气流上升。

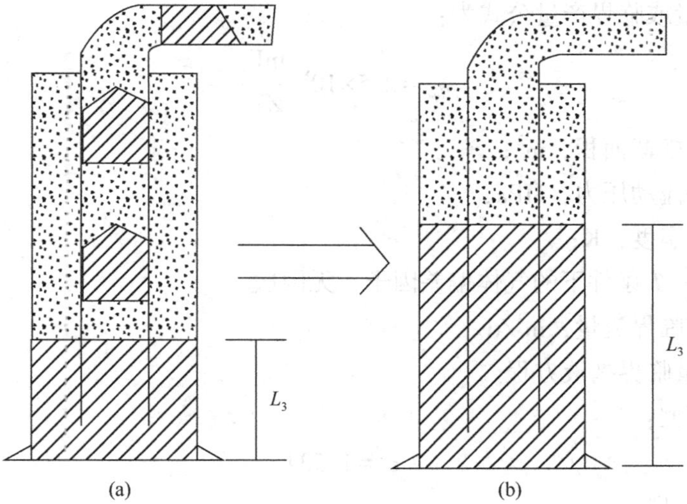

图 6-3　气井被积液压死

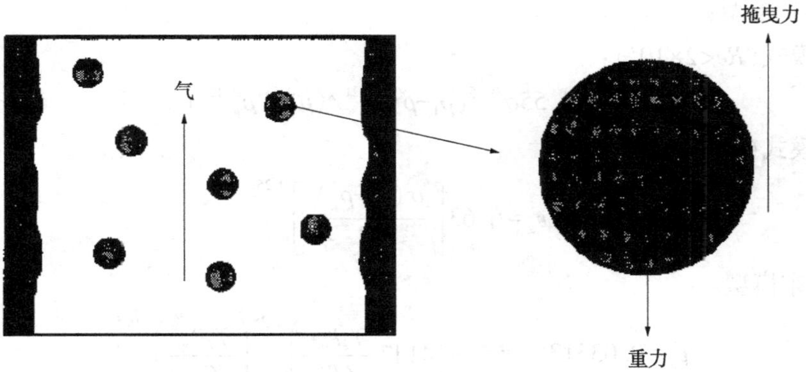

图 6-4　气流中液滴的受力示意图

Turner 针对球形液滴，得到的临界流速公式为：

$$v_g = 5.46\sigma^{0.25}(\rho_l - \rho_g)^{0.25}/\rho_g^{0.5} \tag{6-1}$$

然而，当 Turner 用高压气井的现场数据去检验该公式时，发现计算出来的数据绝大多数严重偏小。因此，他们将计算数据向上调整 20%以提高数据的接近程度。这种调整实际上是将一个常数加在上面公式中，得到了以下公式：

$$v_g = 6.55\sigma^{0.25}(\rho_l - \rho_g)^{0.25}/\rho_g^{0.5} \tag{6-2}$$

(2) 椭球形模型(李闽修正模型)。

在实际应用 Turner 公式时，发现许多气井的产量在明显低于用 Turner 公式计算出的临界产量时，气井仍然正常生产。1991 年，Steve 把 Turner 的临界流速和产量公式的系数减小了 20%，但仍与实际情况相差仍然甚远。因此，有必要采用新的方法来预测带液气井临界流速和产量。西南石油大学李闽得到椭球形液滴的最小携液流速为：

$$v_g=v=2.5\times\sqrt[4]{\frac{(\rho_l-\rho_g)\sigma}{\rho_g^2}} \tag{6-3}$$

相应最小携液产量或临界产量公式为：

$$q_{sc}=2.5\times10^8\frac{ApV_g}{ZT} \tag{6-4}$$

式中 A——油管横截面积，m^2；

p——井底流动压力，MPa；

T——井底温度，K；

Z——在 p、T 条件下的气体偏差因子，无因次；

q_{sc}——携液临界流量，m^3/d。

（3）其他流量临界携液方程。

① Duggan 模型：

$$v_g=1.524 \tag{6-5}$$

② Coleman 模型：

$$v_g=4.45[\sigma(\rho_l-\rho_g)/\rho_g^2]^{0.25} \tag{6-6}$$

③ Nosseir 模型：

瞬变流模式（$Re<2\times10^5$）：

$$v_g=4.55\sigma^{0.35}(\rho_l-\rho_g)^{0.21}/(\mu_g^{0.134}\rho_g^{0.426}) \tag{6-7}$$

紊变流模式（$2\times10^5<Re<10^6$）：

$$v_g=6.63\left[\frac{\sigma(\rho_l-\rho_g)}{\rho_g^2}\right]^{0.25} \tag{6-8}$$

④ 杨川东模型：

$$v_g=0.03313\left(10553-34147\frac{\gamma_g p_{wf}}{ZT_{wf}}\right)^{0.25}\left(\frac{\gamma_g p_{wf}}{ZT_{wf}}\right)^{-0.5} \tag{6-9}$$

（4）模型适应性评价。

Duggan 通过经验观测得出临界流速，为了使用方便，将井口作为参考点。Duggan 指出，1.524m/s 的气体临界流速是现场数据的统计值，对气井有一定的适用性。但是，Duggan 没有考虑到气藏条件和井筒条件的差异性，气井生产的临界流速不会是也不可能是一个常量。然而 Duggan 的最大贡献在于他提出了气井生产的临界流速的概念，为气井是否积液提供了判断依据。

Turner 模型以球形液滴作为基础，推导出临界流速和临界流量公式，在气液比非常大（大于 $1400m^3/m^3$）时，对流态为雾状流的气井具有相当好的精度。

Coleman 对 Turner 模型进行了修正，其模型适用于井口压力小于 3.4475MPa 的低压井的计算。

Nosseir 模型考虑了两种流态，经过流态的划分进一步提高了计算的准确性。

李闽模型将 Turner 球形模型修正为椭球形模型，其计算的临界流速只有 Turner 模型的

38%，更加符合我国气田的实际情况，在现场得到了广泛应用。

杨川东模型以井底作为参考点，充分考虑了我国气田的实际情况，从质点力学的角度推导出了临界流速，适用性广泛。

通过对上述各种模型的对比可以发现：它们的公式形式都非常相似，即

$$v_g = K\sigma^{0.25}(\rho_l - \rho_g)^{0.25}/\rho_g^{0.5} \tag{6-10}$$

式中仅有的差别是比例系数 K 不同，其原因是他们建立模型的出发点相同，都以液滴的力学平衡为出发点，而且假设流态为雾状流。但是，考虑到我们需要的最小携液流量，而上述模型中椭球形的临界携液流量最小，因此建议对于雾状流，可采用椭球形模型的携液临界流量计算公式，为保证现场应用时能够正常携液，将根据井筒测试结果进行比例系数的进一步修正。

2）低气液比的携液临界流量方程

本研究利用前述理论对产水气井分段计算压力和持液率，将该持液率作为理论持液率，然后计算该条件下的实际持液率，并将各个井段的理论持液率和实际持液率绘制在同一图上进行比较，如果各个井段的理论持液率都大于实际持液率，则认为在该产气量条件下气井能够正常携液生产；通过求解不同产气量条件下气井携液生产情况，可以找到能够保证气井正常携液的最小产气量，这就是低气液比的携液临界流量。根据持液率的定义和分段井筒压力及温度，可得到实际持液率的计算式：

$$H_{acmd} = \frac{v_w}{v_w + GLR \times v_w \dfrac{0.101325 \times Z \times T}{293 \times p \times Z_{sc}}} = \frac{1}{1 + GLR \times \dfrac{0.101325 \times Z \times T}{293 \times p \times Z_{sc}}} \tag{6-11}$$

按照低气液比的携液临界流量的确定原则，根据不同井深的实际持液率和理论持液率，并将两个持液率进行比较，当各个井深的理论持液率刚好大于实际持液率时，这个流量就是携液临界流量。

3）井底积液动态特征识别

基于苏东气田气井地质信息，结合产出水分析结果和动态压力产量曲线，通过研究和实践，总结出以下几种比较直接的井底积液识别方法。

(1) 产气量和套管压力波动。

井底液体沉降、积聚造成气井产量不断下降，同时油套环空内的气体受到压缩，套管压力上升；随着液体进入油管被带出，套管压力下降，产气量开始增加，如此出现周期性的波动。

由于苏东气田产量小、压力低，利用产气量和套压的波动情况进行判断有时不是很明显。特别是很多气井利用井下气嘴生产，对套压和产气量的动态分析是及早判断井筒状况的唯一简单的手段(图 6-5)。

(2) 油管压力梯度增高，油套压差明显增大。

苏东气田气井深度在 3000m 左右，正常生产时井筒压力损失 90% 以上是气柱压头的位能损失，摩擦能量损失和动能损失占比不到 10%。一般气井井口油管压力与井底流动压力较接近，油管压力梯度很小。当气井井内液柱增高、井底流动压力上升时，油管压力梯度

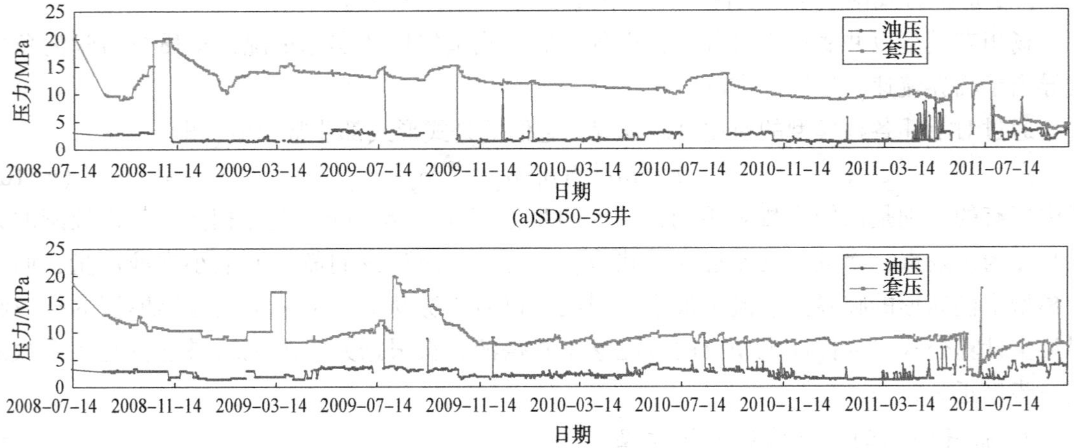

(a)SD50-59井

(b)SD62-60井

图 6-5　某气井生产动态

便迅速增加，表现为井口压力快速下降。

气井在正常生产过程中，由于产能小，油压、套压的变化幅度基本一致。井筒中积液时，由于液柱产生附加压差，使油压、套压的变化幅度差异化，形成油压、套压渐开的两条变化曲线。曲线之间的差异反映了井筒积液状况。

根据气井生产动态，可初步判断井筒生产状况，通过检测出砂量可以得到更准确的结果。同时，如有准确的出水计量数据，还可对上述井筒带水情况进行预测，可以更早、更好地了解井筒内生产情况，为更早地制定措施奠定基础。

（3）压力梯度变化。

流压或静压测试是确定气井液面或气井是否积液的最有效方法。压力测试就是测量关井及生产过程中不同深度的压力，压力梯度曲线与流体密度和井深有关。对于单相流体，压力随深度基本呈线性变化。

由于气体的密度远远小于水和凝析油的密度，当测试工具遇到油管中的液面时，压力梯度曲线斜率会有明显的变化。因此，压力曲线法是一种精确地确定井筒中液面的方法。

压力测试的基本原理如图 6-6 所示。产气量、产液量及积液都会影响压力曲线的斜率，通过压力测量可以确定井底积液。由于液体的扩散，气体压力梯度较高；液体中含气，液体压力梯度较低。气井关井时，也可以通过声波方法来测量液面。

在产水气井中，油管内存在比较复杂的油水两相流，流型与流量和气液比有关，两相流的压力梯度曲线不一定是线性的。非线性压力梯度也是随深度连续上升的，仅凭压力梯度曲线并不能充分说明积液是否发生。

如果出现非线性压力梯度曲线，应该在其他时间重新测量压力，也可以用一些方法计算压力梯度，以确定井底是否存在积液。当气体流量较高、油管直径较小时，井筒积液产生的压力突变通常会被掩盖。气液界面处的变化也会被附加摩擦压力损失所掩盖。大直径油管的摩擦压力损失较低(与流速有关)，因此在压力曲线上会产生一个明显的突变。对于采用组合油管生产的气井，由于不同直径油管过流断面的改变，流型也会发生变化，并最

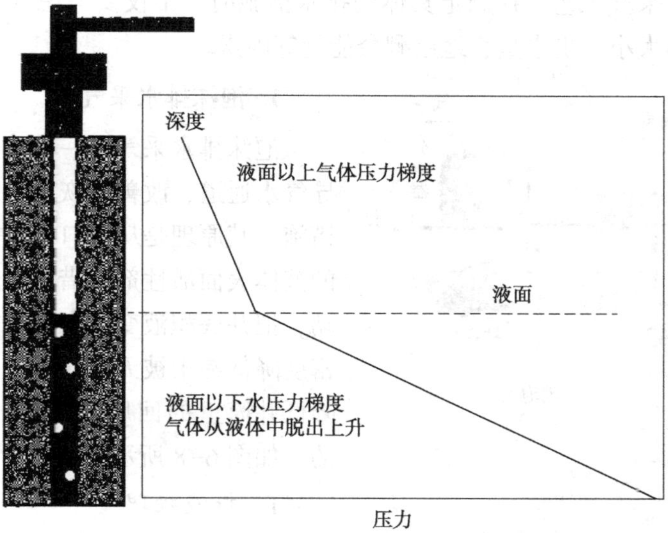

图 6-6　压力测试的基本原理

终导致压力梯度发生变化。在压力深度坐标曲线上，在油管过流断面变化的位置，压力梯度曲线斜率会发生改变，这个深度与气液两相流的液面深度不同。

通过比较产液气井与干气井的油管压力损失可以估算出产液体积。气井的井底流动压力等于油管(如果是环空生产，则是环空)压力损失与井口油压之和，由于液体的存在导致油管压力损失升高。对于气井产能，当气井产量较低时，积液造成油管压力损失升高幅度大。这个差值说明如果减少井底积液，井底流动压力升高，产气量可能会增加。

(4) 流量递减曲线不稳定，且存在下降趋势。

气井流量递减曲线的形状能够反映出井下积液情况，分析流量递减曲线随时间的变化，可以发现与正常气井曲线的区别。如图 6-7 所示的两条流量递减曲线，平滑的一条是产气井的流量递减曲线，有剧烈波动的一条为井筒积液气井的流量递减曲线。显然，积液气井流量递减快。分析长时间流量递减曲线的递减趋势会发现，发生井底积液时流量递减曲线往往会突然偏离原来的曲线，形成一条斜率更陡的曲线，由这条曲线外推得出的气井废弃时间会远远早于用原流量递减曲线所得到的废弃时间。

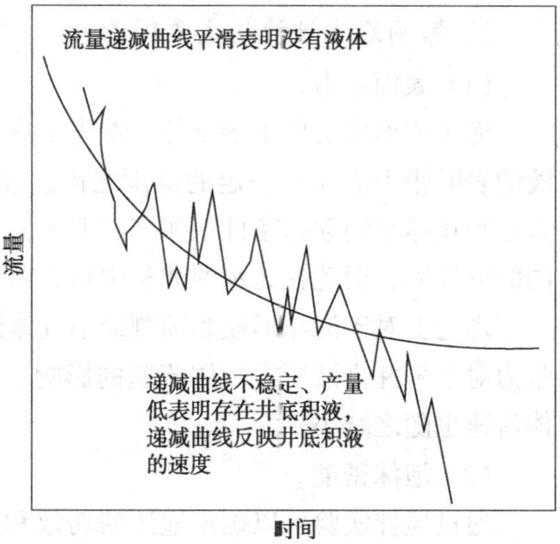

图 6-7　流量递减曲线分析

6.1.2　排水采气方法适应性分析

对干气砂体，依靠地层能量，采用衰竭式开采；对地层出水且形成井筒积液气井，采用多种形式的排水采气工艺。在制定具体的排水措施时，不仅要考虑气井的积液状况，还要考虑气藏的水体大小、出水量、地层剩余能量等因素。

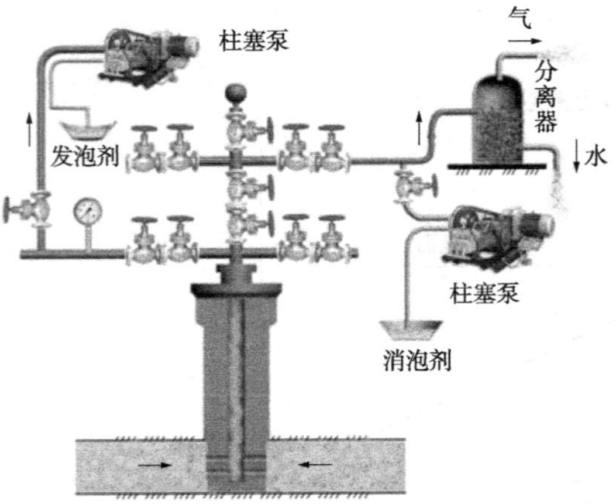

图 6-8　泡排排水采气工艺流程

1. 泡沫排水采气

泡沫排水采气是一项减少井底区积液、疏导气水通道、改善或恢复气井生产能力的助产措施。其原理是从井口向气井内注入一定数量的液体表面活性剂，借助天然气流的冲击和搅动，把井底积液变成大量低密度泡沫，使流体密度降低易于被天然气流带到地面，从而达到降低井筒里的回压、提高气井自喷能力的目的，如图 6-8 所示。

1）排液机理

液滴的半径是由液体的表面张力和气体的动能所决定的，通过注入表面活性剂降低液滴尺寸，从而降低排液气速(气体流速)达到排液目的。通过模拟的方法可以得到结果，可以看出表面活性剂达到一定浓度后，所需的排液速度降到气井内实际气速以下，这时气井就可以举升液体。

2）影响泡沫性能的主要因素

（1）表面张力。

泡沫的形成需要很多条件。首先要有足够低的表面张力和足够低的蒸汽压力。其次溶液的表面张力必须在一定的范围之内。性能最好的泡沫，其表面张力为 50mN/m。表面张力必须在体系的动态条件下测定。并不是表面张力越低越好，泡沫的形成需要性质完全不同的分界面，因此在无水的油相中很难形成泡沫(图 6-9)。

理论上对于泡沫形成和预测最小气体流速的最关键的参数是表面张力。图 6-10 为表面张力对于气井排液所需气体流速的影响。可以看出，混合液体的表面张力越小，所需的气体流速也随之减小。

（2）泡沫密度。

通过搅拌实验可以确定泡沫的功效和稳定性。在实验中可以记录搅拌后泡沫和液体的总体积，以及泡沫的半衰期，而泡沫的密度是浓度的函数，浓度越高，发泡状况越好，泡沫的密度也就越低，如图 6-11 所示。

泡沫密度对预测的气井排液所需的气体流速的影响如图 6-12 所示，随着泡沫密度的降低，所需的气井排液气体流速也越低。

综上所述，泡沫的密度和表面张力对于气井的排液都有重要的影响，并且密度的影响更大一些。

（3）稳定性因素。

影响泡沫稳定性的因素主要有矿化度、温度、凝析油的含量等，尤其是凝析油的含量，它的存在严重地减弱了活性剂的起泡能力，甚至导致不起泡。然而，凝析油对不同表面活性剂的影响也是不同的。图 6-13 为凝析油对两种不同产品的泡沫高度的影响。

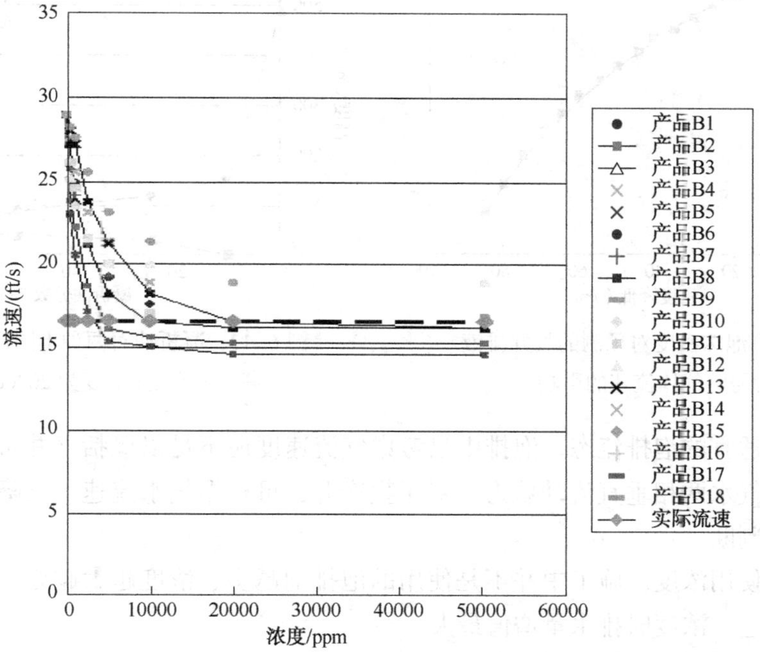

图 6-9　表面活性剂的浓度对于所需排液气体流速的影响

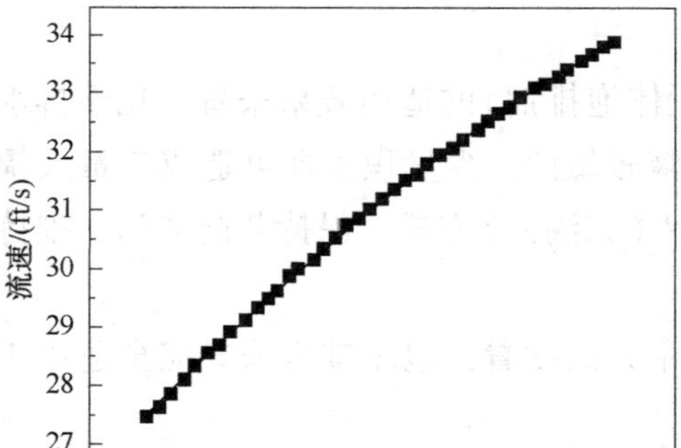

图 6-10　表面张力对于气井排液所需气体流速的影响

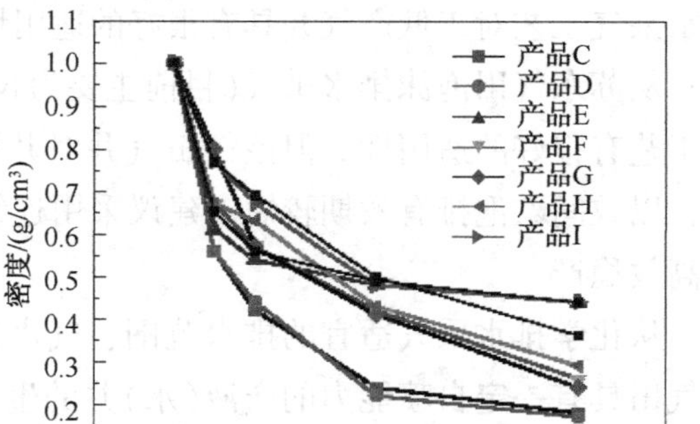

图 6-11　不同表面活性剂泡沫的密度与浓度之间的关系

由理论分析可知，在泡沫排水采气时需要关注以下几个方面的问题：

一是优选泡排气体速度。在气水两相垂直流动过程中，气体流速越大，排水能力越好，然而在泡沫排水采气中却不尽然，适合的气体流速可以获得最佳的助采效果。在现场施工时，应对气井进行生产动态分析，计算天然气在井筒内的流速，并根据生产情况进行必要的调整，以避开最不利的排液流速。

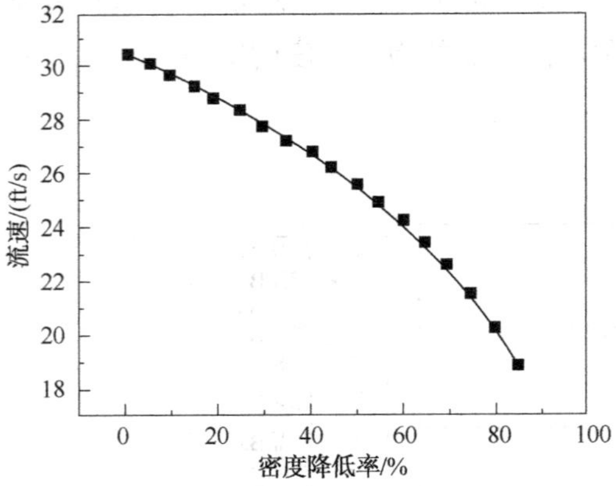

图 6-12　泡沫密度对预测的气井排液所需的气体流速的影响

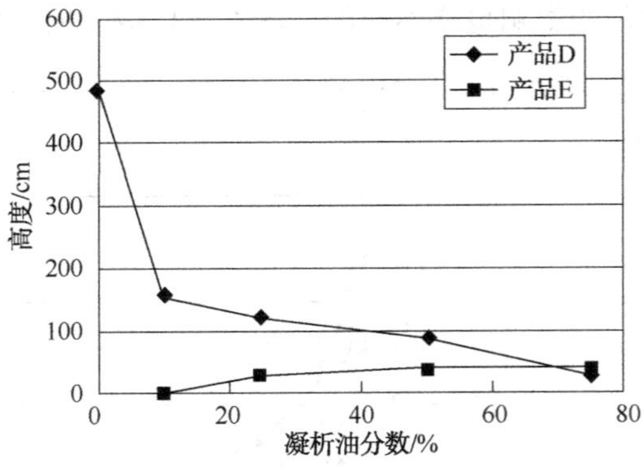

图 6-13　凝析油对两种不同产品的泡沫高度的影响(浓度为 20000ppm)

二是选择适宜的泡排流态。泡排中只考虑气流速度还不足以概括气井带水能力，还应该分析油管中气水两相垂直流动状态，对于生产井，可根据气水流速、压降梯度及气水产量波动程度来判断。

三是合理使用浓度。施工中并不是使用的泡排剂越多、浓度越大越好，而是存在一个最佳浓度，在这一浓度时排水量增值最大。

国外把泡排作为排水采气的主要手段之一。苏联在研究中发现，如果把水举升至地面所需气流速度为 4~5m/s，那么举升泡沫所需的气流速度仅为 0.1~0.2m/s。这表明，泡沫排水采气工艺对于低产气井具有很好的适用性。

从苏东气田泡沫排水采气(目前主要为投放固体泡排剂)的适用效果来看，化学排水采气工艺有很好的适用性。但该气田气井对井筒积液较敏感，少量积液即可造成产量大幅下降，以致间歇泡排有效期较短。建议采用连续注入(如滴注)方式，保持井筒清洁，维持气井高效稳产。

从化学排水采气适宜的排水范围、气水比及举升高度看，泡沫排水采气完全适用于苏东气田具有一定自喷能力的产液(水)井的生产。

因此，苏东气田具有一定自喷能力的产水气井可以采用化学排水采气工艺，但应进一步根据地层温度、地层水矿化度等进行相应的室内试验，筛选或开发出适宜的泡排剂；根据实际生产情况确定合理的加药制度与加药方式，以提高泡排工艺的可靠性和排水效果。

2. 角阀控制井口放喷排水技术

适用于自喷能力较强的气井，通过井口放喷排出井筒积液使气井恢复生产。缺点是角阀开度及放喷时间不易被控制，高强度放喷可能造成地层激动；放喷不足又达不到排出井筒积液的目的。

结合苏东气田气井的生产情况，在气井出现排液不畅时，可以在短时间内通过角阀控制放喷排水采气技术实现解除井筒及近井地带积液的目的，但对于出砂气井，必须注意控制角阀放喷的开度和时间，避免出现地层出砂或垮塌。

3. 小油管排水采气

气层产出的液体需要借助气体的流动将其带到地面，把井内可能存在的最大液滴带至地面的最小气流速度，被称为携液临界流速，在携液临界流速下的流量称为携液临界流量，其计算参照前文所述方法。

从携液临界流量计算公式中可以看出，当油管压力一定时，携液临界流速为一定值。要保证气井井筒不积液的条件是气井产量大于携液临界流量。也就是为确保连续带出地层流入井筒的全部液体，在自喷管柱中气流速度须达到排液的临界流速。为获得相同的临界流速，自喷管柱直径越大，气井连续排液所需携液临界流量也就越大。因此，利用小油管通过减小管流截面增大气流速度，增强气流举液能力，达到连续排水采气的目的。

小油管排水采气的适用范围为：

(1) 气井的气水比大于 $250m^3/m^3$。

(2) 产水量在 $100m^3/d$ 以内，井底有积液。

(3) 井场能进行修井作业。

(4) 气井产出气、水须就地分离，并有相应的低压输气系统与水的出路。

(5) 井深适宜，符合下入油管的强度校核要求。

(6) 产层压力系数小于 1，以确保用清水就能作施工压井液。

该工艺的主要缺点表现为：工艺井必须有一定的生产能力，气井产水量小，一般在 $100m^3/d$ 以内，部分工艺井要求在起下管柱时采用不压井起下作业，否则需用其他举升工艺辅助排水才能恢复正常生产。

根据目前苏东气田气井基本参数，在平均日产气量 $1.0\times10^4m^3$，平均日产液量 $3.0m^3$ 下，经初步计算，1¼in 小油管基本能满足小油管举升的需要。但由于单井的产能绝大多数小于 $1\times10^4m^3/d$，由于气井产量均小于携液临界流量，不能完全实现小油管排水采气，最好采用小油管与泡沫排水采气配套技术，效果较好。

目前，苏东气田的绝大多数气井均采用 2⅞in 油管生产，根据携液临界流量分析结果(表 6-1)，对比苏东气田气井的配产可以看出，大部分气井一旦产液，以及因气井井底和地面工况变化产生凝析液，靠气井本身的能量无法实现带液生产，需要配套其他的排水采气工艺。

表 6-1 不同内径油管下的携液临界流量

规格/mm	不同压力下的携液临界流量/($10^4m^3/d$)									备 注
	8	10	12	14	16	18	20	22	24	
60.32×4.24	0.5829	0.6528	0.7155	0.7721	0.8237	0.8706	0.9135	0.9524	0.9878	液相介质为水
73.02×5.51	0.8338	0.9338	1.0234	1.1045	1.1782	1.2454	1.3066	1.3624	1.4130	
88.9×6.54	1.2469	1.3965	1.5305	1.6517	1.7620	1.8625	1.9541	2.0375	2.1132	
60.32×4.24	0.4111	0.4605	0.5046	0.5446	0.5810	0.6141	0.6443	0.6718	0.6968	液相介质为凝析油
73.02×5.51	0.5881	0.6587	0.7219	0.779	0.8310	0.8784	0.9216	0.961	0.9967	
88.9×6.54	0.8795	0.9851	1.0796	1.1651	1.2428	1.3137	1.3783	1.4372	1.4905	

此外，在苏东气田气井生产过程中，特别是在前期试验期间，产水气井不采用小油管泡沫排水采气时，如果气井的产水量和产气量明显降低、油套压差增大，表明带水生产不畅、井底仍然存在积液，可通过短时角阀控制放喷和制度调整来提高排水量、消除井底积液，从而延长工艺的运转时间。

4. 柱塞气举排水采气

柱塞气举排水采气工艺是利用气井自身能量推动油管内的柱塞举水，无需其他动力设备，生产成本低，在美国被认为是最佳的排水采气工艺。该工艺是间歇气举的一种特殊形式，井下主要有气举阀、卡定器、缓冲器、活塞等，地面有控制器、节流阀、捕捉器、防喷盒等，如图 6-14 所示。柱塞作为一种固体的密封界面，将举升气体和被举升的液体分开，减少气体窜流和液体回落，提高举升气体的效率。柱塞气举的能量主要来自地层，但是当地层气能量不足时，也向井内注入一定的高压气。这些气体将柱塞及其上部的液体从井底推向井口，排除井底积液，增大生产压差，延长气井的生产时间。对常规连续气举或间歇气举效率不高的井，采用柱塞气举可以提高生产效率，避免气体的无效消耗。柱塞气举还可用于易结蜡、结垢的油气井，沿油管上下往复的柱塞可以干扰、破坏结蜡和结垢的过程。这样就省略了清洗蜡、垢的工序，节约了生产时间和生产费用。

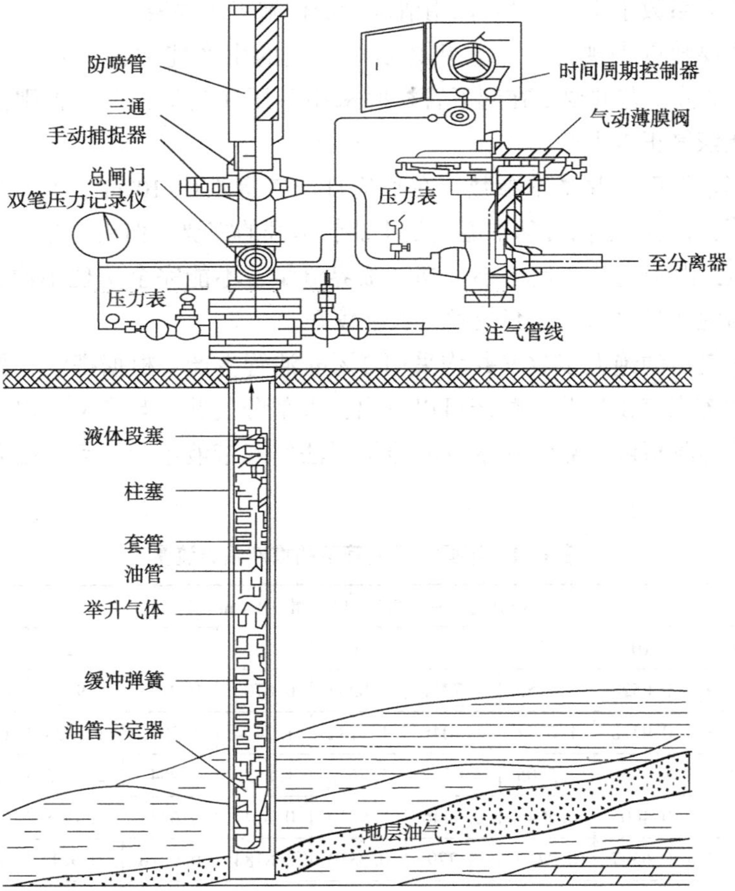

图 6-14　柱塞气举工艺流程图

1）工艺原理

柱塞气举是将柱塞作为气液之间的机械界面，利用气井自身能量推动柱塞在油管内进行周期性地举液，能够有效地阻止气体上窜和液体回落，减少液体滑脱效应，提高间歇气举效率。柱塞气举运行原理如图 6-15 所示，柱塞气举过程井筒油套压变化如图 6-16 所示。

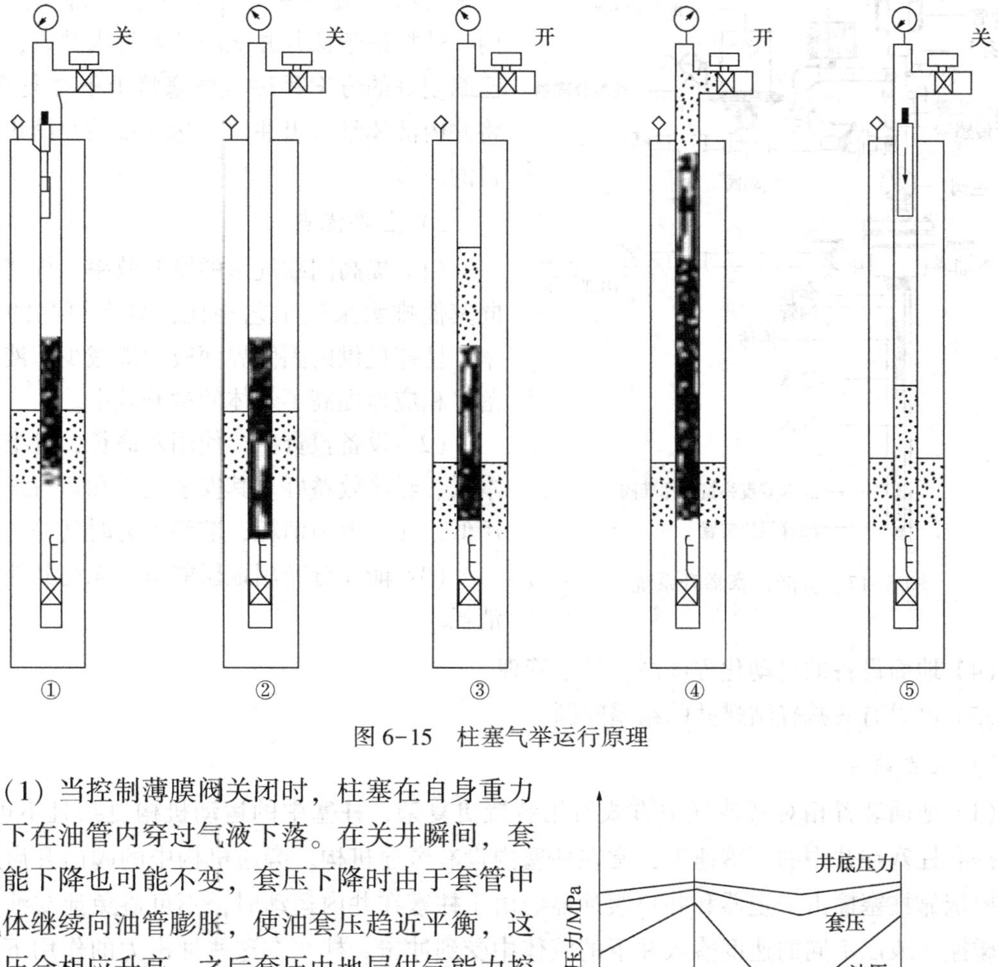

图 6-15　柱塞气举运行原理

（1）当控制薄膜阀关闭时，柱塞在自身重力作用下在油管内穿过气液下落。在关井瞬间，套压可能下降也可能不变，套压下降时由于套管中的气体继续向油管膨胀，使油套压趋近平衡，这时油压会相应升高，之后套压由地层供气能力控制；关井初期，油压恢复较快，之后油压由地层供气能力控制。

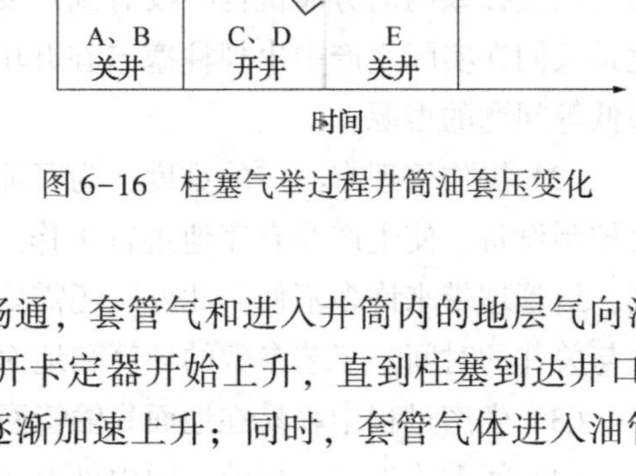

图 6-16　柱塞气举过程井筒油套压变化

（2）柱塞下落到达井下卡定器位置处，撞击卡定器的缓冲弹簧，液面通过柱塞与油管的间隙上升至柱塞以上并聚积。

（3）地面控制器控制薄膜阀打开，生产管线畅通，套管气和进入井筒内的地层气向油管膨胀，到达柱塞外面，推动柱塞及上部液体离开卡定器开始上升，直到柱塞到达井口。开井后，气体从井口产出，油压迅速降低，柱塞逐渐加速上升；同时，套管气体进入油管举升柱塞，套压下降。

(4) 环空套压迫使柱塞及柱塞以外的液体继续上行，液体到达井口后，由于控制阀节流，油压又开始增大；当柱塞到达井口后，油压会继续增大，套压降到最小值。

(5) 根据设置的关井时间，地面控制器控制薄膜阀关闭生产管线，柱塞再次在自身重力作用下开始下落。

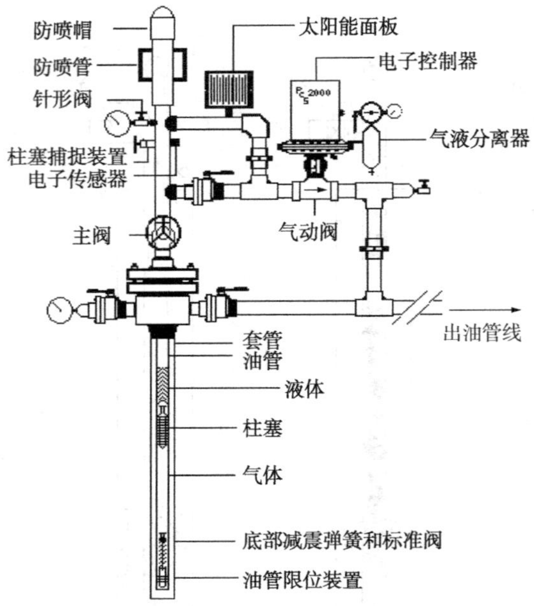

图 6-17　智能柱塞举升系统

对智能柱塞举升系统(图 6-17)，根据生产井的状况编制举升方案并输入自动控制器内，选择适于该井井况的柱塞投入井内，按照已编制好的方案程序，柱塞将上下往复运行，将井内液体举升出井口，达到排除井筒积液的目的。

2) 主要优点

(1) 提高间歇气举的举升效率。柱塞气举同其他排水采气工艺相比，具有更高的采收率。柱塞提供的固体界面极大地减少了液体回落，相应地提高了气体的举升效率。

(2) 设备投资少，使用寿命长，且维修成本低、经济效益好。其安装成本和运行维护费用低，无需电力消耗，节约人力时间等。

(3) 能充分利用地层能量，无需其他能量消耗。

(4) 地面设备的自动化程度高，易于管理。

(5) 可以有效减轻结蜡井的结蜡问题。

3) 主要缺点

(1) 地面装置相对其他气举方式所用装置更复杂，柱塞中的运动机构复杂且不可靠。为了提高柱塞在井中的下落速度，常在柱塞内设有旁通机构。旁通机构中的阀门开启和关闭主要依靠柱塞撞击卡定器和井口缓冲器。由于柱塞在井内运动时，不可避免地与油管壁发生碰撞，或以不同的速度落入井下的液体中受到冲击。柱塞在这些冲击力的作用下，都有可能使柱塞内的旁通机构在没有到需要运动时就产生运动。这些意外的阀门开启或关闭就是人们在实际生产中出现柱塞卡在井中、没有带液、高速撞击上缓冲器、柱塞寿命大幅降低等问题的根源。

(2) 操作管理有一定的难度，为了能自动化地管理柱塞举升井，总要在地面建设一整套控制设备，使生产井有序地进行工作。这些设备投资大、机构复杂、对工作环境要求苛刻，给管理带来许多不便。此外，还需要根据生产井的生产情况确定柱塞下落的时机和开井与关井的时间。工艺参数的计算和地面控制系统都非常复杂。

(3) 生产过程中容易在地面集输管网内造成较大的压力波动。

(4) 间歇式生产。目前，国内外所用的柱塞气举工艺都是间歇式的生产工艺，即在柱塞从井口下行到井底的这一段时间内，必须关井停产。这主要是由以下两个方面的因素造成的：

① 柱塞的最大横截面积与生产管柱的内横截面积很接近，使柱塞在管柱中运动时，受到的气流阻力太大。

② 为了防止举升过程中气体的滑脱和液体的泄漏，现有的柱塞外径与管柱的内径很接近，使柱塞在运动过程中受到的摩擦阻力非常大。

(5) 柱塞的下落速度慢。柱塞在油管中下落时，由于受到油管内壁的摩擦力、气体的阻力和托举力的作用，下落的速度变慢。虽然理论值还比较理想，但在实际使用中，柱塞的下落速度往往小于2m/s，有的井况下不到1m/s。这样对于一口3000m井深的排液井来说，在每个生产周期，仅柱塞下落的时间就需要40~70min(含柱塞在液体中下落所需要的时间)。如果每天按10个生产周期来计算，则有一半的时间是关井停产的，生产效率非常低。

4) 选井要求

(1) 井深：≤3000m。

(2) 油管尺寸：2½in、2in。

(3) 气液比：≥500m^3/m^3。

(4) 排水量：10~50m^3/d。

(5) 基本要求：自喷井或间喷井。

从苏东气田气井的生产状况看，气井产水量较少，但由于产气量也较少，两相管流中滑脱严重，导致带液能力不足，造成井底积液。柱塞举升通过减少气液的滑脱来提高带水生产能力，从其适用范围看，能够满足苏东气田气井排水采气的需要。

柱塞气举排水既可以注气辅助举升，也可以不注气而利用生产井自身能量生产，同时可通过环空注入泡排剂实现复合举升。苏东气田绝大多数气井基本不具备高压气源辅助举升条件，若实施柱塞气举工艺，主要应立足于利用气井自身能量，因此利用气井自身能量实施柱塞气举具有技术可行性。

综上所述，苏东气田可以采用柱塞气举排水采气工艺，但应注意工艺井的选择。地层压力较高，特别是尚具有一定自喷带液生产能力的高气水比井，可以选用柱塞气举工艺。

在柱塞气举时，可从环空注入泡排剂，即通过复合工艺来提高排水效果。当产水量和产气量明显降低、油套压差增大，表明带水生产不畅、井底存在积液时，可通过液氮辅助柱塞气举来提高排水量、消除井底积液，从而延长柱塞举升或复合工艺的运转时间。

5. 气举排水采气

气举排水采气技术是通过气举阀，从地面将高压天然气注入停喷的井中，利用气体的能量举升井筒中的液体，使井恢复生产能力。气举可分为连续气举和间歇气举两种方式。影响气举方式选择的因素有：井的产率、井底流动压力、产液指数、气举高度和注气压力等。对于那些井底流动压力和产能高的井，通常采用连续气举生产；对于产能和井底流动压力较低的井，则采用间歇气举或活塞气举生产。目前，连续气举是被我国各大油田普遍采用的气举方式。连续气举方式主要有三种：开式气举、半闭式气举和闭式气举。其工艺管柱及气举阀如图 6-18 所示。

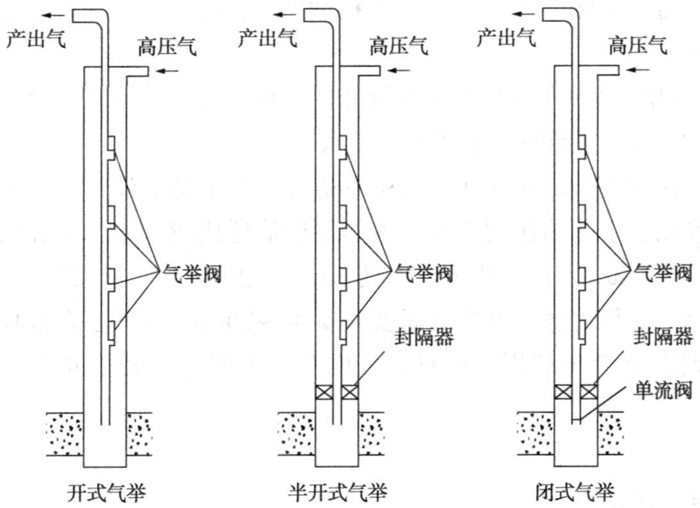

图 6-18　气举排水采气工艺管柱及气举阀

连续气举的工作原理：依靠从地面注入井内的高压气体与油层产出流体在井筒中汇合，利用气体的膨胀使井筒中的混合液密度降低，以将其排出地面的一种举升方式。

在气井的卸载阶段，当注入气进入油套环空时，预先调试定压的气举阀在注入气压力的作用下被打开，气体经阀进入油管，卸载阀以上的液柱被顶替至地面。这一过程从顶阀开始，由上而下依次打开各卸载阀，直至工作阀露出液面为止。

气举排水采气工艺适用于弱喷、间歇自喷和水淹气井。其排量大，日排液量高达 $300m^3$，适宜于气藏强排液；其适应性广，不受井深、井斜及地层水化学成分的限制：适用于中低含硫气井。该工艺设计、安装较简单，易于管理，是一种少投入、多产出的先进工艺技术。

根据气举工艺多年来的实施情况，可总结出如下选井条件：

（1）单井控制储量大于 $0.5\times10^8m^3$，剩余开采储量大于 $0.1\times10^8m^3$。

（2）被选井完钻后投产初期产量大，稳定状况好，气井不产水或气井产少量水，并且带水稳定、连续，反映出单井供给储量大、连通范围广，目前井底静压力较高，见水后气水同产期产量大幅递减的气水同产井均可被列为气举工艺实施井。

（3）气水同产因“水锥”或者“水窜”造成对气藏的水封或者切割，使微细裂缝和基质孔隙中的气体无法流出或者流动困难，造成气井间歇或者水淹停产。

（4）新区新井：刚完钻投产即出水的井，造成水淹“假死”，且酸化、泡排效果不理想，为了排液找气，可采用气举工艺诱喷试采。

（5）气井位于气藏水侵区内，气藏边水或底水不活跃，需要进行强排液的出水气井或水淹井，可列为气举工艺实施井。

（6）气藏深度 1000~3000m。

在气举采气技术方面，近年来主要是在气举优化设计软件和气举井下工具等方面发展较快。气举优化软件应用了多相流理论研究、井筒内温度分布研究、套管压力不稳定性研究的多项新成果，使得模型更精准、界面更友好，便于气举设计和分析人员使用。气举配套工具已经基本形成系列，产品主要有气举阀、偏心筒、封隔器、间歇气举装置、柱塞气举装置、洗井装置等。

从苏东气田产水气井的实际状况看，实施气举排水采气面临以下问题：

(1) 开采后期气藏压力已较低，难以再提供高压气供低压井气举。由于自身缺乏高压气井，若专门增建增压站来提供高压气源，则一次性投资及维护费用较大，难以取得良好的经济收益。

(2) 气举时必将给井底造成回压，因而从理论上不能将井底积液完全排出，这不利于提高低压井的采收率。

(3) 苏东气田由于单井控制储量较小，气井日产水量和日产气量均较小，若实施气举排水采气，只能是间歇气举。间歇气举容易导致低压井井底流动压力激动，容易造成对地层的损害，同时使地面增压装置不能连续稳定工作。

因此，鉴于苏东气田压力较低、单井产水量小等原因，对现有气井和高气水比井不推荐通过建立增压站来实施气举排水采气工艺。

6. 射流泵排水采气

射流泵是一种特殊的水力泵，它在井下没有运动件，泵送是靠运动液与地层流体的动量转换来实现。对于出砂等恶劣工况的井具有较强的适应能力；因井下设备结构简单，维修费用低，在井场上通过倒换流程即可更换喷嘴和吸入喉管，维修作业工作量小；下泵深度和排量的变化范围大，可以满足不同井的生产要求；可用于斜井和弯井；耐磨和抗腐蚀，能在高温、高气液比条件下工作。工艺局限性：举升效率较低，通常有较高的吸入压力(沉没度)，以防止汽蚀；地面设备体积庞大，维护费用较高；地面操作复杂，特别对于偏远气井管理难度大。其适用范围要控制在：

(1) 总排液量为 16.0~1900m^3/d。

(2) 举升高度为 450~3050m。

(3) 地面泵功率为 22~460W。

由此可见，射流泵在苏东气田没有适用性。

7. 液氮助排采气技术

液氮助排采气技术和常规气举相比，其工艺不受气源限制，具有可移动性和机动性。与其他排水采气技术相比，该工艺具有不受凝析油和气产量小的影响，作业周期短、掏空深度大等优势，适于气田的排水。由于液氮举升时会对产层产生压力激动，容易对地层压力较低的井造成伤害，因此液氮助排同样不宜作为一项普适性工艺技术。但对于射开新层位、或个别地层压力较高，产气量较小，导致带液生产能力不足，造成井底积液的自喷井或间喷井，可以通过该工艺来恢复、维持生产，直至地层压力降低、产能递减后被其他工艺技术取代。

因此，在现有生产井中，对于已经停喷的井，不宜通过液氮举升来维持生产；但对于目前尚具有一定自喷能力的井，可以实施液氮助排以消除其井底积液，恢复其自喷生产至完全停喷、被其他工艺取代为止。该方案的优点在于，在目前的生产状态下，可不压井而通过液氮强制排出井底积液后恢复产能。

因此，具有一定自喷能力、高气水比气井实施液氮举升在技术上是可行的。为提高液氮举升效果，可同时注入起泡剂，通过液氮-化学复合工艺来提高排水效果。但由于液氮助排设备的费用较高，不能作为长期使用的技术，仅推荐用于积液气井的排液启动。

8. 电潜泵排水采气

电潜泵以其扬程高、排量范围大，日产气量从十立方米至几千立方米，一般日产气量在4100m^3以内，最高可达15000m^3，井深一般在3000m以内，最深已达4572m，井温一般在120℃以下，最高已达242℃，平均检泵期2年左右，因此电潜泵排水采气工艺尤其适用于产水量大、井温较高、地层压力低、剩余储量多的水淹井，是目前举升设备中排量最大的一种。电潜泵排水可形成较大的生产压差，理论上可将气井采至枯竭；自动化程度高，具有较强的自我保护能力，操作管理灵活方便，容易实现自我控制；易于安装井下温度、压力传感元件，在地面通过控制屏，随时直接观测出泵吸入口处温度、压力、运行电流等参数；变频控制器的使用，可根据井况条件适时调节电泵的排量及其他有关参数。近几年来，电潜泵发展较快，已研制成功了高效电潜泵、新型大排量多级电潜泵、三种双电潜泵完井系统、大功率电机等新设备新工具。同时，在电压保护装置、电缆、气体处理器等的研究方面也有了很大进展，实现了电潜泵用于高气液比井的排水采气，使电潜泵的泵效和使用寿命得到大幅提高。

电潜泵排水采气工艺也有它的局限性，多级大排量高功率电潜泵机组比较昂贵，使得初期投资大，特别是电缆费用高；由于高温下电缆易损坏，使电潜泵机组的下入深度受到限制；由于气井中地层水腐蚀及结垢等影响，使得井下机组寿命较短，部分设备重复利用率不高，从而使得装备一次性投资较大，采气成本高；选井受套管尺寸影响也较大。对于高含硫井也不适用。

苏东气田气井日产水量和日产气量均较小，同时考虑投资等因素，不推荐在苏东气田应用电潜泵排水采气方法。

6.1.3 排液工艺推荐

从对苏东气田气井生产状况统计看出，气井多数出水量较小，但大量出水气井存在积液，即使是少量积液，对产量的影响也相当严重。能有效排除井筒积液的工艺有很多，但要解决积液带来的影响则需要保持井筒清洁，考虑到现有工艺在技术和经济上的适应性，需要采用非常规的排液方法。在常见的排液措施中，气举、机抽、电潜泵、射流泵等因工艺复杂、投资大、效率低，在该区块不具备应用的条件。

1. 首推泡沫排气方法，连续泡排效果更好

泡排因投资小、见效快，在苏东气田有很强的适用性。它能有效地排除井底积液，但维持增产的有效期不长。现场的泡排效果分析表明，一次泡排有效期在几天到一个月左右，泡排措施在现场的应用最为广泛，但需要频繁作业，有效时间短。

然而在采用间歇泡排措施的同时，没有意识到少量产液、少量积液过程的严重影响。通过对间歇泡排气井的措施效果分析发现，采取排液措施后，初始的产量压力恢复到较高水平，但维持的时间很短，随后产量快速递减。并且，随着气井排液次数增加，产量递减速度也越来越快，单次排液的有效期越来越短。在采用数次泡排措施后，气井的压力停留在较低水平，很难再恢复，继而转向低压采气等措施开采。

对采用间歇排液的气井，多在气井产量很低时关井压产，多数情况下气井的产量低是由井筒内的大量积液所致。在关井时如果不注意井筒内的积液问题，会造成积液倒灌地层，严重伤害近井地带的物性，且这种水侵导致近井地层渗透率的劣化无法逆转。同时，导致产层很大部分的能量被封闭，气藏采收率较低。

因此，采用智能的连续不断的排液措施，如毛管柱泡沫连续排液技术等，可最大限度地保持井筒清洁，减小井筒积液带来的附加压力对生产的限制，能更好地发挥气井的潜力，且气井的产量稳定，还可避免关井时积液倒灌的问题。

2. 小管柱有较好的适应性

由速度管柱排水采气试验可知，小管柱排水采气是一套非常好的排水采气方法。小油管通过减少管流截面增加气流速度，提高气流举液能力，达到连续排水的目的。对控制地层能量较高的气井，在出水早期较适合。需要对地层气水状况有清楚的认识，对出水量和产气量有准确的预测，另外因投资较大，需要在投产初期就制定详细的方案，同时注意改用小油管生产时的替喷排液工艺。

3. 毛管管柱连续泡排前景好

苏东气田低渗气藏单井控制可采储量低，单井产量低，出水量小，受井底积液影响严重。结合该区块生产实际和现场的排液经验，推荐用毛管管柱连续注泡排剂排水采气和小油管排水采气工艺。

毛管管柱是下入油管或套管内的不锈钢油管，它采用类似于在压力大的井中下连续油管的方式下入井内。典型的做法是，毛管管柱通过油管进入套管下至射开层的顶部或射开层段，井底工具组合由一个带孔短节和一个底部单流阀组成。这种毛管管柱可以下到超过20000ft(1ft = 0.3048m)的深度，化学药品通过重力虹吸或通过毛管泵送。

毛管管柱能泡沫化产出水，可以大幅增加可采储量，提高和稳定产量，减轻循环载荷和相对渗透率影响对气层造成的伤害，节省劳动力。但需要花费一些时间注入化学维护剂，以及承担为此而增加的成本。

相比人工间歇排液耗时长、效率低的弊端，当发泡剂适合、井筒积液正在出现并能获得较高的产量时，间歇泡沫排液才有效。

4. 小油管+泡排复合采气工艺

利用组合排水采气工艺将成熟的单项工艺有机地结合在一起，可充分发挥各单项工艺技术的优势，扩大单项工艺的适用范围，实现优势互补，提高举升系统的效率。

5. 单井循环泵排水采气工艺

采用连续气体循环的方法利用地面单井泵把一定量的气体通过环空注入，在井底进入油管，增加油管中气体的流速，达到增加携液能力和排出井筒积液的目的。同时，生产时地层产出气通过三通直接进入管线。在设计泵的排量时实现单纯的循环气就能达到携液临界流速的标准，即可实现单井泵循环排液。

6. 注气辅助化排技术

注气辅助化排相当于泡沫排水采气与小型气举工艺的复合。一方面，利用环空注气，补充举升井筒流体的能量；另一方面，利用化排剂降低井筒液体的密度，使溶液被气流携带到地面。通过该工艺的实施，达到逐渐掏空井底及近井地带积液，进而激活地层能量的目的，实现水淹气井复活。该工艺适用于水淹气井及排水不畅井，并且不会对地层造成伤害，对苏东气田低压、低产气井具有独特优势。

6.1.4 气藏开发中井筒安全问题

井筒是储层能量释放的通道，气井的合理产量控制、井筒尺寸、气嘴尺寸、气井携液和积液、合理的排水采气措施等是相互影响的，各个环节都需要在与地层生产状况相互协调的情况下，才能实现气藏的高效开发。井筒安全即考虑生产中涉及气井正常生产的井筒各部分的协调问题。

1. 井筒安全认识

苏东气田现阶段影响井筒安全的主要因素是生产过程中地层出水以及由此形成的井筒积液，积液的识别和适时排液表现出严重的认识不足与措施不当，成为气藏开采中的一个重点与盲点。

1）气井出水量小但对气井生产影响大

生产中气藏气井的出水量较小，井口计量存在困难，单井日出水量多数在 0.2~2m^3。然而，小产液量对气井的影响却很严重。井筒内的气液两相流动增加了气井的能量损失，引起井底流动压力增大，降低了气井的生产压差，气井的产气量大幅下降。

分析并研究构成油管底部总压力的各个压力元素：

（1）在地面上，施加到节流总机关和井口装置上的回压。

（2）在井口到油管入口之间因重力和高程变化带来的流体静压力。

（3）摩阻损失，包括因黏滞阻力和滑脱而带来的不可避免的压力损失。

根据 Brown 等根据气液流动得到的压力曲线，对于中小流量的井，井筒梯度曲线在一定的限度内(无滑脱)，油管内的气液比越小，压力梯度越高。在单液相和单气相时，压力横向分布与深度呈近似的线性关系。在气液两相流时，压力梯度的变化比较复杂。一方面，由于气液密度差异使得井筒流体静压力梯度显著升高；另一方面，在气井产液量较小的情况下，井筒是雾状流，气体完全能将少量液体携带出井筒，且在此过程中，气液两相的流速相差不大，滑脱损失较小，井筒内的能量损失主要以提升液体的重力为主。随液体量增大，井筒内滑脱现象变得严重，积液在井筒中处于动态的举升、回落过程中，进一步增加了压力损失。生产过程中井筒深度和井底流动压力的关系如图 6-19 所示。

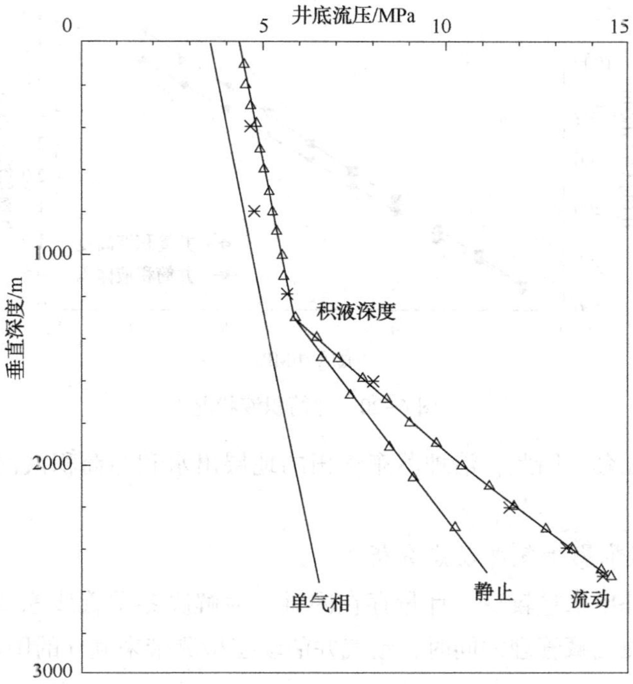

图 6-19 生产过程中井筒深度和井底流动压力的关系

2）井筒积液问题严重

针对苏东气田气井的 73mm 生产管柱，假设每天有 0.1m³ 的积液滞留在井筒中，积液的高度可达 20m，在 30d 后，积液高度达到 600m，附加的井底回压高达 6MPa。对积液压死气井的高度和体积进行计算。忽略气体重力产生的压降，将井口压力设为一个大气压，则井筒积液高度和积液体积及井底流动压力的关系见表 6-2。

表 6-2 井筒积液高度和积液体积及井底流动压力的关系

井底流动压力/MPa	10	9	8	7	6	5	4	3	2	1
积液高度/m	1010.2	908.2	806.1	704.1	602	500	398	295.9	193.9	91.8
积液体积/m^3	4.2	3.8	3.4	2.9	2.5	2.1	1.7	1.2	0.8	0.4

从图 6-20 和表 6-2 可以看出，根据苏东气田气井的井底流动压力情况和管径的关系，很少的井筒积液就形成很大的回压，这其中还不包括气体带来的压力、井筒中的摩擦阻力，以及滑脱损失带来的压力损耗等。因此，需要给予井底积液足够的重视，及时采取排液措施。

3）排液需要有非常规的理念

为保持地层稳定而控制生产压差，导致产量受到限制，同时也限制了气井排液能力；气井的日出水量一般不超过 1m³，受气藏规模的限制，对小产量、小产液量气井缺少经济、高效的排液方法。对井下气嘴的生产井，管柱结构限制了排液措施的实施。再者，受管网设施和污水处理能力的限制，很多气井积液不能有效、及时地被排出，特别是冬季的防冻

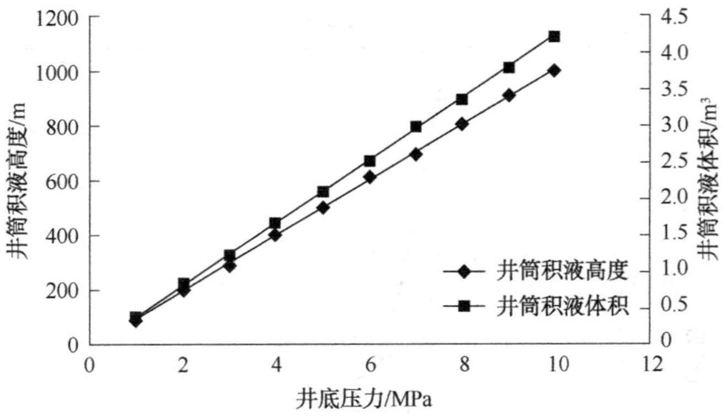

图 6-20　井筒积液状况

堵措施必须要与之配套。因此，治理苏东气田的地层出水和井筒积液问题需要有非常规的理念。

4）动态检测困难影响气井动态分析

气井生产中单井出水量较少，计量存在困难。为解决冬季管线冻堵问题，推广应用井下节流技术，在方便气藏管理的同时，给气井的动态检测带来额外的困难。

2. 井筒安全的概念

井筒安全问题直接决定了整个气藏开发效果，针对苏东气田低渗气藏，开发中的井筒安全是指：

（1）控制积液高度，避免过多地影响产能。

（2）有效排液，使得积液高度在合理范围内。

（3）合理设置井下气嘴，避免水合物生成。

本章主要对井筒安全涉及的井筒积液预测、井筒排液方法等进行分析。同时，结合苏东气田的具体生产情况，对气井出水的治理措施进行对比，优选出适合苏东气田低渗低产气藏开发的具体治理措施，同时从气藏开发系统的角度出发对苏东气田气藏开发中的采气参数进行初步评价。

6.2　泡沫排水采气优化

6.2.1　泡沫流分析

1. 泡沫流性质

1）压缩性

泡沫总体积中气体部分的体积称为泡沫质量，液体部分的体积称为泡沫湿度。通常，泡沫流体的泡沫质量变化范围为 50%～80%。由于气体的存在，该流体可压缩，但泡沫的液体部分可压缩性很小，因此，泡沫流体可称为半压缩体。由于气液界面上吸附了表面活性剂分子，使液体薄膜具有弹性，能经受压缩和减压膨胀。

2）流变性

泡沫流体是一种假塑性流体，具有非牛顿流体特性，在低剪切速率下具有很高的表观黏度，而且其黏度随着剪切速率的提高而降低。在一定的剪切速率下，泡沫流体的表观黏度随着泡沫质量的上升而提高。

3）稳定性

泡沫具有巨大的气液界面面积和较高的表面自由能。从热力学角度看，泡沫流体是不稳定的体系，其自由能具有自发减少的倾向，从而导致泡沫逐渐破灭，直至气液完全分离。然而，体系中表面活性剂的存在大幅降低了气液之间的界面张力，使泡沫具有相对的暂时稳定性。

4）起泡性和稳泡性

起泡与稳泡技术是泡沫流体研究的关键和基础，而起泡剂是影响泡沫流体起泡与稳泡的关键因素。起泡剂多为一种或多种表面活性剂及其他添加剂的复配体系，其类型和浓度影响泡沫流体的起泡、稳泡性能。不同的起泡剂由于存在结构差异，其起泡和稳泡能力不同。良好的起泡剂必须具备两个条件，即易于产生泡沫和产生的泡沫有较好的稳定性，从易于产生泡沫的角度出发，要求其具有良好的降低表面张力的能力。从起泡剂分子结构看，不仅要求其具有较强的亲水基团，而且要求其具有适当长度的亲油基烃链，以达到界面的吸附平衡状态。泡沫稳定性要求表面活性剂的吸附层有足够的强度，以增加其弹性，减少液体排泄量。

泡沫的稳定性是泡沫流体的主要性能。泡沫流体是气体组成的气泡分散体系，具有极高的表面自由能，是热力学不稳定体系，但可以采取某些措施改变条件，增强泡沫的稳定性以满足应用要求。目前，学者普遍认为泡沫的衰变机理是泡沫中液体的流失导致气体透过液膜扩散。泡沫性质和液膜均与 Plateau 边界间的相互作用有直接关系。

（1）泡沫中液体的流失。

泡沫中液体的流失是气泡相互挤压和重力作用的结果。气泡的挤压主要是由曲面压力造成的，3 个气泡交界的 Plateau 边界如图 6-21 所示。

根据 Laplace 公式可得：

$$p_a - p_b = \delta / R \tag{6-12}$$

式中 p_a——图 6-21 中 a 处的液体压力，Pa；

p_b——图 6-21 中 b 处的液体压力，Pa；

δ——表面张力，mN/m；

R——3 个气泡的半径，mm。

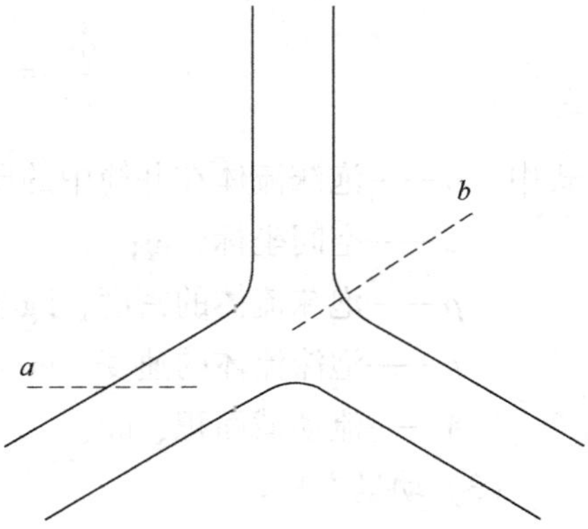

图 6-21　3 个气泡交界的 Plateau 边界

由式(6-12)可以看出，b 处液体的压力较 a 处小，因此在这种压差作用下，泡沫的液体自动地从 a 处流向 b 处，使得液膜变薄，最终导致破灭。

（2）气体透过液膜扩散。

无论用何种方法产生的泡沫，其大小总是不完全均匀的。由于弯曲液面附加压力的作用，小泡内的气体压力总是高于大泡内气体压力，因而气体自高压的小泡透过液膜扩散到低压的大泡中去，使得小泡变小直至消失，大泡变大最终导致气泡破裂。

由此可见：起泡剂的表面张力越低，起泡能力越强，起泡效率和泡沫质量越高；泡沫水溶液的稳泡模型符合指数模型；影响泡沫流体起泡和稳泡的因素依次为：起泡剂类型、起泡剂浓度、搅拌转速和搅拌时间。

5）特殊的物理性质

（1）密度可调，液柱压力低。常压下其最低密度可达 0.03~0.04g/cm^3；在井眼中其平均密度一般均低于 0.5~0.8g/cm^3。

（2）泡沫流体动切力较大，黏度高，在较低的返速下，其携带能力大。泡沫质量为25%~85%时，液滴在泡沫中的沉降速度较小，生产中要将泡沫质量控制在这个范围内。

（3）摩阻低，压力损失较小。

（4）遇水稳定，遇油消泡。

2. 泡沫流体计算

1）模型的建立

（1）基本假设。

泡沫排水采气井筒中的泡沫流体，一般是由加有发泡剂，井底所产天然气经高速、强烈、充分地搅拌和混合后形成的多相气液混合物，通常情况下，泡沫流体中气体均匀地弥散于液体之中，因此可以对泡沫流体采用均质平衡流模型。该模型是将泡沫流体看作均匀的单相流体，用单相流体模型描述和计算泡沫流体的多相流动。建模时将坐标原点取在井口，沿井筒向下为正方向，并假定泡沫流体在井筒内做一维稳定流动。

（2）连续性方程。

在稳定流动的情况下，泡沫流体在井筒内的质量流量为常数，即有：

$$\frac{\mathrm{d}G}{\mathrm{d}z}=\frac{\mathrm{d}(\rho uA)}{\mathrm{d}z}=0 \text{ 或 } \frac{\mathrm{d}u}{\mathrm{d}z}+\frac{u}{\rho}\frac{\mathrm{d}\rho}{\mathrm{d}z}=0 \tag{6-13}$$

式中 G——泡沫流体在井筒中的质量流量，kg/s；

z——空间坐标，m；

ρ——泡沫流体的密度，kg/m^3；

u——泡沫流体的速度，m/s；

A——流动截面积，m^2。

（3）动量方程。

假设泡沫流体在井筒内的流动已充分发展，则沿流动方向的动量方程可简化为：

$$\rho u\frac{\mathrm{d}u}{\mathrm{d}z}=\rho g-\frac{\mathrm{d}p}{\mathrm{d}z}-\frac{4\tau_{\mathrm{w}}}{d} \tag{6-14}$$

式中 g——重力加速度，m/s^2；

p——泡沫流体的压力，Pa；

τ_w——管壁处的剪切应力，Pa；

d——管径，m。

将式(6-13)代入式(6-14)，并移项整理得：

$$\frac{\mathrm{d}u}{\mathrm{d}z}=\rho g+u^2\frac{\mathrm{d}p}{\mathrm{d}z}-\frac{4\tau_w}{d} \tag{6-15}$$

壁面处的剪切应力计算式为：

$$\tau_w=\frac{\lambda}{4}\frac{\rho u^2}{2} \tag{6-16}$$

式中 λ——流体阻力系数，无因次。

(4) 能量方程。

在稳定流时，泡沫流体在井筒内流动时能量的增加应等于地层对它的传热量，因而有：

$$\frac{\mathrm{d}}{\mathrm{d}z}\left[G\left(h+\frac{u^2}{2}+gz\right)\right]=q_z \tag{6-17}$$

式中 h——泡沫流体的比焓，$h=c_pT$，J/kg；

T——泡沫流体的热力学温度，K；

c_p——泡沫流体的比热容，J/kg；

q_z——单位井筒长度内地层传给流体的热量，W/m。

将式(6-17)展开，并结合连续性方程，得到：

$$\frac{\mathrm{d}T}{\mathrm{d}z}=\frac{1}{c_p}\left(\frac{q_z}{G}+\frac{u^2}{\rho}\frac{\mathrm{d}\rho}{\mathrm{d}z}-g\right) \tag{6-18}$$

(5) 泡沫流体的密度。

在均质平衡流体模型中，泡沫流体的密度为：

$$\rho=(1-\varepsilon_g)\rho_l+\varepsilon_g\rho_g \tag{6-19}$$

式中 ε_g——泡沫流体的孔隙率，无因次；

ρ_l——液相密度，kg/m³；

ρ_g——气相密度，kg/m³。

若设 Γ 为泡沫流体的泡沫质量，则对气相和液相分别有：

$$\rho\Gamma=\varepsilon_g\rho_g \text{和} \rho(1-\Gamma)=(1-\varepsilon_g)\rho_l \tag{6-20}$$

将式(6-19)代入式(6-20)，得到：

$$\rho=\rho(p,T)=\frac{\rho_l\rho_g}{\Gamma\rho_l+(1-\Gamma)\rho_g} \tag{6-21}$$

将式(6-21)对 z 求导，则有：

$$\frac{\mathrm{d}\rho}{\mathrm{d}z}=\frac{\partial\rho}{\partial p}\frac{\mathrm{d}p}{\mathrm{d}z}+\frac{\partial\rho}{\partial T}\frac{\mathrm{d}T}{\mathrm{d}z} \tag{6-22}$$

其中，

$$\frac{\partial\rho}{\partial p}=\frac{\rho_g\frac{\partial\rho_l}{\partial p}+\rho_l\frac{\partial\rho_g}{\partial p}}{\Gamma\rho_l+(1-\Gamma)\rho_g}-\frac{\Gamma\frac{\partial\rho_l}{\partial p}+(1-\Gamma)\frac{\partial\rho_g}{\partial p}}{[\Gamma\rho_l+(1-\Gamma)\rho_g]^2}\rho_g\rho_l \tag{6-22a}$$

$$\frac{\partial\rho}{\partial T}=\frac{\rho_g\frac{\partial\rho_l}{\partial T}+\rho_l\frac{\partial\rho_g}{\partial T}}{\Gamma\rho_l+(1-\Gamma)\rho_g}-\frac{\Gamma\frac{\partial\rho_l}{\partial T}+(1-\Gamma)\frac{\partial\rho_g}{\partial T}}{[\Gamma\rho_l+(1-\Gamma)\rho_g]^2}\rho_g\rho \tag{6-22b}$$

将式(6-15)、式(6-18)和式(6-22)联立，便构成了描述泡沫流体在井筒内流动时的数学模型。由此可见，泡沫流体的密度、压力和温度相互依赖和影响，因此必须同时求解，故将此模型称为耦合模型。

2）模型求解

若已知井口处的泡沫流体参数，即

$$p\mid_{z=0}=p_0,\ T\mid_{z=0}=T_0,\ \rho\mid_{z=0}=\rho_0 \tag{6-23}$$

则定解条件式(6-23)与式(6-15)、式(6-18)和式(6-22)一起，组成了求解泡沫流体参数的数学模型。该模型描述的是典型的一阶常微分方程组的初值问题，采用龙格-库塔方法求解。为了提高计算精度，可将井筒分成若干小段，从井口开始逐段计算，直至井底。

6.2.2 泡沫排水临界流速

在排水采气过程中，发泡剂与气、水(通常含有部分轻质原油等烃类物质)在井下完成混合，并产生泡沫。泡沫排水方法的最大优点是由于液体分布在泡沫膜中，具有更大的表面积，减少了气体滑脱效应，并能够形成低密度的气液混合体。在低产气井中，泡沫能够很有效地将液体举升到地面，否则积液愈加严重，会造成较高的多相流压力损失。

泡沫是一种特殊类型的气液乳化体系。气泡相互之间被液膜分开，表面活性剂一般用来减小气液界面张力，促进气体分散在液相内。气泡间的液膜有两个背对背亲水的表面活性层，液体被含在这两个层之间。这种气液联结方式能够有效地将低压气井中的液体排出。

Campbell 等给出了有效泡沫排水的临界流速公式：

$$v_t=\frac{1.593\sigma^{0.25}(\rho_l-\rho_g)^{0.25}}{\rho_g^{0.25}} \tag{6-24}$$

式中 σ——气液表面张力，dyn/cm，1dyn/cm = 0.001N/m；

ρ——密度，lb/ft³，1lb/ft³ = 16.0185kg/m³；

v_t——气体临界流速，ft/s，1ft/s = 0.3048m/s。

Campbell 等探讨了泡沫降低表面张力，进而降低临界流速的问题，并指出表面张力应该在动态条件下测量。他们也论述了泡沫会降低由水、凝析液和气形成的液滴的密度，并且指出降低泡沫液滴密度和表面张力都是泡沫排水能够降低临界流速的原因。

表面活性剂在水和液态烃中的反应是不同的，在液态烃内不能很好地起泡，尤其在轻质凝析油中。气凝析轻烃体系中虽然可以形成泡沫，但泡沫不稳定，很容易分离，一般需要通过持续搅动来维持泡沫。

烃类不易起泡的一个原因就是烃分子是非极性分子，分子间力为范德华力，相互引力小。此外，水分子为极性分子，在表面活性剂作用下很容易形成强度相对较高的膜。当井筒中同时存在水和液态烃时，泡沫主要产生在水相中，水相泡沫帮助携带液态烃。实验观察结果表明，当水和轻烃同时存在时，液态烃趋向于被乳化，泡沫在外部水相中产生。

6.2.3 起泡剂的评价方法

为测定起泡剂的性能，采用国家标准罗斯-米尔法和泡沫排水采气用起泡剂评价方法测定起泡剂的起泡能力和稳泡性，实验装置如图 6-22 所示。

起泡能力和稳泡性评价操作为：在罗氏泡沫仪中加入 50mL 发泡基液，用分液管装 200mL 发泡液体，从 900mm 的高度冲击泡沫仪中的液面，以分液管中液体流完时的泡沫高度表示发泡能力，以 3min 钟后的泡沫高度表示泡沫稳定性。

根据 API RP46 推荐做法，采用“排水采气用起泡剂 CT5-2”中规定的泡沫携液量测定装置，测定起泡剂排水携液能力。

泡沫携液能力评价的具体操作是：在发泡器中加入 200mL 发泡液体，按图 6-22 装好设备，通入一定流量氮气进行发泡，泡沫上升并进入泡沫收集器，用量筒收集泡沫收集器中消泡后的液体，以 15min 携带出的液体量表示起泡剂的携液能力。

6.2.4 携液实验结果及分析

该实验主要考察现场使用浓度下的各种泡沫排水剂分别在各典型井水样中的携液能力。携液能力实验仪器：恒温携液仪 1 套；温度计(精度 0.20℃)1 支；电子天平(精度 0.01g)1 台；超级恒温水浴装置 1 台；充气泵 1 台；1000mL 烧杯 7 个(图 6-23)。

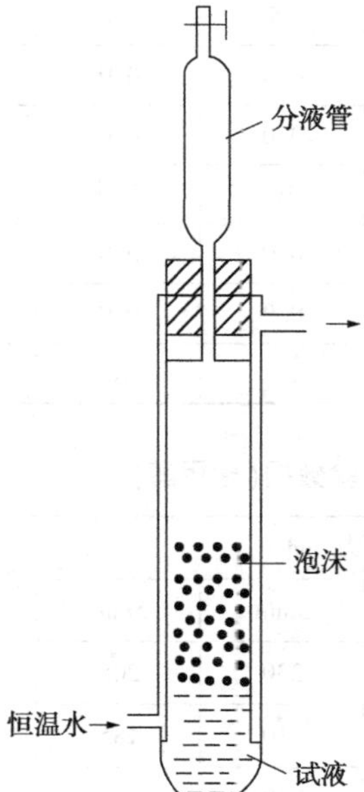

图 6-22 罗氏泡沫仪示意图

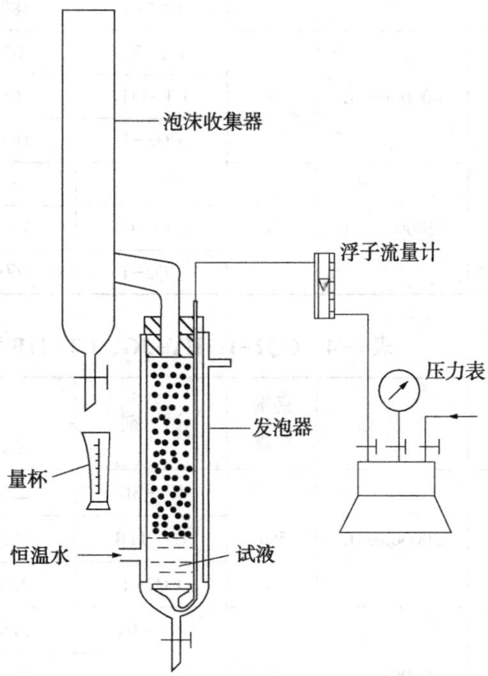

图 6-23 泡沫携液量测定装置

携液实验方法：配制药剂浓度为5.00‰的待测样液。置待测样液于恒温水浴装置中加热至70℃±1℃，备用。将已预热好的待测样液倒入恒温携液仪中，打开充气泵，充入气体，使溶液起泡，用集液器收集带出的液体，直到无泡沫带出为止，测量带出液体的质量，即该实验样品的携液能力。

发泡和携液能力实验数据见表6-3~表6-5。

表6-3　CQ2-1、HY-3G、UT-11B型在70℃下的实验数据(含油量)

油含量	矿化度	药剂浓度	试　剂	发泡能力/mm				携液量/mL
				起始	30s	3min	5min	
不含油	20000mg/L	5‰	HY-3G	235	240	230	205	161.0
			UT-11B	205	215	210	185	167.0
			CQ2-1	220	235	230	185	175.0
	80000mg/L	5‰	HY-3G	215	225	210	200	165.0
			UT-11B	210	215	220	195	163.0
			CQ2-1	215	225	240	195	165.0
	130000mg/L	5‰	HY-3G	225	220	230	220	152.0
			UT-11B	200	200	210	110	160.0
			CQ2-1	200	215	222	221	172.0
20%	20000mg/L	5‰	HY-3G	110	95	10	5	144.0
			UT-11B	190	120	0	0	164.0
			CQ2-1	180	195	15	15	160.0
	80000mg/L	5‰	HY-3G	10	0.0	0.0	0.0	40.0
			UT-11B	105	35	0.0	0.0	149.0
			CQ2-1	165	130	10	0.0	157.0
	130000mg/L	5‰	HY-3G	3	0.0	0.0	0.0	103.0
			UT-11B	140	95	0.0	0.0	155.0
			CQ2-1	160	140	30	10	150.0

表6-4　CQ2-1、HY-3G、UT-11B型在70℃下的实验数据(含甲醇)

甲醇含量	矿化度	药剂浓度	试　剂	发泡能力/mm				携液量/mL
				起始	30s	3min	5min	
不含甲醇	20000mg/L	5‰	HY-3G	235	240	230	205	161.0
			UT-11B	205	210	210	185	167.0
			CQ2-1	220	235	230	185	175.0
	80000mg/L	5‰	HY-3G	215	225	210	200	165.0
			UT-11B	210	215	220	195	163.0
			CQ2-1	215	225	240	195	165.0

续表

甲醇含量	矿化度	药剂浓度	试剂	发泡能力/mm				携液量/mL
				起始	30s	3min	5min	
不含甲醇	130000mg/L	5‰	HY-3G	225	220	230	220	152.0
			UT-11B	200	200	210	110	160.0
			CQ2-1	200	215	222	221	172.0
20%	20000mg/L	5‰	HY-3G	260	290	300	240	156.0
			UT-11B	235	265	220	45	160.0
			CQ2-1	280	290	325	310	160.0
	80000mg/L	5‰	HY-3G	250	280	360	250	160.0
			UT-11B	235	290	35	20	160.0
			CQ2-1	280	285	320	275	154.0
	130000mg/L	5‰	HY-3G	270	300	340	325	159.0
			UT-11B	250	280	55	20	161.0
			CQ2-1	250	285	320	265	163.0
40%	20000mg/L	5‰	HY-3G	135	90	100	3	150.0
			UT-11B	135	25	0.0	0.0	150.0
			CQ2-1	265	330	45	15	160.0
	80000mg/L	5‰	HY-3G	120	30	0.0	0.0	144.0
			UT-11B	105	60	5	0.0	145.0
			CQ2-1	240	310	35	10	150.0
	130000mg/L	5‰	HY-3G	110	75	25	0.0	130.0
			UT-11B	140	40	5	0.0	142.0
			CQ2-1	210	290	120	75	146.0

表 6-5 在地层水中 CQ2-1、HY-3G、UT-11B 型的实验数据(70℃)

地层水	药剂浓度	试剂	发泡能力/mm				携液量/mL
			起始	30s	3min	5min	
Y43-02 (含甲醇 50%)	5‰	HY-3G	0.2	泡沫已经消完			133.0
		UT-11B	0.2	泡沫已经消完			142.0
		CQ2-1	16.5	18.0	1.5	1.0	155.0
Y 28-01	5‰	HY-3G	10.5	10.5	9.0	1.8	148.0
		UT-11B	12.0	11.5	1.5	0.0	153.0
		CQ2-1	16.3	16.7	4.3	2.8	162.0

续表

地层水	药剂浓度	试　剂	发泡能力/mm				携液量/mL
			起始	30s	3min	5min	
T33-13（含甲醇大于50%）	5‰	HY-3G	几乎无泡沫产生				10.0
		UT-11B	0.5	泡沫已经消完			142.0
		CQ2-1	20.5	23.0	1.5	1.0	158.0

从表6-3可以看出，所选用药剂在不含油情况下，发泡能力均较强；在含油情况下，UT-11B和CQ2-1的发泡能力降低，衰减时间变短，携液量下降10%左右，HY-3G的发泡能力和携液量下降明显；随着矿化度的升高，三种药剂中UT-11B对矿化度适应性强。

表6-4为测试加防冻剂(甲醇)后发泡和携液能力实验结果，由实验结果可见，甲醇对发泡力和携液量影响不大。

表6-5为不同地层水中选用药剂的发泡和携液能力实验结果，由实验结果可见，不同的气井，需要分别开展药剂筛选实验，确定最佳的药剂种类。

6.2.5　天然气含水率计算

作为井筒流物的天然气总是被水饱和的，天然气的饱和含水量取决于天然气的温度、压力和组成等条件。通过含水率计算，可以确定井筒的凝析水量，特别是对井下节流器井，用于确定节流器上的积液量。

1. 算图估算

算图主要用来确定非酸性天然气的含水量，同时结合其他算图进行酸性天然气含水量的估算，以下为用得较多的Mcketta-Wehe算图(图6-24)。

该算图于1958年首次发表，一直沿用至今，图中的曲线是按相对密度为0.6，与纯水接触的天然气制定的，因此需要进行相对密度校正和含盐量校正，校正曲线附在算图的左上侧，校正计算式为：

$$W = C_g \times C_s \times W_o \tag{6-25}$$

式中　W——校正后的含水量，mg/m^3；

W_o——相对密度为0.6的天然气含水量，mg/m^3；

C_g——相对密度校正系数；

C_s——含盐量校正系数。

2. 经验公式法

李允在《天然气地面工程》中给出了一种快速、简捷的计算公式：

$$W = 16.017A \times B^{(1.8T+32)} \tag{6-26}$$

式中　W——水含量，gH_2O/m^3；

T——系统温度，℃；

A、B——与压力有关的系数。

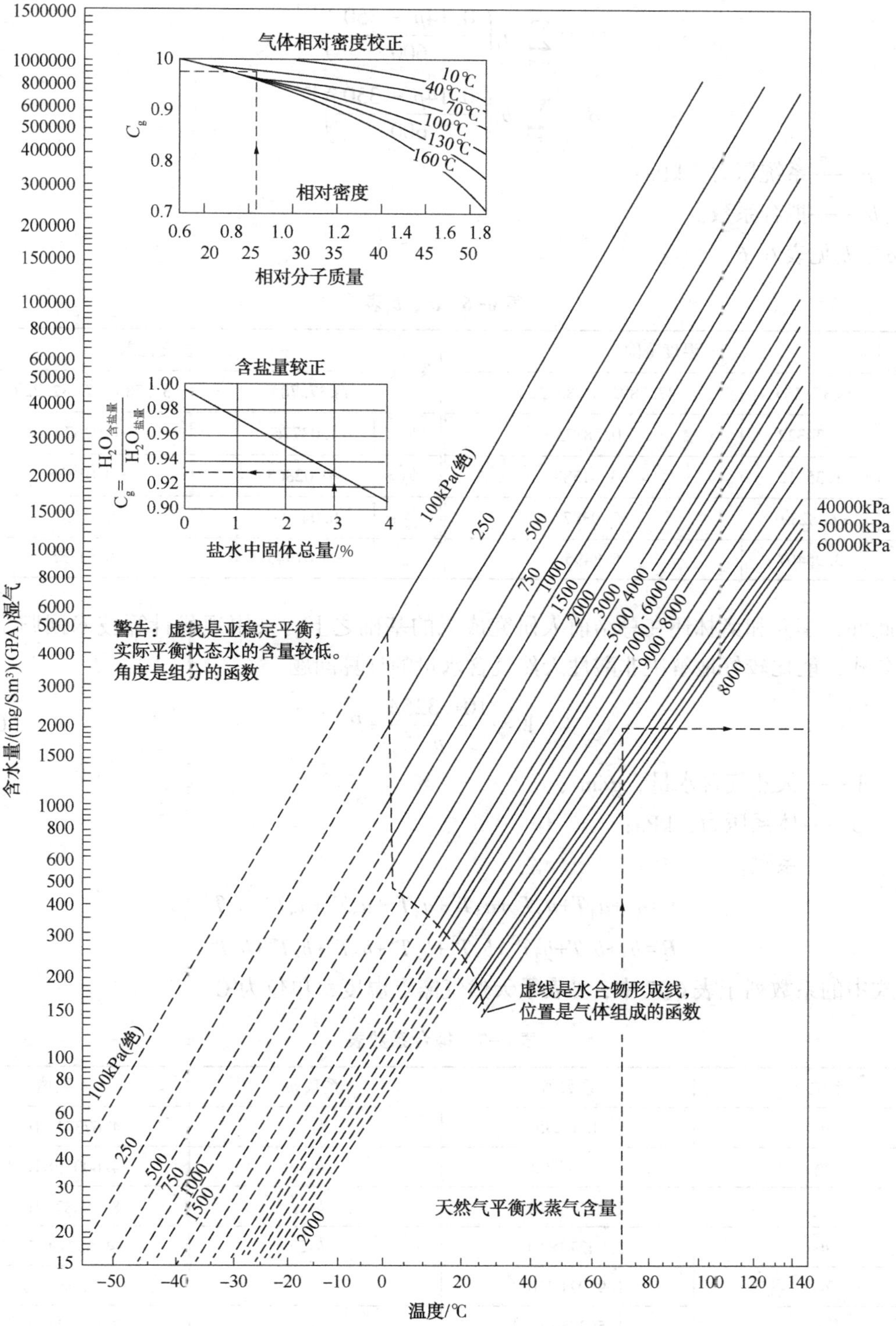
气体相对密度校正
C_g
10℃
40℃
70℃
100℃
130℃
160℃
相对密度
相对分子质量
含盐量较正
$C_g=\frac{H_2O_{含盐量}}{H_2O_{盐量}}$
盐水中固体总量/%
警告：虚线是亚稳定平衡，
实际平衡状态水的含量较低。
角度是组分的函数
虚线是水合物形成线，
位置是气体组成的函数
100kPa(绝)
40000kPa
50000kPa
60000kPa
天然气平衡水蒸气含量
含水量/(mg/Sm³)(GPA)湿气
温度/℃

图 6-24　天然气含水量

A、B 定义为：

$$A=\sum_{i=1}^{4}a_i\left(\frac{0.14p-350}{600}\right)^{i-1}$$

$$B=\sum_{i=1}^{4}b_i\left(\frac{0.14p-350}{600}\right)^{i-1}$$

式中 p——系统压力，kPa；

a_i、b_i——拟合系数。

a_i、b_i见表 6-6。

表 6-6 a_i、b_i表

系 数	温度范围		系 数	温度范围	
	T<37.78℃	37.78℃<T<82.22℃		T<37.78℃	37.78℃<T<82.22℃
a_1	4.34322	10.38175	b_1	1.03776	1.02674
a_2	1.35912	-3.41588	b_2	-0.02865	-0.01235
a_3	-6.82391	-7.93877	b_3	0.04198	0.02313
a_4	3.95407	5.8495	b_4	-0.01945	-0.01155

此外，李允和诸林还在总结前人研究成果的基础之上，采用现代计算技术回归出如下经验公式，能比较好地解决非酸性天然气含水量的计算问题。

$$W=\frac{101.325A}{p}+B \tag{6-27}$$

式中 W——天然气含水量，g/m³；

p——体系压力，kPa；

A、B——系数。

$$A=a_0+a_1T+a_2T^2+a_3T^3+a_4T^4+a_5T^5+a_6T^6+a_7T^7$$

$$B=b_0+b_1T+b_2T^2+b_3T^3+b_4T^4+b_5T^5+b_6T^6+b_7T^7$$

式中的系数列于表 6-7 中，T 表示天然气露点温度，单位为℃。

表 6-7 拟合系数表

系数 a	系数值	系数 b	系数值
a_0	4.65295	b_0	4.67351×10^{-2}
a_1	0.337802	b_1	4.60019×10^{-3}
a_2	1.11426×10^{-2}	b_2	8.68387×10^{-6}
a_3	2.04273×10^{-4}	b_3	-4.65719×10^{-6}
a_4	1.91021×10^{-6}	b_4	9.32789×10^{-8}
a_5	1.56275×10^{-8}	b_5	2.06031×10^{-9}
a_6	1.99046×10^{-10}	b_6	-4.79843×10^{-11}
a_7	-1.23039×10^{-12}	b_7	2.37537×10^{-13}

目前，苏东气田气井的井底温度一般高于100℃，在计算井底温度超过适用范围的含水率时不适用，为此，经过分析确定采用算图(李允和诸林拟合公式)估算天然气含水率，进而进行井筒积液计算。

6.2.6 加注参数优化

1. 基于临界流速的加注浓度

根据气井连续携液临界流速的Turner模型及改进模型，考虑井筒注入起泡剂对液体密度、表面张力引起的变化，计算出气井连续携液的临界流速。现场应用中只要得出不同浓度起泡剂的液体密度和表面张力，按照气井连续携液模型和含凝析油气井临界流速计算式，可计算出气井注入不同浓度起泡剂后的气井连续携液临界流速，与气井实际流速相比较，就能判断出哪种起泡剂有效或无效，从而起到从理论上确定起泡剂加注浓度及优选的作用。

该方法全面考虑了泡排剂参数(例如表面张力的动态性能和泡沫的密度)及气井的生产参数(例如温度、压力、管径等)，形成如图6-25所示的研究思路。

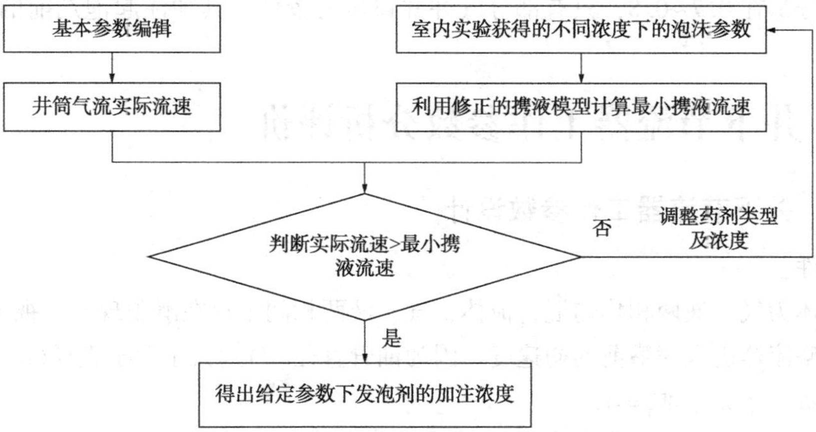

图6-25　研究思路

2. 化学排水采气起泡剂合理加注量

起泡剂的加注量要根据井筒积液量确定，以满足气井带水连续且稳定均衡生产为宜。由于起泡剂的加注量等于井筒积液量、起泡剂加注浓度和气井排水强度三者的乘积，因而这三个参数的确定是关键。根据气井完井参数、油套压值、天然气物性等数据，不难计算出井筒实际液量；在现场应用中，可以通过试井车探得井筒液面高度，以此求得井筒实际积液量。化学排水采气的加注浓度可根据起泡剂的临界胶束浓度来确定，一般要小于起泡剂的临界胶束浓度(当溶液浓度达到临界胶束浓度时，溶液的表面张力降至最低值，此时再提高表面活性剂浓度，溶液表面张力不再降低而是大量形成胶团，此时溶液的表面张力就是该表面活性剂能达到的最小表面张力，用*CMC*表示)，也可以按上面所述的基于临界流速的加注浓度理论来确定。气井排水强度，就是指排出井底积液的次数，可以在现场确定。

3. 化学排水采气起泡剂的最佳加注时机

气液速度对排水量的影响实验表明：气流速度在 1~3m/s 时，起泡剂的泡沫带水能力弱；当气流速度大于 3m/s 或小于 1m/s 时，起泡剂的泡沫具有较好的带水能力，这也是起泡剂加注的最佳时机。

1）简易流速判别法

气井井筒未形成积液时油管与油套环空液面高度应一致，假设此时套管液面处对应压力为 p_0，只要求出或计算出此时套管液面处高度(在气井开井前，可通过试井车实探井筒液面得知)，p_0为已知，根据气井产量、井温、井口油套压及天然气物性参数，不难求得液面处气流流速 v_0。当气井井筒油管中形成液柱高度 x 后，会导致原液面位置压力升高，气流流速会降低，通过此时井口油压、套压及其他参数，根据公式可求出井底流动压力及对应井底处气流流速 v。根据实践经验得出，当 v_0/v 值在 0.8~0.85 时，为最佳加注时机。

2）油套压比值法

统计、分析和计算气井加注起泡剂前大量的油套压值，发现气井加注起泡剂前油套压比值绝大部分都在 0.7~0.8，只有部分气井井口压力较低，其加注起泡剂前的油套压比值大于 0.8。

6.3 井下节流器工作参数分析评价

6.3.1 井下节流器工作参数设计

假设条件：

(1) 流体为气、液两相均匀混合流体，气、液两相间不存在滑脱现象，视为单一流体。

(2) 忽略流体进入喷嘴前的初速度。因为油管直径(d)远大于嘴子直径(d_c)，因而d^2远大于d_c^2，W_2远大于W_1，$W_1=0$。

(3) 忽略嘴子长度上的能量损失(位能和摩擦阻力)，位能$Z_1=Z_2$。

1. 建立井下节流装置模型的基本形式

根据 Bernoulli 方程，气、液混合物流束穿越节流装置的能量平衡方程式为：

$$Z_1+\frac{p_1}{\rho_m}+\frac{{W_1}^2}{2g}=Z_2+\frac{p_2}{\rho_m}+\frac{{W_2}^2}{2g}+h_w \tag{6-28}$$

由假设条件(2)，有$W_1=0$；

由假设条件(3)，有$Z_1=Z_2$，$h_w=0$。

因而，式(6-28)变为：

$$\frac{p_1}{\rho_m}=\frac{p_2}{\rho_m}+\frac{{W_2}^2}{2g} \tag{6-29}$$

经过变换，可解得气、液混合物流经节流装置的流率为：

$$q_m=CA\left(2g\ \frac{p_1-p_2}{p_m}\right)^{0.5} \tag{6-30}$$

式中 q_m——气、液混合物流经节流装置的体积流率，m^3/s；

A——节流装置孔喉横截面积，m^2；

C——流量系数；

g——重力加速度，m/s^2；

p_1、p_2——节流嘴上、下游压力，kg/m^2；

ρ_m——工作状态下混合物的密度，kg/m^3。

式(6-30)也可写为：

$$A=\frac{q_m}{C\sqrt{2g\Delta h}} \tag{6-31}$$

经过推导，将A化为mm^2，并考虑临界及非临界流动条件，最后得到气、液(油、气)两相混合流体穿越井下节流装置的节流模型为：

临界流动条件：

$$q_L=\frac{0.864CA\sqrt{2g(1-\beta_k)}\cdot p_1\cdot\gamma_L}{\sqrt{[B_L+Z_1\cdot p_{sc}\cdot T_1/(p_1\cdot T_{sc})(GLR-Rs)](1+0.001205GLR\cdot\gamma_g)}} \tag{6-32}$$

$$A=\frac{1.157q_L\sqrt{[B_o+Z_1\cdot p_{sc}\cdot T_1/(p_1\cdot T_{sc})(GLR-Rs)](1+0.001205GLR\cdot\gamma_g)}}{C\sqrt{2g\cdot(1-\beta_k)\cdot p_1\cdot\gamma_L}} \tag{6-33}$$

非临界流动条件

$$q_L=\frac{0.864CA\sqrt{2g\cdot\Delta p\cdot\gamma_L}}{\sqrt{[B_L+Z_1\cdot p_{sc}\cdot T_1/(p_1\cdot T_{sc})(GLR-Rs)](1+0.001205GLR\cdot\gamma_g)}} \tag{6-34}$$

$$A=\frac{1.157q_L\sqrt{[B_L+Z_1\cdot p_{sc}\cdot T_1/(p_1\cdot T_{sc})(GLR-Rs)](1+0.001205GLR\cdot\gamma_g)}}{C\sqrt{2g\cdot\Delta p\cdot\gamma_L}} \tag{6-35}$$

式中 q_L——产液量，t/d；

A——节流装置孔喉横截面积，mm^2；

p_1——节流装置上游压力，MPa；

T_1——节流装置上游温度，K；

Z_1——p_1、T_1条件下的气体压缩因子；

p_{sc}——标准状态(20℃、0.101MPa)下的压力，MPa；

T_{sc}——标准状态(20℃、0.101MPa)下的温度，K；

γ_L——液相的相对密度；

γ_g——气体的相对密度；

GLR——生产气液比，m^3/m^3；

Rs——溶解气液比，m^3/m^3；

C——流量系数；

B_L——液相的体积系数(p_1、T_1条件下)，m^3/m^3。

2. 两相混合物流动的流量校正

两相混合流动的流量系数(C)，是多影响因素的复合校正因子。它应包含两方面的影响因素：

1）流量校正因子(α)

(1) 流体黏滞阻力(μ)校正。

(2) 流束收缩校正。

(3) 流动速度校正。

2）气体膨胀校正因子(ε)

(1) 流量校正因子(α)与N_{Re}、p_2/p_1、d_c/d等因素相关。

(2) 膨胀校正因子(ε)与k、p_2/p_1、d_c/d等因素相关。

因此，复合校正因子应表示为：

$$C=\alpha\varepsilon \tag{6-36}$$

校正因子α、ε可通过相应的图表查得或通过实验确定。

推导模型[式(6-32)~式(6-34)]与克雷洛夫公式相比，其优越性表现在：

(1) 推导模型以实际压差($\Delta p=p_1-p_2$)和临界压力比($\beta_k=[2/(k+1)]^{k/(k-1)}$)为条件，分别推导出了两组模型；克雷洛夫模型则以节流压差$\Delta p=2$atm为条件。因此，新模型在井的自喷期内有较宽的适应范围，而克雷洛夫模型只适合于自喷末期。

(2) 推导模型考虑了溶解气体的压缩因子、井下温度和原油的体积系数等影响因素；而克雷洛夫模型忽略了这些因素。因此，新模型较后者更精确。

(3) 新模型以溶解气液比(R_s)取代了克雷洛夫模型中的αp_1项，不必依赖高压物性资料确定气体溶解系数(α)，而借助于Lasater相关式加以确定。因此，新模型便于设计计算应用。

(4) 推导模型充分考虑了气、液混合流体的连续性，即充分考虑了混合物中气相的质量连续性。因此，该模型用于不同气液比井的计算时，会有较好的适应性。

安置井下节流装置时必须避免在节流嘴处下流生成水合物。除了考察压力和温度，还应考虑天然气相对密度，因为相对分子质量越重的烃形成的水合物的压力越低。这些考虑因素是：

(1) 节流嘴下流压力p_2。

(2) 节流嘴下游温度T_2。

(3) 天然气的相对密度γ_g。

预测方法：

(1) 估算下游压力：

$$p_2=\beta_k p_1=[2/(k+1)]^{k/(k-1)}\cdot p_1 \tag{6-37}$$

(2) 下游温度T_2必须高于水合物生成温度T_h，即

$$T_2\geqslant T_h \tag{6-38}$$

(3) 令$T_2 \geqslant T_h$，则

$$T_h \leqslant \left(T_0+\frac{L_{min}}{M_0}+273\right) \cdot \beta_k^{z_1 \cdot (k-1)/k}-273 \tag{6-39}$$

式中 L_{min}——不生成水合物的节流装置最小下入深度，m。

由式(6-39)可得节流装置最小下入深度的估算公式。

当有井温数据时，已知节流装置所在深度处的平均温度梯度为$G\overline{T}_{wf}$，则有

$$L_{min} \geqslant G\overline{T}_{wf} \cdot \left[(T_h+273) \cdot \beta_k^{-z_1 \cdot (k-1)/k}-273-t_0\right] \tag{6-40}$$

当无井温数据时：

$$L_{min} \geqslant M_0 \cdot \left[(T_h+273) \cdot \beta_k^{-z_1 \cdot (k-1)/k}-273-t_0\right] \tag{6-41}$$

式中 t_0——地面平均温度,℃；

M_0——地温增率，m/℃。

6.3.2 井下节流器适应性评价

井下节流技术是将井下节流器安装于油管的适当位置，井下节流技术使天然气的节流降压膨胀过程发生在井内，同时利用地温对节流后气流进行加热，使节流后气流温度能得到一定程度的恢复，并高于该压力条件下的水合物形成温度。图6-26为井下节流器在油管内安装示意图，图6-27为使用井口节流器后井下气流温度变化示意图。

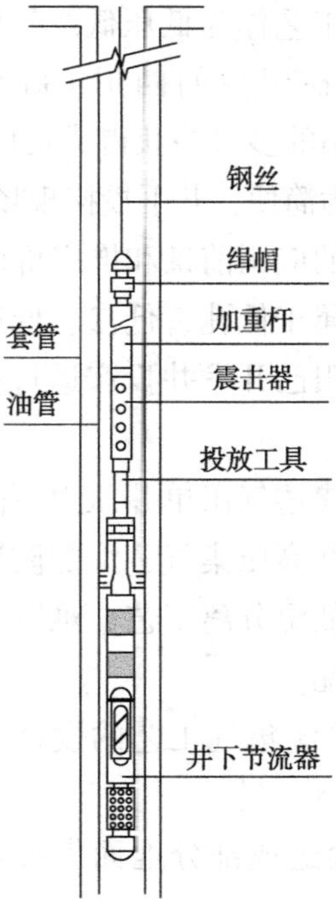

图6-26 井下节流器在油管内安装示意图

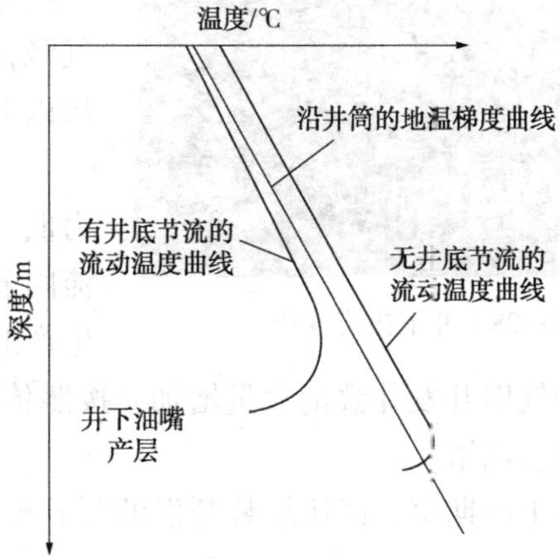

图6-27 使用井口节流器后井下气流温度变化示意图

油、气、水混合物穿越节流器的流动属于喷嘴流动。节流后压力能转变为动能，流速增加。上游压力越高，孔喉越小，在下游得到的速度增量则越大，当上下游压力之比达到某临界值时，流体穿越节流器的流速将趋于声速，此时无论怎样降低下游压力，流速均不再增加，并保持声波或压力波传播速度，即喷嘴的临界流状态。此时，天然气产量取决于喷嘴上游压力与喷嘴喉部尺寸。为满足产气量要求，必须根据气井配产要求采用临界流状态原理确定井下节流器的嘴子尺寸。在临界流状态下，节流嘴下游压力的波动不会影响到上游压力，即节流嘴后的压力波动不会影响节流嘴前流体的流动，使通过节流嘴的气体流量达到最大值。为防止水合物生成，节流后温度必须高于节流后压力条件下的水合物形成温度，节流后气体温度与井下节流器所在位置的井温有关，井下节流器下入深度即据此确定。根据国内气田经验和生产数据统计，下入井下节流器后，井口温度有时可以恢复至未下节流器时的井口温度。

井下节流技术的优点主要在于：

(1) 可有效降低井口、集气管线压力，提高管线安全系数。

(2) 由于充分利用了地点的影响，故改善了水合物形成条件，降低水合物形成温度，实现了水合物的有效防治，节省了地面加热装置，减少或取消了注醇流程。

(3) 提高气液携液能力，降低井底积液的可能性。

(4) 有效防止地层激动，实现气井的稳定生产。

(5) 井口流程简单，易于实现井口无人值守，减少地方工程投资。

图 6-28 井下投捞现场

井下节流工艺作为低压低产气田开发的一种新工艺，已经在国内的四川、胜利、中原、新疆、长庆等气田的多口井获得成功应用，其安装、维护和更换较为简便，井下投捞现场如图 6-28 所示，具有较好的应用前景和推广价值。

苏东气田属于低孔、低渗、低产、低丰度的气藏，根据气田已开发井投产运行情况，可以得出以下结论：

(1) 该低渗透气田单井压力下降快，集气压力低，传统单井高压集气、注醇防冻、集气站节流阀节流致冷低温分离工艺，难以满足气井低压生产的实际情况。

(2) 低产气田开发井数量大量增加，按照传统地面系统集气工艺的设计方法，地面建设的工程量将会剧增。

(3) 气井生产期短、区块接替开发的开发模式，将会造成部分地面集气处理设施的过早废弃。

为此，针对苏东气田单井产量低、单井数量多的特点，减少单井集输设备对减少整个工程投资具有重大意义。从开井初期人为降低井口与集气管线压力，从而降低整个管网设计压力，在气田开发初期即投入压缩机进行增压以满足外输压力需求。同时，井口温度应满足在管网末端介质温度仍高于该处天然气水化物形成温度，从而简化地面工艺流程。

对于低压低产气井，井下节流工艺将大幅简化地面工艺，易于实现井口无人值守的管理模式。同时，针对该气田实际情况，采气管线可不使用水套炉等加热设备，投资较加热工艺节省，因此井下节流工艺优于井口加热工艺。由于注醇工艺投资高，同时从环保角度看，采用大规模注醇工艺不适合该气田。

井下节流工艺维护工作量小、投资较低、运行成熟，在苏东气田得到了广泛应用。从开采效益角度来讲，井下节流工艺应用前景广阔，机理和工艺优化方面的研究已日趋完善，但对其应用范围和使用条件还缺少系统的认识，选井缺少依据，总体施工成功率不高，特别是后期气井压力降低和出水后，井下节流器井如何与气井生产条件相适应，以及配套的排水采气措施问题。为此，针对压力、产水量等的适应性评价技术对井下节流工艺的推广应用有着重要的意义。

1. 压力适应性评价

在井下节流理论模型的基础上，忽略井口到集气站的温度和压力损失，即假定地面节流(集气站节流总机关)在井口处，此时通过计算分析，判断井筒及地面生成水合物的临界条件，同时考虑稳产条件下的压降值，便可得出苏东气田气井井下节流的压力适应值。当压力小于适应值或产水大于适应值时，井筒和地面不会形成水合物，此时便没有必要进行井下节流。

根据气井初期投产情况，苏东气田新井投产产量一般在 $2\times10^4m^3/d$ 以下，假设气井井底流动温度为 100℃，油管直径为 $2\frac{7}{8}$in，天然气相对密度为 0.59，气层中部深度 3000m，井口常年平均气温根据气井所在地平均温度(鄂尔多斯盆地的中部，年平均气温在 5.3~8.7℃，1 月平均气温为-13~10℃，7 月平均气温为 21~25℃。冬天最低气温为-19℃左右)选取。

由表 6-8 可以看出，在不同的节流压力、产量(对应气井的不同生产阶段)和不同季节下，生产水合物温度不同，因此是否采用井下节流工艺或地面加热工艺，需要根据气井的生产动态及具体的气候及其他条件决定。根据苏东气田气井的生产动态，生产初期采用井下节流技术或地面加热技术(即使在夏季)防止生成水合物是有必要的，随着生产压力的下降，在夏季可以不采用水套炉加热或井下节流技术，在冬季，特别是管线埋深和保温未达标的情况下，必须采取相应的防止水合物生成措施，特别是对产水气井更为重要。

2. 产水量适应性评价

根据苏东气田气井的生产参数，取井底流动压力 15MPa、井底流动温度 100℃、油管直径 $2\frac{7}{8}$in、天然气相对密度 0.59、气层中部深度 3000m，利用井筒流体分析理论，得到如图 6-29所示水气比对井筒压力分布的影响。从图 6-29 可以看出，水气比对井筒压力分布具有显著影响，水气比越大，压降越大，可见水的存在改变了整个井筒的压力分布。压力的变化改变了水合物的生成条件，表 6-9 给出了不同天然气密度和压力下的水合物生成温度，由表 6-9 可以看出，在相同密度(天然气组分相同)下，水合物生成温度随压力的升高而升高；在相同压力下，随着天然气密度增大，水合物生成温度降低。因此，在气井生产的不同阶段和季节，必须结合工艺流程实际配套对应的生产工艺和防冻措施，确保气水分离和集输工艺的正常运行。

表 6-8 井口流动温度及水合物生成温度预测

节流后压力/MPa	产量/(10^4m^3/d)	井口流动温度/℃	水合物生成温度/℃	是否生成水合物	备 注
5.5	2.0	9.239	11.19	是	井口平均气温取 7℃
	1.5	8.686	11.19	是	
	1.0	8.124	11.19	是	
	0.5	7.563	11.19	是	
2.0	2.0	9.239	2.45	否	
	1.5	8.686	2.45	否	
	1.0	8.124	2.45	否	
	0.5	7.563	2.45	否	
5.5	2.0	24.853	11.19	否	井口平均气温取 23℃
	1.5	24.393	11.19	否	
	1.0	23.93	11.19	否	
	0.5	23.466	11.19	否	
2.0	2.0	24.853	2.45	否	
	1.5	24.393	2.45	否	
	1.0	23.93	2.45	否	
	0.5	23.466	2.45	否	
5.5	2.0	3.871	11.19	是	井口平均气温取 1.5℃
	1.5	3.282	11.19	是	
	1.0	2.69	11.19	是	
	0.5	2.096	11.19	是	
2.0	2.0	3.871	2.45	否	
	1.5	3.282	2.45	否	
	1.0	2.69	2.45	否	
	0.5	2.096	2.45	是	

表 6-9 不同天然气密度和压力下的水合物生成温度

水合物生成温度/℃ \ 天然气相对密度	压力/MPa						
	25	20	15	10	5	2	1
0.56	24.56	22.98	20.88	17.79	12.24	4.57	-1.21
0.57	23.12	21.48	19.31	16.16	10.54	2.87	-2.88
0.58	20.24	19.98	17.75	14.53	8.85	1.18	-4.56
0.59	21.68	18.48	16.18	12.89	7.15	-0.52	-6.23

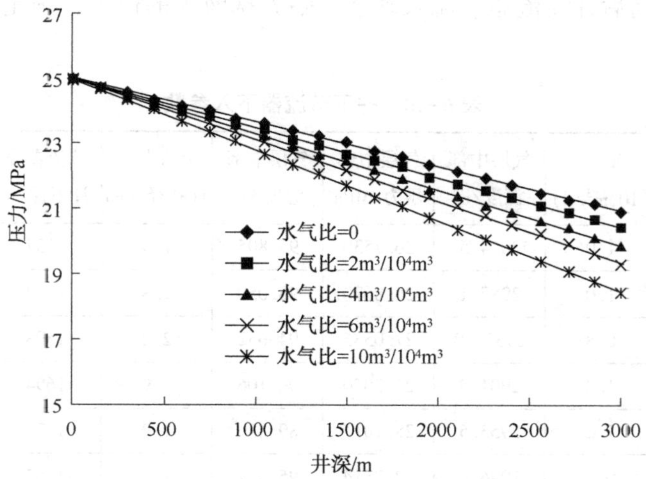

图 6-29 水气比对井筒压力分布的影响

3. 其他适应性评价

井下节流已经被广泛应用于各气田气井生产中，其主要目的是防止水合物的生成、简化地面流程、排水采气等。根据流体在管道中流动的 Bernoulli 原理，可知井筒中流体通过井下节流器时，压力降低，气体速度和液体速度增大，应用这一原理来提高气井的携液能力，在不动管柱和不增加地面设备的情况下，实现气井排水采气生产。由于节流器的投放和安装比较方便，运用井下节流器进行排水采气，较其他排水采气方法有较大的优势，然而随着气井生产时间的延长，产水气井越来越多，井下节流技术在排水采气中的应用适应性问题越来越受到重视，目前因各油田出水机理、井身结构、气水物性等差异较大，其井筒携液能力、积液量计算必须结合气田实际进行具体分析设计。

根据井下节流器井井筒流动状况分析及凝析水量计算相关理论和软件，苏东气田气井的原始配产绝大多数在(0.5~2.0)×$10^4m^3/d$，取天然气相对密度 0.58，当井底流动压力为 20MPa、温度为 105℃、井口压力为 10MPa、温度为 20℃时，天然气的含水率分别为 7.204g/m^3 和 0.24g/m^3，天然气从井底流到井口过程中，因天然气状态变化导致天然气中饱和含水率发生变化，在目前的配产范围内，凝析水量为 35~140kg/c，综合水质分析和临界携液量分析结果，可以初步得出苏东气田井下节流气井的积液原因为井筒流动状态和地层气水关系的变化，使地层产液量和天然气含水率发生变化，以及节流器气井携液量的综合影响，导致节流器气井积液，同时进一步分析确定积液量和位置等参数，为气井排水采气措施的制定奠定基础。

6.3.3 节流器下入参数分析

气井排液生产存在一个临界流速，根据携液临界理论，只要气井井筒中的实际气体流速大于临界流速，气体就能实现带液生产。气水井生产时，存在泡流、段塞流、过渡流和雾流四种流态，反映气井稳定带液生产的流态是雾流，当气井生产能力下降至不足以带液时，气液两相流态由雾流转化为段塞流。对苏东气田小产水气井(产水量小于 20m^3/d)，通过气井下入节流器前后井筒流态、流入动态、临界携液等的模拟，确定井下节流器下入参数(表6-10)。

表6-10 井下节流器下入参数

集气站名称	井 号	配产/($10^4m^3/d$)	气层中部深度/m	气层中部压力/MPa	气层中部温度/℃	节流器设计孔径/mm	节流器设计下深/m	节流器实际孔径/mm	节流器实际下深/m
SD1站	SD44-51	1.0	3014.5	26.7530	95.805	1.9	1757	2.3	1853
SD1站	SD44-52	1.0	2987.1	26.8670	96.050	1.8	1737	2.3	1851
SD1站	SD49-53	0.8	2937.50	27.0535	94.632	2.2	1508	2.2	1900
SD1站	SD51-52	1.0	2901.5	27.3070	96.106	1.9	1694	2.5	1900
SD1站	SD52-50	1.2	2953.5	28.1017	89.839	1.9	1875	2.0	1900
SD1站	SD52-54	0.3	2996.0	27.3514	95.357	1.0	1752	1.0	1902
SD1站	Z27	1.0	3079.5	28.6221	94.690	1.8	1834	1.5	1900
SD2站	SD36-67	1.0	3163.85	28.0750	100.552	1.8	1782	2.3	1901
SD2站	SD41-64	1.5	3017.2	27.8260	95.670	2.3	1774	2.5/2.5	1880/1900
SD3站	SD43-71	1.0	2935.5	28.2080	92.420	1.8	1812	2.3	1900
SD3站	SD44-57	1.0	2988.0	27.5634	95.541	1.9	1745	2.3	1885
SD3站	SD45-68	1.0	3020.75	27.6891	95.305	1.9	1765	2.3	2080
SD3站	SD48-77	1.3	2986.00	27.0634	97.421	2.1	1748	2.5	1900
SD3站	SD49-69	0.6	2960.5	26.8630	94.269	1.4	1740	1.2	1901
SD3站	T19	1.0	3147.0	28.0892	98.841	2.0	1770	2.3	1903
SD5站	SD55-38	0.4	2900.2	27.6340	92.249	1.2	1763	1.5	1900
SD5站	SD55-40	4.0	2892.35	27.1235	92.471	3.9	1836	3.0	1900
SD6站	SD60-61	20.0	3192.0	28.7100	97.410	7.3	2034	7.5	1905
SD6站	SD60-62	1.0	3204.5	27.0650	92.380	2.1	1947	2.3	1901
SD6站	SD61-56	0.8	3059.5	29.0060	94.376	1.6	1822	1.9/1	1900/1905
SD6站	Z25	0.8	2972.2	27.7045	96.425	1.6	1746	2.3	1854
SD6站	T18	2.0	2918.69	27.1396	96.886	2.5	1756	3.0	1900
SD7站	SD32-31	1.5	2933.50	27.4097	93.957	2.2	1782	2.3	1851
SD7站	SD33-19	1.2	3135.0	27.1300	93.870	2.2	1892	2.6	1754
SD7站	Z35	15.0	2925.0	26.4660	93.534	6.5	1782	8.0	1900

由表6-10可以看出，目前苏东气田绝大多数气井的井下节流器下深(下入深度)较理论设计值均有一定程度的加深，这对防止水合物生成和增加携液有一定帮助；井下节流嘴直径也有一定程度的增大，从理论角度看，加大节流嘴尺寸，必将减小节流温降效应，因此可以适当减小下深，但实际下深则与之相反，这无疑增加了井下节流器打捞的风险。

6.3.4 井下节流气井泡沫排水采气工艺

井下节流工艺在苏里格气田开发中得到普遍应用，但对于有水气井，在井下有节流器时，如果气井没有充足的能量来举升井底积水，需要进行排水采气时，特别采用泡沫排水采气工艺时，气泡通过节流嘴时会是什么情况，排水效果较常规气井如何，还需要开展进一步的实验和现场应用的研究，目前关于这方面的研究较少。本书借用西南石油大学在室内获得的实验结果，分析节流井泡沫排水机理，为井下节流气井泡沫排水采气提供参考。

1. 室内实验过程与结果

实验采用不同直径节流嘴，结合一定的设备，将节流嘴安放在评价泡沫常规装置中，模拟井下节流过程，形成了节流井泡沫排水评价装置。实验用节流嘴直径分别为 2.5mm、3.0mm、6.0mm，该尺寸和油田实际生产节流嘴直径相近，节流嘴长度为 5.0cm。

分别配制 UT-8 和 UT-5E 两种起泡剂溶液，浓度为 3‰，采用起泡剂评价行业及国家标准方法进行实验。实验过程中，采用氮气为气源，湿式流量计计量气体流量，恒温水浴进行加热，实验过程中温度为 80℃。通入一定气量后，测定不同直径节流嘴时的节流嘴前后泡沫直径、携液量和含水率，观察泡沫在通过节流嘴时的变化情况。实验结果见表 6-11、图 6-30 和图 6-31。

表 6-11 泡沫通过不同直径节流嘴的流动状态及分析

起泡剂类型	起泡剂浓度/‰	节流嘴孔径/mm	气体速度/(L/min)	携液量/%	泡沫含水率/%	节流嘴下部泡沫平均直径/mm	节流嘴上部泡沫平均直径/mm
UT-5E	3	2.5	7.5	89	3.32	3	10
UT-8	3	2.5	4.2	85	1.28	2	13
UT-8	3	3.0	4.8	85	1.30	3	12
UT-8	3	3.0	5.8	83	1.31	4	9
UT-8	3	6.0	5.2	80	1.30	4	11

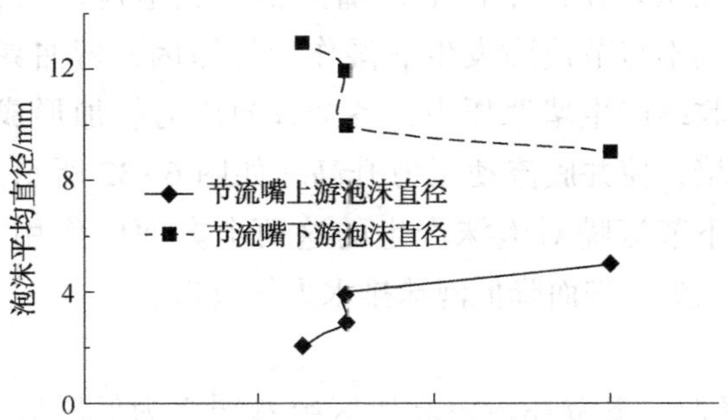

图 6-30 不同节流嘴直径下节流前后泡沫平均直径

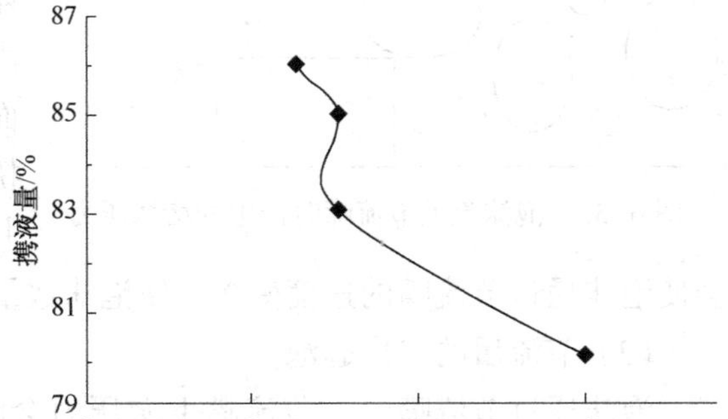

图 6-31 泡排剂 UT-8 不同节流嘴直径泡沫携液量

由图 6-30 和图 6-31 可以得出：

（1）节流后泡沫直径会明显变大，节流前泡沫直径为 1~7mm（普遍为 3mm），节流后泡沫直径为 5~15mm（普遍为 8~10mm），节流后泡沫直径为节流前的 2~3 倍。分析认为，节流后压力减小，泡沫发生膨胀；另外，泡沫在通过节流器时，部分泡沫会破裂，有些泡沫会出现变形拉长，液膜变薄，也会造成节流后泡沫膨胀。

（2）相同直径节流嘴前后泡沫直径比较。当节流嘴直径越小时，节流后泡沫的直径增大倍数越多，因为节流嘴直径越小，经过节流嘴产生的压力降就越大，比起大节流嘴时的节流后压力就越低，因此泡沫直径增加的幅度就越大。

（3）由图 6-31 可以看出，节流嘴直径小，其泡沫含水率大，对于低压气井的泡沫排水工艺，泡沫含水率小，则泡沫更易被携带出井筒，对气井积液的排除更有利。

2. 节流对泡沫排水的影响

通过观察井下节流泡沫排水室内实验的全过程，分析节流前后泡沫的变化及流动状况，认为井下节流嘴对泡沫排水采气的影响有以下几点：

（1）泡沫在节流嘴前的堆积现象。

泡排剂在井底气流搅动下产生泡沫，泡沫在气体作用下运移至节流嘴上游附近，由于节流嘴直径变小，有节流作用，泡沫会在节流嘴上游堆积，从而使节流嘴上游附近压力升高，同样也会使井底流动压力升高。堆积的泡沫在压力作用下直径变小，从而使得节流嘴前端的泡沫会比较细密。

（2）观察发现，泡沫在通过井下节流嘴时出现泡沫破裂和泡沫在节流嘴前的堵塞两种现象（简称桥堵）。

破泡作用。泡沫在通过节流嘴时，由于节流嘴的孔径较小，泡沫必须产生变形并拉长变薄才能通过节流嘴，在拉长的过程中（液膜会变薄，当液膜厚度达到临界厚度时就会产生破裂，因此通过节流嘴时部分泡沫将破裂变成液体。

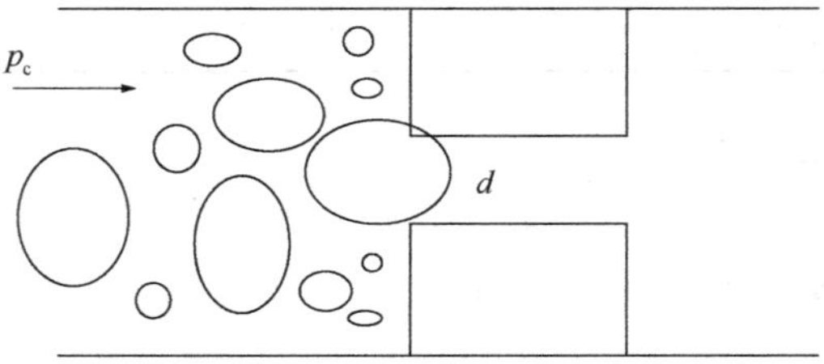

图 6-32 泡沫流入节流嘴时产生的堵塞压力

泡沫桥堵作用。由于泡排剂在气流作用下产生多级分散的稳定泡沫球体，当这些泡沫球体在压差作用下向节流嘴的狭窄孔道流动时，因其不与节流嘴发生润湿作用等原因，弯曲界面收缩产生堵塞压力，各个方向压力叠加形成桥堵，使井底流动压力升高，如图 6-32 所示。井下节流嘴对泡沫产生的这两个方面的作用，会使泡沫通过节流嘴的速度变缓，使泡沫数量减少，进而降低泡沫排水采气效果。

（3）节流后的二次起泡。

泡沫通过节流嘴时，节流嘴下游压力会降低，下游环境由高压区突然转变为低压区，泡沫中的气体会膨胀，直至泡沫破灭，形成雾状液滴，此后气体和液滴分离，液体将会沉积在节流嘴上方的井筒中，并在节流嘴上方积累。泡沫破灭后，随着通过的气泡数量增多，节流嘴上方积聚的液量会逐渐增加，另外由于节流嘴处仍有气体通过，且通过节流嘴的气体速度更快，气体搅动节流嘴上方的液体，使含有起泡剂的液体产生二次起泡，泡沫继续带动液体流到井外。

通过节流模拟实验过程和结果分析，得出两点认识：

(1) 井下节流气井采用泡沫排水采气工艺有一定的意义，但所进行实验的条件和实际气井的生产情况有一定的差别，如对气井井筒流量和井筒压力，在今后的研究中，应进一步完善实验条件，对井下节流气井的泡沫排水采气进行更真实的实验研究。

(2) 井下节流技术在苏东气田已经得到广泛应用，部分井已开展泡沫排水采气现场试验，建议结合现场试验数据和室内研究成果，进一步研究井下节流气井实施泡沫排水采气的条件，如节流嘴直径、生产压差、起泡剂类型等，使泡沫排水采气这种简单工艺在此类气井上能够得到广泛应用。

6.3.5 井下节流工艺建议

结合苏东气田气井生产实际，以及理论和实验研究成果，提出以下建议：

(1) 对于干气层气井，其积液主要原因是井筒气田状态变化导致的凝析液，井下节流，其下深按照防止井筒生成水合物的常规理论设计，无须加深。

(2) 对于干气层气井，因气井产能低，无法实现节流器以上凝析液的排出，可以通过油管内投固体化排棒辅助排水，或者通过环空注气辅助排水。

(3) 对于气水同层或存在边底水的气层，井底出现明显积液，为了提高排水采气效果或促进泡排等简易排水采气措施的实施，建议井下节流器下到气层中部，以利于用气井自身能量带液生产。

(4) 对于井底明显积液的气井，如果水合物预防不是主要矛盾，建议取出井下节流器，以便其他排水采气措施的实施。

(5) 在气井的不同生产阶段，利用压力和流量适应性分析结果，确定是否采用井下节流措施，或者调整节流器深度和直径等，实现产水气井的稳定生产。

6.4 低产低压气井排水采气技术对策

6.4.1 精细化管理措施

气井的精细化管理就是落实每一口气井的管理责任，将管理责任具体化、明确化，首先它要求每一个管理者都要到位、尽职。其次把工作做到位，工作要日清日结，每天都要对当天的情况进行检查，发现问题及时纠正、及时处理等。要求管理工作要实现制度化、格式化(模板化)、程式化，强调执行力。精细化是一种意识、一种观念、一种认真的态度、一种精益求精的文化。精细化管理是一种管理理念，一种管理文化，其以“精、准、细、严”为基本原则，通过提升改造员工素质，加强企业内部控制，强化链接协作管理，进而从整体上提升企业整体效益。精细化不能单从字面来理解，其特征体现在以下四个方面：

(1) “精”是做精、求精，追求最佳、最优。即根据气井的实际情况，用最佳的生产方式、生产制度和管理方式实现气井的高效生产。

(2)“准”是指气井的生产信息管理必须准确、及时。

(3)“细”是做细，具体是把气井的分析工作做细、管理做细、过程管细。

(4)“严”就是执行，主要体现对气井管理制度的执行与控制，严格按气井的生产规律进行管理。

苏东气田的开发建设按照长庆油田公司“效益优先、优中选优、滚动开发”和“先评价，后开发”的原则，坚决贯彻了“勘探开发一体化”“勘探向开发延伸，开发向勘探渗透”的基本思路，部分有利区块在勘探的同时便着手进行滚动开发，部分区块在开发评价井控制下展开了滚动开发。对于已经探明的区块，建产时以探井地质研究、地震评价及试井和试采分析等多学科相结合的研究成果为基础，首先优选“开发评价井”井位，并与探井一起作为“骨架井”，以“骨架井”为基点，进一步将多学科相结合，优选相对高渗、高产富集区，按照开发方案的部署和要求，逐步展开部署开发井，实现滚动开发；对于尚未探明的有利区块，利用仅有的周边探井资料、地震资料等开展气藏评价研究，优选“开发评价井”，充分应用开发评价井成果资料，结合原有地质、地震认识，进一步加深对气藏的评价研究，同时尽可能多地利用测试、试井、试采资料，按照上述做法，以多学科相结合，优选相对高渗、高产富集区，并且部署开发井位，如此不断滚动开发，逐步扩大开发规模、完善井网系统。

结合苏东气田气井生产后期低产、低压和低渗气藏的特点，提出如下精细化管理的初步建议。

1. 合理的布井方式及井网密度

布井方式及井网密度是气田开发的关键技术之一。如果布井方式不合理、井网密度过大(井距大)，势必不能充分动用地质储量，导致废弃地层压力高，采收率低，地下资源没有被充分采掘和利用，开发效果不好。如果井网密度过小，井距小，尽管地质储量得到充分动用，有利于降低废弃地层压力，获得较高的采收率，但这不仅由于钻井数增多而增加钻井、地面建设、开发等成本，同时会造成单井控制储量小、井间干扰严重、稳产期短、气井寿命也短，开发经济效益差，不符合当前市场经济条件下高效开发气田的思路。因此。深入研究气田合理的布井方式和井网密度，对高效开发气田至关重要。

在早期滚动开发过程中，开发评价井尽可能部署于构造高部位、砂体厚度大的位置，且沿构造轴部、砂体展布方向适当甩开，真正起到骨架作用，作为展开部署开发井、形成一定井网系统的起点和依据。随着开发的不断进行，不断加深对气藏静态、动态特征的认识，落实动态地质储量、可采储量、控制井距，评价储量动用程度。从目前研究成果来看，相对高渗、高产区储量动用程度较高，气井控制范围较大，开发效果较好，暂不考虑加密调整；而相对中、低渗低产区储量动用程度较低，气井控制范围较小，开发效果一般或较差，是加密调整的重点井区。显然，由于气藏非均质性的影响，通过滚动开发，将来必将形成不规则开发井网。

2. 开展产能试井，为气藏工程研究及加深地质认识奠定基础

对于新开发区块的开发初期，适当开展多点产能试井，得到稳定产能方程和无阻流量，从动态角度获得气藏参数(地层系数、渗透率、流度比、窜流系数、储能系数、控制范围、表皮系数等)，为气井配产、产能评价及建立本气田或区块的经验产能公式、相关气藏工程研究等提供依据，同时通过不稳定试井解释认识气藏孔隙类型、非均质性和边界特征等。苏东气田已开展了一些气井的系统试井、修正等时试井工作，需要进一步做细分析工作，为该区块产能评价、动态分析、方案编制等起到重要指导作用。此外，根据目前对不同类型气井的生产动态特征取得的认识和经验，对于新井可根据类比法初步配产，即将新井气层物性参数等与开发时间较长的同类型井比较，进行配产，直接纳入管线生产，在生产过程中，根据生产动态特征再进一步调整产量，确定合理产量或工作制度，使气井持续稳定生产，尽量延长无水采气期。

在开发不同阶段，特别是在生产初期高压集气流程下，适当开展系统试井、修正等时试井，落实气井当前产能、气层参数等，为确定气井合理工作制度、对比不同时期解释的气层参数(并分析其变化原因)提供依据，进而进行开发评价研究、开发调整部署等。

3. 加强动态分析，核实气井产能，制定合理开发技术界限

气井以合理工作制度持续稳定生产，可以充分利用气体弹性驱动能量维持高产、稳产，减少或避免非达西渗流能量损失、速敏效应、凝析油和凝析水在地层或井筒的析出、地层水的产出、井周气层被过早压实等不利因素，从而减小或避免对气层的伤害，推迟见水时间，延长无水稳产期，持续高产、稳产，提高采收率。

在开发初期，适当提高单井产量生产，无疑十分有利于减少初期投资和降低成本、增加销售净现值、加快资金周转和回收、提高利润，利于排出井筒污染物、疏通地层、改善渗流条件、阻止或减缓水化物的生成等，使气井持续正常生产。但不能盲目地提高产量，应有一定的限度。如果气井产量过高、生产压差过大，将带来诸多不利：①井底流动压力、地层压力下降快，产量递减快，稳产期短。②井周气层亏空严重。尤其非均质性强的低渗透气藏外围渗流供给缓慢，导致气井“供不应求”。在上覆地层高压的作用下，井周储层被过早被压实(包括压裂、酸化缝闭合)，使其渗透性过早变差，产能降低。③非达西渗流现象严重，弹性能量损失大。④速敏效应现象增强，且不可逆。⑤随着井底流动压力的快速下降，凝析液析出量增大，污染、堵塞气层。⑥易引起气藏可动水流动、推进，产水量增大，缩短无水稳产期，甚至被快速水淹等。所有这些现象均不利于提高采收率和开发经济效益。因此，加强动态分析和产能评价工作，适时调整气井工作制度。

根据苏东气田已投产气井的静态、动态资料。对气井进行分类，在加深各类井动态分析的基础上，以产能试井、压差曲线法、当前稳定单点法、有关理论计算、数学模型预测法等核实气井产能，确定合理配产(或工作制度)，在用气高峰期适当提高产量生产(放大压差)，以满足高峰用气的需要。对于个别的富水井区，针对气井距水线的距离，提出科学实用的开发技术措施；靠近水线附近的气井暂不射开含水的主力层位(避射措施)，而首先开采具有一定潜力的气层，距离水线较远的气井正常合理开发；处于以上两线之间的气井，采取控水采气。

4. 采取气藏工程手段简化动态监测工作量

动态监测是气田开发过程中的一项基础工作，通过动态监测，录取气田开发过程中的各项动态资料，为生产管理及各项科研工作奠定基础、提供依据。针对苏东气田低渗透气田的特点，结合当前苏东气田开发的新情况、新问题及未来发展趋势，每年都应提出适宜的动态监测方案，并严格实施，录取合格、准确的气田开发动态资料，其监测工作量大，而且在某些动态资料测试、录取过程中，往往由于各种因素或原因，导致无法测试或取得合格动态资料。因此在某些方面，可以适当通过理论计算弥补动态监测的不足，同时也适当简化动态监测工作量。

1）地层压力和井底流动压力的确定

低渗透气井关井压力恢复缓慢，一般需要关井恢复几个月甚至半年以上，才能得到较稳定的当前地层压力。这不仅影响气井的正常生产，而且不能及时获得稳定地层压力资料（矿场往往关井时间较短而导致测试的地层压力偏低），进而影响产量任务的完成及有关科研工作的进度。另外，测试井底流动压力时，往往由于井筒遇阻（水化物影响、下井下节流器等）致使压力计下不到气层中部，或者压力计计量失准，而得不到可靠井底流动压力。因此，在气井压力监测的基础上，适当利用气藏工程手段计算地层压力和井底流动压力，既弥补了压力测试的不足，又减少了测试工作量。

建议应用气井关井的稳定井口压力等资料来计算地层压力；根据稳定生产动态资料（稳定产量和稳定井口油压等）计算稳定井底流动压力，进而结合稳定产能方程得到地层压力。另外，基于气井系统试井原理，在气井正常生产过程中，至少改变三次工作制度（产量由小到大），要求每一工作制度生产至稳定状态。根据气井产能方程通式，利用至少三组对应稳定的产量、井底流动压力。联立产能方程组，求解该方程组，便得到当前可靠的地层压力，同时得到稳定产能方程和无阻流量。

2）理论计算气井当前无阻流量，避免重复产能试井工作

在气井开发过程中，随着地层压力的下降，无阻流量不断降低，因此在气井不同开发阶段，理应适时重复进行产能试井，得到当前新的无阻流量，为气井配产及相关科研工作提供依据，但这必然导致开发、测试成本过高，尤其对于苏东气田更不宜开展重复产能试井工作。

建议通过产能试井理论研究，建立计算气井当前无阻流量的方法。一般通过产能试井首先确定原始地层压力下的无阻流量，避免了重复产能试井及繁杂的数据处理、分析、研究工作，经过简单的计算便得到气井当前无阻流量，为确定气井当前合理工作制度提供了依据。

3）根据井口参数计算井筒液面位置高度

气井生产过程中有凝析水、地层水产出，携液能力差，井筒普遍存在积液，影响气井的正常生产。因此，在气井开采过程中，应适时探测液面，了解气井积液程度，以采取相应的排液措施。通过理论研究，建立应用井口油压、套压、产量计算井筒液面位置的方法，随时掌握油管内液面位置深度、套管环形空间内液面位置深度，弥补不成功的液面探测，或者简化液面探测工作量。

5. 采用经济、实用、有效的工艺技术措施，努力提高单井产量

苏东气田低产井携液能力差，井筒普遍存在积液，这不仅会引起井周气层水敏、水锁

及杂质污染和堵塞现象，而且降低产能、影响气井正常生产。因此，本书从工艺适应性方面开展了初步研究，建议进一步研究经济有效的排液技术措施，即进一步从经济适应性和新型排水采气工艺方面开展研究，优化排液采气工艺措施和参数。

6. 中低产井建议推广小油管生产方式

若气井产量低，且井筒存在积液，如果采用原来大管径油管生产，首先不利于携液，影响气井正常生产，其次连续生产时间短，间歇(开井、关井)频繁。若采用小油管生产，无疑利于携液。延长连续生产时间。另外，小油管节约了钢材，降低了成本。前已述及，苏东气田属于低渗低产区，建议“走低成本开发道路”，推广“小井距、小井眼”开发技术，若真正采取小井眼钻井技术，无疑应采用小管径油管生产。

7. 适时落实气藏(井)动态储量

1）定期落实气藏(井)动态地质储量

随着气田开发时间的延长，积累的动态资料越多，适合计算动态地质储量的方法也越多，计算结果也越准确。动态地质储量不仅排除了容积法计算储量的各项参数取值的不确定性，而且排除了不可渗流的无效油气储量，是可靠的地质储量，实用性强，可比性强。动态地质储量无疑是开发动态分析、稳产技术研究及方案调整、规划、部署等科研工作的可靠物质基础和依据，自然也是评价探明地质储量可靠程度、动用程度的重要标志之一。因此，在开发过程中应适时计算、落实动态地质储量。

苏东气田为低渗低产区，对于低渗透气藏，计算动态地质储量的压降法不同于常规气藏，应研究这类低渗气藏动态地质储量计算方法。低渗透气藏在开发初期，首先是利于渗流的裂缝和相对高渗透带的天然气流动，而相对低渗透带的气体渗流缓慢或在开发初期基本不流动；随着开发进程的不断推进，地层压力不断下降，井周围的天然气不断被采出，井外围启动压差增大，为低渗透带或更低渗透带中的天然气渗流创造了有利条件，其中的天然气渗流能力逐渐增强，不断被采出。鉴于低渗透气藏的这种特殊渗流规律，低渗透气井关井压力恢复特点是：关井初期压力恢复较快，随着关井时间的延长，压力恢复越来越缓慢，要恢复至稳定需要相当长的时间。一般需要关井几个月甚至更长的时间，这无疑大大影响了气井的正常生产。事实上，在气田正常开发过程中，矿场测试当前地层压力时，为了不过多影响气井正常生产，通常关井恢复仅1~2个月。因此，开发初期的产量和地层压力主要反映了裂缝和相对高渗透带的气流特征，随着开发时间的延长，动态资料逐渐反映出低渗透带甚至更低渗透带中天然气的渗流特征，所以低渗透气藏的压降储量曲线为多条，开发临近枯竭时的最后一条曲线才确定了气藏所控制的总动态储量。

2）定期落实气藏可采储量

可采储量是指在目前技术经济条件下，能够从油气藏中采出的那部分地质储量。可采储量的计算方法通常有物质平衡法、产量递减法、模型预测法、水驱曲线法、弹性二相法等，这些方法实质上是首先计算动态储量，再结合废弃条件或动态储量采收率计算可采储量。油气田开发历史越长，井网完善程度越高，积累的动态资料越多，计算可采储量的方法也越多，计算结果越精确。但是，在油气田开发前期或初期，由于井网不完善及缺乏动态资料，为计算可采储量带来困难，几乎没有可行的计算方法。通常主要采用类比法、经验法大致估算，为方案设计及长远规划提供初步依据，有待开发过程中不断复算、落实。可采储量既考虑了油气藏地质条件和动态特征，又涉及经济因素，因此可采储量是科学的、实实在在的、符合油气藏实际特征的，更突出了经济价值，当然排除了容积法计算探明地质储量的不确定、不可靠因素。可采储量不仅实用性强，而且具有广泛的可比性，是油气田方案设计和调整、规划、部署及测算动态指标的可靠物质基础，以可采储量为依据计算或预测的动态指标当然也具有可比性。因此，以可采储量特别以经济可采储量作为储量管理、运行方式，不仅适用于当前苏东气田开发的现状，而且符合当前的市场经济环境，全面增强低渗气田开发的市场竞争能力。

8. 搞好经济评价及管理工作

纵观国内外气田的开发，都十分重视经济评价工作。通过气田经济评价，可以做到胸有成竹、有的放矢，合理利用投资，舍弃投资过大、效益差的项目或工程，重视成本低、效益好的作业或工程。影响开发经济效益和采收率的主要经济因素有投资、成本、气价、经济极限产量等。其中，气价、经济极限产量不仅受价值规律和整个社会市场经济环境的影响，而且受工程技术人员经济评价水平的影响。因此，在苏东气田开发过程中，应充分做好经济评价工作，以“提高经济效益”为中心，合理进行投资，降低成本。具体的做法：①实施科学的项目决策与可行性研究，适当考虑低渗透气藏探明地质储量的风险程度，做到有的放矢、胸有成竹，避免失误和浪费；②以“静态控制、动态管理”模式进行投资预算，按照“效益优先、优中选优、滚动开发、逐步完善”原则，随着天然气销售量的增加与开发规模的扩大，而逐步加大投资；③加强工程建设监理，根据实际情况控制投资力度和步骤；④及时开展投资项目的后评估工作，总结经验，吸取教训，提高投资项目的决策、管理水平；⑤借鉴国外成功经验，结合本气田特点，在经济评价及投资管理方面获得创新。

9. 开展气藏(井)产量递减规律和数值模拟研究，预测开发技术指标

1）气藏(井)产量递减规律研究

苏东气田的低渗、低产气井稳产期短，经过一定时间生产，就表现出了产量、压力递减趋势。若气藏(井)进入递减阶段，就可以开展产量递减规律研究，由此落实、确定气藏(井)动态地质储量、可采储量、稳产期、递减期、递减率、合理配产等开发技术指标，为开发调整和决策及相关科研工作提供可靠依据。

通过应用生产动态资料，如产量随时间的变化数据，建立数学模型，预测开发指标，因为生产动态资料真实地反映了气藏的综合特征，由此得到的结果符合气藏实际；涉及的动态资料少，主要利用气藏产量随时间的变化资料，简便、实用，结果可靠。

气藏(井)在整个递减开发过程中，递减类型是多变的，一般初期多为指数递减，中期多为双曲线递减，后期多为调和递减。因此，在气藏(井)递减开发过程中，应不断研究、落实产量递减规律、类型。

2）气藏(井)数值模拟研究

气藏数值模拟技术是气藏地质、渗流理论、气藏工程、现代数学与计算机等多学科的有机结合，以比较客观、系统、全面地描述气体在地层中渗流过程的数学模型来代替实际气藏，应用数学方法和先进的计算机手段求解数值模型，得到能够表达气藏中若干点的各种定量结果，展现气藏的开发过程，即得到气藏开发技术指标，从而指导气田的开发管理。

首先，充分应用测井、地震数据结合地质研究成果建立尽可能切合实际的气藏三维地质模型，尤为重要的是模型储量的计算和利用，以地质模型计算的地质储量是静态储量，由于低渗透气田非均质性、井网控制程度、渗流波及程度等的影响，静态地质储量难免存在一定误差，而且该储量在开发过程中并不完全具有可渗流或流动性，因此，模型地质储量应以"储量动静比"进行合理的校正，才能应用于数值模拟研究，否则数值模拟预测结果远远偏好，与气藏实际偏差大。其次，做好模拟及地质模型修正。网格系统建立、模型初始化等，并通过历史拟合调整、修改、完善地质模型，可参考试井解释、压力系统研究成果、生产动态反映等尽可能多的动态依据。最后，开发方案设计及动态指标预测。依据修正、完善的地质模型，设计多套方案，并预测各方案的开发技术指标，同时进行经济评价、分析，优选最佳方案，以指导气田的开发管理。

当然，气田开发时间越长，积累的各种静态、动态资料越多，所建立的气藏地质模型越切合实际，数值模拟结果也越准确、可靠。

10. 开发过程中加深气藏评价研究，适时进行开发调整

在开发过程中，准确录取各种动态监测资料，结合有关计算，跟踪开展多项研究、分析、评价工作。深入进行生产动态分析，落实气井产能，评价稳产水平和能力，分析影响气井生产的因素；根据不稳定试井落实储层物性参数；研究气藏连通性和非均质性，进一步研究气藏压力系统；分析不同类型井所控制气藏的范围。根据动态法落实单井控制储量、可采储量，评价储量动用程度；探索、研究低渗透气藏(井)渗流规律、产量递减规律；采气工艺技术试验；适时开展经济评价工作等。对气藏进行综合研究、评价，进行开发井网、井距及开发模式、建产规模、经济效益论证，为编制气田开发调整方案、长远规划，及其他决策等提供依据、积累经验，避免盲目性，减少损失和浪费。

通过对苏东气田进行上述诸多方面的研究、分析、论证，通过气田开发调整，一方面，弥补产量递减，延长稳产期；另一方面，利于提高储量动用程度，降低废弃地层压力，提高采收率。改善气田开发效果。通过以上多方面的开发实践及科研工作，逐步形成适合苏东气田开发的特色配套技术。

对于苏东气田气井的精细化管理，涉及地质、油藏、工艺及经济评价等各个方面，是一个复杂的系统工程，在气田的开发实践中，应不断探索、研究、总结其特色开发技术，形成一套适合该气田高效开发的配套技术，实现气田的高效开发，以"少投入、低成本"而达到"多产出、高利润"的目的，与此同时，应努力提高采收率，最大限度地采掘、利用地下自然资源。结合本研究的优化结果，应开展与工艺相关的配套研究技术路线如图6-33所示，形成产水气井、积液井和水淹井的生产方式的优化和综合治理，为苏东气田的挖潜奠定基础。

下面重点提出注气辅助化排对于排液不畅井和水淹井进行治理，以及对后期移动增压技术进行初步分析，为气井后期生产提供参考。

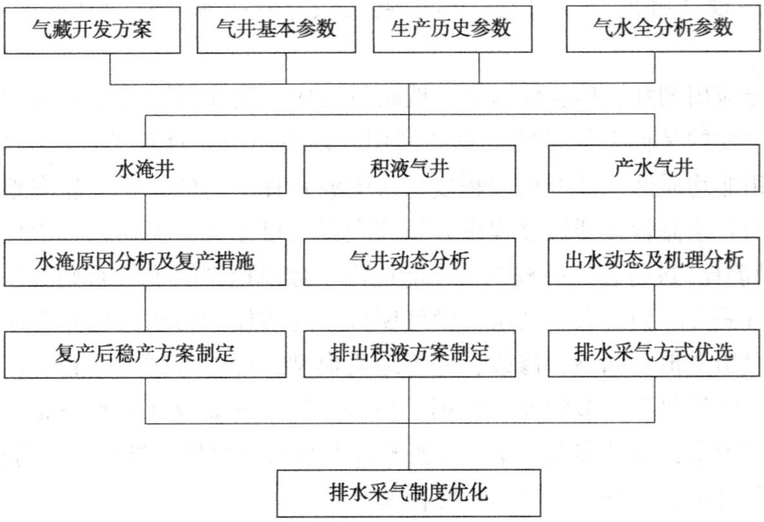

图 6-33　产水气井管理技术路线

6.4.2　注气辅助化排工艺

注气辅助化排相当于泡沫与小型气举工艺的复合。一方面，利用环空注气，补充举升井筒流体的能量；另一方面，利用化排剂降低井筒液体的密度，使之溶液被气流携带到地面。图 6-34 为注气辅助泡排工艺原理示意图。具体实施过程如下：

（1）复产初期，根据水淹井井筒积液情况确定注入发泡剂量，利用柱塞计量泵 A 和柱塞计量泵 B 将发泡剂注入油管和油套环空。

（2）发泡剂按照积液量注入井筒以及油套环空后，开启天然气压缩机，通过油套环空注入压缩天然气。

（3）待油套压差达到一定值后，天然气压缩机和柱塞计量泵 B 继续工作，关闭两台柱塞计量泵之间的阀门，柱塞泵 A 改注消泡剂，同时开井排液。

（4）待油套压稳定后，分析确定井底及近井地带积液基本被带出，气井恢复产能后，停止向油套环空注入压缩天然气。

（5）根据气井的产液量优化注入的发泡剂和消泡剂量，气井进入正常的化学排水采气阶段。

结合苏东气田水淹气井的实际情况和国内外研究现状，通过对气井水淹前的生产动态、井下工具、产层地质情况、地面流程、气质和水质、各种工艺措施可行性等方面的系统分析，提出综合治理方案，实现水淹井的复活和连续稳定生产，应开展的主要研究内容如下：

（1）资料收集和国内外文献调研。在国内外水淹井资料调研的基础上，系统收集水淹井的钻完井资料、测井资料、生产历史数据、气质和水质资料。

（2）水淹气井水淹原因分析。通过收集资料的分析总结，结合水淹井的水淹历史，找

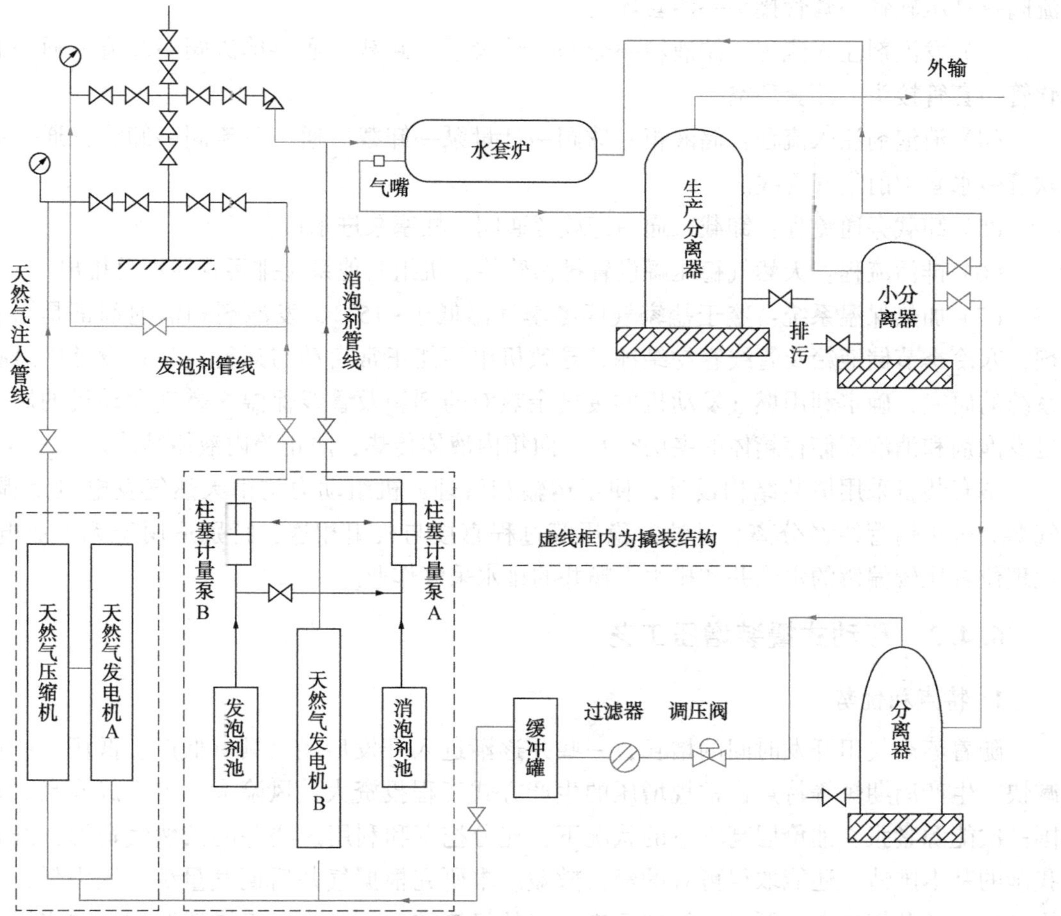

图6-34 注气辅助泡排工艺原理示意图

出水淹的主要原因，提出水淹治理的初步方案。

(3) 水淹治理措施的对比分析。根据水淹井的初步方案，进行方案实施的可行性分析，对每口井提出切实可行的技术措施。

(4) 治理方案优化设计。结合气井的目前的地面工艺、气井的实际情况，优化气井复活工艺及配套的治理方案，确保方案实施的成功率。

(5) 复活后生产措施确定及参数优化设计。气井复活成功后，根据气井的产能、井身结构，优化工作制度和化排制度，确保治理后的气井连续稳定生产。

为了设备在苏东气田乃至其他类似气田得到推广应用，化排机组和增压机组独立成撬，化排机组撬包括发泡剂和消泡剂注入流程、药剂池、小型燃气发电机、加热保温、控制系统等，增压撬包括天然气预处理系统、天然气发电机、增压设备、控制系统等。

注气辅助化排装置的组成及工艺流程如下。

(1) 天然气发电：原料天然气→高效分离器→过滤器→调压阀→稳压罐→二级调压阀→电磁阀→球阀→天然气发电机组A/B。

(2) 天然气增压：原料天然气→高效分离器→过滤器→调压阀→稳压罐→压缩机→单

流阀→高压软管→套管接头→油套环空。

(3) 发泡剂注入流程：储液箱→球阀→计量泵→卸载三通→单流阀→卸流三通→高压软管→套管接头→油套环空。

(4) 消泡剂注入流程：储液箱→球阀→计量泵→卸载三通→单流阀→卸流三通→高压软管→水套炉前集气管线。

(5) 卸载旁通流程：卸载三通→卸载旁通阀→柱塞泵进水口。

(6) 排污流程：天然气稳压罐设置排污管线，机组其他系统排污管线汇总排出。

(7) 加热保温系统：鉴于盐家气区冬季气温低于-15℃，发泡剂和消泡剂都是水制药剂，寒冷季节储液箱及管线容易结冰，导致机组不能正常启动与运行，装置设计中进行了系统的研究，确定利用燃气发动机的废气余热对药剂箱及管线保温。燃气发动机的尾气通过发泡剂和消泡剂储存箱体的夹层空间，向箱内液体传热，防止箱内液体结冰。

整套装备采用撬装结构设计，便于运输和管理，机组动力均由天然气发电机组提供，气源通过集输管线经分离、过滤、稳压等过程直接与机组相连，特别适用于无工业电源、地理位置比较偏僻的水淹井和排水不畅井的排水采气作业。

6.4.3 移动式撬装增压工艺

1. 特点和优势

随着苏东气田开发时间的增长，一些井逐渐进入开发后期，具有低产、低压、产量递减快、生产周期短等特点，常规增压的生产方式工程投资大、风险大、生产成本高。在我国一次能源紧张、油价居高不下的状况下，充分挖掘和利用这些井的天然气资源，既符合我国的基本国情，还能取得可观的经济效益。本研究根据气井后期气量少、压力低、递减快、气源分散等特点，既考虑处理后产品气的经济效益，又要便于灵活调配，初步提出采用单井移动撬装增压技术或 CNG 回收技术，其核心就是设计与苏东气田气井产量和压力相适应的移动式撬装天然气处理、增压、存储或外输的一体化装置。采用移动式撬装方案具有以下优点：

(1) 有利于装置搬迁。由于单井后期剩余储量小、产量低，以及低渗透的特点，因此一口井完成开采后就需要将迁往另一口井。设计中采取将各设备按需要分别安装在一个或多个撬板上，很适合快速拆除和再安装，撬板外形尺寸也适合车辆运输。因此，装置搬迁很方便、快捷。

(2) 可大大减少现场施工工作量，加快施工进度。许多单井地理位置边远，工作、生活条件差，物资供应战线拉得很长，因此要求尽可能减少进入现场施工作业人员。为了减少现场施工作业人员同时又不影响施工进度，只能尽可能地减少现场施工工作量。采用移动撬装设计理念，大大减少了投入现场的各工种的施工作业人员数量和现场工作量。

(3) 有利于保证施工质量。由于撬块制作是在设备制作厂里进行，制作厂的作业条件和检测手段远远优于现场，因此在制作厂内完成的安装作业更能保证施工质量。

(4) 有利于降低施工成本。在低产、低压气井工作的施工作业人员的低工作效率、高工资和高补贴、施工机具和安装物资、器材的运输，以及生活配套设施等都直接影响到施工成本。通过采用移动撬装设计，大大减少了现场施工作业人员的数量，从而大大减少了劳务费和生活配套设施建设费以及安装物资、器材的运输费支出，有效地降低了工程的施工成本。

2. 单井增压装置主要技术方案

1）发动机系统

单井增压装置动力系统有以下三种可选方案：

（1）以天然气发动机作原动力，其燃料采用预处理的井口气或集气管线反输气，启动燃料采用分离器内预存的天然气。其动力传递方式如图6-35所示。

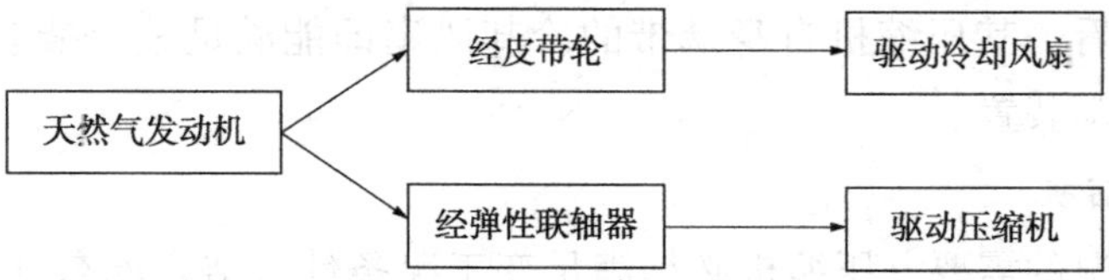

图6-35 天然气发动机动力传递方式

（2）以汽车发动机作原动力，如图6-36所示。该方案仅适用于车载式增压。

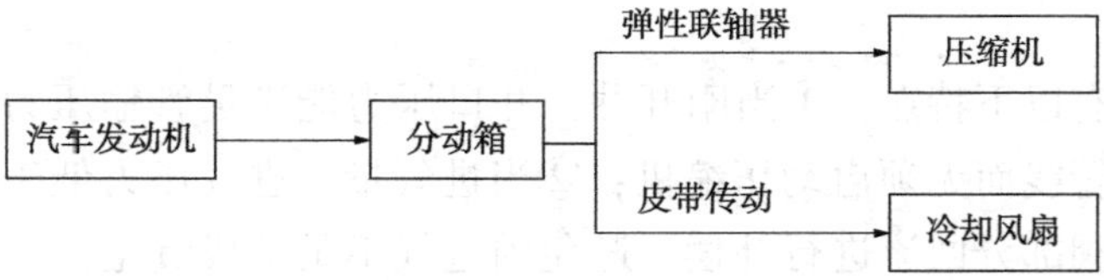

图6-36 汽车发动机动力传递方式

（3）电驱动方式，如图6-37所示。

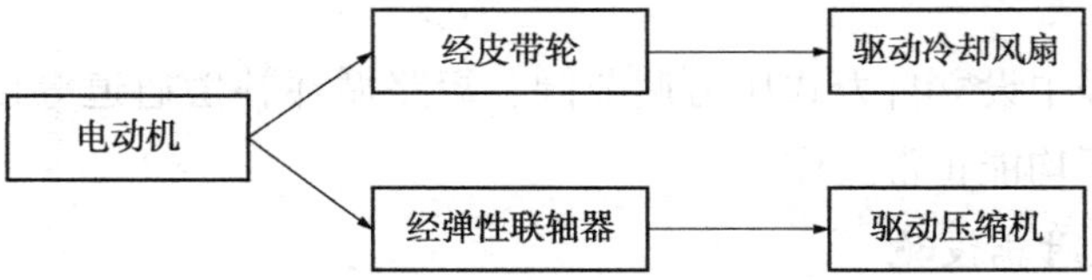

图6-37 电驱动方式动力传递方式

以上三种动力传递分配方案各有优缺点。根据苏东气田单井产气量较小，增压装置宜小型化的基本要求，如果井场有电力，则选用第3种方案。由于压缩机处理量较小，其体积较小，其自身携带的冷却风扇即能满足整个撬装机组的冷却要求，因此，其驱动方案可简化如图6-38所示。

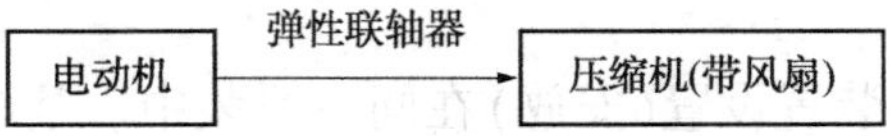

图6-38 电驱动方式简化

2）天然气预处理系统

由于单井天然气含有水或凝析油、机械杂质等，为了确保压缩机组的正常工作，增压前必须进行预处理，其处理流程如图6-39所示。

图 6-39　天然气预处理系统处理流程

3）冷却系统

压缩机在压缩过程中，必然会造成温度的升高。为保障设备的长期安全运转，压缩机级间温度必须<150℃，压缩后的外输气温度<50℃。为节省空间，拟将天然气发动机冷却与压缩机冷却系统合并为一体化冷却装置，其冷却方式建议采用风冷。根据现有国内移动增压装置的运行情况看，其压缩机自身携带的冷却风扇即能满足整个撬装机组的冷却要求，不需再单独设置冷却装置。

4）变工况压缩机

为满足不同井况的需要，压缩机必须满足变工况条件。结合苏东气田的实际，建议选用适应能力强的变工况压缩机，并辅以先进的控制系统，以满足瞬时压力和排量的巨大变化。

5）增压流程

该增压流程具有以下特点：①当刚开井，井口压力能满足管输压力要求时，能通过该流程直接进入集气管线而无须启动压缩机；②当进气量、进气压力低于设定工况时，压缩后的天然气经调压阀部分回流进行补偿，避免因进气不足造成真空；③可通过内部短路循环实现空车启动；④可通过快速接头快捷地与进气、出气、排污管线相连，以满足放空、卸载等要求。

6）安全保护系统

通过在增压流程中设立自力式压力调节阀、短路循环补偿通道等设施，保障增压系统在不同的单井工况下均能正常工作。

7）操作系统及附属设施

针对各单井气产量、压力差异大的特点，移动增压装置必须具有较宽的适用范围，且装置本身必须具备较强的自我保护与自动调节能力，因此，在移动增压装置上建立集中控制系统，便于增压机组的集中控制与调节。

除此之外，移动增压装置还应配备配套管线与阀门、消声器、顶棚等相关设施，以保证增压装置的安全运转，同时使其运转时的噪声等满足环保及行业的相关要求。

8）底盘

将以上增压方案及增压装置设置（安放）在同一撬装中。整个撬装机组可方便地通过汽车运输，或使撬装机组长期安装在汽车上，以实现多井的巡回移动增压，也可在需要增压的单井井场设置混凝土基础，将撬装式增压装置固定工作。

3. 应开展的主要研究

结合苏东气田的低渗、低产、低压、产量递减快、生产周期短等实际，提出采用单井移动撬装增压技术或 CNG 回收技术，其核心就是设计与苏东气田气井产量和压力相适应的移动式撬装天然气处理、增压、存储或外输的一体化装置，充分挖掘这些井的油气资源潜力，应开展以下主要研究：

(1) 低渗低产低压气井的剩余可采储量的评价。利用气井的生产动态数据，建立剩余可采储量分析模型，对整个区块的剩余储量进行系统评价，为采取相应措施奠定基础。

(2) 撬装增压工艺的适应性分析评价。根据剩余可采储量，系统调查现有集输工艺管网、地理条件，从技术适应性和经济适用性分析评价撬装增压工艺的适应性。

(3) 撬装增压设备的选型计算与成撬方案设计。根据撬装装置的特点、气井的生产参数、气质条件及单井所处的气候、交通等环境条件，结合车载底盘尺寸，进行撬装增压设备的关键设备选型计算与成撬方案设计。

(4) 撬装增压工艺及控制系统设计。根据油田的管理模式及集输工艺管网情况，制定配套的增压工艺措施和控制系统，确保增压工艺的安全运行。

(5) 撬装增压装置的试制与试运行试验。

6.5 柱塞气举工艺优化及运行智能化

6.5.1 柱塞气举工作原理

1. 柱塞气举工作原理

柱塞气举排水采气工艺是间歇气举的一种特殊形式，是将柱塞作为气液之间的机械界面，依靠气井自身能量，以一种循环的方式推动柱塞在油管内上下移动，从而减少了液体的回落，消除了气体穿透液体段塞的可能，达到了减少滑脱损失的目的。同一般的间歇气举相比，它能更有效地利用气体的膨胀能量，提高举升效率。在井底流动压力低于地层饱和压力后，地层产出液中的气相分离出来，形成游离气聚集在油套环空中，液体进入油管里。随着产出液的聚集，环空中的天然气越来越多，导致环空压力上升。当环空压力即套压升高到一定值时，压力信号传递给地面的时间控制器，薄膜阀打开。由于井口油压低于套压，在压差作用下，环空内的气体进入油管并迅速膨胀，推动柱塞迅速向上运动，柱塞推动液柱到达井口时，液体全部产出。同时，柱塞到达传感器将柱塞到达地面的信号传递给地面的柱塞控制器，完成续流后关井柱塞开始下落，柱塞下落到井下柱塞坐落器上，重新聚集液体，套压达到一定值时，又开始下一个循环过程。

柱塞气举排水采气装置示意图如图 6-40 所示。

图 6-40　柱塞气举排水采气装置示意图

2. 柱塞气举工作方式

柱塞气举装置工作由柱塞控制器按照井况条件编制好的方案程序设定，通过控制气动薄膜阀的开启和关闭控制气井生产开关。控制柱塞周期性上行举升、下落恢复能量的循环往复运动，将井内液体举升出井口。一个循环周期分关井恢复压力和开井生产两个阶段。

关井恢复压力阶段：气动薄膜阀关闭，柱塞靠自身重力作用在油管气液柱中下沉，撞击管柱底部柱塞坐落器，关井期间，井底能量恢复，油套环空液气聚集，油管内液面上升，套压回升。若地层能量较低，柱塞应在坐落器上停留一段时间，直至压力恢复到足以把柱塞及上面的液体从井底举升到井口。

开井生产阶段：当油套环空压力恢复到足以突破油管鞋举升柱塞及以上液体时，气动阀打开，开井生产，聚集的套管气迅速从油管鞋进入油管，和地层流入井底的天然气一起，推动柱塞及上部液体向上举升，液体被举出井口后，若地层能量充足，柱塞下部天然气要放喷一段时间，完成一个举升过程。柱塞到达防喷管并完成续流后，气动薄膜阀关闭，柱塞在自身重力作用下下落，开始下一循环。

柱塞举升运行原理如图 6-41 所示。

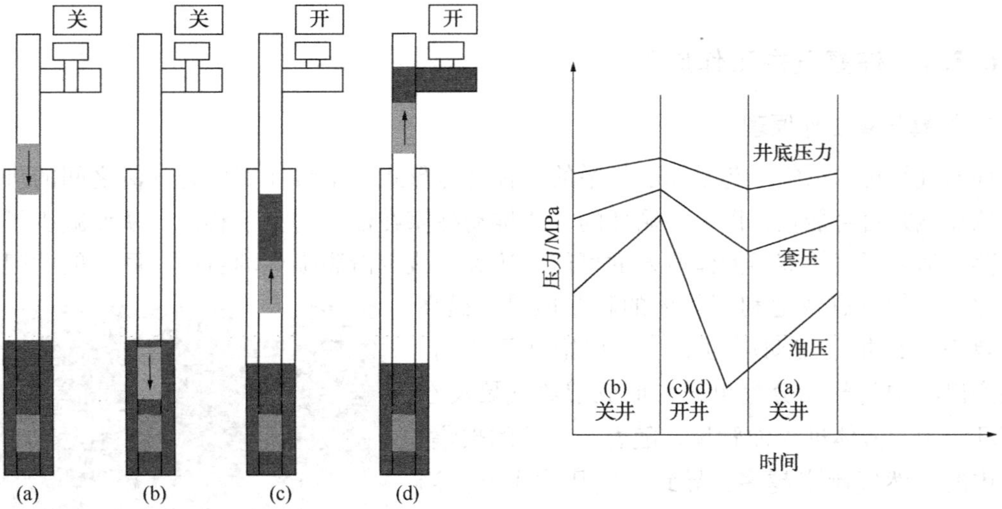

图 6-41　柱塞举升过程中油套压示意图

图 6-41(a)表示在关井阶段，井口气动薄膜阀关闭，柱塞在自身重力作用下下落。

图 6-41(b)表示在关井阶段，柱塞到达井底，并与缓冲弹簧碰撞，由于此时地层产生的能量不足以将柱塞上部的液体举升到地面，因此，柱塞会在井底停留一定的时间。此图也表示柱塞在复压阶段的状态。

图 6-41(c)表示在排液阶段，井口气动薄膜阀打开，柱塞底部的压力大于地面外输干线回压、柱塞上部液柱压力、柱塞质量和柱塞摩擦力的总和，柱塞及其上方的液体被举升向地面的运动。

图 6-41(d)表示在排液阶段，柱塞被举升到地面，柱塞在地面防喷管停留一段时间，柱塞上部的液体和柱塞下部的气体通过气动薄膜阀进入外输管线内。

6.5.2 柱塞气举运行管理

1. 柱塞气举适用条件

1）产能要求

通过柱塞气举制度优化模拟苏东气田气液比区间要求，模拟条件柱塞井尺寸，套管尺寸 $5\frac{1}{2}$in，油管尺寸 $2\frac{7}{8}$in，气井井深 3100m，柱塞井下坐落深度 3000m，上古井外输压力 2.50MPa，下古井外输压力 5.00MPa。

上古井气液比区间：$8700m^3/m^3 \geqslant$ 气液比 $\geqslant 503m^3/m^3$，坐落深度 3000m，气液比 $< 503m^3/m^3$ 时，柱塞失效，柱塞流程选择常关流程；气液比 $> 8700m^3/m^3$ 时，气井可自主携液生产，柱塞流程选择常开流程（图 6-42）。

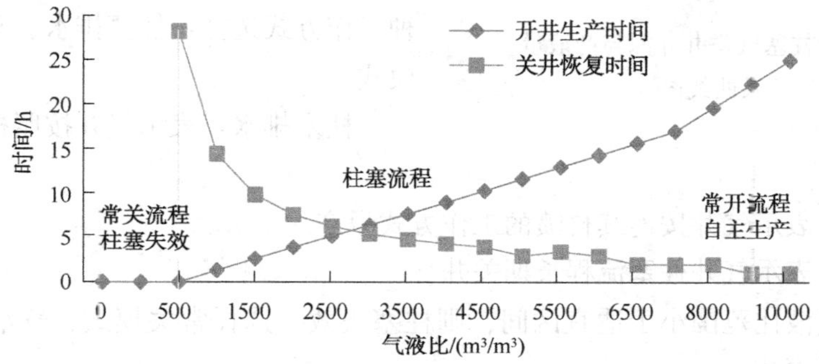

图 6-42 上古井柱塞气液比适宜区间

下古井气液比区间：$9000m^3/m^3 \geqslant$ 气液比 $\geqslant 751m^3/m^3$，坐落深度 3000m，气液比 $< 751m^3/m^3$ 时，柱塞失效，柱塞流程选择常关流程；气液比 $> 9000m^3/m^3$ 时，气井可自主携液生产，柱塞流程选择常开流程（图 6-43）。

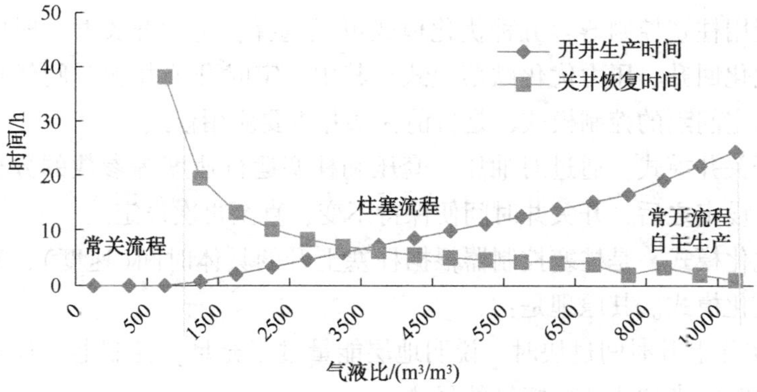

图 6-43 下古井柱塞气液比适宜区间

2）压力要求

原则上要求关井套压不小于 1.5 倍针阀后管线压力，管线压力越低越有利于柱塞运行。

3）产液情况

每天产液量不能超过 $25m^3$（图 6-44）。

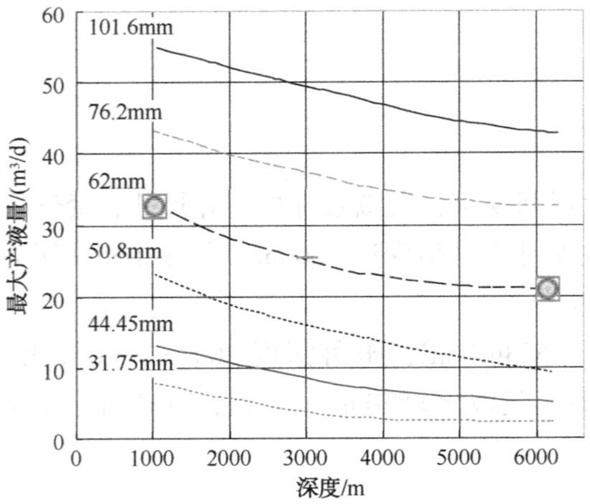

图 6-44　柱塞气举井井深与产液量关系曲线图

4）井筒要求

井斜要求（井斜≤60°），井斜过大柱塞井下坐落器投放不能坐落。

油管出砂被砂埋，导致柱塞不能运行油管内径一致且光滑畅通，柱塞正常上下运行。

5）地面要求

地面采气树各阀门开关状态正常，可实施柱塞流程改造。

2. 柱塞气举适用工作方式

苏东气田现用柱塞控制器分析柱塞井的三种工作方式选择：柱塞排水、常开模式和常关模式。

柱塞排水：表示气井按照柱塞气举的工作方式进行生产。

常开模式：表示气井按连续自喷的工作方式生产。

常关模式：表示气井柱塞流程长期关井。

当柱塞井气液比范围小于适宜区间，则柱塞失效，选择常关模式，气液比范围大于适宜区间选择常开模式。

上古井：气液比≤503m^3/m^3 时为常关模式，气液比≥8700m^3/m^3 时为常开模式。

下古井：气液比≤751m^3/m^3 时为常关模式，气液比≥9000m^3/m^3 时为常开模式。

3. 柱塞气举优化模式选择

1）柱塞气举优化模式介绍

苏东气田现用柱塞控制器含五种优化模式可供选择：定时开关井、时间优化、压力优化微升、压力优化回升、压力优化跌落模式。其中，定时开关井和时间优化模式基于时钟控制实现定时和定间隔的控制模式，是目前柱塞井主要应用模式。

（1）定时开关井模式：通过对油压、套压和柱塞运行速度等参数的分析，对开关井的时间进行设置。设定之后，开关井时间便保持不变，直至再次设定。

（2）时间优化模式：是柱塞控制器根据柱塞上升的具体时间（速度），对开关井时长进行智能调节的优化模式。其原理是：

① 当柱塞实际上升时间过快时，说明地层能量过于充足，控制器将通过自动延长续流时间和缩短关井时间来加快地层能量的释放。

② 当柱塞实际上升时间过缓时，说明地层能量不足，控制器将通过自动减少续流时间和延长关井时间来增加地层能量的积蓄。

③ 正常情况下，当柱塞未能到达时，说明地层能量严重不足，控制器将自动进一步减少续流时间和延长关井时间，直至柱塞能够到达为止。否则需到现场确认并排除柱塞不能到达的具体原因。

(3) 压力微升模式。

① 执行逻辑。随着气井开井过程的持续，气井井筒内可能开始新的一轮积液。该过程的套压，也将由下降转为回升。在此模式下，控制器将从套压停止下降的这个拐点开始，实时计算套压的回升幅度。当其超过控制器内置的某一临界值时(从气井开井至套压达到此临界值之间的时间，必须大于最小开井时间且小于最大开井时间)，气井关井，直至下一个生产周期再次开井(图 6-45)。

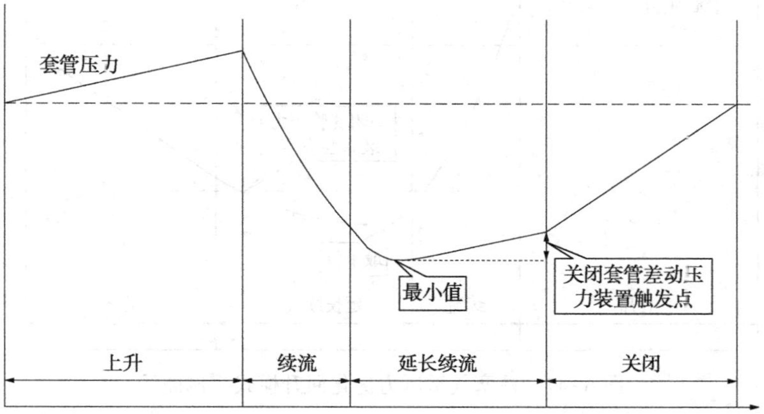

图 6-45　柱塞气举压力微升模式逻辑图

② 适用类型。对于柱塞井，随着不断开采，井底流动压力会逐渐下降，如果井底流动压力降到低于凝析压力时，地层的边缘液体开始进入井筒，但液体进入井筒速率较慢，伴随套压开始回升。为保证下周期能够将井筒积液排出，一旦套压回升的值超过一定幅度时，柱塞控制器执行关井操作。

③ 应用实例。图 6-46 为柱塞气举压力微升模式实例曲线。

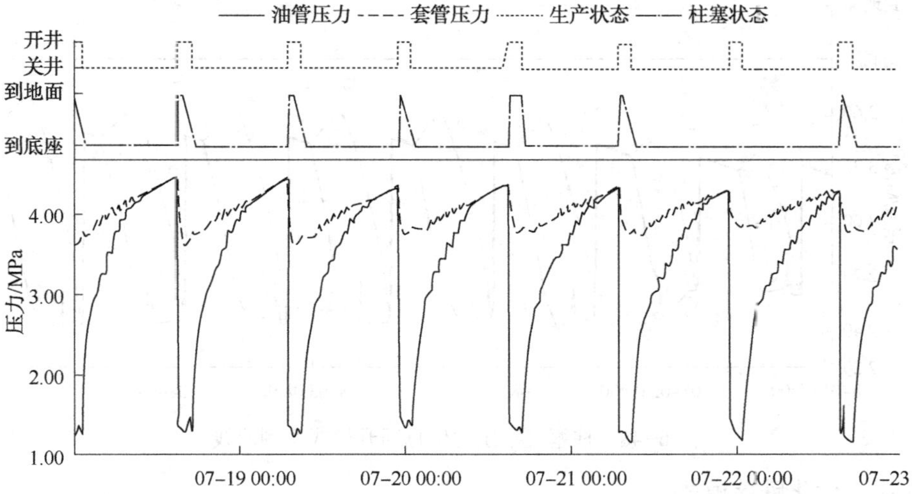

图 6-46　柱塞气举压力微升模式实例曲线

(4) 压力优化回升模式。

① 执行逻辑。

气井开井后，套压有可能从下降转为回升。当套压的回升超过控制器内置的某一临界值时(从气井开井至套压达到此临界值之间的时间，必须大于最小开井时间且小于最大开井时间)，气井关井，直至下一个生产周期再次开井(图 6-47)。

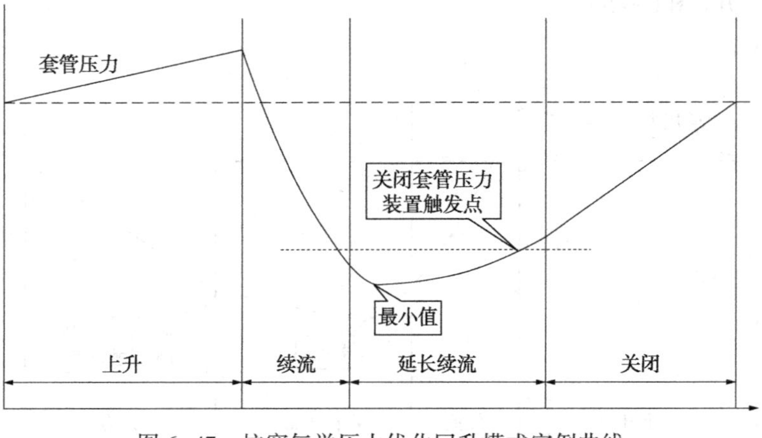

图 6-47　柱塞气举压力优化回升模式实例曲线

② 适用类型。

该类型柱塞井开井后油压、套压下降均很快，且套压到达最低点后开始回升的速率较大，但当套压回升至一定值时液柱排出。为求最大采收率，待开井一定周期后再执行关井操作。

③ 应用实例。图 6-48 柱塞气举压力优化回升模式实例曲线。

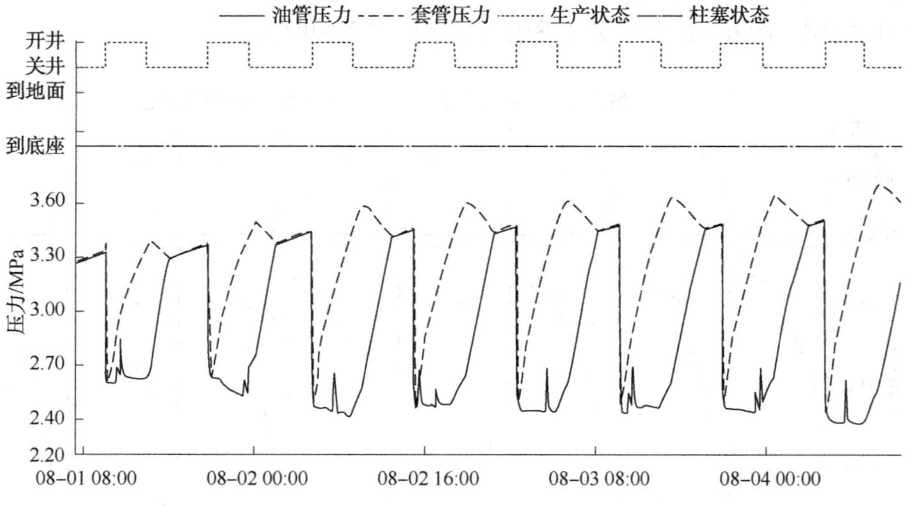

图 6-48　柱塞气举压力优化回升模式实例曲线

(5) 压力优化跌落模式。

① 执行逻辑。在此模式下，控制器将根据气井开井后的套压下降值来决定关井时间。

如图 6-49 所示，当开井后的套压低于控制器内置的某一临界值时，从气井开井至套压达到此临界值之间，但该井出液速率较快，产气量较大，近地层能量补充交及时，可实现间断性排液的时间，必须大于最小开井时间。

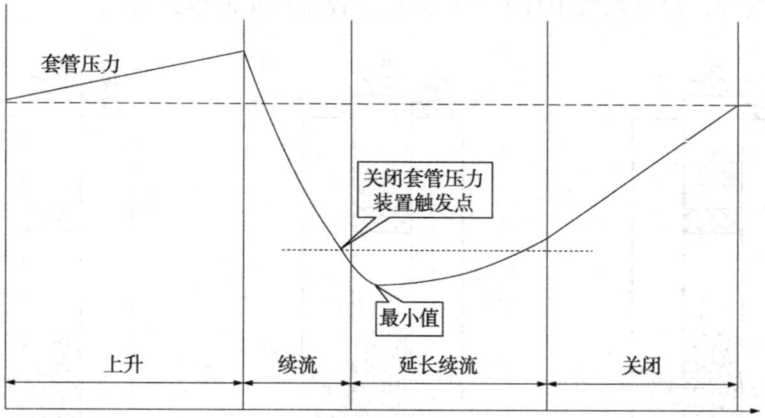

图 6-49　柱塞气举压力优化跌落模式实例曲线

② 适用类型。该类型柱塞井因地层物透性较差或油、套环空封隔器未完全解封导致存储气体体积有限，开井能量释放较快，待套压降低一定值后，立即执行开井操作。

4. 苏东气田适宜柱塞优化模式

1）工作方式

苏东气田现用柱塞控制器三种工作方式：柱塞排水、常开模式、常关模式，根据柱塞气液比范围，当柱塞井气液比范围小于适宜区间，则柱塞失效，选择常关模式，气液比范围大于适宜区间选择常开模式，统计苏东气田 207 口柱塞井工作方式，其中柱塞排水模式气井 193 口，占比 93%，常开模式气井 2 口井，占比 1%，常关模式气井 12 口井，占比 6%（图 6-50）。

2）优化模式

五种优化模式：定时开关井、时间优化、压力优化微升、压力优化回升、压力优化跌落模式。其中，定时开关井和时间优化模式是基于时钟控制实现定时和定间隔的控制模式，是目前柱塞井主要应用模式（图 6-51）。

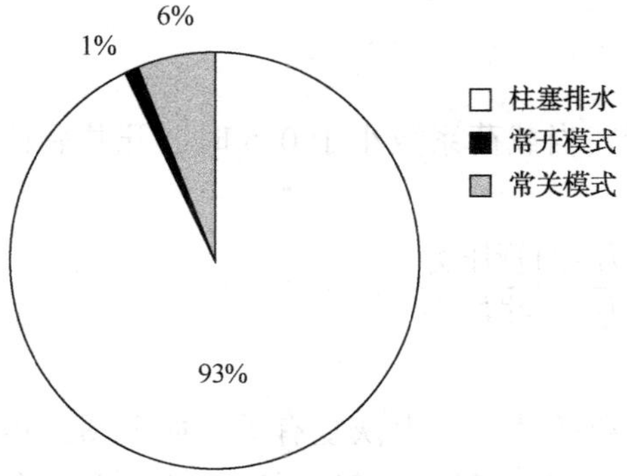

图 6-50　苏东气田柱塞工作方式统计图

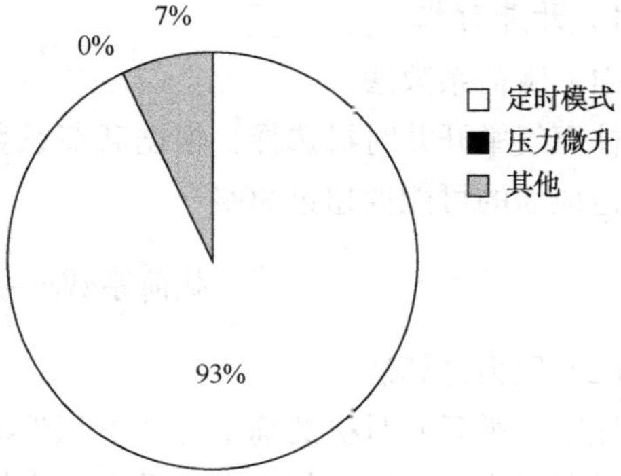

图 6-51　苏东气田柱塞工作方式统计图

如图 6-52 所示，柱塞气举时气举能量来源如下所示，苏里格气田低渗特性决定柱塞气举能量来源适用于图 6-52(a)、图 6-52(b)，适合定时模式，图 6-52(c)所示状况为适合压力微升模式，且经过对苏东气田 207 口气井进行分析统计，定时模式占比 93%，无适用压力微升模式气井，故苏东气田柱塞生产制度的设定以定时模式为主。

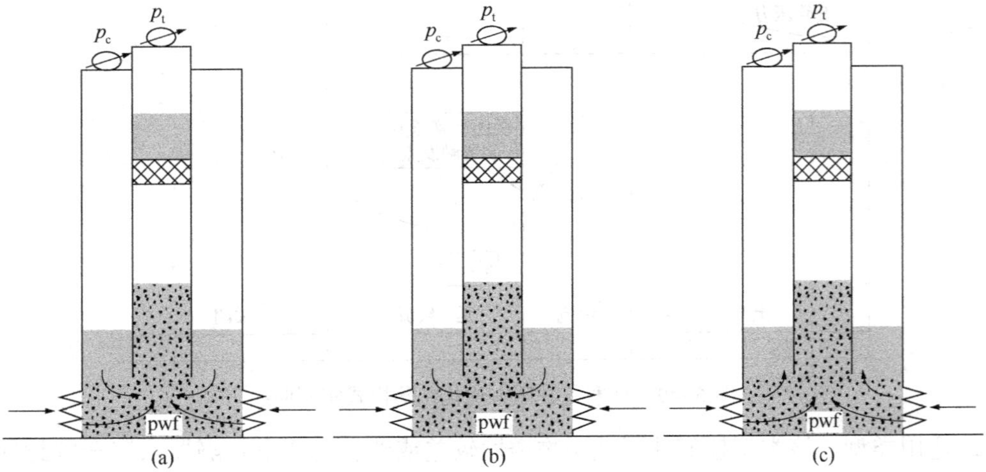

图 6-52　柱塞气举能量来源示意图

图 6-52(a)举升能量由环空内储集的气体能量以及地层产出的气体能量共同提供，流进油管内的液体来源于环空内的液体以及地层产出的液体。

图 6-52(b)环空储集的气体能量高于地层产气所提供的能量，举升能量主要来源于环空内聚集的气体能量，该情形主要存在于低渗气层以及地层压力低的生产气井。

图 6-52(c)地层能量充足，地层产出的流体同时进入油管与油套环空，该状况适宜于压力微升模式。

5. 柱塞气举开关井时机选择

柱塞气举的调试和优化，就是在寻找合适的开井时机和关井时机，以确保柱塞能够携液上行，达到产气量最大化。开关井时机会随着气井产能、压力、流量、液量等参数的变化而变化。

1) 开井时机

(1) 载荷系数法。

柱塞气举开井时机选择，根据载荷系数判断，当载荷系数小于 0.5 时，开井后柱塞能够到达地面的可能性超过 80%。

$$载荷系数=\frac{套管压力-油管压力}{套管压力-干线压力}$$

(2) 压力计算法。

柱塞气举开井时机的确定与井下积液举升需要的井筒压力恢复有关，如下图模拟气井积液量所对应的套压恢复要求，最小启动套压随井筒积液量增大而升高。开井套压恢复值≥柱塞气举最小套管压力，柱塞可到达地面，且携液效率较高(表 6-12、图 6-53)。

$$p_{cmin}=\{[p_p+p_s+p_a+(p_{lw}+p_{lf})\times L\times 40\%\times 6.29]\times(1+D/K)\}-p_t \tag{6-42}$$

式中 p_{cmin}——需要的最小套管压力，MPa；

p_p——举升柱塞所需压力，MPa；

p_s——气井干线回压，MPa；

p_a——大气压力，MPa；

p_t——油管液柱回压，MPa；

p_{lw}——举升积液所需压力，MPa；

p_{lf}——液体摩阻压力损耗，MPa；

L——液体的体积，m^3；

D——柱塞坐落器的深度，m；

K——气体摩压力损耗。

表 6-12　最小启动套压和举升液量关系模拟条件

油管尺寸/in	2⅞	套管尺寸/in	5½
气井井深/m	3100	柱塞下深/m	3000
外输回压/MPa	2.0	地层压力/MPa	12

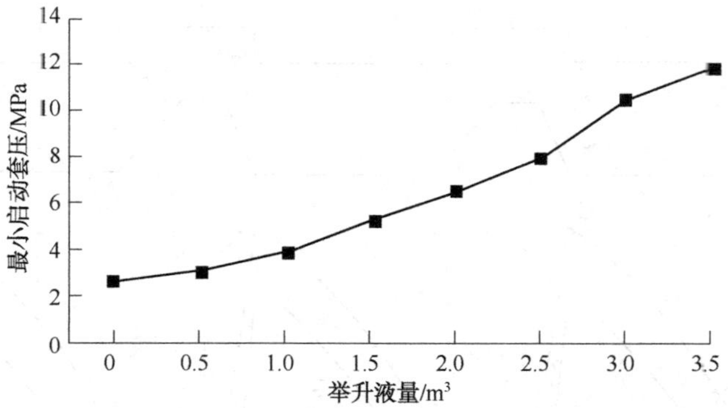

图 6-53　柱塞举升液量和最小启动套压关系图

2）关井时机

关井时机的选择，可通过多种参数判断，假设气井气液同产。

（1）根据流量判断，低产井续流阶段产量的降速判断，选取产量降速的拐点为时机；当地层流入气井的产量小于气井井口产出的产量时，地层产气和产液全部进入油管，环空无液体进入。地层产量小于生产产量，续流阶段流速骤降，通过气井产量检测确定柱塞关井时机（图 6-54）。

（2）压力法判断，柱塞井在开井续流阶段，当地层流入气井的流体流量大于气井井口产出的产量时，在气井持续生产一段时间后，地层产出的天然气和积液同时进入井筒，套管积液加剧造成套压升高，此时油压降至低点，套压回升气井积液，为确保下周期积液举升能量关井压力恢复。选取套压回升段为关井时机（图 6-55）。

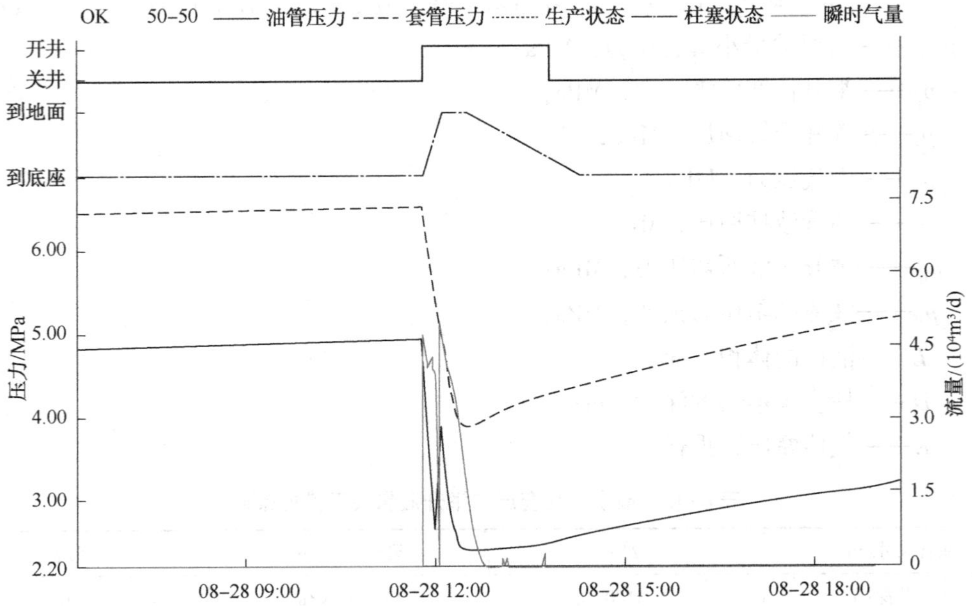

图 6-54　流量法关井时机判断图例

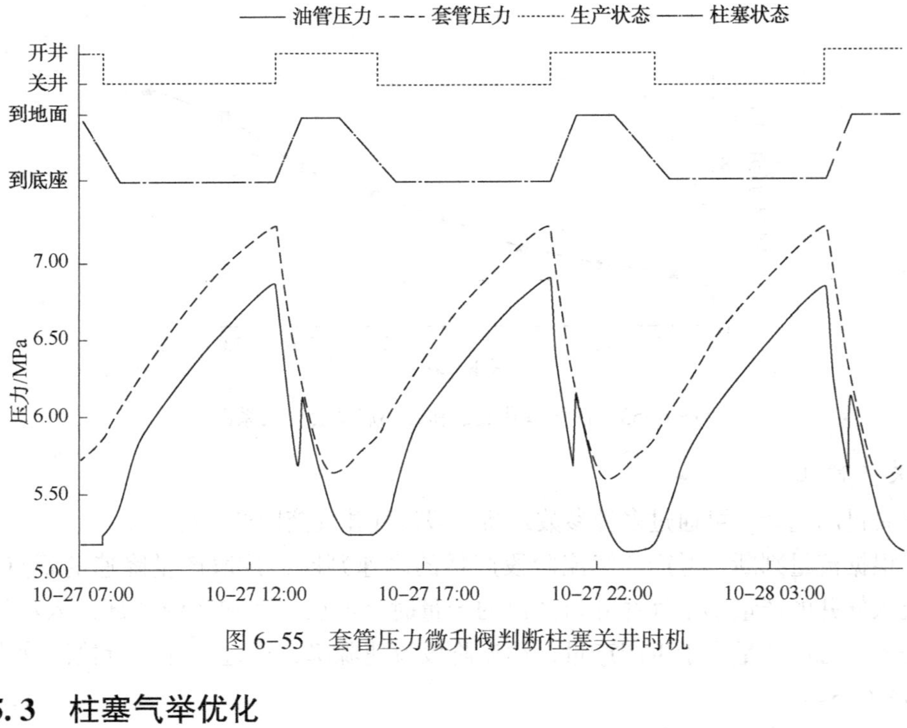

图 6-55　套管压力微升阀判断柱塞关井时机

6.5.3　柱塞气举优化

1. 柱塞气举排液效率优化

1）柱塞气举漏失率

由于柱塞和油管之间不可能完全密封，在柱塞上行程过程中，其上部的液体必然会滑脱漏失，漏失体积与柱塞上部积液体积之比称为漏失率。不考虑气窜的影响时，柱塞漏失率受柱塞的选型、柱塞的上行速度和柱塞磨损影响。

如图 6-56 所示，根据 Marsano 博士基于动量守恒和质量守恒方程推导的柱塞举升液体漏失模型成果，液体漏失率与液体段塞长度有关，漏失率随液体段塞长度的增加而减小。

如图 6-57 所示，柱塞举升液体漏失率同时受柱塞运动的平均速度影响，随柱塞平均速度的增大而增加。

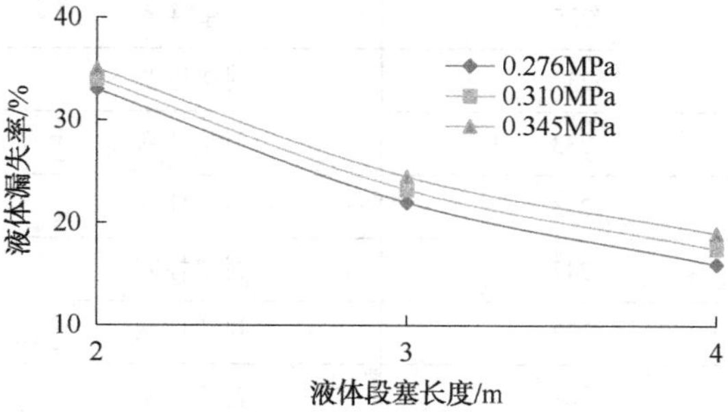

图 6-56　不同注气压力液体漏失率与液体段塞长度的关系

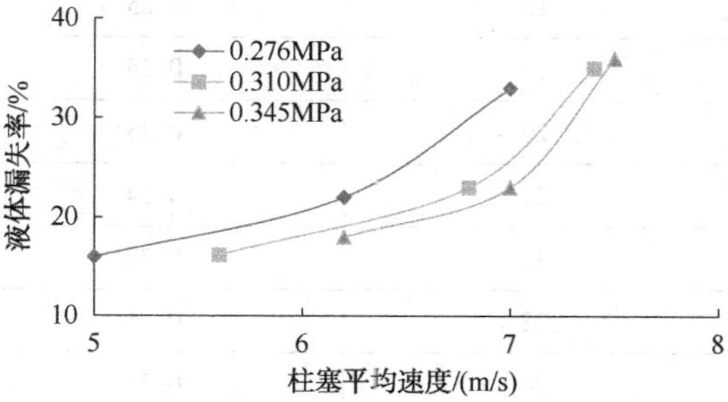

图 6-57　不同注气压力液体漏失率与柱塞平均速度的关系

2）柱塞气举排液效率

为评价柱塞选型和柱塞上行速度对柱塞气举排液效率的影响，使用计量设备计量柱塞每个周期的排液量，试验在无柱塞、衬垫式柱塞、鱼骨式排液效率以及不同柱塞速度时的排液效率（表 6-13）。

表 6-13　柱塞速度对排液效率的影响试验表

柱塞周期	柱塞排液/m^3	柱塞速度/(m/min)	备　注
1	0	0	无柱塞
2	0	0	无柱塞
3	0	0	无柱塞
4	0	0	无柱塞
5	0	0	无柱塞
6	0	0	无柱塞
7	0	0	无柱塞
8	0	0	无柱塞
9	0.23	192	鱼骨柱塞
10	0.24	242	鱼骨柱塞
11	0.18	289	鱼骨柱塞
12	0.15	285	鱼骨柱塞
13	0.24	282	鱼骨柱塞

续表

柱塞周期	柱塞排液/m^3	柱塞速度/(m/min)	备　注
14	0.18	264	鱼骨柱塞
15	0.2	263	鱼骨柱塞
16	0.18	271	鱼骨柱塞
17	0.18	271	鱼骨柱塞
18	0.25	225	衬垫柱塞
19	0.25	237	衬垫柱塞
20	0.25	233	衬垫柱塞
21	0.24	213	衬垫柱塞
22	0.22	247	衬垫柱塞
23	0.25	232	衬垫柱塞
24	0.23	221	衬垫柱塞
25	0.23	243	衬垫柱塞
26	0.23	237	衬垫柱塞
27	0.05	361	衬垫柱塞
28	0.22	232	衬垫柱塞
29	0.13	308	衬垫柱塞
30	0.22	256	衬垫柱塞
31	0.21	293	衬垫柱塞

如图6-58所示，柱塞气举可大幅提升气井的携液，相比鱼骨柱塞，衬垫柱塞密封性更好，携液效率较好。且一定程度上反映了柱塞速度和排液效率之间的关系，柱塞速度较高的周期排液量较小，效率相比较低，故柱塞速度不宜过快，根据试验总结，苏东区块柱塞最佳速度为200~250m/min(图6-58)。

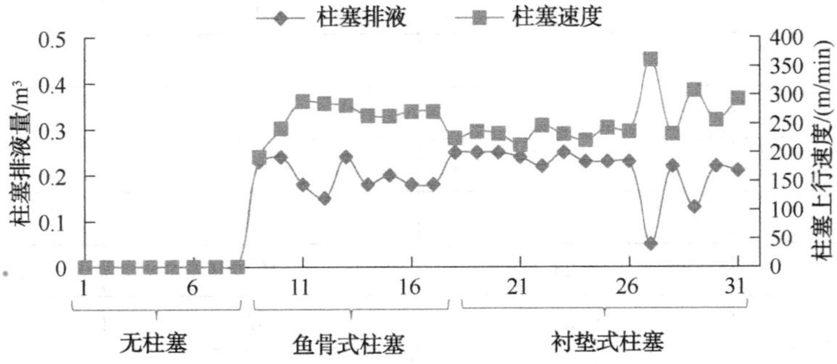

图6-58　不同种类柱塞排液量和柱塞上行速度曲线

2. 柱塞气举优化模型

根据柱塞气举周期性运行规律，系统分析柱塞在井筒中上行、排液、续流、下行、复压五个阶段，就每个阶段推导柱塞优化计算公式。

关井恢复压力阶段：气动薄膜阀关闭，柱塞靠自身重力作用在油管气液柱中下沉，撞击管柱底部弹簧承接器后。关井期间，井底能量恢复，油套环空油气聚集，油管内液面上升，套压回升。若地层能量较低，柱塞应在缓冲弹簧上停留一段时间，直至压力恢复到足以把柱塞及上面的液体从井底举升到井口。

开井生产阶段：当油套环空压力恢复到足以突破油管鞋举升柱塞及以上液体时，气动阀打开，开井生产，聚集的套管气迅速从油管鞋进入油管，和地层流入井底的天然气一起，推动柱塞及上部液体向上举升，液体被举出井口后，若地层气量充足，柱塞下部天然气要放喷一段时间，完成一个举升过程。柱塞到达防喷管气动阀关闭；柱塞在自身重力作用下下落，开始下一循环(表6-14、图6-59)。

表6-14　柱塞运行不同阶段统计表

序　号	开关状态	柱塞生产阶段	描　述
(a)	开井	柱塞上行阶段	柱塞推动上部液柱自井下上行至井口过程
(b)		柱塞排液阶段	柱塞上部液柱排出采气树井口过程
(c)		柱塞续流阶段	柱塞停留在防喷管气井继续生产阶段
(d)	关井	柱塞下行阶段	柱塞自防喷管下落至井下坐落器阶段
(e)		气井复压阶段	柱塞停留在井下坐落器气井恢复产能阶段

1）柱塞上行阶段优化算法

柱塞井开井后油管内柱塞上部的气体迅速从井口排出，柱塞上面的压力迅速降低，在压差的作用下连同地层产出的气体能量推动柱塞及其上部的液体段塞向上运动，分析柱塞上行启动时刻的套管压力，计算柱塞上行所需的最小套压值(图6-60)。

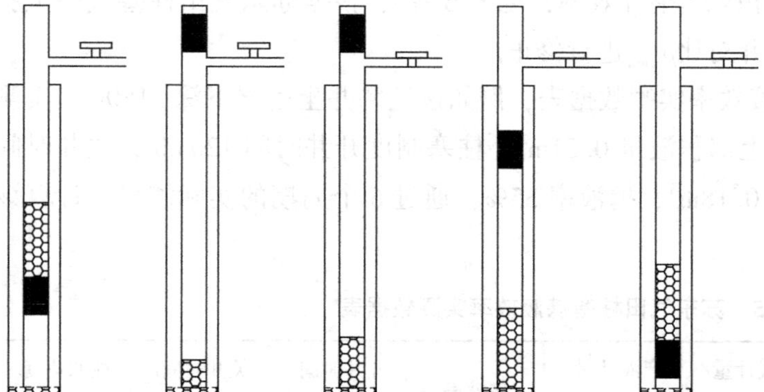

图6-59　柱塞运行不同阶段示意图

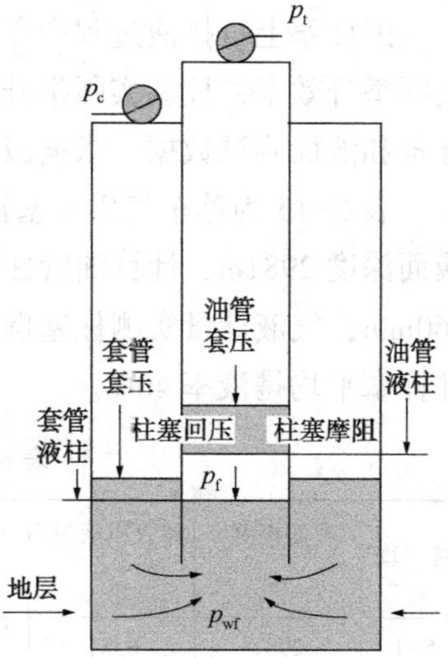

图6-60　开井上行开始时刻的举升过程柱塞受力图

2）柱塞运行套压优化

根据柱塞气举动态模型推导柱塞气举工艺优化计算方法如下：

（1）要求井内应该具备的最小套压值：

$$p_{cmin}=\{[p_p+p_s+p_a+(p_{lw}+p_{lf})\times L\times 56\%\times 6.29]\times(1+D/K)\}-p_t \tag{6-43}$$

（2）要求井内应该具备的平均套压值：

$$p_{cavg}=\{1+[A_t\times 1.076/10000/(2\times A_a)]\}\times p_{cmin} \tag{6-44}$$

（3）要求井内应该具有的最大套压值：

$$p_{cmax}=\frac{A_t+A_a}{A_a}\times p_{cmin} \tag{6-45}$$

式中 p_{cmin}——需要的最小套管压力，MPa；

p_{cavg}——生产期间的平均套管压力，MPa；

p_p——柱塞举升到地面需要的压力，MPa；

p_s——回压，MPa；

p_a——大气压力，MPa；

p——套管液柱回压，MPa；

p_{lw}——将液体举升到地面所需要的压力，MPa；

p_{lf}——液体摩阻造成的压力损耗，MPa；

L——液体的体积的56%，m^3；

D——油管或柱塞承接器的深度，m；

K——气体摩阻造成的压力损耗；

A_t——油管内截面积，m^2；

A_a——油管内截面积/油套环空面积，m^2。

因柱塞上行排液过程中存在漏失，柱塞的最小启动套管压力p_{cmin}的确定需要考虑到柱塞实际举升效率，柱塞实际举升体积=L×举升效率，见表6-15，根据苏东气田柱塞气举试验计量和液面测试数据，求携液率并对比p_{cmin}进行修正。

表6-15为苏东气田柱塞携液效率实测数据表，例如该柱塞井坐落器下深3150m，实测液面深度2981m，计算油管柱塞上部积液量0.51m^3，柱塞制度开井时间120min，关井时间360min，气液计量实测柱塞携液0.18m^3，携液率35%，通过6个周期的实际测量，计算该井柱塞平均携液率40%。

表6-15 苏东气田柱塞携液效率实测数据表

日期	液面探测/m	油管积液量/m^3	产气计量/m^3	产液计量/m^3	携液率	开井时间/min	关井时间/min	柱塞速度/(m/min)
5-1	2981	0.51	49932	0.18	0.35	120	360	289
5-1	2982	0.51	28995	0.15	0.30	120	360	285
5-1	2850	0.91	49030	0.2	0.22	120	360	282

续表

日　期	液面探测/m	油管积液量/m^3	产气计量/m^3	产液计量/m^3	携液率	开井时间/min	关井时间/min	柱塞速度/(m/min)
5-2	2948	0.61	51860	0.18	0.30	120	360	264
5-2	3043	0.32	49947	0.2	0.62	120	360	263
5-2	2999	0.46	56000	0.25	0.55	120	360	271
平均					0.40			

使用此方式对苏东气田4口柱塞井进行柱塞携液率测量，求得平均携液率56%，故本优化算法携液率数值选用56%。

3）柱塞运行套压修正

柱塞上行速度的计算同时受柱塞自重、摩阻、液体滑脱、油套压及压降速率的影响，通过Foss Gaul柱塞模型的研究成果调研，柱塞上行阶段加速度变化不大，柱塞上行阶段可近似认为匀速运动，选用平均速度参与计算(表6-16、图6-61)。

表6-16　柱塞上行阶段上行速度统计表

气　田	上行速度/(m/s)	数据来源	备　注
Foss Gaul	5.08	调研	统计苏东区块柱塞到达正常的64口A类井柱塞上行平均速度213m/min
长庆油田	1.8	调研	
大牛地气田	1.0	调研	
苏东气田	3.63	统计实测	

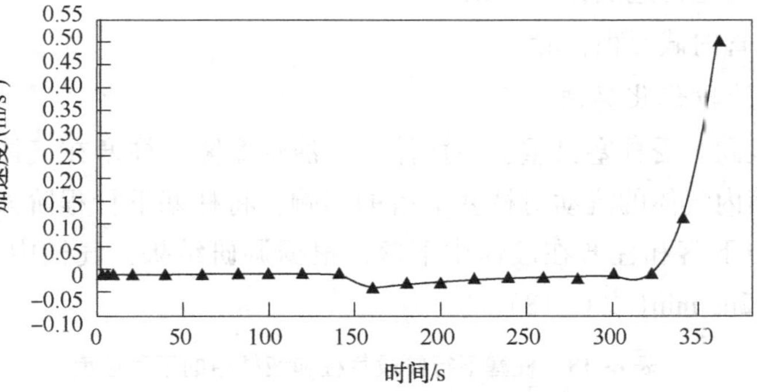

图6-61　Foss Gaul柱塞模型上行阶段加速度变化曲线

柱塞上行时间公式：$C=D/v_r$。式中，D为油管或柱塞坐落器的深度；v_r为柱塞的平均上升速度，取值为218m/min。

4）柱塞排液阶段优化算法

统计苏东区排液正常柱塞井64口，如表6-17所示，统计单循环周期排液效果评价平均排液0.7m^3，平均上行速度213m/min，计算排液速度约19s。通过苏里格气田气液计量实测，排液阶段排液量0.06m^3实测排液时间5s，故推算苏东气田平均排液时间<1min。

表 6-17　Foss Gaul 柱塞模型上行阶段加速度变化曲线

统计计算			实测对比	
平均排液压差	排液量	排液时间	排液量	排液时间
MPa	m^3	s	m^3	s
0.55	0.22	19	0.06	5

现试验召 11 井排液阶段液柱塞压差为 0.9MPa，液柱高度约为 90m；简易计算排出液量 $Q=3.14\times(62/2000)^2\times90=0.28m^3$，因受排液节流影响，现场实际排液时间约 3min，为确保柱塞举升液柱顺利排出井口，在实际优化计算过程中，续流阶段时间参数设置 10min。

5）柱塞续流阶段优化算法

高气液比柱塞井排液阶段完成进入需求阶段，以求获得最大产气量；通过柱塞排液阶段压差测算柱塞周期性排液量，结合柱塞日产气量数据求得 GLR 参数。

周期续流气量：

$$V_g=10^{-4}\times L\times GLB-M_{cf/Cycle} \tag{6-46}$$

柱塞续流时间：

$$N=V_g/(10000\times A_t)\div v_r \tag{6-47}$$

式中　GLB——气井气液比，m^3/m^3；

V_g——周期敞喷气量，m^3；

L——油管柱塞上部积液量，m^3；

$M_{cf/Cycle}$——周期性柱塞需气量，m^3；

N——柱塞续流时间，min；

v_r——柱塞上行速度，m/min；

A_t——油管内截面积，m^2。

6）柱塞下行阶段优化算法

柱塞下落阶段同时受柱塞自重、柱塞体积、油管摩阻、柱塞在气体中和液体中的浮力影响，不考虑井筒内气体的流动对柱塞下落的影响，将柱塞下行程阶段分为两个阶段，分别为柱塞在气体中下落和柱塞在液体中下落，根据调研结果，气柱中下行速度 51m/min；液柱中下行速度 12m/min（表 6-18）。

表 6-18　柱塞下行阶段气柱和液柱中的下落速度

气　田	下行速度/(m/s)		数据来源
	气柱	液柱	
Foss Gaul	10.18	0.874	调研
Tim Barry	2.02	0.34	调研
长庆油田	0.85	0.20	调研
大牛地气田	0.8	0.2	调研

气柱下行时间：

$$A=(D-h_f)/v_{fg} \tag{6-48}$$

液柱下行时间：

$$B=h_f/v_{fl} \tag{6-49}$$

式中 h_f——井下坐落器以上液柱高度，m；

v_{fg}——柱塞在气柱中的下落速度，m/min；

v_{fl}——柱塞液柱中的下落速度，m/min；

D——油管或柱塞坐落器的深度，m。

7）柱塞复压阶段优化算法

柱塞关井复压时间确定和周期性举升柱塞和上部液柱所需要的压力有关(不考虑复压期间柱塞上部新增液柱)，结合气井油管体积和柱塞生产期间的平均油管压力，根据克拉伯龙方程推导柱塞周期上行所需要的需气量，根据气井日产气量计算柱塞日循环周期推导柱塞关井复压时间。

柱塞往复一个周期所需气量：

$$M_{cf/Cycle}=C_y\times D\times p_{cavg} \tag{6-50}$$

柱塞关井复压时间：

$$M=1440/(Q/M_{cf/Cycle})-(A+B+C+N) \tag{6-51}$$

式中 C_y——往复次数；

D——油管或柱塞坐落器的深度，m；

Q——日产气量，m^3；

N——柱塞在井口续流时间，min；

A——柱塞在天然气中下落所需要的时间，min；

B——柱塞在液体中下落所需要的时间，min；

C——柱塞上行所需要的时间，min。

3. 柱塞气举优化软件

通过柱塞气举数学模型、地层压力测算模型、气井积液测算模型、柱塞气举优化模型的研究，通过气井生产数据及气井参数的输入，计算柱塞井地层能量、积液状况和柱塞井适宜制度。

1）地层压力测算软件

将地层压力测算模型的研究成果软件编程，选择井类别并输入单井累计产气量值，计算得出气井当前地层压力值(图6-62)。

2）地层压力测算软件

将积液测算模型的研究成果软件编程，输入气井参数，可计算得出气井油套环空液面及气井油管和环空积液量(图6-63)。

3）柱塞气举优化软件

结合气井积液测算结果，整理柱塞优化模型编程，形成柱塞气举优化软件，在输入气井生产参数可计算出柱塞优化设计参数(图6-64)。

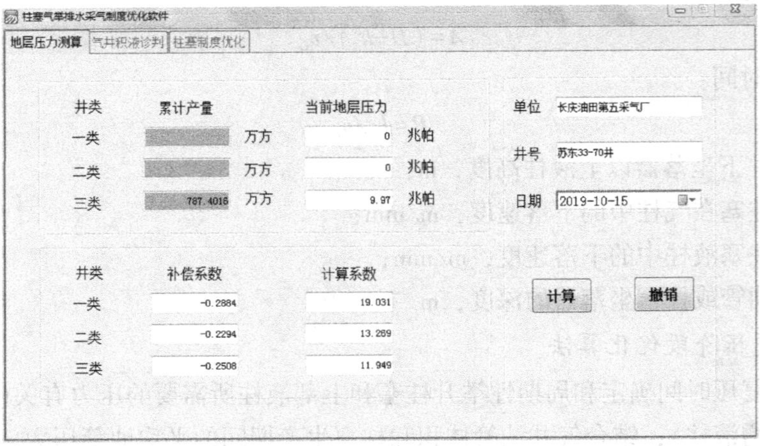

图 6-62　地层压力测算软件示例图

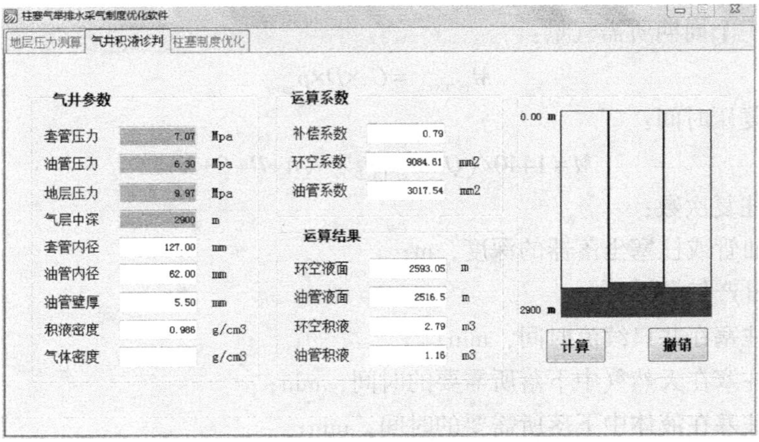

图 6-63　气井积液测算软件示例图

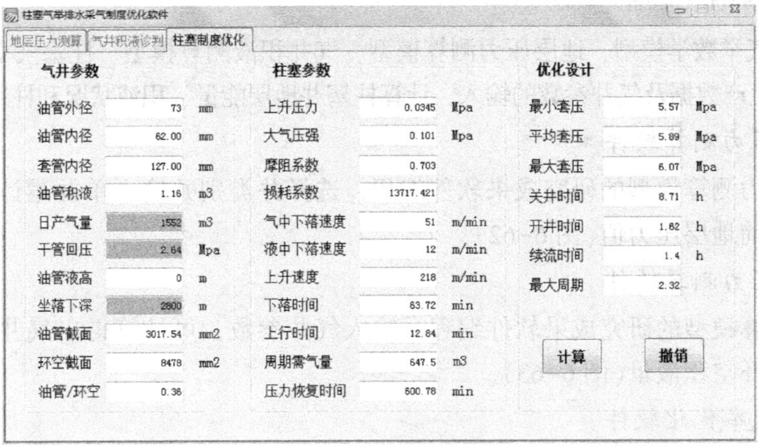

图 6-64　气井积液测算软件示例图

6.5.4 柱塞气举运行智能化

1. 智能化思路

柱塞气举智能化是考虑区块的地层动态、井身结构、地面条件等因素，建立区块或单井地层测算模型、积液测算模型和柱塞气举制度优化模型，控制系统植入柱塞智能化模型；根据当前累计产气量、气井的油套压、日产量等参数测算气井生产和积液状况，通过理论公式计算柱塞气举相关生产参数，进行柱塞工艺参数的优化。在现有的柱塞气举装置控制系统基础上植入优化算法，依靠现有数传平台或者远程监控平台开发植入智能化模块，通过周期性优化制度的计算和传输，控制器实现智能化制度调整，完成柱塞运行制度和气井现状的匹配(图 6-65)。

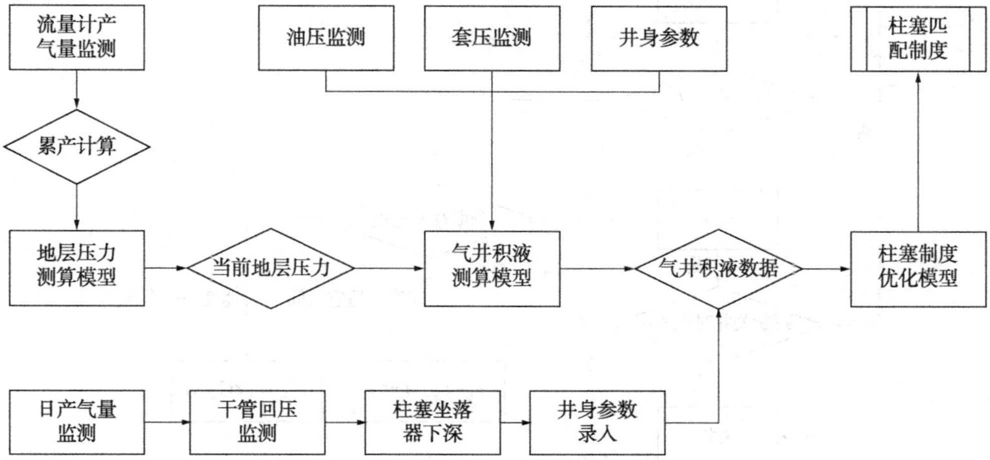

图 6-65 柱塞气举智能化思路

2. 智能化控制器

考虑柱塞智能化运算量和现有的控制、传输、监控兼容问题，结合优化算法在现有控制系统开发植入“智能产液优化模式”，监控平台客户端开发植入智能化模块，实现柱塞制度的智能化判断和制度选择(图 6-66、图 6-67)。

图 6-66 柱塞气举控制器智能模式

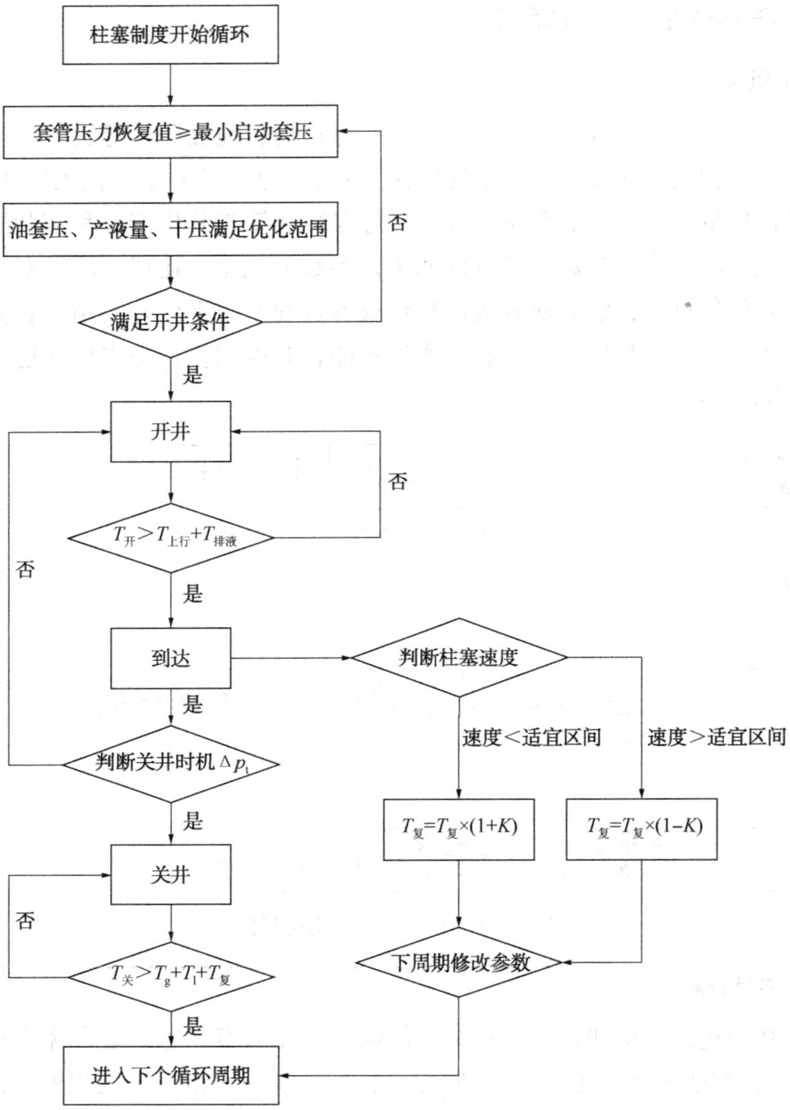

图 6-67　柱塞气举运行智能化逻辑图

3. 监控平台智能化模块

1）智能化生产制度设置

根据气井积液测算方法和柱塞优化方法，编制了相应的程序，形成独立的智能化软件模块，选择生产方式和优化类型进行智能化调参，进入设置界面，分别对柱塞安全控制参数、生产制度基本参数和液量优化参数进行设置(图 6-68)。

2）智能化生产制度运行

为了实现准确、快速设定控制参数，对控制方法进行优化，能够根据柱塞气举历史运行数据，计算机自动生产优化参数，确认后将执行优化模式，提高参数设定准度和效率(图 6-69)。

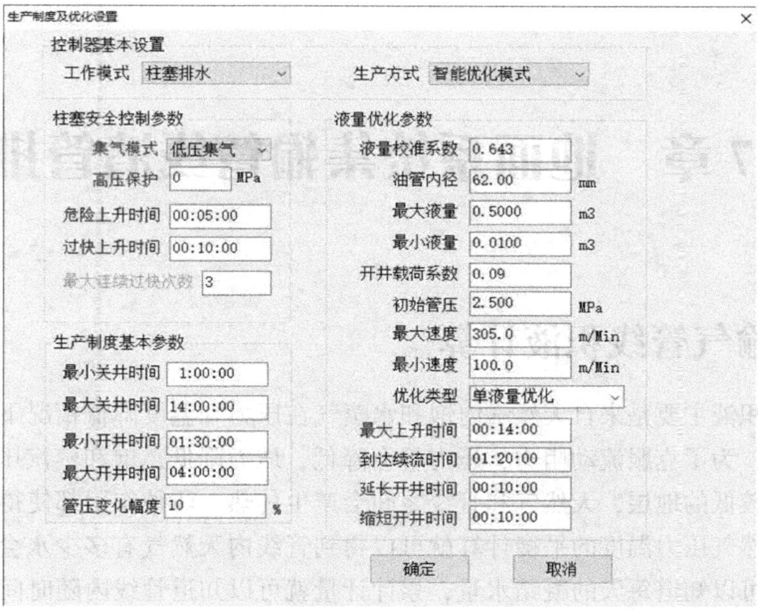

图 6-68　远程监控平台智能化设置模块

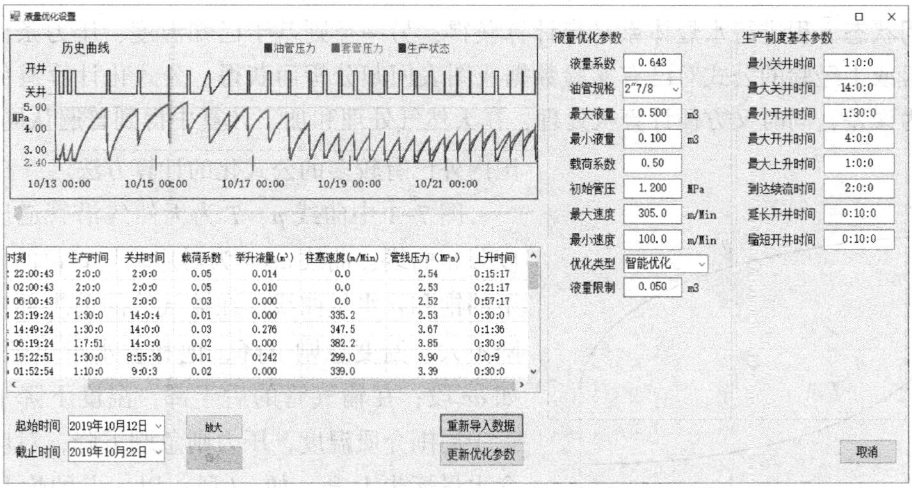

图 6-69　根据柱塞气举历史运行数据自动生产优化

第7章　地面系统集输管线清管排液

7.1　输气管线积液计算

管线内的积液主要是来自天然气内饱和水蒸气在压力和温度降低情况下的凝结。管线在运行状态下，为了克服流动阻力，压力就会降低，压力降低，饱和蒸汽压就降低。地下管线处在温度较低的地层，天然气和管线之间会产生传热，两种作用都使得天然气温度降低。通过对天然气压力温度的平衡计算就可以得到管线内天然气有多少水会被凝结出，实时连续计算就可以知道每天的凝结水量，累计计量就可以知道管线内随时间而增加的积液量。天然气含水量的计算是天然气工业有关工艺设计、生产装置考核、水合物抑制剂的使用等过程中经常用到的主要计算。公式化计算又分成两类：一类是基于已知气体干基组成，通过使用状态方程进行水烃体系平衡计算获得；另一类则基于已知温度、压力条件，通过采用经验或半经验的公式对已有实验数据或图表回归分析而获得。公式化计算避免了图算法的人为误差，同时又方便计算机处理，在天然气处理和加工计算中得到普遍认同。目前，国内外已有较多的公式化的计算方法。

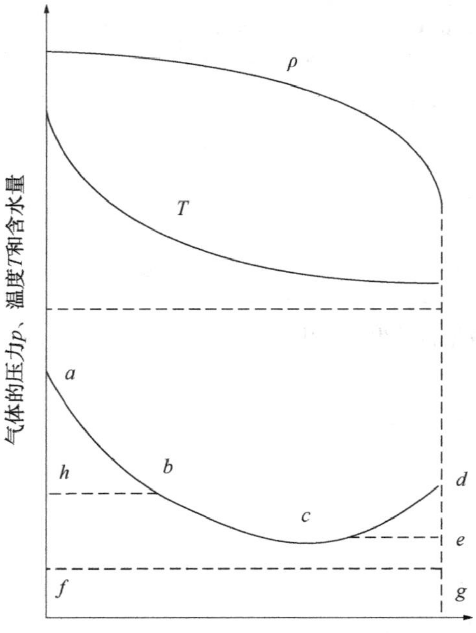

图7-1　天然气管线含水量变化原理

图7-1中曲线 p、T 为天然气沿管道压力、温度分布曲线，曲线 $abcd$ 为对应输气管道的压力温度下的饱和含水量曲线。在输气管的前半部，压力下降不大，温度急剧下降，饱和含水量也随之下降，如 ac 段；在输气管的后半部，温度下降平缓，接近于周围介质温度，压力则急剧下降，对应的饱和含水量逐步上升，如 cd 段；以 c 点的饱和含水量最小。

建立的积液量预测模型，认为管路积液量大小是由液相析出和气体携液能力综合作用的结果，液相析出量主要取决于管线内的温度和压力，而气体携液能力主要与气相流速、管道结构及管内流型等参数有关。

多组分天然气体在流动过程中，随着海底管道与周围环境之间的热交换，温度会降低，在一定的温度、压力条件下一部分液体会凝析出来，此时管路内为气液两相流体。如果知道两相流管路沿程持液率，则管内积液量可以被计算出。

持液率的大小主要取决于两个参数：一是该管段液体的析出量；二是该管段气体的携液能力。气体组成固定后，液体析出量取决于管内的温度、压力，可采用相平衡模型进行计算。而液体的携液能力主要与管路气相流速有关，如果气体流速较大，气液相间剪切应力亦较大，一部分液相就会被气体携带进入下游管路，从而导致该管段积液量降低，另外气体携液能力还受管路内气液相分布形态以及管线尺寸结构等其他参数影响。气体携液能力可以采用基于流型的水力学模型进行计算。首先要将管线分成若干个计算单元，从入口开始计算各个单元管段的温度和压力，根据相平衡方程判断是否有凝析液析出。如果在该温度、压力条件下无液体析出，则表明管内流体仍为单相气体，持液率为0；如果有液体析出，则管内为气液两相流。根据气相、液相流量、管路结构等参数判断管段内流型，通过对应的流型公式计算该管段的持液率值，进而获得计算点到入口的积液量的大小。

管内积液量主要取决于管内凝析液析出量和气体的携液能力。凝析液析出速度与环境温度有关，在其他条件不变时，气体携液能力主要由气体流速确定，气体流速越大，气液相间剪切应力越大，携液能力就越强。

7.1.1 水蒸气凝结量的热力学计算

天然气随沿程压力的降低和管线周围环境的温度变化会引起天然气温度降低，管道内产生凝析油和凝结水(图7-2)，这些凝析油和凝结水的量与管道内压力和温度有关。

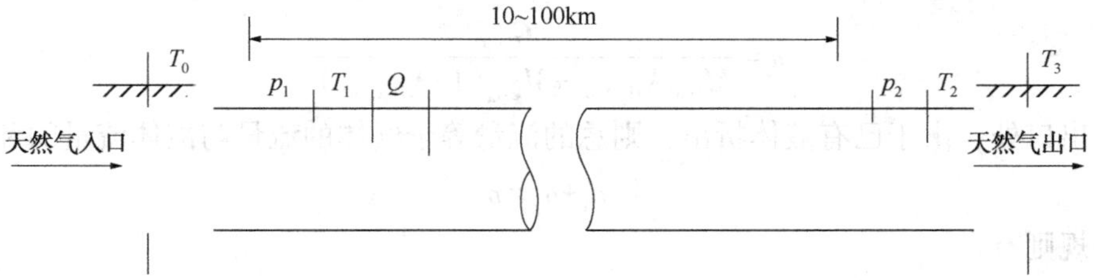

图7-2　凝析液量计算示意图

气体以质量流量 G，温度T_2，压力p_1流入管道，其中气体中水的含量为$X_{H_2O(o)}$。气液共存流出：质量流量 G，温度T_2，压力p_2流出；此时：温度T_2时，纯水的饱和蒸汽压为 $p^*_{H_2O}$，纯甲烷的饱和蒸汽压为 $p^*_{CH_4}$，析液中水的含量为X_{H_2O}，与析液共存的气相中水的含量为y_{H_2O}。

假定管道气体中只含有天然气 CH_4和水。则所测的压力p_2应来源于天然气 CH_4 和气态的水的分压p_{CH_4}和p_{H_2O}，即：

$$p_2=p_{H_2O}+p_{CH_4} \tag{7-1}$$

根据 Raoult 定律：

$$p_{H_2O}=p^*_{H_2O}X_{H_2O}$$

$$p_{CH_4}=p^*_{CH_4}X_{CH_4}=p^*_{CH_4}(1-X_{H_2O}) \tag{7-2}$$

所以，

$$p_2=p^*_{H_2O}X_{H_2O}+p^*_{CH_4}(1-X_{H_2O})$$

$$X_{H_2O}=\frac{p_2-p^*_{CH_4}}{p^*_{H_2O}-p^*_{CH_4}} \tag{7-3}$$

根据分压定律，水在气体中的含量为：

$$y_{H_2O}=\frac{p_{H_2O}}{p_2} \tag{7-4}$$

$$p_{H_2O}=p^*_{H_2O}X_{H_2O}$$

$$X_{H_2O}=\frac{p_2-p^*_{CH_4}}{p^*_{H_2O}-p^*_{CH_4}} \tag{7-5}$$

则：

$$y_{H_2O}=\frac{p^*_{H_2O}X_{H_2O}}{p_2}=\frac{(p_2-p^*_{CH_4})p^*_{H_2O}}{(p^*_{H_2O}-p^*_{CH_4})p_2} \tag{7-6}$$

因为天然气入口处的质量流量为 G，入口天然气中水汽含量为：$X_{H_2O(o)}$，甲烷含量为 $1-X_{H_2O(o)}$，则混合气体的平均摩尔质量为：

$$\overline{M}=M_{H_2O}X_{H_2O(o)}+M_{CH_4}(1-X_{H_2O(o)}) \tag{7-7}$$

通过天然气的平均摩尔质量，将天然气管道内的质量流量转换为物质的量的流量，如下：

$$n=\frac{G}{M_{H_2O}X_{H_2O(o)}+M_{CH_4}(1-X_{H_2O(o)})} \tag{7-8}$$

在天然气出口处，由于已有液体析出，则总的流量等于气体的流量与液体流量的和：

$$n_l+n_g=n \tag{7-9}$$

根据杠杆规则有：

$$n_l=\frac{G}{M_{H_2O}X_{H_2O(o)}+M_{CH_4}(1-X_{H_2O(o)})}\cdot\frac{y_{H_2O}-X_{H_2O(o)}}{y_{H_2O}-X_{H_2O}} \tag{7-10}$$

再结合：

$$y_{H_2O}=\frac{(p_2-p^*_{CH_4})p^*_{H_2O}}{(p^*_{H_2O}-p^*_{CH_4})p_2} \tag{7-11}$$

$$X_{H_2O}=\frac{p_2-p^*_{CH_4}}{p^*_{H_2O}-p^*_{CH_4}} \tag{7-12}$$

得：

$$n_l=\frac{G}{M_{H_2O}X_{H_2O(o)}+M_{CH_4}(1-X_{H_2O(o)})}\cdot\frac{(p_2-p^*_{CH_4})p^*_{H_2O}-p_2(p^*_{H_2O}-p^*_{CH_4})X_{H_2O(o)}}{(p_2-p^*_{CH_4})p^*_{H_2O}-(p_2-p^*_{CH_4})p_2} \tag{7-13}$$

凝析液的平均摩尔质量为：

$$
\begin{aligned}
\overline{M_1} &= M_{H_2O}X_{H_2O}+M_{CH_4}X_{CH_4}=M_{H_2O}X_{H_2O}+M_{CH_4}(1-X_{H_2O}) \\
&= M_{H_2O}\frac{p_2-p_{CH_4}^*}{p_{H_2O}^*-p_{CH_4}^*}+M_{CH_4}\left(1-\frac{p_2-p_{CH_4}^*}{p_{H_2O}^*-p_{CH_4}^*}\right) \\
&= \frac{(M_{H_2O}-M_{CH_4})p_2+M_{CH_4}p_{H_2O}^*-M_{H_2O}p_{CH_4}^*}{p_{H_2O}^*-p_{CH_4}^*}
\end{aligned}
\tag{7-14}
$$

所以，凝析液的质量流量为：

$$
G_1=n_1\cdot\overline{M_1} \tag{7-15}
$$

析液量中液态水的质量流量为：

$$
\begin{aligned}
G_{H_2O} &= n_1\cdot X_{H_2O}\cdot M_{H_2O}=\frac{G\cdot X_{H_2O}\cdot M_{H_2O}}{[M_{H_2O}X_{H_2O(o)}+M_{CH_4}(1-X_{H_2O(o)})]}\cdot\frac{y_{H_2O}-X_{H_2O(o)}}{y_{H_2O}-X_{H_2O}} \\
&= \frac{G[(p_2-p_{CH_4}^*)p_{H_2O}^*-(p_{H_2O}^*-p_{CH_4}^*)p_2X_{H_2O(o)}]}{[(p_2-p_{CH_4}^*)p_{H_2O}^*-(p_2-p_{CH_4}^*)p_2]\cdot[M_{H_2O}X_{H_2O(o)}+M_{CH_4}(1-X_{H_2O(o)})]} \\
&= \frac{G\cdot[p_2(p_{H_2O}^*-p_{H_2O}^*X_{H_2O(o)}+P_{CH_4}^*X_{H_2O(o)})-p_{CH_4}^*p_{H_2O}^*]}{[p_2(p_{H_2O}^*+p_{CH_4}^*-p_2)-p_{H_2O}^*p_{CH_4}^*]\cdot[M_{H_2O}X_{H_2O(o)}+M_{CH_4}(1-X_{H_2O(o)})]}
\end{aligned}
\tag{7-16}
$$

式中 G_{H_2O}——p_2、T_2时液态水的质量流量；

G——初始气体的质量流量；

G_1——p_2、T_2时凝析液的质量流量；

p_2——气体出口压力；

$p_{H_2O}^*$——T_2时纯水的饱和蒸汽压；

$X_{H_2O(o)}$——进气口气体中的水汽含量；

$p_{CH_4}^*$——T_2时甲烷的饱和蒸汽压；

M_{H_2O}——水的摩尔质量；

M_{CH_4}——甲烷的摩尔质量；

n——物质的量的流量；

n_1——液态的物质的量的流量；

n_g——气态的物质的量的流量；

$\overline{M}$——天然气入口处天然气的平均摩尔质量；

$\overline{M_1}$——天然气温度T_2时析液的平均摩尔质量。

所以，当进口处为气体，且已知气体组成和质量流量，测量出口的压力p_2，即可算出出口处析液的质量流量及析液中液态水的质量流量。

上述计算是理想的静态计算，也就是不考虑管线内的非热力学平衡，且将气体的逸度因子看作1。而事实上，随沿程管线内压力、温度波动，水的凝结和蒸发是一个非热力学平衡状态，且气体的逸度因子也并不为1。另外，不管管线长短，压力降是非线性的，根据我们已有的研究结果表明；天然气沿程的压力降都是非线性下降。因此，为了减少预测误差，需要考虑天然气输运过程是一个非热力学平衡状态，压力降是非线性的，需要同时进行沿程微单元的计算累加。这里需要特别指出的是：任何理论液量计算都存在较大的误差，国内外有很多模型和计算方法，但计算量和真实量的差别都比较大，其原因是模型无法反映真实流动状态。理论计算需要和实时测量结合起来，可以得到精度非常高的液量预测。

7.1.2 天然气含水量的公式化计算

天然气含水量的公式化计算分成两类：一类是基于已知气体干基组成，通过使用状态方程进行水烃体系平衡计算获得；另一类则基于已知温度、压力条件，通过采用经验或半经验的公式对已有实验数据或图表回归分析而获得。

公式化计算避免了图算法的人为误差，同时又方便计算机处理，在天然气处理和加工计算中得到普遍认同。对目前国内外已有的 Bukacek 等主要公式的计算方法分析，考查了计算结果从数据来看，这几种方法的计算结果与实验数据都存在一定的偏差，但总的结果差得不大。

1. 饱和含水量法

基于水蒸气的饱和蒸气压，并对盐类组成和酸气根据拉乌尔定律进行了修正。

$$W_{H_2O}=804\times\frac{p_{sw}(1-S-y_{H_2S}-y_{CO_2})}{p-p_{sw}(1-S-y_{H_2S}-y_{CO_2})}$$

$$p_{sw}=p_c\exp\left[f\left(\frac{T_{sw}}{T_c}\right)\times\left(1-\frac{T_c}{T_{sw}}\right)\right] \tag{7-17}$$

当$T_c<T_{sw}$时：

$$f\left(\frac{T_{sw}}{T_c}\right)=7.21275+3.981\left(0.745-\frac{T_{sw}}{T_c}\right)^2+1.05\left(0.745-\frac{T_{sw}}{T_c}\right)^3$$

当$T_c>T_{sw}$时：

$$f\left(\frac{T_{sw}}{T_c}\right)=7.21275+4.33\left(\frac{T_{sw}}{T_c}-0.745\right)^2+185\left(\frac{T_{sw}}{T_c}-0.745\right)^5 \tag{7-18}$$

式中 W_{H_2O}——天然气含水量，g/m³；

p_{sw}——水的饱和蒸气压，MPa；

S——天然气中水分的盐类含量；

y_{H_2S}——天然气中H_2S的摩尔分数；

y_{CO_2}——天然气中 CO_2的摩尔分数；

p——天然气体系压力，MPa；

p_c——水蒸气的临界压力，22.12MPa；

T_c——水蒸气的临界温度，647.3K；

T_{sw}——天然气中饱和水蒸气的温度，K。

2. Bukacek 计算方法

Bukacek 发表了压力在 1.4~21MPa 范围内，天然气含水量的计算公式：

$$\ln W_{H_2O}=A_0+A_1\left(\frac{1}{T}\right)^2+A_2\left(\frac{1}{T}\right)^3+A_3(\ln p)+A_4(\ln p)^2+A_5(\ln p)^3+A_6(\ln p/T)^2+A_7(\ln p/T)^3 \tag{7-19}$$

使用条件：

$$p=1.4-21MpA$$

式中 W_{H_2O}——天然气含水量；

p——天然气体系压力；

T——天然气水露点温度；

$A_0\sim A_7$——系数。

3. 一种快速简捷的计算公式

一种快速简捷的计算公式，其适用范围为压力低于 8.3MPa，温度低于 82℃。

$$W_{H_2O}=1.6017\times10^{-5}A\,B^{(1.8T+32)} \tag{7-20}$$

式中 W_{H_2O}——天然气含水量，kg/m^3；

T——天然气体系温度，℃。

A、B 由式(7-21)计算

$$A=\sum_{i=1}^{4}a_i\left(\frac{0.145p-350}{600}\right)^{i-1}$$

$$B=\sum_{i=1}^{4}b_i\left(\frac{0.145p-350}{600}\right)^{i-1} \tag{7-21}$$

式中 a_i、b_i——系数。

4. 回归分析计算方法

用现代计算机技术回归了相关数据，提出了基于算图的计算机化方法。

$$W_{H_2O}=\frac{A}{p}+B \tag{7-22}$$

式中 W_{H_2O}——天然气含水量，g/m^3；

p——天然气体系压力，atm；

T——天然气水露点温度，℃；

A、B——系数。

A、B 由式(7-2)计算。

$$A=A1+A2\times T+A3\times T^2+A4\times T^3+A5\times T^4+A6\times T^5+A7\times T^6+A8\times T^7 \tag{7-23}$$

5. 宁英男等修正计算方法

宁英男等对 Mcketta-Wehe 算图进行了数学模拟，以比较简单的形式给出了计算公式：

$$W_{H_2O}=C_gC_SW_0$$

$$C_g=1.01532+0.0011T-0.0182d-0.00142Td$$

$$C_S = 1-0.02247S$$

$$\ln W_0 = a_0 + a_1 T + a_2 T^2 \quad (7-24)$$

式中 W_{H_2O}——校正后的天然气含水量，g/m³；

W_0——天然气相对密度为 0.6 时的含水量，g/m³；

C_g——天然气相对密度校正系数；

C_S——天然气中水分含盐量校正系数；

T——天然气体系温度，℃；

d——天然气相对密度；

S——天然气中水分的含盐量；

a_0、a_1、a_2——与体系压力有关的系数。

计算结果与实验数据都存在一定的偏差，但总的结果差得不大，方法 4 与方法 5 源于同一数据源，方法 4 由实验数据回归而得，方法 5 由实验数据做出的图形再建立数模而得，故方法 5 不及方法 4 好，而方法 3 的使用条件过窄，方法 1 由理论推导而得，其计算结果较之实验值偏差稍大，方法 2 也来源于实验回归，故方法 4、方法 2、方法 5 能可靠地用于酸气含量较少的天然气含水量的计算。对于酸性天然气的含水量的计算尚需进一步地考察，不宜套用上述方法。

6. 凝结计算法

据 Raoult 定律、分压定律：

$$p_2 = p^*_{H_2O} X_{H_2O} + p^*_{CH_4}(1-X_{H_2O})$$

$$X_{H_2O} = \frac{p_2 - p^*_{CH_4}}{p^*_{H_2O} - p^*_{CH_4}} \quad (7-25)$$

$$y_{H_2O} = \frac{P^*_{H_2O} X_{H_2O}}{p_2} = \frac{(p_2 - p^*_{CH_4})p^*_{H_2O}}{(p^*_{H_2O} - p^*_{CH_4})p_2} \quad (7-26)$$

$$n = \frac{G}{M_{H_2O} X_{H_2O(o)} + M_{CH_4}(1 - X_{H_2O(o)})}$$

$$n_l + n_g = n$$

$$\frac{n_l}{n_g} = \frac{y_{H_2O} - X_{H_2O(o)}}{X_{H_2O(o)} - X_{H_2O}}$$

$$n_l = \frac{G}{[M_{H_2O} X_{H_2O(o)} + M_{CH_4}(1 - X_{H_2O(o)})]} \cdot \frac{y_{H_2O} - X_{H_2O(o)}}{y_{H_2O} - X_{H_2O}}$$

$$G_{H_2O} = n_l \cdot X_{H_2O} \cdot M_{H_2O} = \frac{G \cdot X_{H_2O} \cdot M_{H_2O}}{M_{H_2O} X_{H_2O} + M_{CH_4}(1 - X_{H_2O(o)})} \cdot \frac{y_{H_2O} - X_{H_2O(o)}}{y_{H_2O} - X_{H_2O}}$$

$$= \frac{G[(p_2 - p^*_{CH_4})p^*_{H_2O} - (p^*_{H_2O} - p^*_{CH_4})p_2 X_{H_2O(o)}]}{[(p_2 - p^*_{CH_4})p^*_{H_2O} - (p_2 - p^*_{CH_4})p_2] \cdot [M_{H_2O} X_{H_2O(o)} + M_{CH_4}(1 - X_{H_2O(o)})]} \quad (7-27)$$

$$= \frac{G[p_2(p^*_{H_2O} - p^*_{H_2O} X_{H_2O(o)} + p^*_{CH_4} X_{H_2O(o)}) - p^*_{CH_4} p^*_{H_2O}]}{[p_2(p^*_{H_2O} + p^*_{CH_4} - p_2) - p^*_{H_2O} p^*_{CH_4}] \cdot [M_{H_2O} X_{H_2O(o)} + M_{CH_4}(1 - X_{H_2O(o)})]}$$

7. 国家标准的计算

2008 年，国家标准化管理委员会发布了天然气水含量和水露点之间换算的国家标准，标准编号为 GB/T 22634—2008。按照这个标准，我们可以利用 Bubacek 平衡状态下天然气水含量关联式进行计算。

$$\beta=A/p+B \tag{7-28}$$

式中 β——天然气中水含量，mg/m^3；

A、B——与温度有关的常数；

p——水蒸气压力，MPa。

A 和 B 根据标准给出的数据插值计算。

在这个标准的计算范围内，计算如下：

由水含量计算水露点：±2℃。

由水露点计算水含量：

$$\beta<580mg/m^3:\ 0.14+0.021x\beta\pm20(mg/m^3)$$

$$\beta\geqslant580mg/m^3:\ 0.14+0.021x\beta\pm20(mg/m^3)$$

以上这些方法从本质上来说，都是根据管线内压力与温度的变化特性得到的一些计算方法。这些计算方法大多是根据实验室数据回归分析而得到的，与实际管线运行工况有差别。而且，所有这些方法都没有考虑管线埋设环境的温度变化所带来的对管线内凝结量的影响。季节不同，环境温度对管线的凝结量产生的影响也不同，这些公式都没有考虑环境温度对凝结量的影响。

为此，笔者提出一种管线积液量计算新方法，在理论分析的基础上，考虑到管线环境温度对管线的影响、流型变化，以及积液滞留对凝结的影响。

7.1.3 管线积液量的压力降计算方法

管线中的天然气随管线沿程压力与温度降低，天然气中含水量降低，即有水凝结出来，成为液体随天然气在管线中一起流动，这样的流动会产生压力波动，压力降增加。随着水的不断被析出，流动状态可以是分层流动、段塞状流动及环状流动。这样的流动也叫气液两相流动。

气液两相流，无论是分层流还是段塞流都会产生比单相流有大得多的摩擦阻力。段塞流的存在会产生较大的压力波动(图 7-3)，这个波动会以声速传递到管线两端，分析压力波动在进出口的时间特性，可以了解这个段塞流的具体位置、大小等。

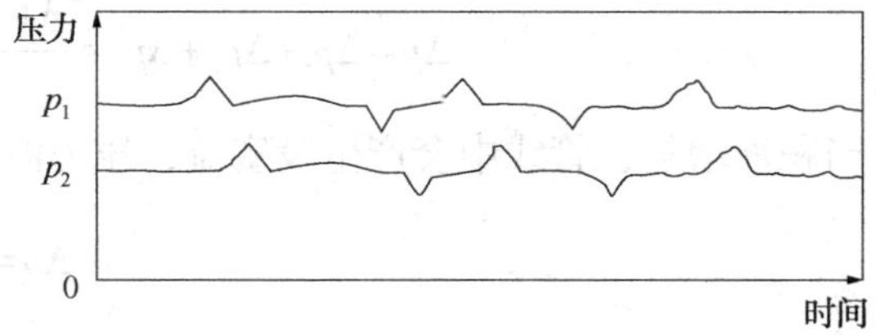

图 7-3 管线压力波动

沿程压力的降低使气体体积增加，密度减少，同时也引起压力变化，在较长的管线内，这个压力变化也是不能被忽略的。管线进出口的水平高差主要引起管道内液体重位压力降，在计算模型中需要考虑。据以上测量、计算、分析，可以知道管线中的积液量。研究分析天然气管线中气液两相流动所产生的压力降特性可以计算出管线内的积液量。

管线沿程摩擦压力降为;

$$\Delta p_{\mathrm{f}}=\lambda \frac{L}{d} \frac{\rho u^2}{2} \tag{7-29}$$

式中 Δp_{f}——摩擦压力降，Pa;

λ——摩擦系数;

u——流体流速，m/s;

ρ——流体密度，kg/m;

L——管道长度，m;

d——管道内径，m。

在输气工程中，为了提高输送量，流体流型多处于湍流区，式中摩擦系数的数值可根据管道粗糙度进行修正。对于较长的输气管道，若管内流体为含湿气体，通常将摩擦系数乘以1.2，以补偿管内腐蚀引起的摩擦损失，所以摩擦压力降计算公式应为:

$$\Delta p_{\mathrm{f}}=\frac{1.2\lambda L}{D} g \frac{u^2\rho}{2} \tag{7-30}$$

管线中的重位压力降，也就是由于管线高度差形成静态积液而产生的压力降。

$$\Delta p_{\mathrm{s}}=(Z_2-Z_1)\rho g \tag{7-31}$$

式中 Δp_{s}——重为压力降，Pa;

Z_2、Z_1——管道出口、入口标高，m;

g——重力加速度，9.8m/s^2。

局部压力降是指流体流经阀门、管件等产生的局部压力降，这里选择当量长度法进行计算。该方法将所计算管件折算为直管的当量长度，即可得到与摩擦压力降计算公式形式相同的计算式，常用阀门及管件的当量长度可由工程手册查表得出。

$$\Delta p_{\mathrm{e}}=\frac{\lambda \sum L_{\mathrm{e}}}{D} g \frac{u^2\rho}{2} \tag{7-32}$$

式中 L_{e}——阀门、管件当量长度，m。

综上所述，可得出气体管道压力降计算公式:

$$\Delta p=\Delta p_{\mathrm{f}}+\Delta p_{\mathrm{e}}+\Delta p_{\mathrm{s}}=\frac{\lambda(\sum L_{\mathrm{e}}+L)}{D} g \frac{u^2\rho}{2}+(Z_2-Z_1)\rho g \tag{7-33}$$

当积液增加，管线中会产生段塞流，压力波动加大，还需要计算段塞流的脉动压力降。

$$\Delta p=\xi \frac{1}{2}\rho u^2 \tag{7-34}$$

式中 ξ——段塞流产生的阻力系数，由现场试验确定。

因此，压力降计算积液方法中需要计算四个方面压力降;沿程摩擦阻力、段塞流脉动阻力、重位压力降和加速压力降。

$$\Delta p=\Delta p_{\mathrm{f}}+\Delta p_{\mathrm{e}}+\Delta p_{\mathrm{s}}=\frac{\lambda(\sum L_{\mathrm{e}}+L)}{D} g \frac{u^2\rho}{2}+(Z_2-Z_1)\rho g+\frac{\xi}{2}\rho u^2 \tag{7-35}$$

考虑到天然气产量的变化对压力降的影响，对计算式进一步修正。

$$\Delta p_{g}=1/2\xi(\rho u_{b}{}^{2}-\rho u_{a}^{2}) \tag{7-36}$$

式中　Δp_g——由于天然气产量增加而产生的压力降，MPa；

u_b——天然气产量增加后的流速，m/s；

u_a——天然气已有流速，m/s。

那么，真实的积液引起的压力降为：

$$\Delta p=\Delta p_{f}+\Delta p_{e}+\Delta p_{s}=\frac{\lambda(\sum L_{e}+L)}{D}\frac{u^{2}\rho}{2}+(Z_{2}-Z_{1})\beta g+\frac{\xi}{2}\rho u^{2}+1/2\xi(\rho u_{b}^{2}-\rho u_{a}^{2}) \tag{7-37}$$

式中，如果管线内天然气流量增加，为正，如果天然气流量减少，为负。

这样，依照管线两端的压力降，就可以预测出积液的量，如果大于一定量，那么就需要进行排液。

$$\Delta p_{积液}\geqslant C\Delta p_{0} \tag{7-38}$$

式中，系数 C 由经验数据确定，一般来说，采用 $C=0.1$。对一根管线来说，C 确定后就不再变，以后每次排液都可以根据式(7-38)来决定是否需要排液。

在实际生产中，各种运行参数随时间而变化，但是最终都反映在压力降这个参数上。通过检测管线两端的压力降可以精确得到积液量。压力降积液量计算相比理论计算更加精确、可靠。与凝结液量计算可以相互补充，提高计算精度，增加可靠性。

7.2　天然气管线清管

输气管线在生产过程中，会从气田带进大量的凝析油和污水。由于压力和温度的降低，在管道内亦会凝析出大量的水形成积液。积液或污水的存在造成管道腐蚀和输气能力降低，增加管道压降，会严重影响输气和管道的安全。为解决这些问题，进行管道内部和内壁的清扫是十分有必要的。清管工艺是管道施工和生产管理的重要工艺措施。

清管器的主要用途：清除天然气管道中的凝析油以及积液；试压前管道充水；试压后排水；管道投产时隔离甲醇氮气段；管道内涂层敷设；管道停输前液体置换。

7.2.1　管道清管历史

清管器的第一次使用大约是在1870年。宾夕法尼亚州的titusvelle小镇发现了原油，开始使用清管技术。在管道用于输送原油以前原油都是通过马匹与车辆运送到炼油厂。为了提高原油的运输能力，人们开始使用管道运输原油。管道运行了几年以后会出现较多的沉积物，流通能力降低导致泵压升高。管道运营商使用了很多方法试图提高管道的流通能力，但是效果都不明显。后来人们尝试在球上绑缚一些碎布制造出最初的清管器放入管道，收到了不错的效果。往后开始使用皮革代替布片在原油的浸泡作用下，皮革会膨胀紧贴在管壁上提高清管的效果。由于当时管道使用承插式连接清管器在通过管道接头时发出的声音与“pig”的叫声相似，遂用“pig”作为清管器的代称。在此后的半个世纪里，清管器不断发展，清管器上已经使用了钢制主体，安装了橡胶或者皮革制作的杯状以及直板形密封盘。自1962年美国Knapp公司和Girard公司成功开发清管器以来，清管器已成为目前最常用的清管工具。其具有以下优点：清洗管径范围大、管道里程长；对管体无腐蚀，对环境无化学污染；清垢均匀、彻底，清洗费用低；可不停输作业。

7.2.2 清管器主要类型

按照结构与功能的不同清管器大致可以分成5种：

1. 芯轴式清管器

芯轴式清管器用圆轴作为清管器的主体，外部安装装配式聚氨酯橡胶密封盘。密封盘可以是盘状、碗状或板状并可以安装金属刷或刮刀以便除去管子内壁上的污物。该清管器可用于的管道直径范围一般为50~1200mm，以及可以用于管道排液，清除沉积物以及作为智能清管器的牵引装置。

2. 泡沫清管器

泡沫清管器由泡沫胚体以及聚氨酯橡胶外涂层组成，可以使用不同密度、强度的泡沫以及不同厚度的橡胶涂层并可在清管器外部面黏附氨基甲酸乙酯带，使其具有足够强度在管线内通行以达到预定的目的。在清管器外部还可以安装钢丝刷、碳合物研磨料、钢钉等以增强清管器的清除效果。

3. 整体铸造清管器

整体铸造清管器完全由聚氨酯制成，尽管它可以根据要求变化工序，但通常为70~80的孔隙硬度。一些整体铸造清管器可以在中心轴上安装杯子或圆盘。但大部分整体铸造清管器达到正常寿命之后便成为废品。

4. 清管球

球形清管器通常采用聚氨酯或氯丁橡胶和丁腈橡胶化合物制作。它们可以由两个半球块粘在一起制成最终产品或在某些情况下制成一个没有接缝的单体。球体内部中空，安装充水阀，操作者在清管器进入管线之前用液体填充该球体，使该球体的尺寸适应管线的内径并使压力平衡。清管球可适用于各种管线尺寸并通用于各类自动发射装置，但工作效率低而且只有一个密封面。在通过三通时容易发生清管器滞留的事故。

5. 智能清管器

智能清管器清管技术可用于检测管壁腐蚀等情况；主要有管道截面形状检测；管道弯曲半径检测；管道腐蚀和开裂检测；管道泄漏检测等。其检测原理因检测范围而异，主要有以下几种。

(1) 磁场检测清管器。该技术主要采用磁漏量检测原理，可以实现内外管壁的详细检查，工作时可以持续输气。

(2) 管线监视清管器。该技术主要采用捷联式惯性系统，特点是内部装有存储系统，可以将检测结果保存。

(3) 管线内壁摄像清管器。该技术的特点在于可以使工程人员了解管道内壁腐蚀情况，为后续进行原因分析、维护和管理管道提供依据。

6. 管道变径清管器

由于管道修复、经济性等原因，管道的部分甚至全部管段被设计成变径管线，增加了清管及内检测工作的难度。现在普遍采用机械式清管器进行清管，如果管线存在变径段，普通清管器的皮碗没有足够的变径能力，根本无法满足变径管线的清管要求。同时，智能清管器的探头变形量有限，难以满足变径管道内检测的要求。目前，已研制出变径设备，齐邦文设计了一种变径清管器，主要由骨架、法兰和皮碗组成，皮碗呈锯齿形，至少安装2个皮碗，并保证皮碗锯齿交错安装。宋红旭等研制出一种特色皮碗，该皮碗呈花瓣状，安装时2片花瓣状皮碗交错层叠，并辅以直皮碗或间隔皮碗，以保证设备有足够的支撑力和通过能力。该皮碗变形量高达35%。2007年10月，在新疆克拉玛依变径管段(Φ273mm、Φ219mm、Φ159mm)使用该皮碗成功地进行了清管作业。ROSEN公司已经研制出一系列的管道变径设备，大部分设备可以通过1.5D弯头。ROSEN公司小口径变径设备一般跨度为150mm，大口径设备跨度为250mm。变径清管器在设计时需要考虑以下因素：管道内径、弯头曲率半径、管道附件、管道长度、变径管道过渡段、介质流速与压力、管线内部污物、收发球筒等。密封皮碗可以是一系列特殊尺寸皮碗的组合，也可以是花瓣类皮碗交叠安装。变径智能清管器的关键是设计一套能自由伸缩、适应管道变径要求的磁铁探头机构。设计时，要减小磁铁探头部分的长度和径向尺寸，确保磁铁和磁轭有足够的径向伸缩空间。一般磁铁探头机构包括可压缩的探头和安装在可压缩臂上的磁铁与磁轭，探头安装在磁轭上。管道直径不同，需要的磁轭数量及探头数量不同，以确保清管器运行至不同管径管道时，探头具有足够的压缩空间来覆盖管道整个内壁。Ron James提出了一种变径智能清管器的结构。皮碗呈花瓣状交叠布置，探头安装在磁铁架上，磁铁架可上下浮动以适应管径变化，每个磁铁架上的探头呈阶梯状分布，以便在不同口径管道内运行时，探头能100%覆盖管道内部。变径清管器对于变径管道，可显著降低施工成本，缩短施工时间。

7.2.3 清管对管道的要求

清管器对管道的结构有一定的要求。当管道的条件不好时通球作业容易发生事故。

1. 管道长度

由于清管器在管道内运行时与管壁之间存在摩擦，随着运行距离的增长，磨损程度增加，密封性能降低，甚至可能发生密封失效的事故。因此管道清管长度必须在清管器的有效运行距离之内。对于天然气管道收发球筒之间的距离为160km；对成品油管道收发球筒之间的距离为240km；对原油管道收发球筒之间的距离为320km。

2. 弯头

管道上不能使用曲率半径过小的弯头，否则可能导致卡球事故。小曲率半径的弯头一般只能通过清管球。虽然清管器通过改造也可以通过弯头，但是效率要低于大曲率半径弯头情况下的清管。当管道需要清管时，一般要求最小的弯头半径满足下列情况：管径小于100mm的管道弯头直径为10D，管径在150~300mm之间的管道弯头直径为5D，管径大于300mm的管道弯头直径为2D。在理论上，弯头不能连续安装两相邻弯头之间，必须有3倍管径的直管段。

3. 三通与侧管

对主管道上有分支管道的情况，很多普通清管器可以安全地通过分支管道的直径达到主管道70%的三通。对于一些检测清管器可以通过分支管径为主管道60%的三通。但是为安全起见，在分支管直径大于主管道50%的三通处都需要安装挡条，以免清管器进入分支管道。

4. Y接头与清管器转换器

Y接头允许清管器由分支管道进入主管道。但是，不能由主管道进入分支管道。截至目前，现场使用的Y接头会聚角一般大于30°，但是也有22°以及25°的接头。会聚角越小通过接头时清管器受到接头的冲击力越小，这意味着清管器也可以设计得更长，密封盘的个数可以增多，效果更好。

7.2.4 输气管道清管周期的确定

对输气管道进行清管作业后，会增大输气管道的流通面积，减少管输摩阻造成的损失，并且降低输送单位气体的能量消耗。因此，必须实现周期性的清管作业。清管周期的理论计算是理想条件下的计算结果，不能直接应用于实际工程中，在实际清管作业中，需要分析清管周期影响因素，最终确定清管周期。

1. 清管

清管周期受多种因素的影响，主要包括：

(1) 管道中的积液量。

(2) 气液混合物在输气管道中的流速和压降。

(3) 输气管道的纵断面形状和尺寸参数。

(4) 输气管道内的气相速度。

将主要的影响因素转变为影响清管周期的参数：液量、压差、输气效率和气相速度等，以实际参数为依据，结合实际工程情况，确定最终的清管周期。

(1) 积液量与清管的关系。积液量是确定清管周期的主要因素，当积液量达到一定的指标时必须及时进行清管作业。

(2) 压差与清管的关系。管道不干净引起压差增大，在排除了其他因素的情况下，就必须进行清管作业。

(3) 输气效率与清管的关系。管道输送效率小于90%时，可考虑进行清管作业。

(4) 气相速度与清管的关系。管道气相速度的大小对清管的影响原理与水力清管原理类似，通过增大气相速度加速了液体的排出。因此，对湿气输送，当管道内气相速度很大时，可暂不进行清管作业。

2. 清管周期的确定

在实际工程中，清管周期的确定可以通过动态模拟软件来计算，但影响清管周期确定的参数较多，模拟软件与实际工况操作差别较大，导致软件的计算结果很难应用到实际生产中。因此，合理的清管周期必须通过对实际生产过程中的压差、气液流量等参数进行分析和研究，并结合清管周期影响因素的分析来确定。

7.2.5 苏东气田输气管道清管周期的确定

苏东气田采用井口中低压集气、集气站常温分离的湿气集输工艺，天然气经强吸分离器处理后，处于饱和或过饱和状态，此时脱水、脱烃天然气的温度约为20℃，而管道埋深处的地温随季节变化，一般在0~12℃，因此天然气从集气站通过管道向处理厂输送是一个不断放热的过程。由于温度、压力变化，将有部分凝析液析出，随着时间的延长和输送距离的增加，析出的水和凝析油量越来越多，进而聚集在管道底部形成积液，若不能及时清除，将影响管道的集气能力和节点压力，并影响处理站后续通过增压降温措施进行脱水的效果，使外输商品气的质量降低。另外，苏东气田采出气中含有少量 H_2S 和 CO_2，会对集输管道产生腐蚀。为了保证气井的稳产和整个气田的安全运行，完善气田的生产流程，必须定期对集输管道实施清管作业。

清管作业以输气效率作为确定输气管道清管周期的依据，若输气效率低于90%，则需实施清管作业。基于摩阻因数、管输流量、输气效率的计算，建立了苏东气田天然气集输管道清管周期的数学模型，计算了各段集输管道在不同输气量下的输气效率和压差关系曲线，依此可以确定不同输气工况下的清管周期。

苏东气田正处于迅速发展的阶段，产气量每天都在变化，集输管道的输气量亦随之变化。利用所编制软件获得了该气田各集气干线在不同输气量下的输气效率和压差关系曲线，可供在不同工况条件下进行查询，进而确定清管周期(图7-4)。

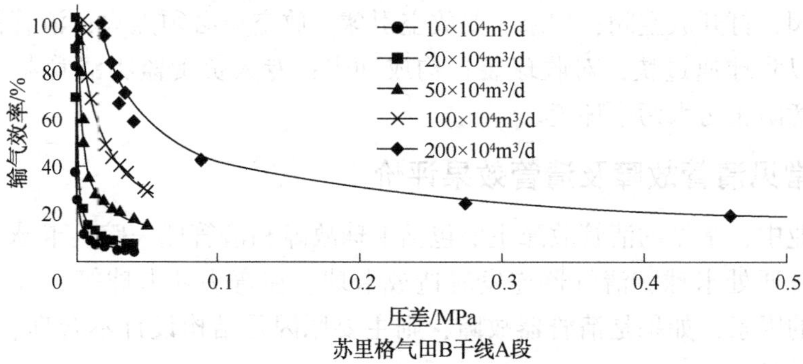

苏里格气田B干线A段

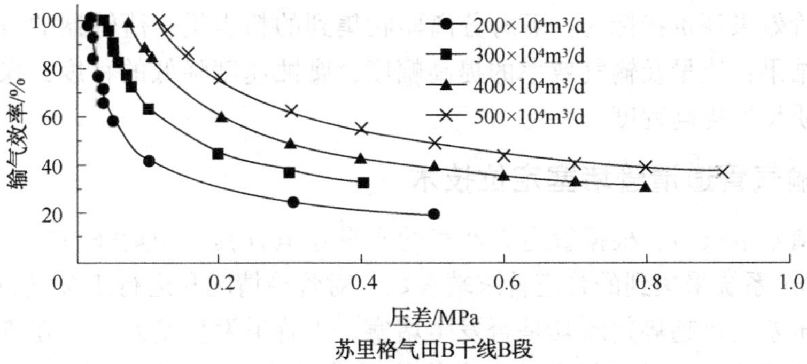

苏里格气田B干线B段

图7-4 气田集输管道输气效率与压差关系曲线

对于 B 干线 A 段，当管道输量为 $200\times10^4m^3/d$，输气效率为 90%时，对应的管道起点和管道终点间的压差为 0.05MPa。于是，可以根据一定输量条件，考察对象管段在生产过程中的压差是否大于 0.05MPa 来判断是否需要清管，在该输量下，如果管段压差大于 0.05MPa，则说明管段内已经聚集一定量的积液，需要通过建立输气管道压差和输气效率的计算模型，并绘制不同工况下的图版，以输气效率小于 90%作为清管的依据，可以方便地判断出是否需要进行清管作业。

7.2.6 清管作业流程

1. 清管器发球流程

检查阀门和压力表，打开快开盲板，推入清管器顶紧，关闭盲板。打开进油、气阀门，平衡发球阀门两端的压力。打开发球阀门后关闭主阀，发射清管器。打开主阀门，关闭进油、气阀门和发球阀门，对发球筒进行排污，放空为下次通球做准备。

2. 清管器收球流程

检查收球筒阀门及压力表的完好率，在清管器到达前 1h 按顺序打开收球阀门、出油、气阀，将主阀门部分或全部关闭。清管器进入收球筒后，打开主阀门，关闭收球阀门及出油、气阀。收球筒排污、放空，打开盲板取出清管器。关闭盲板为下一次通球做准备。

3. 收发球注意事项

发球时，打开盲板前要泄压，操作人员要站在侧方；输气管线要注意黑粉自燃。必须确认清管器发出，必要时打开盲板进行检查，确认清管器运行状态。收球时，打开盲板前要泄压，操作人员要站在侧方，防止被打到；开盲板时，必须打开球筒的平衡阀；关盲板时，关闭排污阀，打开放空阀；如果需要放空引球，放空口必须点火；清管器进入球筒时，要控制压差，以防球速过快，对收球装置构成冲击；专人负责监听清管器是否到达球筒；放空时，要注意防止污水污染环境。

7.2.7 常见清管故障及清管效果评价

在清管作业中，常见的清管故障主要包括卡球故障和清管球失踪。卡球故障主要原因：管道变形、在三通处卡球、清管器连发时造成卡球、在弯头处卡球等。清管球失踪原因：球破了是最大的因素；如果是清管器故障，则主要原因是结构设计不合理、骨架机械强度不够或磨损严重等。

目前，清管效果评价指标为：下游分离器收集到的粉尘量；清管器的清洁度和磨损情况；腐蚀调查结果；流量及输气效率的提高幅度；腐蚀速度降低的程度；操作压力的下降幅度；天然气质量的提高程度。

7.2.8 输气管道清管堵塞定位技术

发生清管堵塞事故后，根据管道天然气的质量守恒方程、动量守恒方程和能量守恒方程，利用 SCADA 系统采集到的管道首末端参数，对管输情况和运行工况进行实时模拟，根据管道首末端压差变化趋势判断其是否发生堵塞。当管道发生堵塞时，在管道起点施加一个人为压力脉冲波动，用设在起点的压力传感器采集脉冲压力波和返压波通过的时间差，进而根据管道沿程热力、动力平衡微分方程和连续性方程来模拟压力波在管道内的波动进行堵塞定位。这个方法在确定管道堵塞位置时，所需硬件设备少，检测过程简单，定位精度较高，可以实现对管道运行状态的实时在线检测，优于现有检测方法。

很多集输管网属于气液混输的两相流管道，如采用常规的清管器，还需要在接收站增加液体段塞捕集器，以处理瞬间到达的段塞流。这样，如不及时进行清管作业，管道的输送效率会大大降低以及会有水合物的生成，不利于管道的安全运行；如进行清管作业，就要以牺牲产量作为代价，否则风险性将大大提高。

为了解决清管作业与管线产量的矛盾，采取一种新型的清管技术——旁通清管技术。通过使用旁通清管器清管，可以有效控制单次清管的清出液量，从而确保清管过程中管线和下游生产设施的安全。同时，通过清管作业计算管线积液情况，制定湿气输送管道合理的清管周期，有效指导现场清管作业。

在长庆油田分公司所辖的S4-3干线A段管线进行了现场工业试验，研究了旁通清管器的降速效果、旁通清管器的过液量控制，以及旁通清管作业特点及模式。

1. 旁通清管器清管

这是一种专为天然气/凝析液两相流管线设计的清管器，目的是使清管器推向管道终点的液体比较均匀，降低对捕集器容积的要求。为了降低清管器前方的液体量不淹没捕集器，可降低清管器运行速度；另一种方法是使用旁通清管器，旁通气体对清管器前的段塞吹扫，使液体分散，到达管道终点的峰值流量减小，如图7-5所示。

图7-5　旁通清管器示意图

国内外的一些管道公司在实际的清管作业中已经使用了旁通清管器。例如壳牌勘探开采公司在长度15.6km、外径20in，并带有立管的两相海底管道中进行试验，考察两相管道中使用清管器操作的可能性，在旁通量为0时清管器前的液体清扫体积为179m^3，在旁通量为10%时，现场清扫体积减少到53m^3，旁通原理产生的良好效果得到了验证。长北天然气B干线长度23.4km、外径24in，在使用旁通量为0时清管器清扫出的液体体积为1056m^3；在旁通量为5%时，清扫出的液体体积减少到422m^3。

旁通式清管器由一个中央圆筒连接清管器的前端和尾端，包括骨架、密封板、导向板、折流板等。气体通过中央圆筒由清管器前端的折流板流向管壁，改变折流板与前盘的间距来调节旁通量的大小。其特点有：

（1）旁通清管除了能够清除管线中所有的积液，还允许部分气体通过清管器。

（2）旁通清管器的运行速度取决于气量的大小和旁通量的大小，在相同的气量下，旁通量越大，运行速度越低。

（3）旁通清管器的运行速度较普通清管器低，产生较少的PGV(Pig Generated Volume，清管器产生的液柱)，可以使部分液体提前到达下游，以便提前处理；较大的旁通量，可以控制PGV的产量在下游装置的液体处理能力内，避免产量损失(图7-6)。

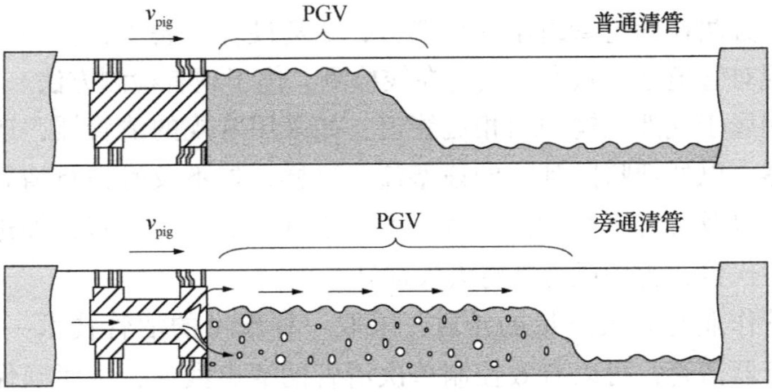

图 7-6　旁通清管器原理图

2. 旁通清管器的设计加工

S4-3 干线 A 段位于内蒙古鄂托克前旗境内，管线所处地多为沙丘地带。管线内积液较多，属于气液混输的双相流管线，为了提高管线输送效率，减少管道内腐蚀和防止水合物的生成，每年进行 3 次常规清管作业。常规清管作业会使管线内的积液以段塞流的方式集中到达处理厂，由于受分离器处理能力的限制，只能采取全线停输的方式处理积液，如 2012 年 10 月和 2013 年 5 月采用三皮碗清管器分别进行了一次常规清管作业，清出积液为 197.77m^3，给处理厂造成了较大的压力(图 7-7)。

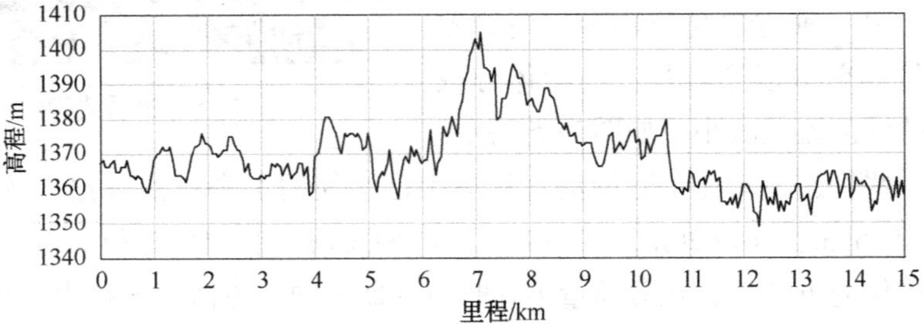

图 7-7　S4-3 干线 A 段管线纵断面图

1）设计加工清管器

根据相关的技术资料和 S4-3 干线 A 段管线信息，中油管道检测技术有限责任公司设计加工了 26in 旁通清管器，如图 7-8 所示。

2）清管器旁通量的选取

该清管器旁通量可以进行调节，分 3%、5%、8%和 10%四档。旁通量的大小取决于气量和管线中的持液量，以及下游的液体处理能力。旁通量太小，清管器运行速度太快，与普通清管器差别不大，大量液体会瞬间到达处理厂，影响产量；旁通量太大，清管器速度太慢，甚至停滞不动，需要增大气量，或者发送新的清管器推动。

在管道内积液量不确定的情况下，为保证首次发送成功，结合模拟结果，采用 5%的旁通量进行清管操作，模拟结果如下。

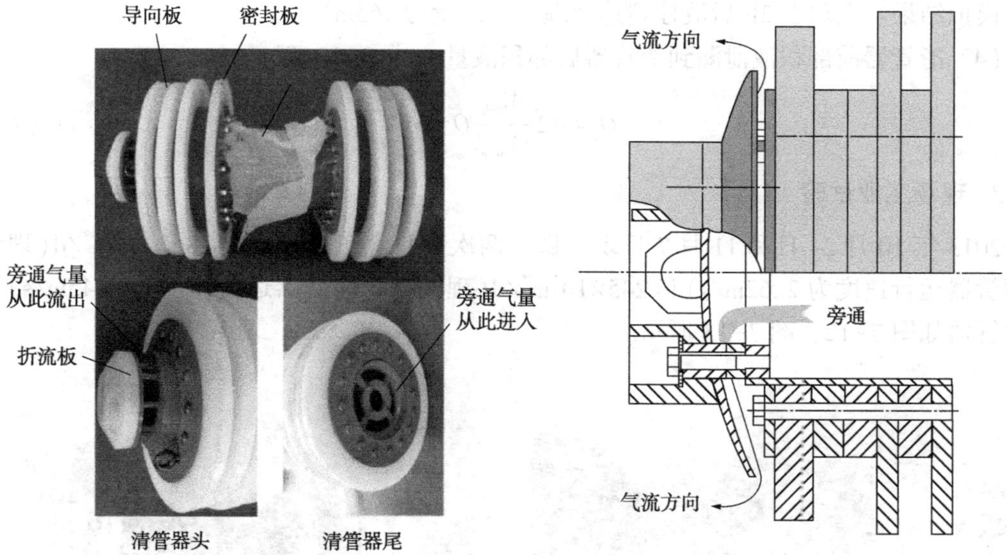

图 7-8　26in 旁通清管器

（1）清管器速度。图 7-9 为旁通清管器模拟速度曲线图。

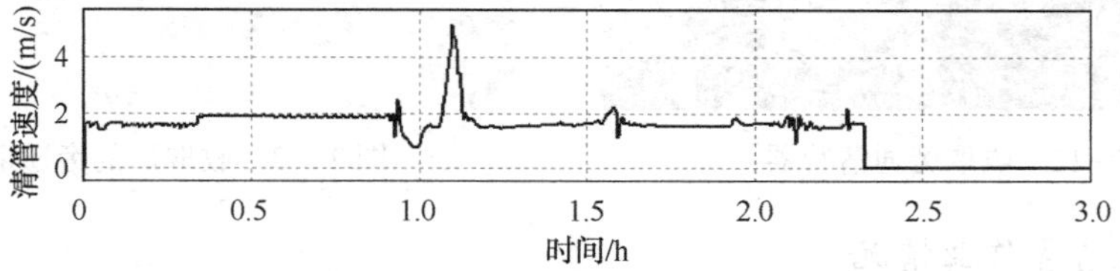

图 7-9　旁通清管器模拟速度曲线图

模拟结果：清管器运行用时 2.42h，发球后 1h 后球速波动明显。

（2）清管器压降。图 7-10 为旁通清管器运行模拟压降曲线图。

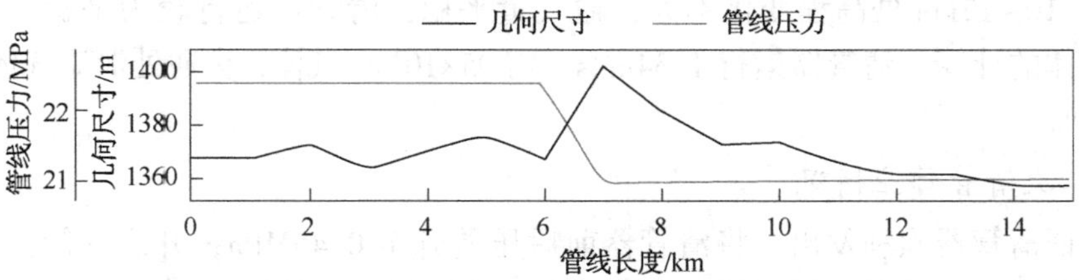

图 7-10　旁通清管器运行模拟压降曲线图

模拟结果：管道压力在 6km 上坡处降低明显。

（3）进站前 2km 管段积液体积流量。图 7-11 为积液模拟曲线图。

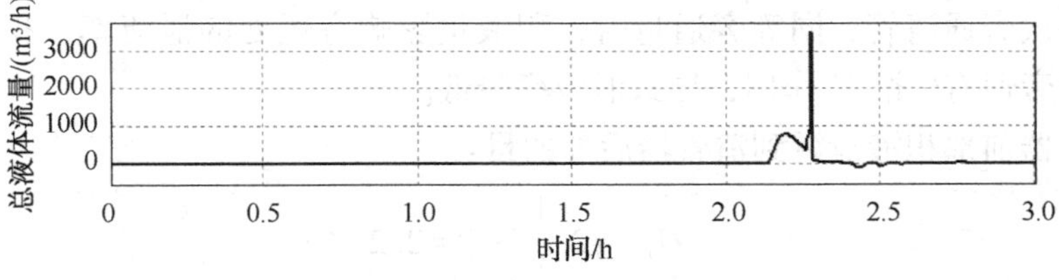

图 7-11　积液模拟曲线图

模拟结果：发球 2.2h 后液柱到达处理厂，液量为 165m^3。

（4）清管器前部积液泄漏到清管器后部积液量：

$$Q_1=\sqrt{2}\frac{A_{leak}}{A_{pipe}}Q=3.4 \tag{7-39}$$

3. 现场工业试验

2013 年 10 月 24 日和 11 月 7 日现场做了两次试验，产量分别为 186×10^4m^3/d（理论计算清管器运行速度为 2.62m/s）和 245×10^4m^3/d（理论计算清管器运行速度为 3.45m/s）。旁通清管器如图 7-12、图 7-13 所示。

图 7-12 收取旁通清管器

图 7-13 收取后的旁通清管器

1）第一次清管作业情况

为了保证清管器顺利发出，将清管器前后压差升至 0.7MPa，开启阀门，清管器快速发出，导致清管器在前段运行不稳，压力平衡后清管器运行平稳。

输气量 186×10^4m^3/d，平均球速 1.29m/s，进站前 2km 段塞流进入分离器，清出积液 107.419m^3。10~12km 处高程变化不大，输气量平稳，清管器运行较为平稳，用此段数据进行泄流气体的计算。清管器运行 1.34m/s，需 95×10^4m^3 气体，旁通处泄流气体 91×10^4m^3，泄流率 48.9%。

2）第二次清管作业情况

为了保证清管器顺利发出，将清管器前后压差升至 0.45MPa，开启阀门，清管器快速发出，导致清管器在前段运行不稳，压力平衡后清管器运行平稳。

输气量 245×10^4m^3/d，平均球速 1.59m/s，清出积液 2.051m^3。10~12km 处高程变化不大，输气量平稳，清管器运行较为平稳，用此段数据进行泄流气体的计算。清管器运行 1.19m/s，需 85×10^4m^3 气体，旁通处泄流气体 161×10^4m^3，泄流率 65.4%。

对比第一次旁通清管，同等旁通量时，积液量影响旁通处的泄流率，积液越多，清管器前方液体对旁通有“密封”作用，导致泄流率降低。

计算清管器前部积液泄漏到清管器后部的量：

$$Q_1=\sqrt{2}\frac{A_{leak}}{A_{pipe}}Q=2.2 \tag{7-40}$$

实际情况：第二次清管清出 2.051m^3，误差 7.4%，计算结果比较符合实际情况。

旁通清管器与常规清管器在实际的清管作业中相比，旁通清管器效果明显：

（1）旁通清管器能有效降低清管器速度，减少了因控制球速而造成的产量损失。

（2）旁通清管器能有效地减少段塞流，如第一次清管作业清出积液 107.419m^3，平均每米管道仅 0.054m^3 水，占满管容的 16.5%，说明清管器前部液柱已经被吹散，积液提前到处理厂处理，大大降低了清管作业对管线输送的影响。

参 考 文 献

[1] 张鹏. 缔合型聚合物在孔隙介质中的性质与提高采收率能力[M]. 西南交通大学出版社，2018.

[2] 李永太. 提高石油采收率原理和方法[M]. 石油工业出版社，2008.

[3] 韩显卿. 提高采收率原理[M]. 石油工业出版社，1993.

[4] 石耀东，王丽琼，臧苡澄，等. 苏里格气田致密砂岩气藏剩余气分布特征及其挖潜[J]. 新疆石油地质，2023，44(05)：554-561.

[5] 王国亭，贾爱林，郭智，等. 苏里格气田致密气开发井网效果评价与调整对策[J]. 天然气工业，2023，43(08)：66-79.

[6] 王贵生，张宇豪，王志彬，等. 泡沫排水采气井筒流动规律实验研究[J]. 西南石油大学学报(自然科学版)，2023，45(05)：107-118.

[7] 吴克强，赵志刚，祝彦贺，等. 鄂尔多斯盆地东北缘“双低”致密气藏差异成藏规律及勘探开发关键技术[J]. 中国海上油气，2022，34(04)：43-54+263.

[8] 肖峰，岳君，李志超，等. 苏里格气田致密砂岩气藏效益开发含水饱和度上限[J]. 新疆石油地质，2022，43(03)：335-340.

[9] 胡纳川，何东博，郭建林，等. 致密砂岩气藏水平井整体开发提高采收率——以长岭气田登娄库组气藏为例[J]. 西安石油大学学报(自然科学版)，2021，36(05)：55-63.

[10] 张婷，唐寒冰，朱鹏，等. 低压深井柱塞气举排水采气技术研究及应用[J]. 钻采工艺，2021，44(06)：124-128.

[11] 田雨露，王纪伟，李加玉. 气田泡沫排水采气起泡剂研究进展[J]. 应用化工，2021，50(01)：183-188.

[12] 官伟，李涵，柳明，等. 苏东南区低渗致密气藏储层水锁风险及判识[J]. 天然气与石油，2021，39(01)：81-87+144.

[13] 刘正中，刘露，王勇飞. 致密砂岩气藏渗流模式及其影响效果分析[J]. 科学技术与工程，2020，20(33)：13635-13640.

[14] 李奇，高树生，刘华勋，等. 致密砂岩气藏井网加密与采收率评价[J]. 天然气地球科学，2020，31(06)：865-876.

[15] 高树生，刘华勋，叶礼友，等. 致密砂岩气藏井网密度优化与采收率评价新方法[J]. 天然气工业，2019，39(08)：58-65.

[16] 慕立俊，马旭，张燕明，等. 苏里格气田致密砂岩气藏储层体积改造关键问题及展望[J]. 天然气工业，2018，38(04)：161-168.

[17] 殷庆国，刘方，贺杰新，等. 柱塞气举排水采气工艺技术研究与应用[J]. 石油机械，2018，46(09)：69-74.